WPS 办公应用 1+X 职业等级证书系列教材

WPS 办公应用
（初级）

北京金山办公软件股份有限公司　组　编
姜志强　主　审
李　方　陈　华　王运兰　主　编
王晶晶　虞帅晶　陈　静　牟式标　王　翔　副主编
周隆明　周　丹　朱铁樱　参　编

电子工业出版社
Publishing House of Electronics Industry
北京·BEIJING

内容简介

本书是与《WPS办公应用职业技能等级标准》（初级）配套的教材。本书共有4章，包括WPS基础知识、WPS文字综合应用、WPS演示综合应用、WPS表格综合应用。本书主要介绍了WPS的相关功能与基本操作，使用WPS文字对文档进行编辑与美化，使用WPS演示制作演示文稿，使用WPS表格进行数据处理与分析。

本书是任务驱动式教材，结构清晰、语言简洁、图解丰富、案例详尽，既可作为应用型本科院校、高等职业院校、中等职业院校计算机相关专业的配套教材，又可作为WPS办公应用1+X职业等级证书的培训教材，还可作为从事办公应用工作的企业人员的自学用书。

本书配有相关的微课视频、电子课件、习题答案、任务素材等丰富的数字化教学资源。

未经许可，不得以任何方式复制或抄袭本书之部分或全部内容。
版权所有，侵权必究。

图书在版编目（CIP）数据

WPS办公应用：初级 / 北京金山办公软件股份有限公司组编；李方，陈华，王运兰主编. —北京：电子工业出版社，2023.2
ISBN 978-7-121-44747-1

Ⅰ.①W… Ⅱ.①北…②李…③陈…④王… Ⅲ.①办公自动化—应用软件—高等学校—教材 Ⅳ.①TP317.1
中国版本图书馆CIP数据核字（2022）第242314号

责任编辑：胡辛征　　　文字编辑：徐云鹏
印　　刷：保定市中画美凯印刷有限公司
装　　订：保定市中画美凯印刷有限公司
出版发行：电子工业出版社
　　　　　北京市海淀区万寿路173信箱　邮编100036
开　　本：787×1092　1/16　　印张：19.25　字数：554.4千字
版　　次：2023年2月第1版
印　　次：2023年2月第1次印刷
定　　价：69.00元

凡所购买电子工业出版社图书有缺损问题，请向购买书店调换。若书店售缺，请与本社发行部联系，联系及邮购电话：（010）88254888，88258888。
质量投诉请发邮件至zlts@phei.com.cn，盗版侵权举报请发邮件至dbqq@phei.com.cn。
本书咨询联系方式：（010）88254361，hxz@phei.com.cn，（010）88254569，xuehq@phei.com.cn。

前　言

2019年4月，教育部、国家发展和改革委员会、财政部、国家市场监督管理总局联合印发了《关于在院校实施"学历证书+若干职业技能等级证书"制度试点方案》的通知，部署启动1+X证书制度试点工作。1+X证书制度试点是落实《国家职业教育改革实施方案》的重要改革部署，也是重大创新成果。

本书作为与《WPS办公应用职业技能等级标准》（初级）配套的教材，内容包括WPS基础知识、WPS文字综合应用、WPS演示综合应用、WPS表格综合应用。

本书具有以下特点：

1. 探索课程思政特色创新，落实立德树人根本任务

本书以习近平新时代中国特色社会主义思想为指导，坚持正确的政治方向和价值取向，每个项目紧扣"思政"主题，引入思政元素，系统实现知识体系与价值体系的双轨并建，充分体现社会主义核心价值观的内涵。

2. 落地课证融合，实现《WPS办公应用职业技能等级标准》（初级）与专业教学标准的双覆盖

严格遵循《WPS办公应用职业技能等级标准》（初级）的要求，由院校与企业共同组成的编审团队经过多次研讨、论证，确定了核心知识技能体系，形成了从职业标准到课程学习的课证融合体系。

3. 采用任务驱动的组织形式来覆盖WPS常用知识技能

本书共有4章。后3章中的任务，其背景大多与学生的学习、生活紧密结合，从而缩短学生与新知识技能之间的认知差距，提高教学效率。每个任务都采用"任务目标—任务描述—任务分析—任务实现—相关知识—任务总结—任务巩固"的形式来组织。

4. 校企合作、多校合作，共建教材编审团队

编审团队由学校专职教师、校外专职教师和企业专家（北京金山办公软件股份有限公司）共同组成，职称、年龄均比较合理。编审团队具有多年的教学经验、丰富的教材编写经验和成熟的图书审读经验。企业专家不仅参与了教材提纲的确定、企业真实案例的提供、教材内容的编写，而且与专职教师共上课堂，指导学生完成实践任务。

5. 配套丰富的数字化教学资源，实现线上线下融合的"互联网+"新形态一体化教材

纸质教材不仅以二维码形式嵌入了相关知识点和技能点的微课视频，供学生

自主学习，而且提供了配套的电子课件、习题答案、任务素材等丰富的数字化教学资源，助力教师进行线上线下混合式教学，进一步提高教材的使用效果。

　　本书由北京金山办公软件股份有限公司组编，姜志强担任主审，义乌工商职业技术学院的李方、陈华、王运兰担任主编，王晶晶、虞帅晶、陈静、牟式标、王翔担任副主编，其他参编人员还有义乌工商职业技术学院的周隆明、台州职业技术学院的周丹、浙江广厦建设职业技术大学的朱铁樱。北京金山办公软件股份有限公司提供了《WPS办公应用职业技能等级标准》（初级），并指导了全书的编写工作。

　　教材建设是一项系统工程，需要在实践中不断加以完善及改进，由于时间仓促、编者水平有限，书中难免存在疏漏和不足之处，敬请同行专家和广大读者批评和指正。

编　　者

目　　录

第1章　WPS基础知识

1.1　WPS Office简介 …………………………………………………………… 002
1.2　金山文档 …………………………………………………………………… 002
1.3　WPS Office下载安装与启动关闭 ………………………………………… 003
  1.3.1　下载安装WPS Office ……………………………………………… 003
  1.3.2　启动WPS Office …………………………………………………… 004
  1.3.3　关闭WPS Office …………………………………………………… 005
1.4　WPS Office的主要界面 …………………………………………………… 006
  1.4.1　WPS Office的工作界面 …………………………………………… 006
  1.4.2　WPS Office的首页 ………………………………………………… 007
  1.4.3　WPS Office工作界面的常用功能区 ……………………………… 007
1.5　WPS Office的部分公共功能 ……………………………………………… 008
  1.5.1　窗口管理模式与标签管理 ………………………………………… 008
  1.5.2　文档加密 …………………………………………………………… 011
  1.5.3　文档备份 …………………………………………………………… 013
1.6　云文档的基本操作 ………………………………………………………… 014
  1.6.1　将文档保存到云端 ………………………………………………… 014
  1.6.2　使用WPS办公助手 ………………………………………………… 017
  1.6.3　使用WPS学院中的资源 …………………………………………… 021

第2章　WPS文字综合应用

2.1　制作游学活动方案 ………………………………………………………… 024
  2.1.1　任务目标 …………………………………………………………… 024
  2.1.2　任务描述 …………………………………………………………… 024
  2.1.3　任务分析 …………………………………………………………… 025
  2.1.4　任务实现 …………………………………………………………… 025
  2.1.5　相关知识 …………………………………………………………… 032
  2.1.6　任务总结 …………………………………………………………… 051
  2.1.7　任务巩固 …………………………………………………………… 051

2.2 制作个人简历表 ·· 052
    2.2.1 任务目标 ·· 052
    2.2.2 任务描述 ·· 052
    2.2.3 任务分析 ·· 053
    2.2.4 任务实现 ·· 053
    2.2.5 相关知识 ·· 067
    2.2.6 任务总结 ·· 081
    2.2.7 任务巩固 ·· 082

2.3 制作垃圾分类主题海报 ·· 083
    2.3.1 任务目标 ·· 083
    2.3.2 任务描述 ·· 083
    2.3.3 任务分析 ·· 083
    2.3.4 任务实现 ·· 084
    2.3.5 相关知识 ·· 093
    2.3.6 任务总结 ·· 102
    2.3.7 任务巩固 ·· 102

第3章 WPS演示综合应用

3.1 制作诗词欣赏演示文稿 ·· 106
    3.1.1 任务目标 ·· 106
    3.1.2 任务描述 ·· 106
    3.1.3 任务分析 ·· 106
    3.1.4 任务实现 ·· 107
    3.1.5 相关知识 ·· 125
    3.1.6 任务总结 ·· 144
    3.1.7 任务巩固 ·· 144

3.2 制作抗疫主题演示文稿 ·· 146
    3.2.1 任务目标 ·· 146
    3.2.2 任务描述 ·· 146
    3.2.3 任务分析 ·· 147
    3.2.4 任务实现 ·· 147
    3.2.5 相关知识 ·· 169
    3.2.6 任务总结 ·· 174
    3.2.7 任务巩固 ·· 174

3.3 制作工作汇报演示文稿 ·· 175
    3.3.1 任务目标 ·· 175

3.3.2　任务描述…………………………………………………………… 175
　　3.3.3　任务分析…………………………………………………………… 176
　　3.3.4　任务实现…………………………………………………………… 176
　　3.3.5　相关知识…………………………………………………………… 198
　　3.3.6　任务总结…………………………………………………………… 207
　　3.3.7　任务巩固…………………………………………………………… 207

第4章　WPS表格综合应用

4.1　制作商品信息表……………………………………………………………… 210
　　4.1.1　任务目标…………………………………………………………… 210
　　4.1.2　任务描述…………………………………………………………… 210
　　4.1.3　任务分析…………………………………………………………… 211
　　4.1.4　任务实现…………………………………………………………… 211
　　4.1.5　相关知识…………………………………………………………… 227
　　4.1.6　任务总结…………………………………………………………… 245
　　4.1.7　任务巩固…………………………………………………………… 246
4.2　制作成绩数据表……………………………………………………………… 247
　　4.2.1　任务目标…………………………………………………………… 247
　　4.2.2　任务描述…………………………………………………………… 248
　　4.2.3　任务分析…………………………………………………………… 249
　　4.2.4　任务实现…………………………………………………………… 249
　　4.2.5　相关知识…………………………………………………………… 265
　　4.2.6　任务总结…………………………………………………………… 277
　　4.2.7　任务巩固…………………………………………………………… 278
4.3　制作阅读计划表……………………………………………………………… 280
　　4.3.1　任务目标…………………………………………………………… 280
　　4.3.2　任务描述…………………………………………………………… 280
　　4.3.3　任务分析…………………………………………………………… 280
　　4.3.4　任务实现…………………………………………………………… 281
　　4.3.5　相关知识…………………………………………………………… 292
　　4.3.6　任务总结…………………………………………………………… 298
　　4.3.7　任务巩固…………………………………………………………… 299

第1章
WPS基础知识

1.1　WPS Office 简介

WPS Office 是由北京金山办公软件股份有限公司自主研发的一款办公软件，可以实现办公软件常用的文字处理、表格处理、演示文稿制作、PDF 阅读等功能。该办公软件具有内存占用低、运行速度快、云功能强大、插件丰富、免费提供海量在线存储空间及文档模板等优点。

WPS Office 是一款兼容、开放、高效、安全并极具中文本土化优势的办公软件，其强大的图文混排功能、优化的计算引擎、强大的数据处理能力、专业的动画效果设置、全面的版式文档编辑和输出功能等，为办公应用带来了极大的便利。无论是安装 Windows、macOS、Linux 系统的计算机，还是安装 Android、iOS 系统的手机，在大部分主流国产软件环境中，都可以借助 WPS Office 客户端丰富的控件和功能进行专业办公，完全符合现代办公的要求。

WPS Office 作为全国计算机等级考试（NCRE）的二级考试科目之一，于 2021 年在全国实施。鉴于此，本书以 WPS Office 2019 个人版为例，介绍有关操作。

WPS Office 个人版对个人用户免费，提供了 WPS 文字、WPS 表格、WPS 演示、PDF 阅读等功能模块。WPS Office 应用 XML 数据交换技术，无障碍兼容.docx、.xlsx、.pptx、.pdf 等格式的文件。

1.2　金山文档

金山文档是金山办公旗下面向多人协作办公的全新品牌，其主要特点如下：

- 金山文档作为在线办公应用，用户只需在网页浏览器中输入其网址，就能在线创建、编辑、分享文档。
- 无须转换格式，支持多类设备，文档修改后自动保存，用户无须传输文档，轻松提升工作效率。
- 云端文档加密存储，与他人分享时还可设置文档权限，安全完成文档协作任务。

1.3 WPS Office 下载安装与启动关闭

1.3.1 下载安装 WPS Office

访问 WPS 官网，在官网首页的左上角，单击"WPS Office"图标右侧的"立即下载"下拉按钮，在下拉列表中选择需要的软件版本，即可下载对应的安装文件。WPS Office 提供 Windows 版、Mac 版、Linux 版、Android 版、iOS 版五个版本。WPS Office 下载版本选择界面如图 1-1 所示。

图 1-1　WPS Office 下载版本选择界面

安装文件下载完成后，右击安装文件，在弹出的快捷菜单中选择"以管理员身份运行"选项，弹出提示对话框，询问用户"用户账户控制，你要允许此应用对你的设备进行更改吗？"，单击"是"按钮。弹出 WPS Office 安装对话框，勾选"已阅读并同意金山办公软件许可协议和隐私政策"复选框，单击"浏览"按钮，可设置软件安装路径，如图 1-2 所示。

图 1-2 　WPS Office 安装对话框

单击"立即安装"按钮，WPS Office 安装完成后，会自动启动软件。打开软件，首先要选择用户类型，用户可选择"我是个人版用户"或"我是会员/企业版用户"选项，用户登录时支持使用微信账号、QQ 账号、钉钉账号等第三方账号登录，用户也能以访客身份使用软件，如图 1-3 所示。

（a）　　　　　　　　　　　　　　（b）

图 1-3 　选择用户类型并使用账号登录

1.3.2　启动 WPS Office

启动 WPS Office 的方法较多，常用的方法有以下几种：
- 在桌面上双击 WPS Office 图标。
- 单击屏幕左下角的"开始"按钮，在"开始"菜单中选择"WPS Office"选项。
- 单击屏幕左下角的"开始"按钮，在"开始"菜单右侧的"高效工作"选区中，可以放置常用软件。在"开始"菜单左侧的软件列表中，找到所需的软件并右击，在弹出的快捷菜单中选择"固定到'开始'屏幕"选项，可以把软件的快捷启动图标放到"高效工作"选区的"轻松办公"区域中，如图1-4所示。

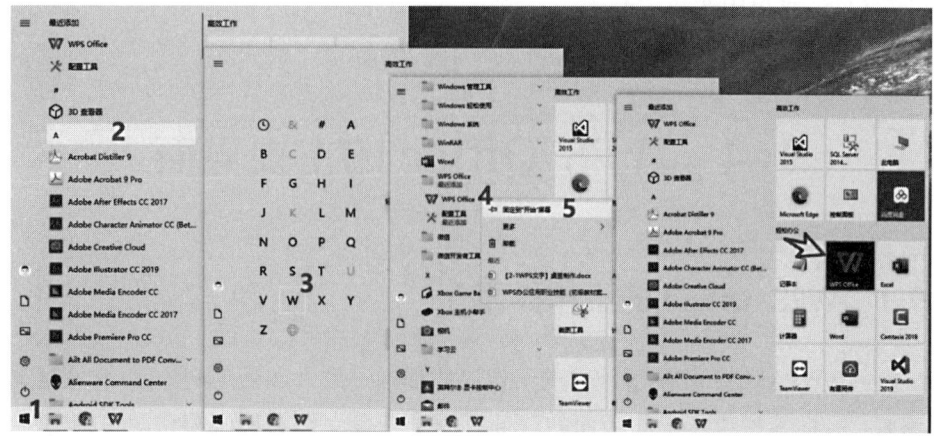

图1-4 将WPS Office的快捷启动图标放到"开始"菜单的"轻松办公"区域中

● 在Windows 10操作系统中，右击"开始"按钮，在"开始"菜单中选择"搜索"选项，弹出搜索界面，在底部的搜索框中输入"WPS"，在搜索结果中选择"WPS Office"选项。在Windows 10操作系统中，使用组合键"Win+S"可以打开搜索界面，如图1-5所示。

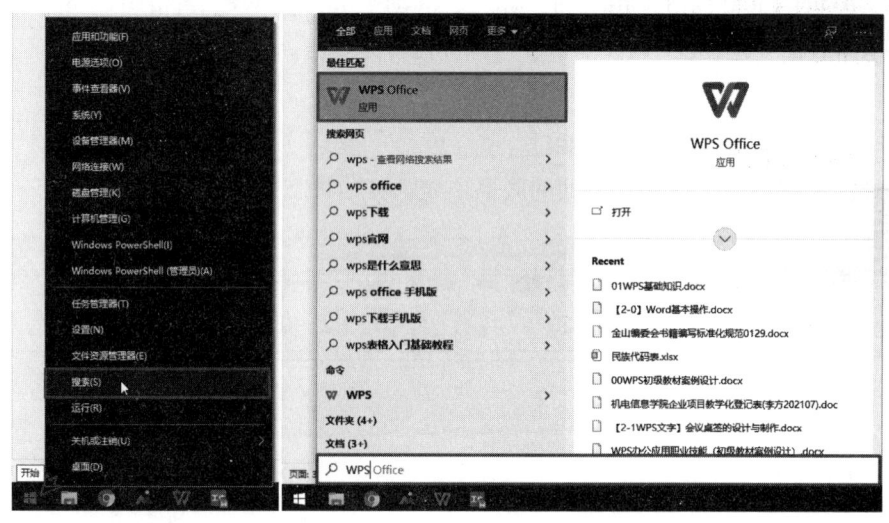

图1-5 Windows 10操作系统的搜索界面

1.3.3 关闭WPS Office

如果想关闭WPS Office，则单击工作界面右上角的"关闭"按钮。

在WPS文字、WPS表格、WPS演示的工作界面中，使用下列方法可以关闭对应的工作界面。

- 单击文档标签右侧的"关闭"按钮。
- 按"Ctrl+F4"组合键。
- 按"Ctrl+W"组合键。
- 在"文件"菜单中选择"退出"选项。

1.4 WPS Office 的主要界面

1.4.1 WPS Office 的工作界面

WPS文字、WPS表格和WPS演示的工作界面基本一致,如图1-6所示。主要区域包括:

"标签栏":标签栏位于工作界面的顶部。用于切换文档和控制窗口,包括"首页"标签、"稻壳"标签、文档标签、窗口控制区。

"功能区":功能区是位于标签栏下方的长方形区域。承载了各类功能入口,包括功能区选项卡、文件菜单、快速访问工具栏(默认置于功能区内)、快捷搜索框、协作状态区等。

"编辑区":编辑区是 WPS Office 工作界面的重要组成部分,用于显示文档的内容并供用户编辑。编辑区主要包括文档页面、标尺、滚动条等。在 WPS 表格中,还包括名称框、编辑栏、工作表标签栏,在 WPS 演示中,还包括备注窗格。

"导航窗格":提供导航功能。

"任务窗格":提供高级设置功能。

"状态栏":状态栏位于工作界面的底部,显示文档状态并提供视图控制。

图 1-6　WPS Office 的工作界面

1.4.2 WPS Office 的首页

在 WPS Office 的首页可以开始和延续各类工作任务,如新建文档、访问最近使用过的文档和查看日程等。首页主要区域包括全局搜索框、设置和账号、导航栏、应用栏、文档列表和消息中心,如图 1-7 所示。

图 1-7　WPS Office 的首页

1.4.3 WPS Office 工作界面的常用功能区

1. 文件菜单

WPS 所有组件的"文件"菜单都固定在工作界面的左上角,用于收纳所有文件相关的基本命令。"文件"菜单除了提供常用的新建、保存、打印等命令,还整合了最近使用列表,方便用户打开最近使用过的同类型的文档。

2. 快速访问工具栏

快速访问工具栏用于放置高频使用的命令,以便用户快速找到并使用其功能,减少对功能区选项卡的操作频率。快速访问工具栏默认包含"保存""输出为PDF""打印""打印预览""撤销""恢复",共 6 个命令按钮。快速访问工具栏是一个可以自定义的工具栏,用户可以配置符合自己习惯的快速访问工具栏。单击快速访问工具栏右侧的下拉按钮,可以在下拉列表中显示更多的内置命令选项,如图 1-8 所示。

3. 快捷搜索框

快捷搜索框主要用于搜索功能入口和使用帮助，其位于选项卡的右侧。例如，搜索"邮件合并"，如图1-9所示。

图1-8　快速访问工具栏　　　　　　图1-9　快捷搜索框

1.5　WPS Office 的部分公共功能

本节主要介绍 WPS 文字、WPS 表格、WPS 演示的部分公共功能。

1.5.1　窗口管理模式与标签管理

WPS Office 运行时，窗口管理模式默认为"整合模式"，支持多窗口多标签自由拆分与组合，支持标签列表保存为工作区跨设备同步。在整合模式下，通过 WPS 文字、WPS 表格、WPS 演示打开的各种类型的文件，都在同一个窗口中，在"标签栏"内单击文件标签即可在不同文件之间切换。

1. 切换 WPS Office 的窗口管理模式

在 WPS Office 的工作界面中，单击左上角的"首页"按钮，在"首页"界面中，单击右上角的"全局设置"下拉按钮，在下拉列表中选择"设置"选项，打开"设置中心"对话框，在底部的"其他"选区中，选择"切换窗口管理模式"选项，打开"切换窗口管理模式"对话框，选中"整合模式"或"多组件模式"单选按钮，确认后单击"确定"按钮，如图1-10所示。此操作需要重启 WPS Office，请提前关闭所有文件以免造成数据丢失。

在多组件模式下，按文件类型分窗口组织文档标签，不支持工作区特性，如图 1-11 所示。

图 1-10　"切换窗口管理模式"对话框　　　　图 1-11　多组件模式

2. 文件标签的拆分与组合

（1）标签拆分

在 WPS Office 的工作界面中，将鼠标指针移到需要用新窗口打开的文件标签上，按住鼠标左键不放拖动鼠标，即可将该文件标签拖离标签栏，并在一个新的工作区窗口中显示该文件；或者在文件标签上右击，在弹出的快捷菜单中选择"转移至工作区窗口"→"新工作区窗口"选项；或者选择已有工作区窗口。在新工作区窗口中显示文件时，系统自动将新工作区窗口以"工作区 +6 位年月日 @6 位时分秒"方式命名，如"工作区 210723@121328"。

如果在文件标签上右击，在弹出的快捷菜单中选择"作为独立窗口显示"选项，则将在一个新的独立窗口中显示该文件。独立窗口内没有"首页"和"稻壳"标签，在每个独立窗口中只能打开一个文件。新工作区窗口与独立窗口如图 1-12 所示。

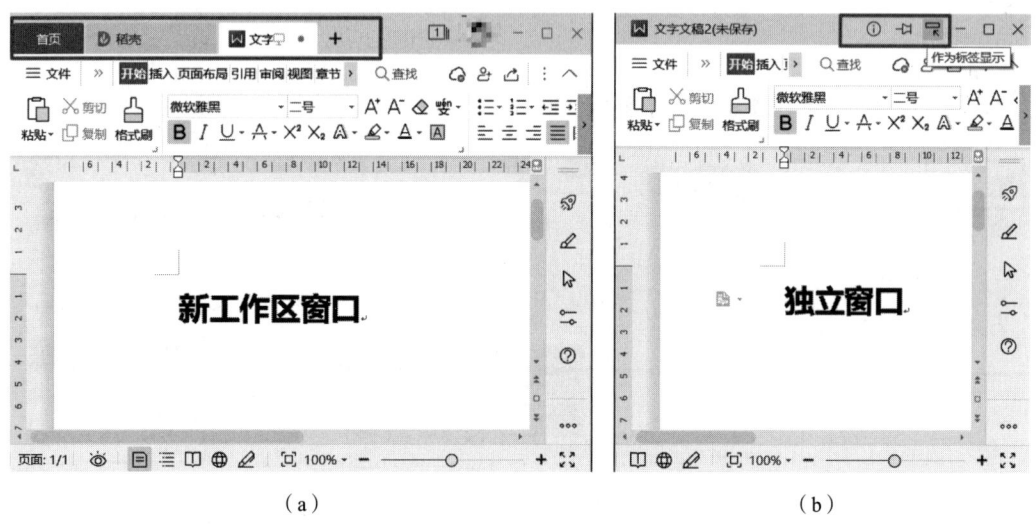

（a）　　　　　　　　　　　　　　　（b）

图 1-12　新工作区窗口与独立窗口

（2）标签组合

在 WPS Office 的工作区窗口中，将鼠标指针移到需要进行标签组合操作的文件标签上，按住鼠标左键不放拖动鼠标，即可将该文件标签拖到另一个工作区窗口的标签栏中；或者右击需要进行标签组合操作的文件标签，在弹出的快捷菜单中选择"转移至工作区窗口"选项，在右侧的子菜单中选择指定的工作区窗口，该文件即可在对应的工作区窗口中显示。对于在独立窗口中显示的文件，单击窗口右上角的"作为标签显示"按钮，可以将本窗口中的文件以"标签"形式加入工作区窗口中。有关操作如图 1-13 所示。

图 1-13　文件标签的转移与组合

3. 界面设置

在 WPS Office 的工作界面中，单击左上角的"首页"标签，在"首页"界面中，单击右上角的"稻壳皮肤"按钮，或者单击"全局设置"下拉按钮，在下拉列表中选择"皮肤中心"选项，打开"皮肤中心"对话框，在该对话框中选择皮肤即可完成界面设置，如图 1-14 所示。

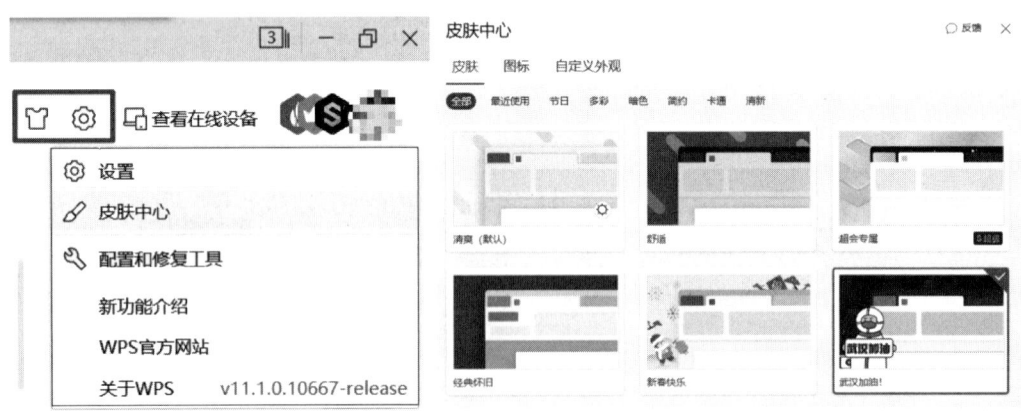

图 1-14　界面设置

4. 兼容设置

在 WPS Office 的工作界面中，单击左上角的"首页"标签，在"首页"界面中，单击右上角的"全局设置"下拉按钮，在下拉列表中选择"配置和修复工具"选项，打开"WPS Office 综合修复/配置工具"对话框，在该对话框中单击"高级"按钮，打开"WPS Office 配置工具"对话框，选择"兼容设置"选项卡，勾选"WPS Office 兼容第三方系统和软件"复选框，单击"确定"按钮后重启 WPS Office 即可，如图 1-15 所示。

图 1-15　兼容设置

1.5.2　文档加密

文档加密功能可以保护文档，防止文档被恶意篡改。可以设置"文档权限、密码加密、属性"等。在"文件"菜单中选择"文档加密"选项，在右侧的子菜单中选择对应的选项，在打开的对话框中进行操作。

1. 文档权限

可以将文档设为私密保护模式。开启此模式后，只有使用账号登录后才可以查看或编辑文档。也可以添加指定人，允许指定人查看或编辑文档。

在"文档加密"选项右侧的子菜单中选择"文档权限"选项；或者单击"审阅"选项卡中的"文档权限"按钮。打开"文档权限"对话框，开启"私密文档保护"功能，弹出"账号确认"对话框，提示"开启保护后，仅该账号可打开文档"，单击"开启保护"按钮，如图 1-16 所示。此时文档仅限当前账号可打开文档。单击"添加指定人"按钮，打开"添加指定人"对话框，可以复制链接，授权给指定人，如图 1-17 所示。

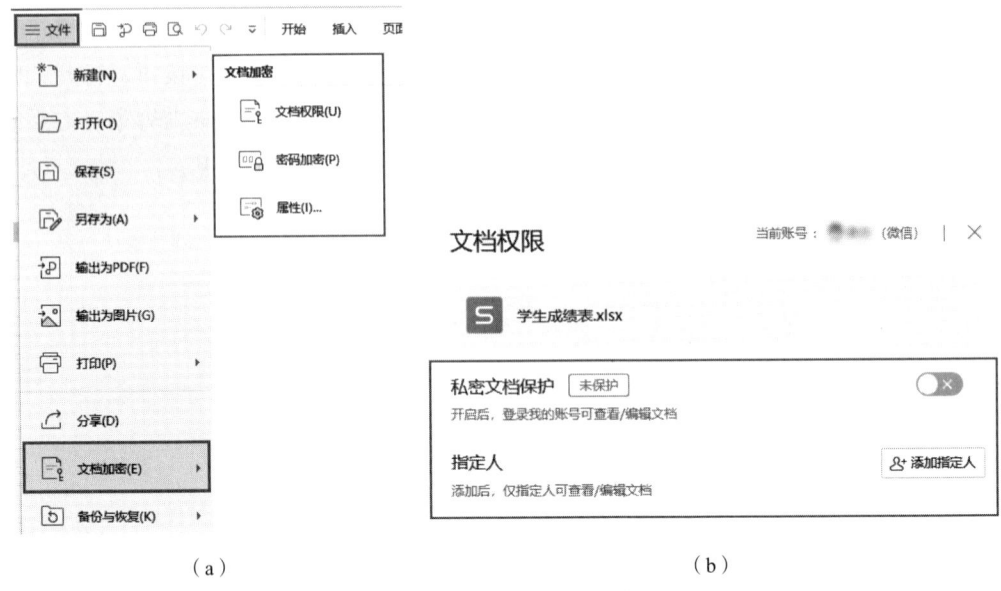

图 1-16　文档权限设置

图 1-17　开启保护与添加指定人

2. 密码加密

在"文档加密"选项右侧的子菜单中选择"密码加密"选项，打开"密码加密"对话框，在该对话框中可以设置打开权限的密码与编辑权限的密码，请妥善保管密码，密码一

第 1 章　WPS 基础知识

旦遗忘，则无法找回。若担心忘记密码，最好将文档设置为私密保护模式。设置完成后，单击"应用"按钮即可，如图 1-18 所示。

设置密码加密后，如果要取消密码，则可以按照密码加密的操作步骤，在"密码加密"对话框中，把设置的密码删除，单击"应用"按钮，最后保存文件即可。

图 1-18　设置打开权限的密码与编辑权限的密码

1.5.3　文档备份

使用文档备份，将文档保存至云端，以便在不同设备上随时随地访问文档。

在 WPS Office 的工作界面中，单击左上角的"首页"标签，在"首页"界面中，单击左下角的"应用"按钮，打开"应用中心"对话框，在该对话框中选择左侧的"安全备份"选项，在右侧的"安全备份"选区中，选择"备份中心"选项，打开"备份中心"对话框，可以开启"文档云同步"功能，单击"本地备份设置"按钮，在弹出的对话框中可以设置保存周期、备份地址等，如图 1-19 所示。

或者，进入 WPS Office 的工作界面，在"文件"菜单中选择"备份与恢复"选项，在右侧的子菜单中选择"备份中心"选项，也可打开"备份中心"对话框。

（a）　　　　　　　　　　　　　　　　（b）

图 1-19　备份中心

1.6 云文档的基本操作

WPS Office 拥有丰富的云端功能。开启云同步功能后，可以将本地文档自动保存为云文档，从而实现在不同地区使用不同设备同步修改文档，使办公更便捷。文档被保存在云端，可以随时随地办公，在编辑文档的过程中，系统会自动执行保存操作，不用担心没保存文档而造成内容丢失。

云文档基本操作

使用云文档功能需要用户先登录，单击工作界面右上角的"登录"按钮，用户可以直接微信扫码登录，或者选择其他方式登录。在 WPS Office 工作界面右上角的"协作状态区"，会展示文档的云同步状态和协作状态，用户可以快速发起文档协作和分享，如图 1-20 所示。

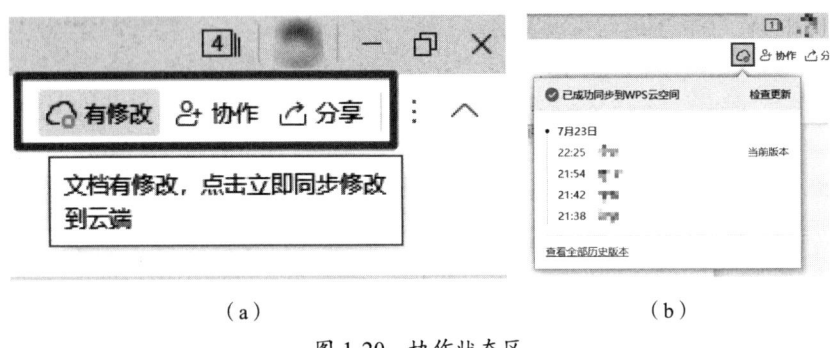

图 1-20 协作状态区

1.6.1 将文档保存到云端

将文档保存到云端的方法有以下 5 种。

1. 开启文档云同步

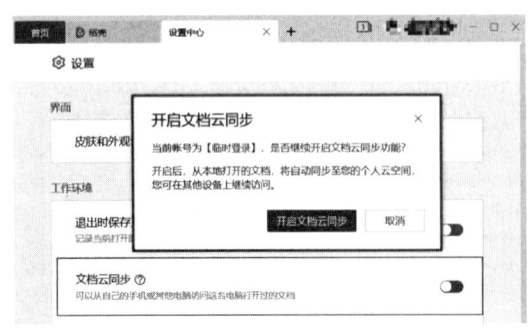

图 1-21 开启文档云同步

单击工作界面左上角的"首页"标签，在"首页"界面的右上角单击"全局设置"下拉按钮，在下拉菜单中选择"设置"选项，打开"设置中心"界面，在"工作环境"选区中开启"文档云同步"功能，在弹出的"开启文档云同步"对话框中，单击"开启文档云同步"按钮，完成开启文档云同步的设置，如图 1-21 所示。开启该功能后，在本地打开的文档将自动同步至个人云空间，方便在其他设备上继续访问。

2. 通过"另存为"功能将文档保存到云端

在"文件"菜单中选择"另存为"选项，在弹出的"另存文件"对话框中，选择"我的云文档"选项，选择文件的存放位置，单击"打开"按钮，如图1-22所示。

图 1-22 "另存文件"对话框

3. 通过标题栏将文档保存到云端

将鼠标指针移到文档标签上，此时出现文档状态浮窗，如图1-23所示。

图 1-23 文档状态浮窗

单击文档状态浮窗右下角的"立即上传"按钮，弹出"另存云端开启'历史版本'"对话框，设置"上传位置"，单击"上传到云端"按钮，即可将文档快速保存到云端，如

图 1-24 所示。

图 1-24　通过标题栏将文档上传到云端

4. 通过同步状态将文档保存到云端

对未上传到云端的文档，单击 WPS Office 工作界面右上角的"未同步"按钮，如图 1-25 所示，弹出"另存云端开启'云同步'"对话框。

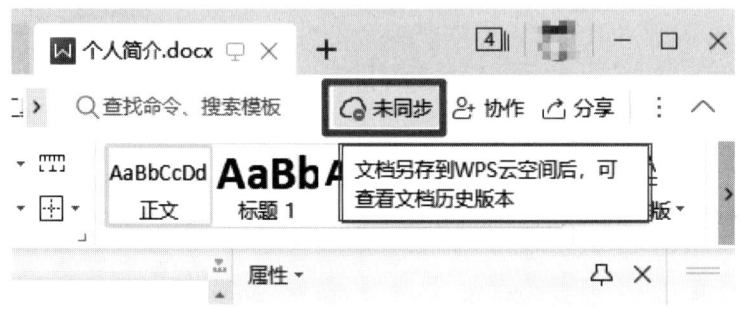

图 1-25　文档以同步方式上传到云端

设置"上传位置"，单击右下角的"上传"按钮，即可将文档保存到云端，如图 1-26 所示。

图 1-26　通过同步状态将文档上传到云端

5. 通过金山文档将文档保存到云端

金山文档提供"Windows 版、mac OS 版、App 版、小程序版、网页版"等版本的操作方式,可实现多人实时协作的在线文档处理工作。

打开金山文档,如图 1-27 所示,在页面左侧选择"我的文档"选项,单击右上角的"上传"下拉按钮,在下拉菜单中选择"文件"选项,在弹出的"打开"对话框中,选择要上传的文档,单击"打开"按钮,即可将选择的文档上传到云端,如图 1-28 所示。

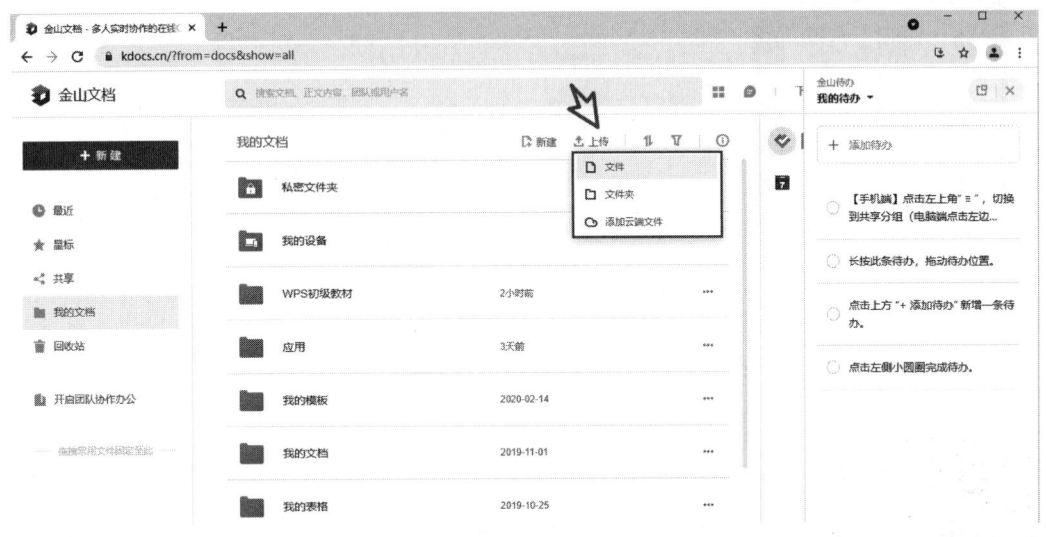

图 1-27　通过金山文档将文档上传到云端

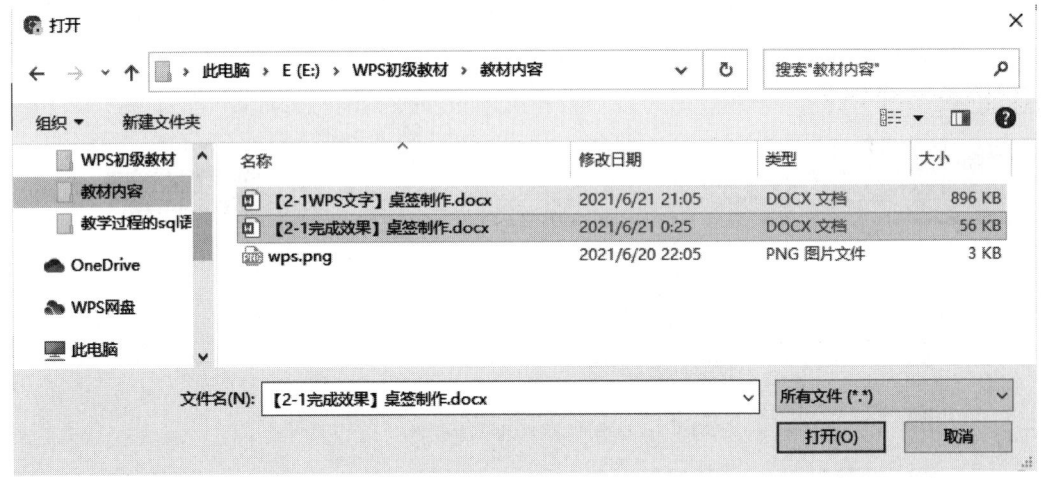

图 1-28　选择要上传的文档

1.6.2　使用 WPS 办公助手

启动 WPS Office,使用账号登录后,WPS 办公助手会自动启动。在右下角的任务栏中找到办公助手的图标，单击该图标即可打开 WPS 办公助手，如图 1-29（a）所示。

在 WPS 办公助手的首页中，可以进行"桌面云同步""同步文件夹""关联手机"等操作，如图 1-29（b）所示。

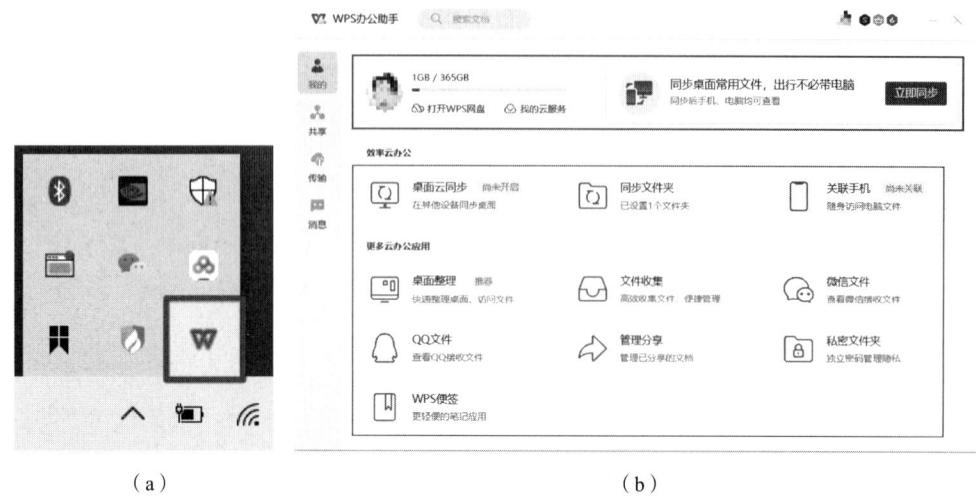

图 1-29　WPS 办公助手

1. 桌面云同步

在 WPS 办公助手的首页中，单击"桌面云同步"按钮，弹出"WPS- 桌面云同步"对话框，单击"开启桌面云同步"按钮，弹出如图 1-30 所示的对话框，开启桌面云同步后，桌面上的文件将同步到我的云文档/桌面，用户可以在其他设备上访问这些文件，对文件修改后，文件将自动同步到当前桌面。

图 1-30　开启桌面云同步

第 1 章　WPS 基础知识

2. 同步文件夹

在 WPS 办公助手的首页中，单击"同步文件夹"按钮，弹出"WPS- 同步文件夹"对话框，单击"添加同步文件夹"按钮，弹出如图 1-31 所示的对话框，添加同步文件夹后，对该文件夹及其子文件夹中的文件进行新增、修改、删除等操作，文件将实时与云端同步，无须人工上传文件，用户也可随时通过其他设备查看最新的文件。

同步文件夹

图 1-31　添加同步文件夹

3. 关联手机

在 WPS 办公助手的首页中，单击"关联手机"按钮，弹出二维码，使用手机中的 WPS Office App 扫描该二维码，完成 WPS 办公助手与手机的关联。手机关联成功后，保存在云空间的文件将在计算机和手机上自动同步，用户可以使用手机查看文件，如图 1-32 所示。

（a）　　　　　　　　　　　　（b）

图 1-32　关联手机

4. WPS 文件收集

在 WPS 办公助手的首页中，单击"文件收集"按钮，打开如图 1-33 所示的界面。使用文件收集功能后，可快速收集文件，收集的文件将自动重命名。在"新建收集"选区中，有"收健康码""收图片""收文件""收作业"4 个功能按钮。用户还可设置文件收集的"截止时间"、文件在云端的保存位置等。

图 1-33　WPS 文件收集

5. 微信文件、QQ 文件云同步

在 WPS 办公助手的首页中，单击"微信文件"按钮，弹出"WPS-文档雷达"对话框，如图 1-34（a）所示，用户可以将通过微信传输到计算机的文件保存到云端，从而避免文件丢失，方便随时随地查看。若"WPS-文档雷达"对话框底部显示的"微信文件来自"位置有误，可单击"修改位置"按钮，修改微信文件目录为计算机中微信接收文件的位置，如图 1-34（b）所示。在计算机微信中执行"设置→文件管理→文件管理"菜单命令，可查看计算机微信接收文件的存放位置。"QQ 文件"的云备份操作与"微信文件"的云备份操作类似。

（a）　　　　　　　　　　　　　　（b）

图 1-34　微信文件、QQ 文件的云备份操作

6. 私密文件夹

私密文件夹功能只有 WPS 会员才能使用。在 WPS 办公助手的首页中，单击"私密文件夹"按钮，打开如图 1-35（a）所示的界面，单击"立即开启"按钮，首次启用私密文件夹需要设置密码，如图 1-35（b）所示，设置密码后，即可开启私密文件保护功能，用户可以将需要保护的文件拖到私密文件夹中，也可以单击"上传"按钮，把指定的文件、文件夹或云端的文件加入私密文件夹中。

图 1-35　开启私密文件夹

1.6.3　使用 WPS 学院中的资源

WPS 学院是金山办公旗下的一站式 Office 技巧学习平台，主要提供 WPS Office 产品功能讲解服务，能够为用户解答有关 WPS Office 操作的相关问题。

WPS 学院资源

在 WPS 2019 中，将鼠标指针移到功能按钮上方，会显示功能按钮的名称、功能描述，部分功能按钮还会显示该功能按钮使用方法的视频链接。如图 1-36 所示，"插入"选项卡中的"图表"按钮的视频链接为"操作技巧"；"绘图工具"选项卡中的"环绕"按钮的视频链接为视频图标小窗口，小窗口的右下角会显示视频时长。

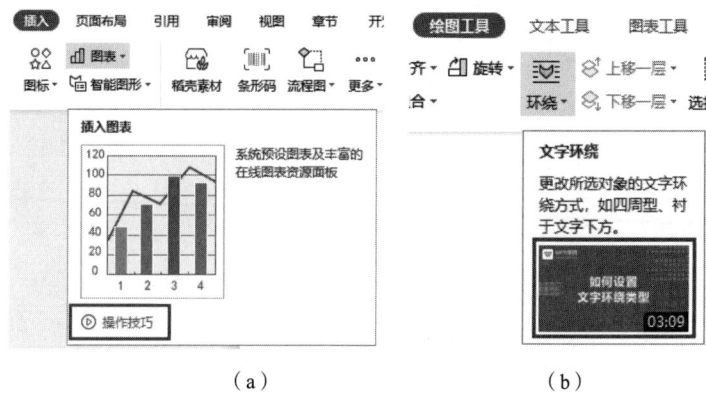

图 1-36　功能按钮提示信息中的视频链接

在功能按钮的提示信息中，单击视频链接，在工作界面顶部的标签栏中会自动打开一个新标签，用户可以使用 WPS Office 自带的浏览器访问"WPS 学院"网站提供的视频资源。"WPS 学院"网站不仅提供了丰富的"技巧视频"，而且提供了"Office 基础课""Office 进阶课""Office 图书馆""技巧问答""WPS 企业版"等资源及 WPS Office 下载链接，如图 1-37 所示。

图 1-37 "WPS 学院"网站提供的资源

第 2 章

WPS文字综合应用

2.1 制作游学活动方案

2.1.1 任务目标

本任务介绍 WPS 文字中的新建、编辑、保存等操作。通过学习本任务，读者能够掌握 WPS 文字的页面设置、文字录入、字体设置、段落设置等常用操作；能够插入编号、符号、水印、脚注、批注等，从而对文档进行美化；能够对字符进行查找和替换；了解 WPS 云文档的有关操作；能够将文档保存为本地文档和云文档。

2.1.2 任务描述

向阳中学决定，组织高二年级的部分学生进行一次游学活动，参观"清北+华五"七所高校并游览这七所高校所在的城市。相关老师需要制作一份简单的游学活动方案，主要包括时间行程、交通工具、当地的天气情况等。请根据要求，帮助相关老师制作一份游学活动方案。

当游学活动方案撰写好之后，出于其他原因，学校决定取消南京的行程，而上海的行程增加一天，并在这一天参观同济大学、华东师范大学。请在原先的活动方案上进行修改。

本任务完成后的参考效果如图 2-1 所示。

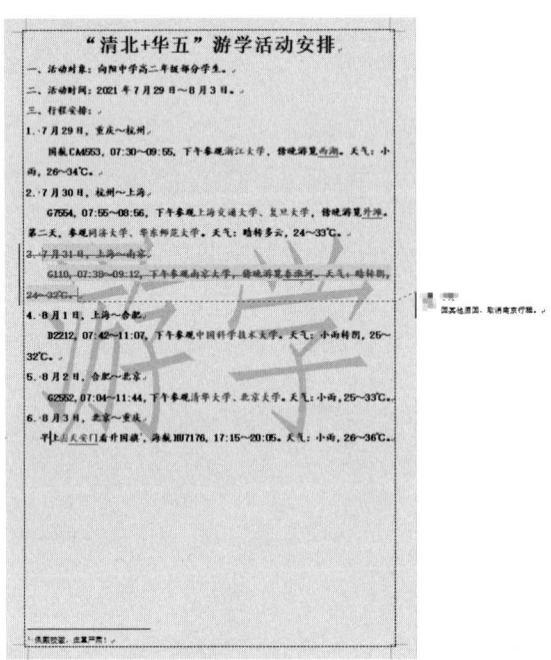

图 2-1 本任务完成后的参考效果

2.1.3 任务分析

- 通过"新建标签"按钮新建文字文档。
- 通过"开始"选项卡对字体、段落、编号进行设置，对字符进行查找替换操作；使用"格式刷"按钮，快速复制文本的格式。
- 通过"插入"选项卡，插入符号、水印等。
- 通过"引用"选项卡，插入脚注，在文中的指定位置添加注释。
- 通过"页面布局"选项卡，对页面进行设置。
- 通过"审阅"选项卡，插入批注，对文档进行修订等操作。
- 通过"文件"菜单，将文档保存为云文档和本地文档。

2.1.4 任务实现

1. 新建文字文档

> 操作：启动 WPS Office 后，在工作界面顶部的"标签栏"中，单击"新建标签"按钮，在"新建"界面中，在左侧的列表中选择"新建文字"选项，单击界面右侧的"新建空白文字"按钮即可新建一个文字文档。
>
> 创建新文件的方法较多，详见本任务"相关知识"部分。

2. 文本输入与设置

（1）输入文本内容

输入如图 2-2 所示的文本内容，并将所有文本加粗显示。

```
"清北+华五"游学活动安排
活动对象：向阳中学高二年级部分学生。
活动时间：2021 年 7 月 29 日 ~ 8 月 3 日。
行程安排：
7 月 29 日，重庆 ~ 杭州
国航 CA4553，07:30-09:55，下午参观浙江大学，傍晚游览西湖。天气：小雨，26-34℃。
7 月 30 日，杭州 ~ 上海
G7554，07:55-08:56，下午参观上海交通大学、复旦大学，傍晚游览外滩。天气：晴转多云，24-33℃。
7 月 31 日，上海 ~ 南京
G110，07:38-09:12，下午参观南京大学，傍晚游览秦淮河。天气：晴转阴，24-32℃。
8 月 1 日，南京 ~ 合肥
D3077，08:00-08:48，下午参观中国科学技术大学。天气：小雨转阴，25-32℃。
8 月 2 日，合肥 ~ 北京
G2552，07:04-11:44，下午参观清华大学、北京大学。天气：小雨，25-33℃。
8 月 3 日，北京 ~ 重庆
早上去天安门看升国旗，海航 HU7176，17:15-20:05。天气：小雨，26-36℃。
```

图 2-2　输入文本内容

操作 1：切换输入法。按"Ctrl+Space"组合键，切换为中文输入状态，输入文字。

操作 2：在全角方式和半角方式之间进行切换。日期格式"2021 年 7 月 29 日～8 月 3 日"中的"～"需要在全角方式下输入，按"Shift+Space"组合键切换为全角方式，输入完后再按"Shift+Space"组合键切换为半角方式。时间格式"07:30-09:55"中的":"和"-"需要在英文半角方式下输入。

操作 3：切换大小写。输入大写字母时，应在英文输入状态下输入，先按住"Shift"键不放再按相应的字母键，或者按"CapsLock"键进行大小写切换。

操作 4：插入符号。输入"℃"时，使用插入符号的方式。选择"插入"选项卡，单击"符号"下拉按钮，在下拉菜单中选择"单位"选项，在右侧的选区中单击"℃"按钮，如图 2-3 所示，即可将选定的符号插入光标所在的位置。

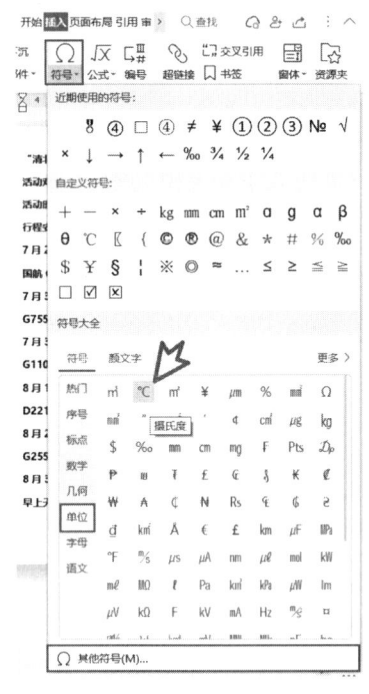

文本输入与插入符号

图 2-3　插入符号

操作 5：使用复制粘贴的方式。输入 7 月 30 日的行程内容时，因为和 7 月 29 日的行程内容的格式类似，可以使用复制粘贴后修改的方式，提高文本输入效率。选中 7 月 29 日的行程内容，按"Ctrl+C"组合键复制，将光标置于 7 月 29 日行程内容的最后一个字符的右侧；按"Enter"键另起一段，再按"Ctrl+V"组合键，即可将复制的内容粘贴到光标所在的位置。粘贴后对照图 2-2 修改相应的文本内容。以此类推，输入后面几天的行程内容。

操作 6：设置文本加粗。按"Ctrl+A"组合键全选，按"Ctrl+B"组合键设置加粗（或者单击"开始"选项卡中的"加粗"按钮）。

（2）设置标题文字

将第一行文字居中，并将文字设置为中文标题，二号，将字符间距加宽 0.04 厘米。

操作：将光标置于第一行，按"Ctrl+E"组合键使文字居中（或者选择"开始"选项卡，单击"居中对齐"按钮）。选中第一行文字并右击，在弹出的快捷菜单中选择"字体"选项，打开"字体"对话框，在该对话框中，设置"中文字体"为"中文标题"，设置"字号"为"二号"；选择"字符间距"选项卡，设置"间距"为"加宽"，设置"值"为"0.04 厘米"，单击"确定"按钮。

（3）设置正文文字

将正文部分（除第一行文字）的所有文字设置为楷体，小四号。

操作：选中正文部分的所有文字并右击，在弹出的快捷菜单中选择"字体"选项，打开"字体"对话框，在该对话框中，设置"中文字体"为"楷体"，设置"字号"为"小四号"，单击"确定"按钮。

（4）设置编号

为"活动对象、活动时间、行程安排"设置编号，编号样式为"一、二、三、"，为行程安排的每一天的行程内容设置编号，编号样式为"1.2.3."。

设置编号

操作 1：设置编号"一、二、三、"。选中第 2 行至第 4 行文字，选择"开始"选项卡，单击"编号"下拉按钮，在下拉菜单中选择"一、二、三、"编号样式，如图 2-4（a）所示。

设置编号后，对应的段落默认有首行缩进效果。将鼠标指针移到编号上并右击，在弹出的快捷菜单中选择"调整列表缩进"选项，如图 2-4（b）所示，打开"调整列表缩进"对话框，在该对话框中，将"编号位置""文本缩进"均设置为"0"，将"编号之后"设置为"无特别标示"，单击"确定"按钮。

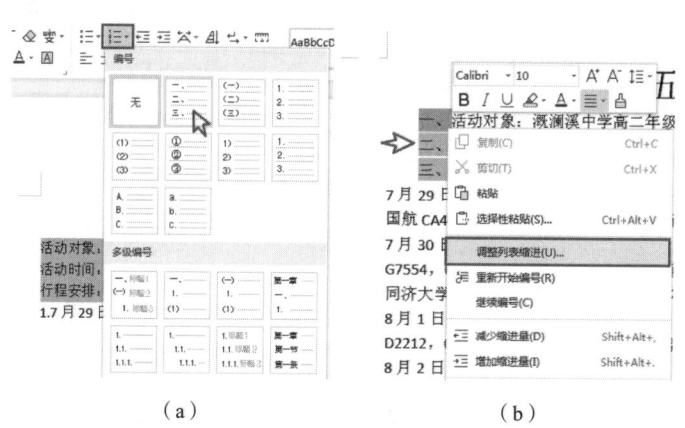

（a）　　　　　　　　　　（b）

图 2-4　编号设置

操作2：设置编号"1.2.3."。选中第5行文字"7月29日，重庆～杭州"，按住"Ctrl"键不放，再依次选中要设置相同编号样式的其余文字。选择"开始"选项卡，单击"编号"下拉按钮，在下拉菜单中选择"1.2.3."编号样式。

设置编号后，编号后面默认有"制表符"及文本缩进。在编号上右击，在弹出的快捷菜单中选择"调整列表缩进"选项，打开"调整列表缩进"对话框，在该对话框中，将"编号位置"设置为"0.8厘米"，"文本缩进"设置为"0厘米"，"编号之后"设置为"空格"，单击"确定"按钮，如图2-5所示。

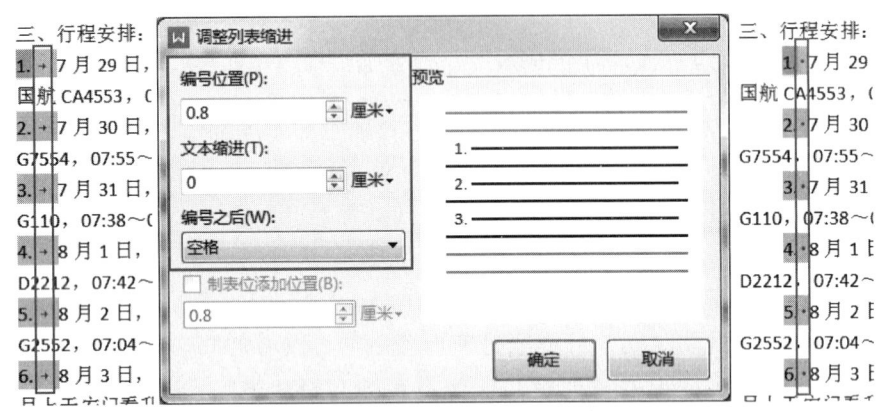

图2-5 "调整列表缩进"对话框

（5）设置段落

将正文的前三段的缩进的特殊格式设置为"无"；将后面所有段落的缩进的特殊格式设置为首行缩进2字符，设置行距为1.5倍。

段落设置

操作：选中正文的前三段并右击，在弹出的快捷菜单中选择"段落"选项，弹出"段落"对话框，在"特殊格式"下拉菜单中选择"无"选项。

选中正文中后面所有段落并右击，在弹出的快捷菜单中选择"段落"选项，弹出"段落"对话框，在"特殊格式"下拉菜单中选择"首行缩进"选项，设置"度量值"为"2"字符，设置"文本之前"为"0"字符，设置"行距"为"1.5倍行距"。

3. 文档编辑

（1）字体颜色

将"清华大学、北京大学、上海交通大学、复旦大学、中国科学技术大学、浙江大学、南京大学"等高校名称设置为蓝色。

操作1：选中"清华大学、北京大学"，选择"开始"选项卡，单击"字体颜色"下拉按钮，在下拉菜单的"标准色"选区中选择"蓝色"选项。

操作2：使用格式刷。将光标置于"清华大学、北京大学"文字中间，选择"开始"选项卡，双击"格式刷"按钮（此时将鼠标指针移到文档编辑区，鼠标指针会变成小刷子形状，表示格式刷可用），选中文字"中国科学技术大学"，则被选中的文字会自动应用格式刷中的格式。同样地，分别选中文字"南京大学""上海交通大学、复旦大学""浙江大学"，即可完成设置字体颜色的操作。最后按"Esc"键取消格式刷，鼠标指针恢复原始状态。

（2）添加下画线

将"西湖、外滩、秦淮河、天安门"等文字设置为红色，并添加下画线。

操作：选中文字"天安门"，选择"开始"选项卡，单击"字体颜色"下拉按钮，在下拉菜单的"标准色"选区中选择"红色"选项；单击"下画线"按钮。

使用同样的方法，依次为文字"秦淮河""外滩""西湖"设置字体颜色与下画线。

也可以使用"格式刷"对其他文字进行设置，格式刷的使用方法同上。

（3）插入脚注

对文字"早上去天安门看升国旗"插入脚注，脚注内容为"佩戴团徽，严肃庄重！"。

操作：选中文字"早上去天安门看升国旗"（或者将光标置于"旗"字的右侧），选择"引用"选项卡，单击"插入脚注"按钮，在页面底部的脚注中输入"佩戴团徽，严肃庄重！"。

（4）页面设置

设置页边距：上、下页边距为2.5厘米，左、右页边距为3厘米；将页面背景设置为自定义颜色"RGB模式：红色、绿色、蓝色，颜色值均为230"；将页面边框设置为"虚线"。

页面设置

操作1：设置页边距。选择"页面布局"选项卡，使用"页边距"微调按钮，分别设置"上、下、左、右"的页边距。

操作2：设置页面背景。单击"页面布局"选项卡中的"背景"下拉按钮，在下拉菜单中选择"其他填充颜色"选项，打开"颜色"对话框，选择"自定义"选项卡，在"红色""绿色""蓝色"文本框中分别输入"230"，单击"确定"按钮。

操作3：设置页面边框。单击"页面布局"选项卡中的"页面边框"按钮，打开"边框和底纹"对话框，选择"页面边框"选项卡，在"设置"选区中选择"方框"选项，"线型"栏选择"虚线"，其他参数默认，确认后单击"确定"按钮。

（5）插入水印

插入水印，水印内容为"游学"，设置字体为"仿宋"，颜色为"蓝色"，透明度为80%。

操作：选择"插入"选项卡，单击"水印"下拉按钮，在下拉菜单中选择"插入水印"选项；打开"水印"对话框，在该对话框中，勾选"文字水印"复选框，在"内容"文本框中输入"游学"，设置"字体"为"仿宋"，设置"颜色"为"蓝色"，设置"透明度"为"80%"，单击"确定"按钮。

（6）插入批注

对南京的行程内容插入批注，批注内容为"因其他原因，取消南京行程。"。

插入水印与批注

操作：选中 7 月 31 日的全部行程内容，选择"审阅"选项卡，单击"插入批注"按钮，输入"因其他原因，取消南京行程。"，如图 2-6 所示。

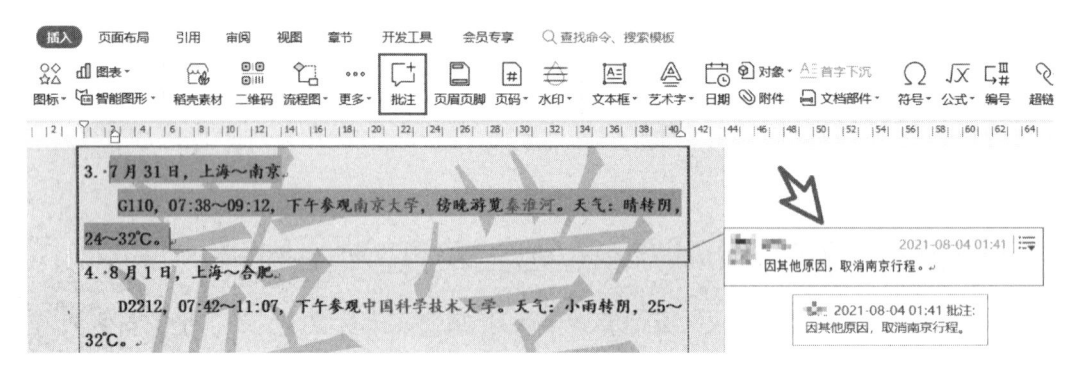

图 2-6　插入批注

（7）添加删除线

对南京的行程内容添加红色的删除线。

操作 1：设置修订选项。选择"审阅"选项卡，单击"修订"下拉按钮，在下拉菜单中选择"修订选项"选项，打开"选项"对话框，在该对话框的"标记"选区中，设置"删除内容"为"删除线"，设置"删除内容"右侧的"颜色"为"红色"，单击"确定"按钮。

操作 2：设置显示以供审阅。在"审核"选项卡的"显示以供审阅"下拉菜单中选择"显示标记的原始状态"选项。

操作 3：开启修订模式。单击"修订"按钮（或者按"Ctrl+Shift+E"组合键；或者单击"修订"下拉按钮，在下拉菜单中选择"修订"选项）即可开启修订模式，开启修订模式后，"修订"按钮会高亮显示。

选中"7 月 31 日行程"的全部内容，按"Delete"键。操作完成后，再次单击"修订"按钮，关闭修订模式。

提示：修订操作完成后，单击"审阅"选项卡中的"接受"下拉按钮，可以选择"接受修订"或"接受对文档所做的所有修订"选项；单击"拒绝"下拉按钮，可以选择"拒绝所选修订"或"拒绝对文档所做的所有修订"选项。

（8）修改文字

对上海的行程内容进行修改，增加"第二天，参观同济大学、华东师范大学。"，将"南京～合肥"修改为"上海～合肥"，将"D3077"修改为"D2212"，将"08:00-08:48"修改为"07:42-11:07"。

> 操作：将光标定位到文字"傍晚游览外滩。"后面，输入文字"第二天，参观同济大学、华东师范大学。"，并将"同济大学、华东师范大学"的文字颜色设置为蓝色。
>
> 选中"南京～合肥"中的"南京"两个字，将其修改为"上海"，选中文字"D3077"，将其修改为"D2212"，选中文字"08:00-08:48"，将其修改为"07:42-11:07"。

（9）查找与替换

将文档中所有的"-"替换为"～"。

> 操作：按"Ctrl+H"组合键（或者在"开始"选项卡中单击"查找替换"按钮），打开"查找和替换"对话框，选择"替换"选项卡，在"查找内容"文本框中输入"-"，在"替换为"文本框中输入"～"，单击"全部替换"按钮，完成替换操作。完成对当前选择范围的搜索后，会提示被替换的数量，并询问是否查找文档的其他部分，均单击"确定"按钮。

查找与替换

4. 文件保存与关闭

（1）保存文件

将完成后的文档分别保存为云文档与本地文档，文件名为"×××制作的游学活动安排.docx"，其中"×××"为制作者的学号和姓名，".docx"为文档的扩展名。

> 操作1：保存为云文档。在"文件"菜单中选择"另存为"选项，打开"另存文件"对话框，在该对话框中，选择"我的云文档"选项，输入文件名"×××制作的游学活动安排"，文件类型默认为"*.docx"格式，单击"保存"按钮。
>
> 操作2：保存为本地文档。在"文件"菜单中选择"另存为"选项，打开"另存文件"对话框，在该对话框中选择"我的桌面"或"我的电脑"选项，选择文件的保存位置，输入文件名"×××制作的游学活动安排"，文件类型默认为"*.docx"格式，单击"保存"按钮。

（2）关闭文件

文件保存好之后，关闭 WPS 文字。

> 操作：将鼠标指针移到工作界面顶部"标签栏"的文件名标签上，单击文件名右侧的"关闭"按钮；或者直接单击工作界面右上角的"关闭"按钮。

2.1.5 相关知识

1. WPS 文字简介

WPS 文字（2019 版本）的工作界面主要包括以下部分：①首页，②稻壳网链接，③文件名标签，④标签栏，⑤登录用户信息，⑥最小化按钮、最大化按钮、关闭按钮，⑦快速访问工具栏，⑧选项卡，⑨协作状态区，⑩功能按钮区，⑪导航窗格，⑫文档编辑区，⑬任务窗格，⑭状态栏，⑮视图栏，⑯页面缩放按钮，如图 2-7 所示。

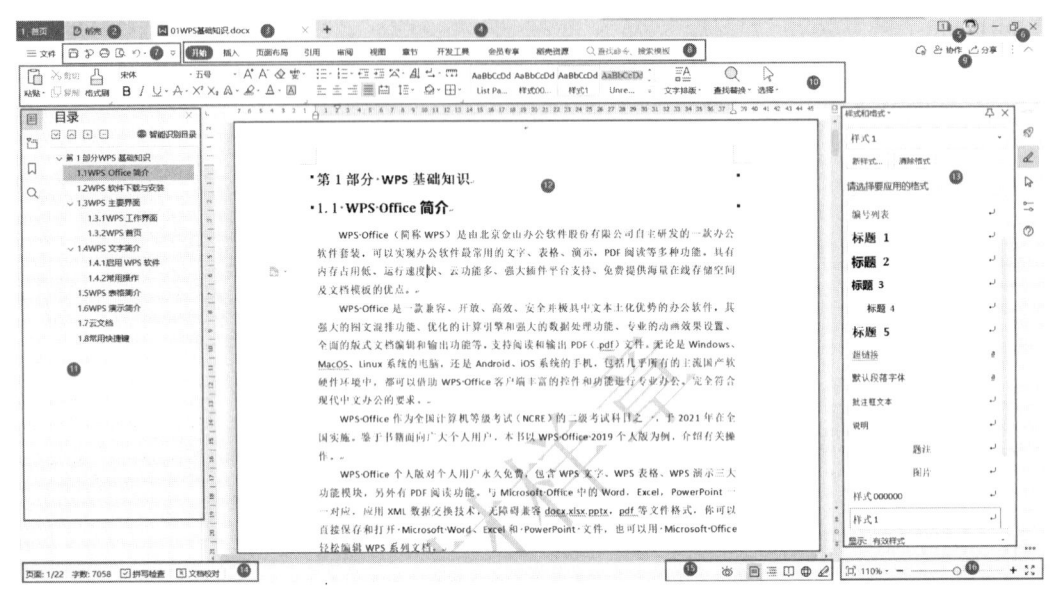

图 2-7　WPS 文字的工作界面

2. 新建文件

启动 WPS Office 后，可以新建文件，也可以使用 WPS Office 提供的模板新建文件。WPS Office 提供了大量的模板，在"模板搜索框"中输入关键字，可对模板进行搜索。部分模板只有会员才能使用。

（1）通过新建标签新建文件

WPS Office 的"新建"界面以标签页的形式提供了多种办公文档类型的创建功能。启动 WPS Office 后，在工作界面顶部的"标签栏"中，单击"新建"按钮，在"新建"界面中选择文件类型，单击"新建空白文字"按钮即可新建一个文字文档，如图 2-8 所示。

（2）通过快捷键新建文件

按"Ctrl+N"组合键，可以快速创建一个同类型的空白标签。如果当前工作界面的文件类型是"文字文档"，按"Ctrl+N"组合键，则新建一个文字文档；如果当前工作界面的文件类型是"演示文稿"，按"Ctrl+N"组合键，则新建一个演示文稿。

图 2-8　WPS Office 的"新建"界面

（3）通过单击右键新建文件

在保存文件的磁盘或文件夹内的空白位置右击，在弹出的快捷菜单中选择"新建"选项，在右侧的子菜单中选择"DOCX 文档"选项，即可在当前磁盘或文件夹中新建一个名为"新建 DOCX 文档.docx"的文字文档，其中".docx"为文件的扩展名。有关操作如图 2-9 所示。

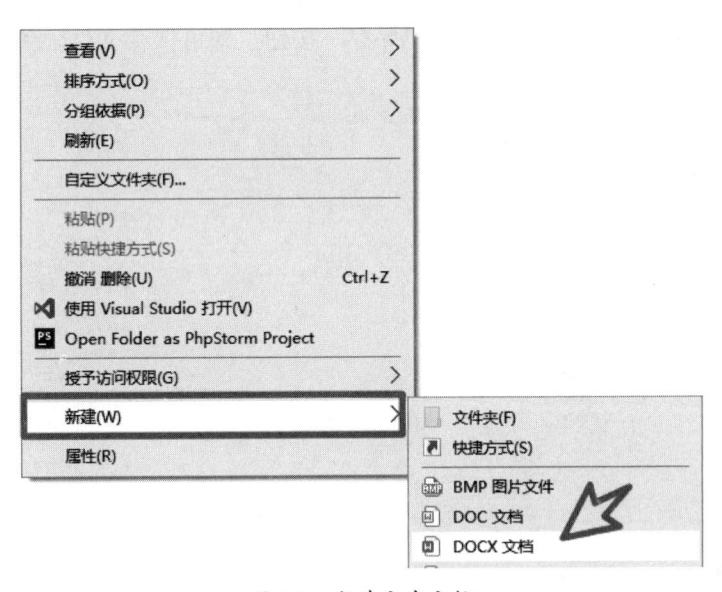

图 2-9　新建文字文档

（4）通过"文件"菜单新建文件

在"文件"菜单中选择"新建"→"新建"选项，如图 2-10 所示，打开"新建"界面，选择文件类型，单击"新建空白文字"按钮即可新建一个文字文档。有关操作如图 2-10

所示。

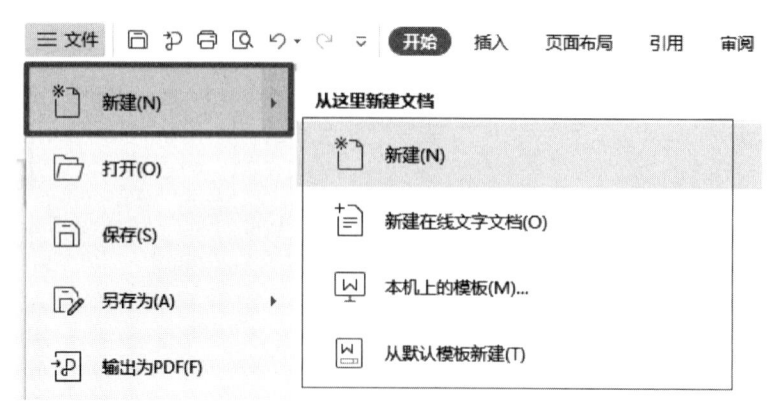

图 2-10　在"文件"菜单中选择"新建"→"新建"选项

3. 保存与命名文件

新建文件时，WPS Office 会自动分配一个临时名称，如"文字文稿 1""工作簿 1""演示文稿 1"，若想更改文件的临时名称，并将文件保存到计算机磁盘或网盘上，需要保存文件。

（1）保存新文件

单击快速访问工具栏中的"保存"按钮，或在"文件"菜单中选择"保存"选项，可实时保存文件内容。首次保存文件时，会弹出"另存文件"对话框，在该对话框中设置文件的保存路径和文件名，单击右下角的"保存"按钮，即可保存文件。例如，保存新建的文字文档，如图 2-11 所示。

图 2-11　"另存文件"对话框

使用"Ctrl+S"组合键可快速执行保存操作。

（2）保存已存盘的文件

保存已存盘的文件，其操作方法与保存新文件的操作方法基本一致，唯一的区别为在保存的过程中不会打开"另存文件"对话框。

（3）将文件另外保存

在"文件"菜单中选择"另存为"选项（或按"F12"键），打开"另存文件"对话框，在该对话框中设置文件的保存路径、文件名、文件类型，单击右下角的"保存"按钮。另存文件的保存路径、文件名、文件类型如果与原文件完全一致，则单击"保存"按钮后会弹出"当前位置存在同名文件"对话框，提示"是否替换××××？"，其中"××××"为原文件名，单击"是"按钮则替换原文件，单击"否"按钮则不执行保存操作。

（4）设置自动保存

在使用 WPS Office 时，文件能够自动保存是非常重要的，这样可以避免因没及时保存而造成的文件内容丢失。在 WPS Office 中设置自动保存的主要步骤如下。

在"文件"菜单中选择"备份与恢复"选项，在右侧的子菜单中选择"备份中心"选项，弹出"备份中心"对话框，在该对话框中单击"本地备份设置"按钮，打开"本地备份配置"对话框，如图 2-12 所示，设置本地备份存放的磁盘及时间间隔，时间间隔需大于或等于 1 分钟，小于 12 小时。

图 2-12 "本地备份配置"对话框

（5）将字体嵌入文件

在编辑文字文档的过程中，如果使用了非系统自带的字体，那么在保存文档时，建议使用"将字体嵌入文件"的方式，以免文件在其他设备上打开时，对应字体显示异常。在"文件"菜单中选择"选项"选项，打开"选项"对话框，选择左侧的"常规与保存"选项，在右侧勾选"将字体嵌入文件"复选框，其下方有"仅嵌入文档中所用的字符（适于减小文件大小）"和"不嵌入常用系统字体"两个复选框，根据需要进行选择，确认后单击

"确定"按钮，如图 2-13 所示。

图 2-13 将字体嵌入文件

4. 打开文件

打开已存在的文件有以下两种方式。

（1）打开单个文件

将鼠标指针移到需要打开的文件图标上方并双击，或者将文件拖动到 WPS Office 的工作界面中，即可打开该文件。

在 WPS 文字的"文件"菜单中选择"打开"选项，打开"打开文件"对话框，选择文件后单击"打开"按钮即可打开选中的文件。按"Ctrl+O"组合键，也可打开"打开文件"对话框。

在"文件"菜单中，将鼠标指针移到"打开"选项上，在右侧的子菜单中会显示"最近使用"的文件，单击文件名称，即可打开对应的文件，如图 2-14 所示。

第 2 章　WPS 文字综合应用

图 2-14　显示"最近使用"的文件

如果计算机中的文件较多，查找文件不太方便，那么单击工作界面左上角的"首页"标签，选择"文档"→"最近"选项，可以快速查找最近访问过的文件。

（2）同时打开多个文件

若要一次打开多个文件，需要先选中多个文件。

选中多个连续的文件，先单击需要选择的第 1 个文件，按住"Shift"键不放，再单击最后一个文件，此时这两个文件及它们围成的区域（以第 1 个文件为区域的起始位置，最后一个文件为区域的结束位置）内的所有文件都会被选中，按"Enter"键或在选中的任一文件上右击，在弹出的快捷菜单中选择"打开"选项，可将选中的多个文件都打开。例如，第 1 次单击文件"WPS 文字文稿（2）.docx"，按住"Shift"键不放，再单击文件"WPS 文字文稿（23）.docx"，可将 WPS 文字文稿（2）至 WPS 文字文稿（23）所形成的区域内的文件都选中，如图 2-15 所示。

图 2-15　同时选中多个文件

037

选中多个不连续的文件，按住"Ctrl"键不放，依次单击需要选择的文件，当需要选择的文件都被选中后，按"Enter"键或在选中的文件上右击，在弹出的快捷菜单中选择"打开"选项，可将选中的多个文件都打开。

5. 关闭文件

需要关闭文件时，将鼠标指针移到工作界面顶部的文件名标签上，单击标签内部右侧区域出现的"关闭"按钮，或者直接单击工作界面右上角的"关闭"按钮。关闭文件时，若文件中有未保存的内容，会弹出提示对话框，如图2-16所示，单击"保存"按钮，可保存文件后自动关闭文件；单击"不保存"按钮，可不保存文件且关闭文件；单击"取消"按钮，可关闭提示对话框，并返回工作界面。

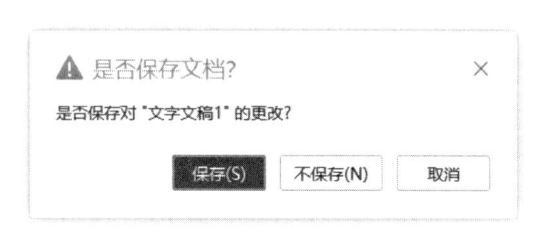

图 2-16 提示对话框

6. 文本编辑常用操作

（1）选择文本

在文档中输入文本之前，需先确定输入文本的位置，即确定光标的位置，然后在光标所在的位置输入文本。在输入文本的过程中，如果需要切换输入法，则按"Ctrl+Shift"组合键；如果在某个输入法中，需要切换中英文输入状态，则按"Ctrl+空格"组合键。

文档页面的左侧区域也被称为文本选定区域，将鼠标指针移到该区域，鼠标指针会变成向右的空白箭头形状⌇，单击后可选择当前文字所在的行，双击后可选择当前文字所在的段落，连续三次单击后，可选择整篇文档。

选择任意文字：将鼠标指针置于待选文本的开始处，按住鼠标左键不放并拖动鼠标，直到待选文本的结束位置松开鼠标左键即可。

选择词语或词组：将鼠标指针置于待选词语或词组上，双击即可。

选择一段文字：将鼠标指针置于待选段落中，连续三次单击，即可选择该文字。

选择全文：按"Ctrl+A"组合键，即可选择全文。

选择不连续的文本区域：按住"Ctrl"键不放，用鼠标分别选择所需要的各文本区域，即可选择这些不连续的文本区域。

选择连续的文本区域：按住鼠标左键不放并拖动鼠标进行选择；或者先单击该连续区域的开始位置，再将鼠标指针移到该连续区域的结束位置，按住"Shift"键不放，单击结束位置，即可选择该连续区域。

（2）复制与移动文本

复制文本：选定所需操作的文本后，单击"开始"选项卡中的"复制"按钮，然后将光标移到目标位置，单击"粘贴"按钮，实现文本的复制粘贴操作。或者在选定文本后，直接按"Ctrl+C"组合键复制文本，将光标移到目标位置，按"Ctrl+V"组合键粘贴文本。选定文本后并右击，在弹出的快捷菜单中选择"复制""剪切""粘贴"等选项。

移动文本：选定所需操作的文本后，单击"开始"选项卡中的"剪切"按钮，然后将光标移到目标位置，单击"粘贴"按钮，实现文本的移动操作。或者在选定文本后，直接按"Ctrl+X"组合键剪切文本，将光标移到目标位置，按"Ctrl+V"组合键粘贴文本。

（3）粘贴文本

复制文本后，单击"开始"选项卡中的"粘贴"下拉按钮，在下拉菜单中选择"只粘贴文本"选项（快捷键为"Ctrl+Alt+T"组合键），可将复制的文本去除原有格式后粘贴到目标位置，并自动匹配目标位置的格式，如图2-17所示。也可在下拉菜单中选择"选择性粘贴"选项，打开"选择性粘贴"对话框，选择"无格式文本"，单击"确定"按钮。

（a）　　　　　　　　　（b）

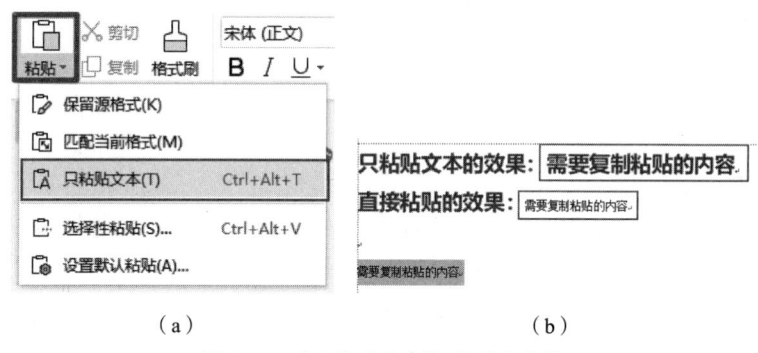

图2-17　"只粘贴文本"选项及效果

（4）删除文本

删除文本，即将选定的文本内容从文档中清除。选定所需操作的文本后，按"Backspace"键或"Delete"键，均可将选定的文本删除。若未选定任何文本，按"Backspace"键可以删除光标左侧的内容，按"Ctrl+Backspace"组合键可以删除光标左侧的一个单词；按"Delete"键可以删除光标右侧的内容，按"Ctrl+Delete"组合键可以删除光标右侧的一个单词。

（5）撤销与恢复

在编辑文档的过程中如果出现错误操作，如不小心删除了想要的内容，粘贴内容位置错误等，可以撤销对应的操作，将文档还原到执行该操作之前的状态。在"快速访问工具栏"中有"撤销"按钮（快捷键为"Ctrl+Z"组合键）和"恢复"按钮（快捷键为"Ctrl+Y"组合键），单击功能按钮或使用快捷键，可以执行"撤销"或"恢复"操作，重复执行可连续撤销或连续恢复。

（6）查找和替换

查找是指在文档中根据指定的关键字找到相匹配的字符串，替换是指用新的文本或符号替换查找到的内容。WPS 文字提供了多种高级搜索方式，如使用通配符、区分大小写、区分全/半角等。

① 查找操作。

单击"开始"选项卡中的"查找替换"按钮，或者按"Ctrl+F"组合键，打开"查找和替换"对话框，在该对话框的"查找内容"文本框中输入要查找的内容，单击"查找下一处"按钮即可，如图 2-18 所示。

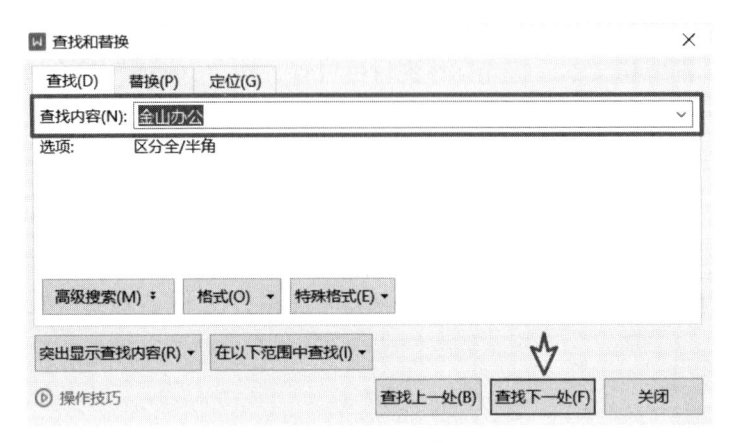

图 2-18 "查找和替换"对话框

② 替换操作。

例如，将文档中所有的"WPS"替换为"WPS 2019"并使用红色加粗显示。单击"开始"选项卡中的"查找替换"按钮，打开"查找和替换"对话框，如图 2-19（a）所示，单击"替换"选项卡，或者按"Ctrl+H"组合键。在"查找内容"文本框中输入"WPS"，在"替换为"文本框中输入"WPS 2019"，单击对话框中的"格式"下拉按钮，在下拉菜单中选择"字体"选项，打开"字体"对话框，设置"加粗"和"红色"，单击"全部替换"按钮，完成替换操作，效果如图 2-19（b）所示。

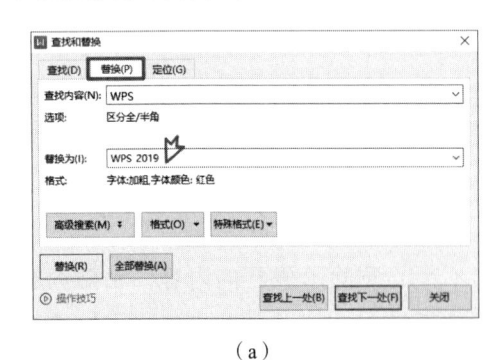

（a） （b）

图 2-19 带格式的查找替换

在执行"全部替换"操作前，如果未选中文本范围，则默认的替换范围是整个文档。如果要针对文档的某个段落或某个区域进行操作，则可以先选中需要操作的段落或区域，再执行全部替换操作。完成对当前选择范围的搜索后，会提示被替换的数量，询问是否查找文档的其他部分，如图 2-20 所示。

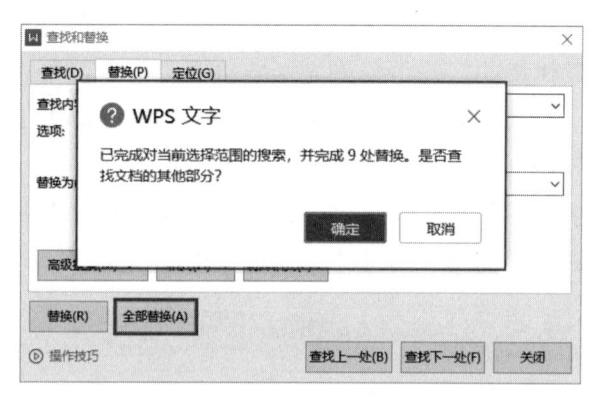

图 2-20　询问是否查找文档的其他部分

（7）插入符号与公式

单击"插入"选项卡中的"符号"下拉按钮，可以在下拉菜单中选择需要的符号，将符号插入文档中。单击"公式"下拉按钮，可以向文档中插入常用的公式。有关操作如图 2-21 所示。

（a）　　　　　　　　　　　　（b）

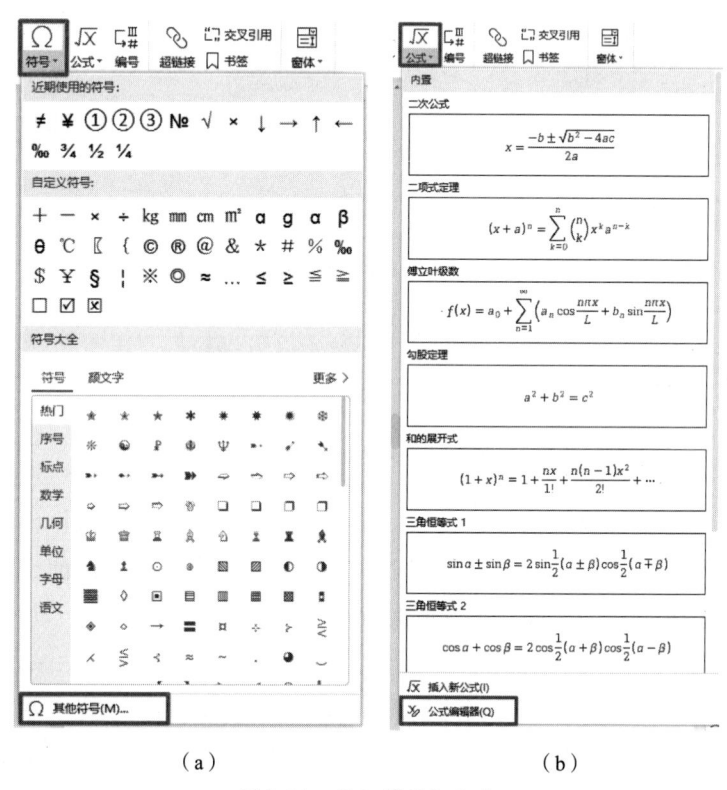

图 2-21　插入符号与公式

（8）项目符号与编号

项目符号和编号是放在段落文本前，用来添加强调效果的点、数字或其他符号，一般用于并列关系的段落。合理使用项目符号和编号，可以使文档的层次结构更清晰、更有条

041

理。例如，当制作管理条例时，给条例前添加项目符号或编号，可以在输入文本的同时自动添加项目符号和编号列表，也可在文本原有段落前添加项目符号和编号。

添加项目符号的具体操作：选中或将光标定位在段落中，在"开始"选项卡中单击"插入项目符号"按钮，可添加默认的项目符号；或者单击"插入项目符号"下拉按钮，在下拉菜单中选择项目符号样式，如图 2-22（a）所示。

添加编号的操作与添加项目符号的操作类似，单击"开始"选项卡中的"编号"按钮；或者单击"编号"下拉按钮，在下拉菜单中选择编号样式，如图 2-22（b）所示。

（a）　　　　　　　　　　　　（b）

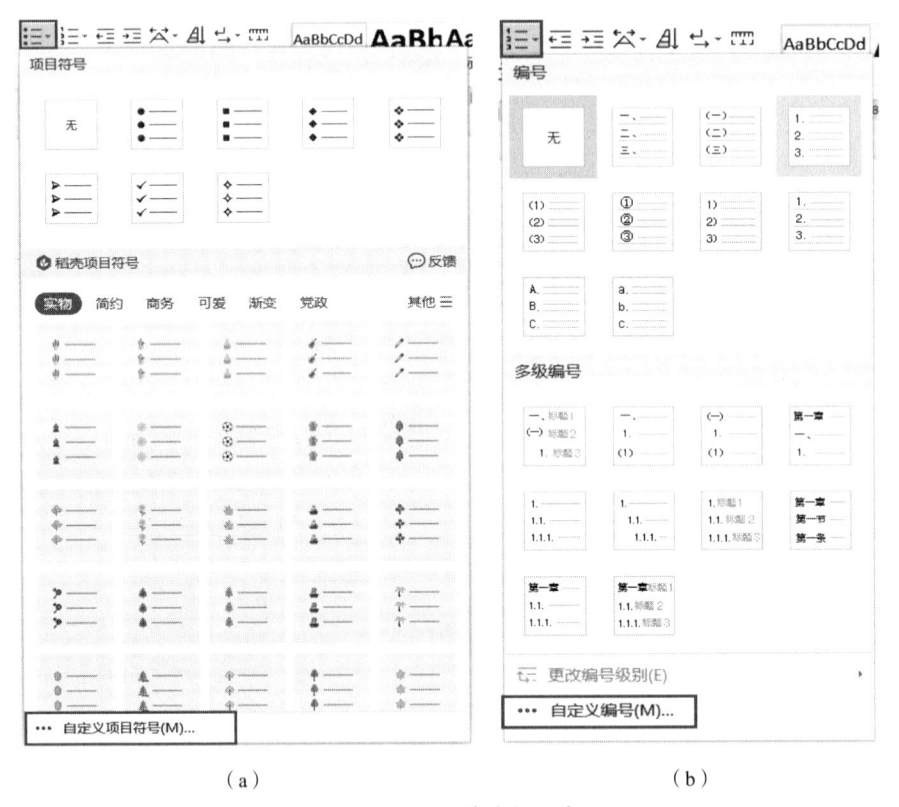

图 2-22　项目符号与编号

同时给多个段落添加项目符号和编号，先选中多个段落，后续操作可参照前文。在含有项目符号的段落中，按"Enter"键换到下一段落时，会在下一段落前自动添加相同样式的项目符号，直接按"Backspace"键或再次按"Enter"键，可以取消自动添加的项目符号。

（9）插入水印

在文档中添加水印可以标明文档的性质，起到提示的作用。设置水印的方法与设置背景颜色的方法类似。单击"插入"选项卡中的"水印"下拉按钮，在下拉菜单中选择需要的水印样式，或者在下拉菜单中选择"插入水印"选项，在弹出的"水印"对话框中，可以设置图片水印，如图 2-23 所示。在"页面布局"选项卡中单击"背景"下拉按钮，在下拉菜单中选择"水印"选项，也可设置水印。

第 2 章　WPS 文字综合应用

（a）　　　　　　　　　　　　　　（b）

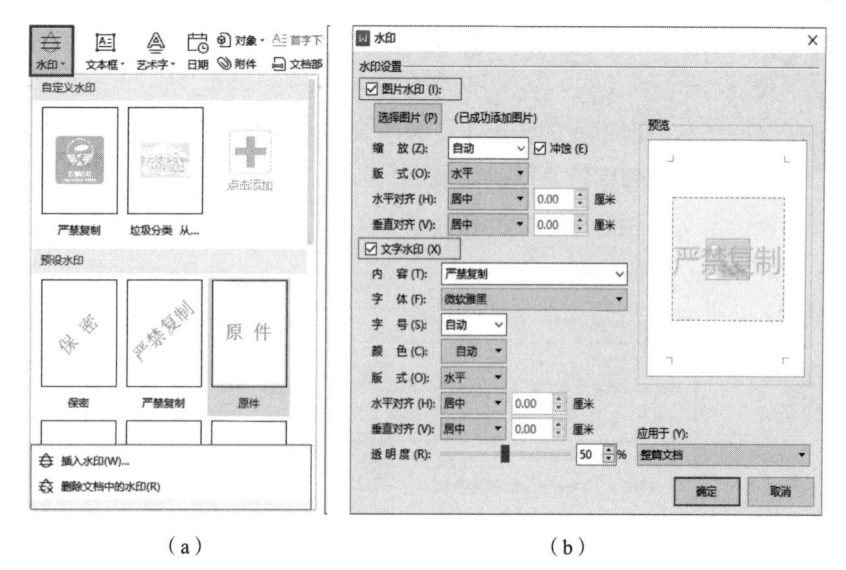

图 2-23　插入水印

7. 文本格式设置

（1）字符格式

通过"开始"选项卡中的"字体""字号"组合框，以及"加粗""倾斜""下画线""字体颜色"等按钮可以设置字符的有关属性，其中"字体"与"字号"组合框既包括下拉按钮，也包括文本框，用户可以在下拉菜单中进行选择，也可以直接在文本框中输入，如在"字号"文本框中输入"100"后按"Enter"键，表示设置字号为 100 磅。

单击"字体"对话框启动按钮，打开"字体"对话框（快捷键为"Ctrl+D"组合键），如图 2-24（a）所示，在该对话框中进行设置。在该对话框中的设置，只对本次设置有效，若需要将设置好的字符格式设为默认的字符格式，可以单击对话框左下角的"默认"按钮，在弹出的对话框中确认是否更改字体的默认设置，如图 2-24（b）所示。

（a）　　　　　　　　　　　　　　（b）

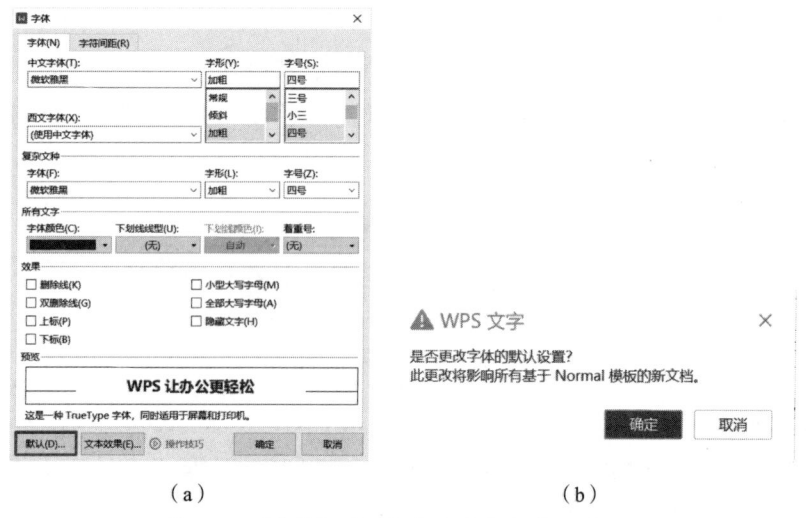

图 2-24　"字体"对话框与更改字体的默认设置

043

在"字体"对话框的"字符间距"选项卡中，可以设置字符的缩放、间距、位置，如图 2-25 所示。
- 缩放：在保持文本高度不变的情况下，设置文本横向伸缩的百分比。
- 间距：设置文本中相邻字符之间的距离。
- 位置：设置选定文本相对于基线的位置。

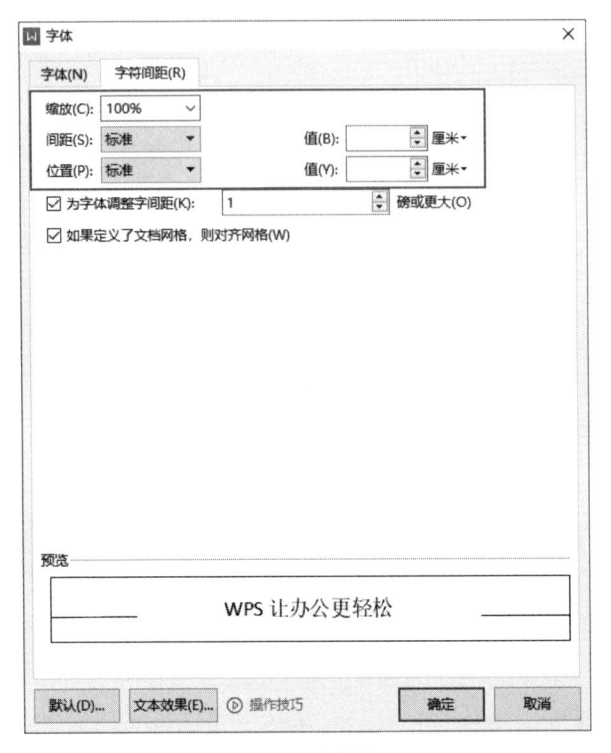

图 2-25　设置字符间距

WPS 文字提供了两种字号形式，一种是中文字号，如"一号""二号"，中文字号的数字越大，文本的大小越小；另一种是阿拉伯数字字号，以磅为单位，如"10 磅""20 磅"，阿拉伯数字字号的数字越大，文本的大小越大。

字形是文本的显示效果，如加粗、倾斜、下画线、删除线、上标、下标、字符底纹等，在"开始"选项卡中，单击对应的功能按钮即可为选定的文本设置对应的效果。字符设置常用按钮如图 2-26 所示。

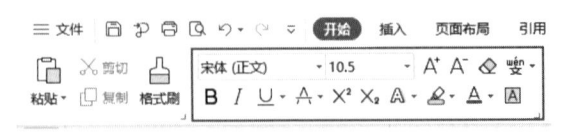

图 2-26　字符设置常用按钮

（2）段落格式

通过"开始"选项卡中的"左对齐""居中对齐""右对齐""插入项目符号""编号""行距"等按钮可以设置段落的有关属性。或者单击"段落"对话框启动按钮，打开"段落"对话框，在该对话框中进行设置。

利用对齐功能按钮可以调整文档中段落相对于页面的位置，即段落对齐方式。WPS 文字提供了 5 种水平对齐方式，默认为两端对齐，具体对齐方式及快捷键如表 2-1 所示。将光标定位在段落中，单击"开始"选项卡中相应的按钮即可。

表 2-1 段落对齐方式及快捷键

水平对齐方式	说明	快捷键
左对齐	段落每行文字靠左对齐	Ctrl+L
居中对齐	段落中每行都居中显示	Ctrl+E
右对齐	段落每行文字靠右对齐	Ctrl+R
两端对齐	将文字左右两端同时进行对齐，并根据需要自动调整字符间距。如果最后一行未填满，则最后一行为左对齐	Ctrl+J
分散对齐	将段落两端同时进行对齐，并根据需要增加字符间距	Ctrl+Shift+J

左对齐和两端对齐的区别：左对齐和两端对齐都能让文档左侧的文字处于对齐的状态，不同的是，在一行文本填满，也就是自动换行的情况下，两端对齐可以调整字符间距，让右侧的文字也处于对齐的状态。左对齐时文本靠左侧对齐，右侧可能出现空白，如图 2-27 所示。

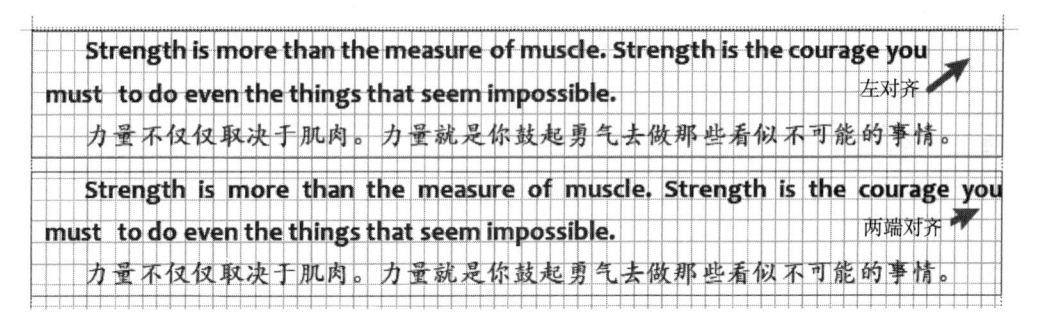

图 2-27 左对齐与两端对齐的区别

段落缩进是指文本与页面边缘之间的距离。减少或增加缩进量，改变的是文本与页面边缘之间的距离。通过为段落设置缩进，可以增强段落的层次感。段落缩进一共有 4 种方式：首行缩进、悬挂缩进、文本之前缩进、文本之后缩进。

设置段落缩进有两种方法：一种是通过"段落"对话框设置段落缩进；另一种是使用文本编辑窗口上方的"水平标尺"的游标设置段落缩进。在"视图"选项卡中勾选"标尺"复选框，可显示水平标尺。

段落间距及行距设置。段落间距指段落与段落之间的距离，行距指段落文本的行与行之间的距离。具体操作：将光标定位在需要设置的段落文本中，单击"段落"对话框启动按钮，打开"段落"对话框，在该对话框中进行相应设置，如图2-28所示。

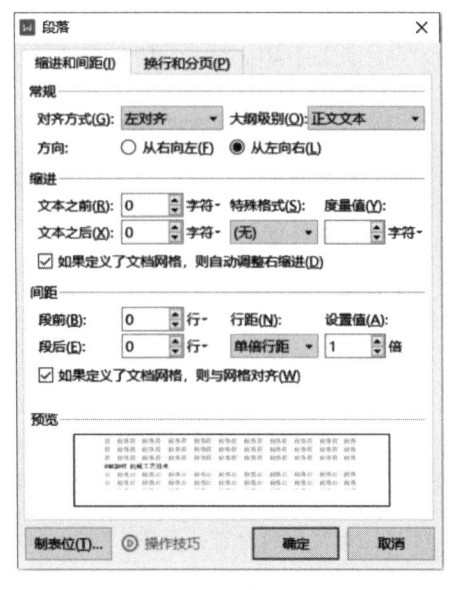

图 2-28 "段落"对话框

（3）格式刷

格式刷是WPS中非常强大的功能之一，在给文档中大量的内容重复设置相同的格式时，可以利用格式刷来完成。格式刷可以复制文字格式、段落格式等格式。

操作步骤：选中带有指定格式的文本，或者将光标置于该文本区域内，然后单击"开始"选项卡中的"格式刷"按钮，此时鼠标指针左侧会出现一个刷子图标，按住鼠标左键不放并拖动鼠标，选择需要设置格式的文本范围，松开鼠标左键后，被选择的文本会自动使用对应的格式。

单击"格式刷"按钮，格式刷只能使用一次。双击"格式刷"按钮，格式刷可以无限次使用。如果要取消，则再次单击"格式刷"按钮，或者按"Esc"键。

8. 视图模式

WPS提供了多种视图模式。单击"视图"选项卡中的命令按钮，或者单击状态栏右侧的视图按钮，可以启用相应的视图。WPS文字、WPS表格、WPS演示的"视图"选项卡中的功能按钮略有不同，WPS文字的"视图"选项卡及状态栏中的视图按钮如图2-29所示。

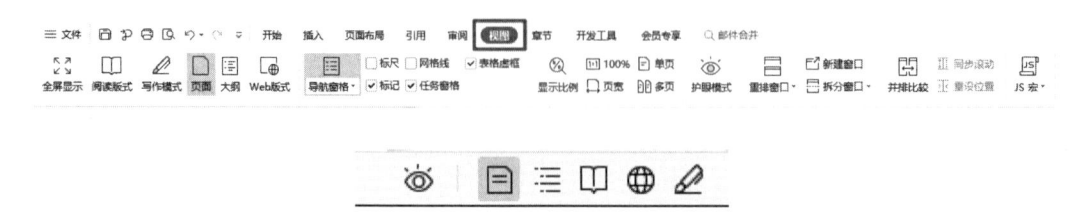

图 2-29 WPS文字的"视图"选项卡及状态栏中的视图按钮

（1）页面视图

页面视图是 WPS 文字默认的视图模式，显示页面的布局与大小，方便用户编辑页眉页脚、页边距、分栏等对象，是"所见即所得"的效果。

（2）阅读版式视图

阅读版式视图允许用户在同一个窗口中以单页或双页的方式显示文档，默认为"自适应"方式，会自动根据页面缩放情况控制单页或双页显示，方便阅读页码较多的文档，或预览文档的打印效果。使用键盘上的左、右方向键，或上、下方向键，或滚动鼠标滚轮，均可进行翻页。按住"Ctrl"键滚动鼠标滚轮，可缩放页面。按"Esc"键可返回页面视图。

（3）写作模式视图

写作模式视图可以为用户提供更纯净的写作环境，便于用户专注于内容创作。该视图模式的主要功能包括"素材推荐""文档校对""统计""设置"等。通过"素材推荐"，可以将选定的素材文字一键引用到文档中。"文档校对"可以对字词与标点进行校验，用户可参照校验结果及修改建议，选择修改或忽略。写作模式视图中的文档校对如图 2-30 所示。

（a） （b）

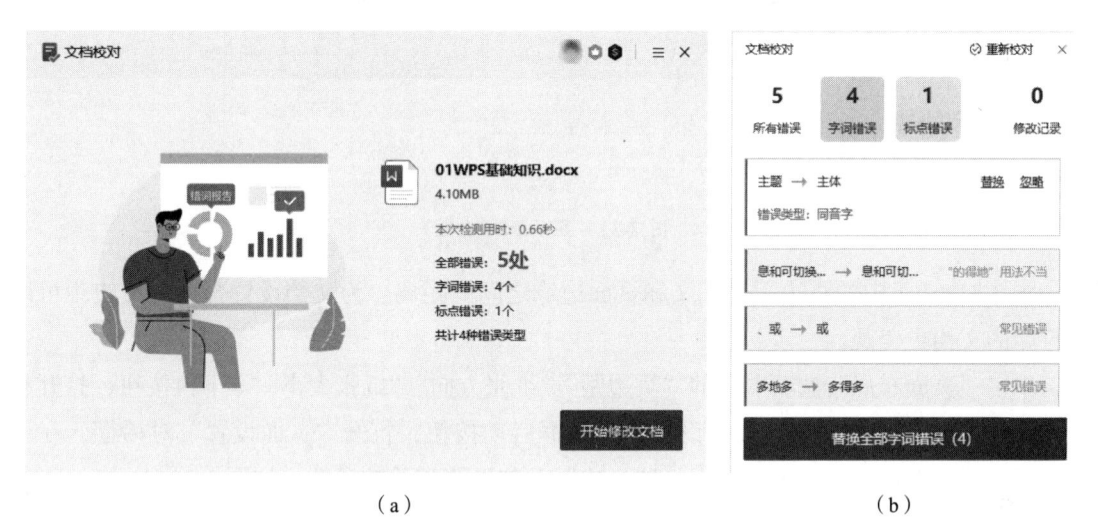

图 2-30　写作模式视图中的文档校对

（4）大纲视图

在使用多级列表的文档中，使用大纲视图，可以清晰地显示文档的目录结构，方便用户快速跳转到所需的章节。大纲视图中无法显示页边距、页眉和页脚、背景等对象，部分段落设置也无法显示。

（5）Web 版式视图

Web 版式视图显示文档在 Web 浏览器中的效果，如文本和表格将自动换行以适应窗口的大小等。

（6）全屏显示视图

全屏显示视图会自动隐藏"选项卡"及下方的功能按钮区域，方便阅读文档内容，按"Esc"键可返回页面视图。

9. 页面设置

（1）版心的概念

WPS 文字的版心区域是纸张大小减去页边距和装订线所剩余的空间。在页面视图下，显示为 4 个直角包围的中间区域，在版心区单击时，会有光标闪动，即可输入文档内容。在"文件"菜单中选择"选项"选项，打开"选项"对话框，在该对话框的左侧选择"视图"选项，在右侧勾选"正文边框"复选框，即可看到正文边框，如图 2-31 所示。

（a） （b）

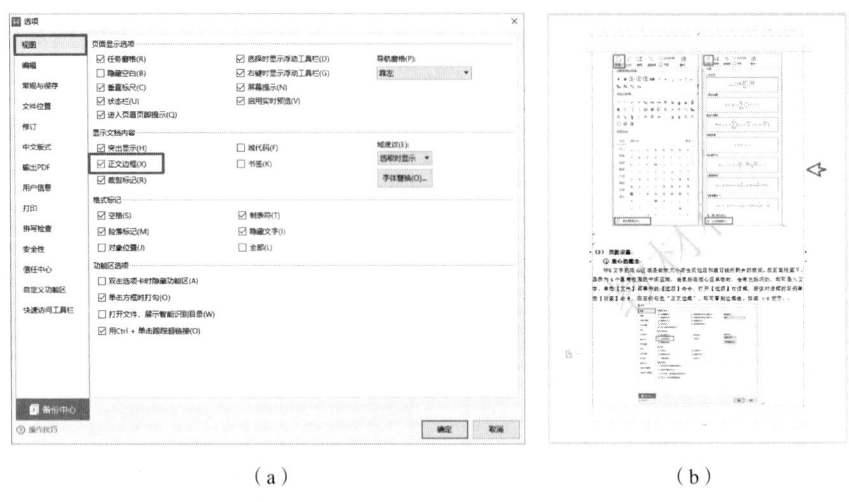

图 2-31　显示正文边框

图 2-31（b）中的页边距是正文和页面边缘之间的距离。为文档设置合适的页边距可以使打印的文档更美观。

单击"页面布局"选项卡中的"页边距""纸张方向""纸张大小"等下拉按钮，打开相应的下拉菜单；或者单击"页面设置"对话框启动按钮，打开"页面设置"对话框，在该对话框中选择对应的选项卡，均可设置页边距及与纸张相关的参数，如图 2-32 所示。

（a） （b）

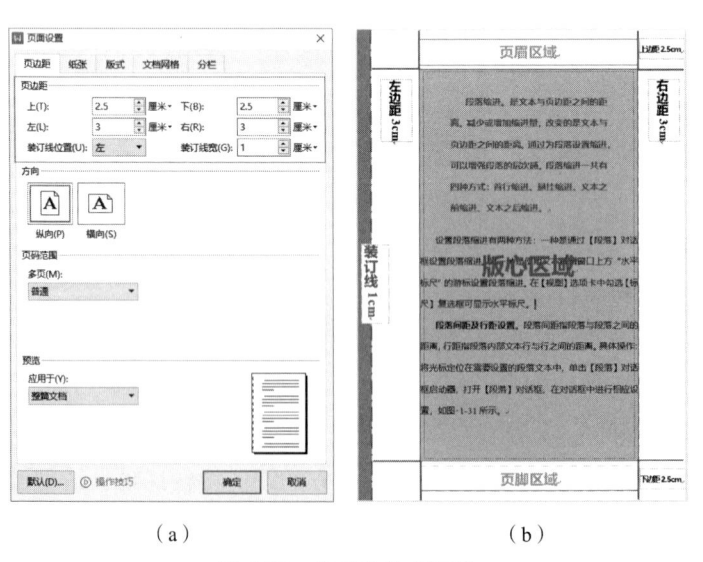

图 2-32　页面设置与页面

（2）纸张大小与方向

纸张方向分纵向和横向，新建文档时，纸张方向默认为纵向。单击"页面布局"选项卡中的"纸张方向"下拉按钮，在下拉菜单中选择"纵向"或"横向"选项设置纸张方向。

WPS 文字默认的纸张大小是 A4。如果实际使用的打印纸与默认的纸型不匹配，则需要重新设置纸张大小。单击"页面布局"选项卡中的"纸张大小"下拉按钮，可以在下拉菜单中选择需要的纸张大小。如果没有匹配的纸张，则选择"其他页面大小"选项，打开"页面设置"对话框，选择"纸张"选项卡，可以在"纸张大小"下拉菜单中选择需要的纸张大小，也可以在"宽度"和"高度"文本框中输入纸张的大小，如图 2-33 所示。

（3）文档网格

在 WPS 文字中，可通过设置文档网格进行精确排版，即设置每页显示的行数和每行显示的字符数。单击"页面布局"选项卡中的"页面设置"对话框启动按钮，打开"页面设置"对话框，在该对话框中选择"文档网格"选项卡，对文档网格进行设置，如图 2-34 所示。

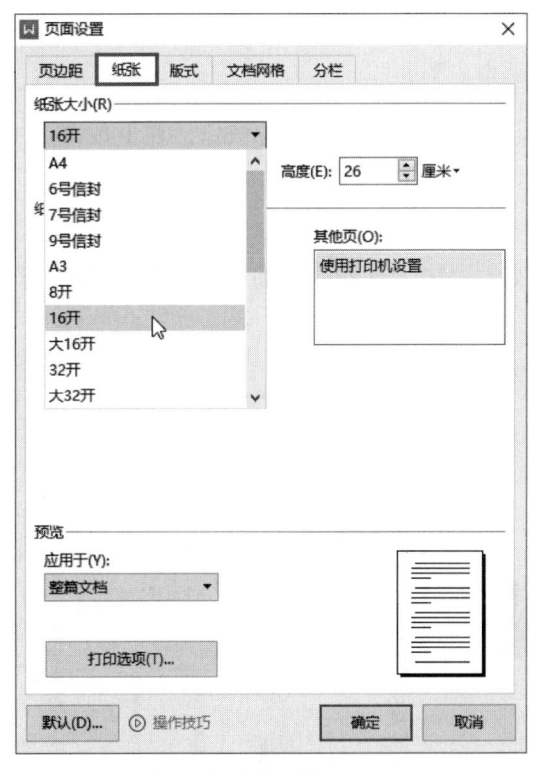

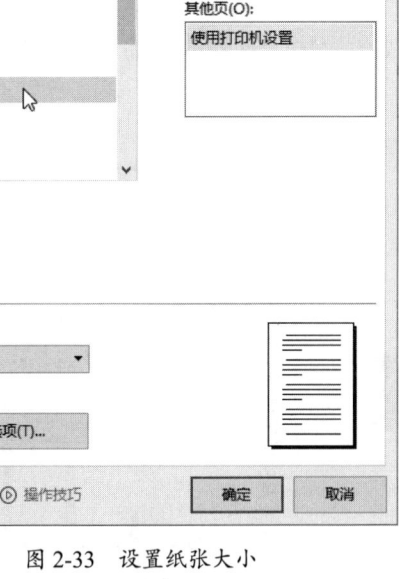

图 2-33　设置纸张大小 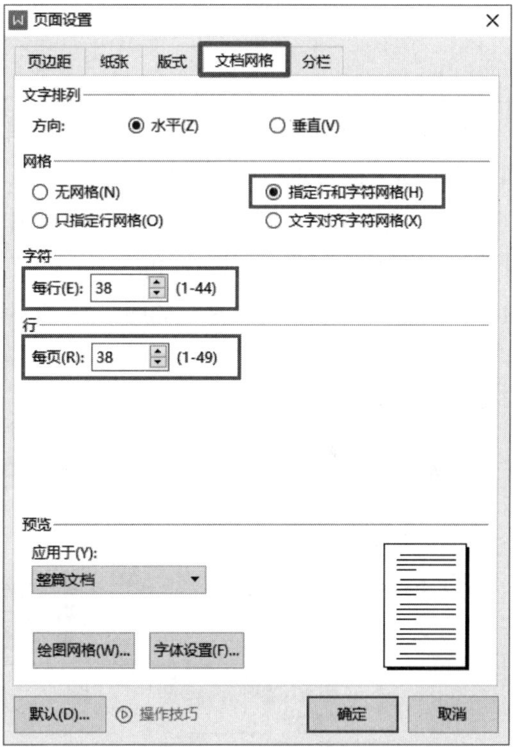　　　　　图 2-34　设置文档网格

（4）页面背景与边框

为了使文档更美观，可以设置页面背景和页面边框。设置页面背景时，可以设置颜色、渐变、文理、图案、图片、水印等。单击"页面布局"选项卡中的"背景"下拉按钮，在下拉菜单中选择需要的选项，如图 2-35 所示。

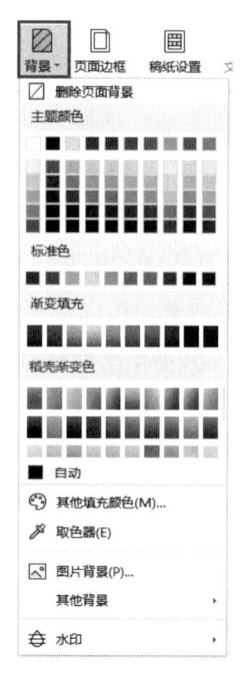

图 2-35 设置页面背景

页面背景设置后，如果需要删除页面背景，则单击"背景"下拉按钮，在下拉菜单中选择"删除页面背景"选项即可。

设置页面边框，单击"页面布局"选项卡中的"页面边框"按钮，打开"边框和底纹"对话框，设置边框的线型、颜色、宽度、艺术型、应用于等参数，确认后单击"确定"按钮即可完成页面边框的设置，如图 2-36 所示。

（a） （b）

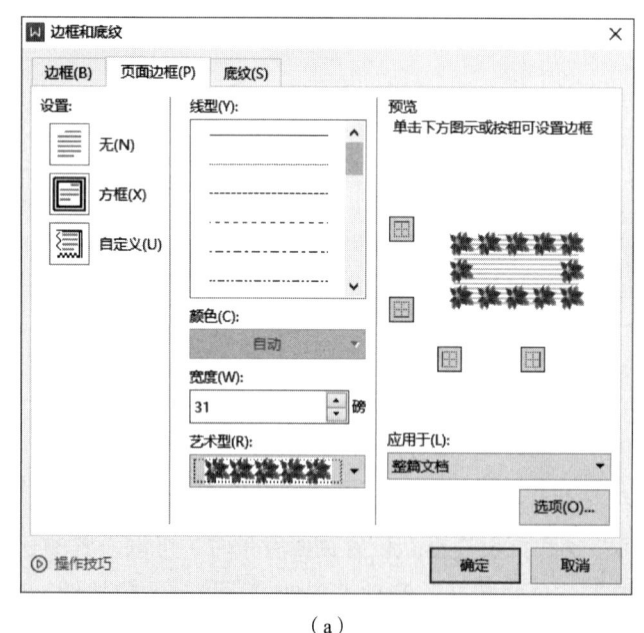

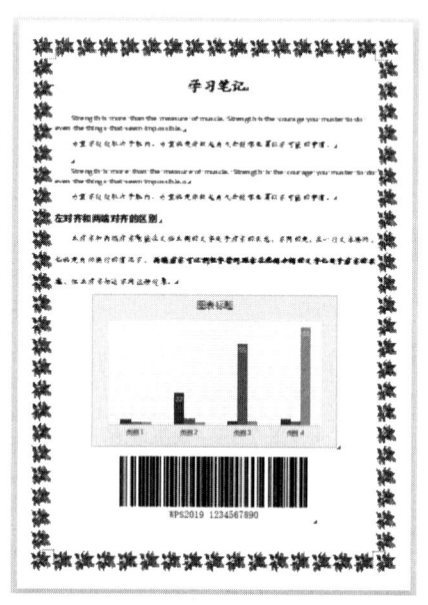

图 2-36 设置页面边框

页面边框设置后，如果需要删除页面边框，则在"边框和底纹"对话框的"设置"选区中选择"无"选项，再单击"确定"按钮即可。

2.1.6 任务总结

1. 当文档中包括中文、英文、数字的混排时，要注意标点符号是中文标点符号还是英文标点符号，英文、数字一般在半角输入状态下输入。

2. 设置编号后，原来的"1.2.3."等文字符号要删除；若要设置编号的文字不连续，可以按住"Ctrl"键不放，拖动鼠标逐个选中编号；也可以在设置好一个编号后，使用格式刷将编号格式应用到其他文本上。

3. 在文档编辑的过程中，合理使用"查找替换"功能，可以提高文档的操作效率。查找的快捷键为"Ctrl+F"组合键，替换的快捷键为"Ctrl+H"组合键。

4. 单击"开始"选项卡中的"显示/隐藏编辑标记"下拉按钮，在下拉菜单中可以勾选或取消勾选"显示/隐藏段落标记"和"显示/隐藏段落布局按钮"选项。

5. WPS Office 支持将文件存为云文档，支持多人共同阅读和编辑文档。

2.1.7 任务巩固

1. 操作题

假设你所在的班级（或部门）计划在星期六组织一次春游，请你拟订一个活动计划，要求包括时间行程、交通工具、天气情况等。

2. 单选题

（1）输入文字时，中英文切换的快捷键是（　　）。
A．"Ctrl+Enter"组合键　　　　　　B．"Ctrl+Space"组合键
C．"Shift+Space"组合键　　　　　　D．"Shift+Enter"组合键

（2）在 WPS 中，双击打开 A.docx 文件，另存为 B.docx 文件，下列描述中，正确的是（　　）。
A．这两个文件都是打开状态　　　　B．当前文档是 A 文件
C．当前文件是 B 文件　　　　　　　D．这两个文件都被关闭

（3）在 WPS 中，执行保存操作的快捷键是（　　）。
A．"Ctrl+A"组合键　　　　　　　　B．"Ctrl+C"组合键
C．"Ctrl+S"组合键　　　　　　　　D．"Ctrl+V"组合键

（4）在 WPS 文字中，"插入脚注"的操作在（　　）选项卡中进行。
A．插入　　　　B．开始　　　　C．页面布局　　　　D．引用

（5）WPS快速访问工具栏中的按钮可以通过（　　）进行增减。

A．"文件"菜单中的"选项"选项

B．"页面布局"选项卡中的"页面设置"按钮

C．"视图"选项卡中的"重排窗口"按钮

D．"开发工具"选项卡中的"加载项"按钮

（6）在WPS文字中，如果选中大段文字后，按"Space"键，则（　　）。

A．在选中的文字后插入空格　　　　B．在选中的文字前插入空格

C．选中的文字被空格代替　　　　　D．选中的文字被存入回收站

扫下面二维码可在线测试

> 测试一下
> 每次测试20分钟，最多可进行2次测试，取最高分作为测试成绩。
>
> 扫码进入测试 >>

2.2　制作个人简历表

2.2.1　任务目标

本任务介绍WPS文字中表格的有关操作。读者掌握表格的插入，单元格、边框、底纹、图片、表格样式的设置等美化操作后，能根据文档版面需要，进行页面布局，设置页面边框和背景。本任务还介绍WPS文字中插入二维码名片的操作，从而培养读者的信息化思维意识。本任务也介绍如何将文档输出为图片、PDF等格式的文件，以及文档加密的方法，从而提高读者的信息安全意识。

2.2.2　任务描述

小陈同学想去某企业求职，现需向该企业投递个人简历，该简历包括个人基本信息、求职意向、联系方式、学习经历、工作经历、获奖情况、人生格言等内容。为方便企业快速获取个人信息，方便及时联系，在个人简历表中插入包含个人联系方式的二维码名片。请根据他的要求，帮助他设计并制作个人简历表。

本任务完成后的参考效果如图 2-37 所示。

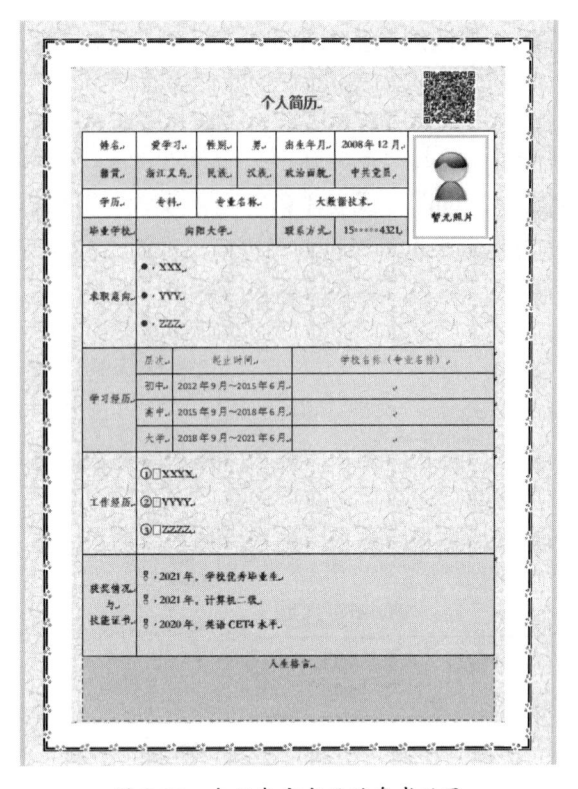

图 2-37　本任务完成后的参考效果

2.2.3　任务分析

- 通过"页面布局"选项卡进行页面设置，以及页面边框和背景的设置。
- 通过"开始"选项卡编辑标题文字。
- 通过"插入"选项卡创建表格，插入图片、二维码名片，并对相关属性进行设置。
- 通过"表格工具"选项卡，对表格文字、表格属性、对齐方式、单元格合并、单元格插入等进行设置。
- 通过"表格样式"选项卡，套用表格样式，从而对表格进行快速美化。
- 通过"文件"菜单，对文档加密，将文档输出为 PDF、图片等格式的文件。

2.2.4　任务实现

打开 WPS 文字，新建一个文字文档，命名为"×××的个人简历.docx"，其中"×××"为姓名，".docx"为文档的扩展名，按要求完成下列操作。所有操作完成后，对文件执行保存操作。

1. 页面设置

新建 WPS 文字文档后，默认的纸张大小是 A4，上、下页边距为 2.54cm，左、右页边距为 3.18cm。请将上、下、左、右页边距均设置为 2cm。

> 操作：选择"页面布局"选项卡，在"页边距"下拉按钮右侧的"上、下、左、右"页边距文本框中输入"2cm"；或者单击"页面设置"对话框启动按钮，打开"页面设置"对话框，在该对话框中也可以设置页边距，如图 2-38 所示。

（a）　　　　　　　　　　　　　　（b）

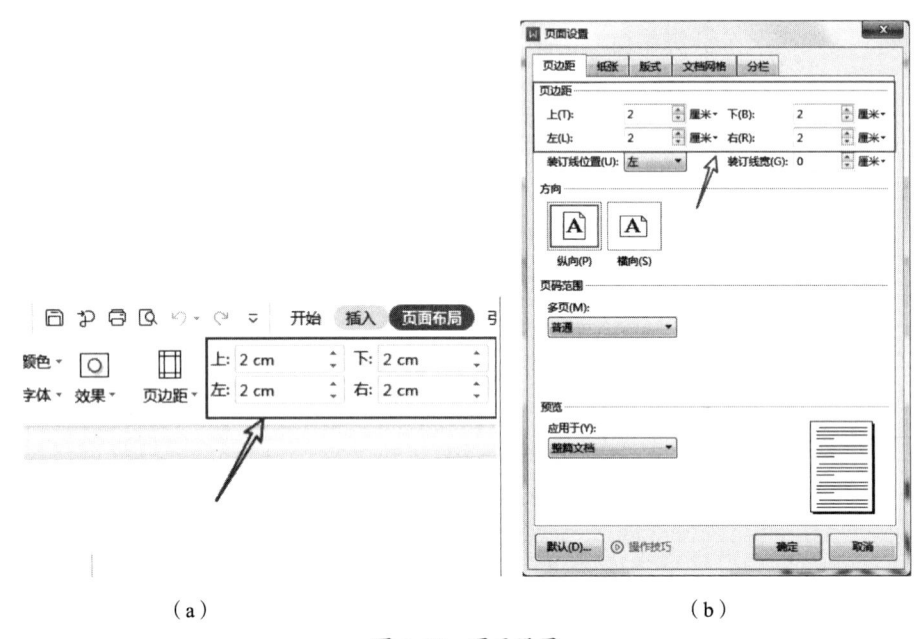

图 2-38　页面设置

2. 设置颜色样式

设置主题颜色样式，可以快速更换内容风格。请将"个人简历表"对应文档的颜色样式设置为"Office"。

> 操作：选择"页面布局"选项卡，单击"主题"下拉按钮，在下拉菜单中选择"Office"主题样式。或者单击"颜色"下拉按钮，在"颜色样式"下拉菜单中选择"Office"颜色样式，如图 2-39 所示。

第 2 章　WPS 文字综合应用

（a）　　　　　　　　　　　　　　　（b）

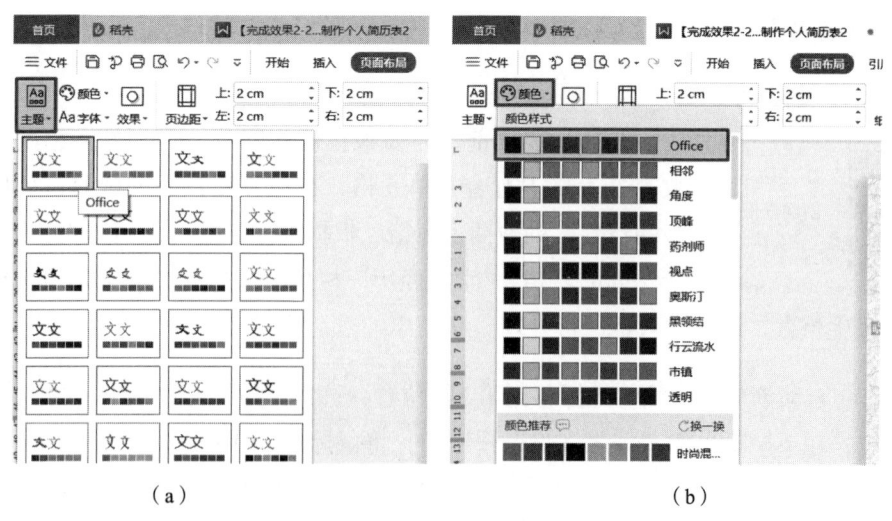

图 2-39　设置主题颜色样式

3. 输入标题文字

在编辑区第一行输入"个人简历"，文字设置为"微软雅黑，三号，加粗，居中"，字体颜色设置为"印度红，着色 2"，段落设置为"1.5 倍行距，段后间距 1 行"。

> 操作：输入"个人简历"，选中文字，选择"开始"选项卡，单击"字体"下拉按钮，在下拉菜单中选择"微软雅黑"选项；单击"字号"下拉按钮，在下拉菜单中选择"三号"选项；单击"字体颜色"下拉按钮，在下拉菜单中选择"主题颜色"中的"印度红，着色 2"（文档中的主题颜色与本文档设置的颜色样式有关，该颜色在"Office 颜色样式"中。若找不到该颜色，可选用其他颜色）选项；分别单击"加粗"按钮和"居中对齐"按钮，如图 2-40（a）所示。
>
> 将光标置于"个人简历"所在的行中，切换到"开始"选项卡，单击"段落"对话框启动按钮，打开"段落"对话框，在该对话框中，在"行距"下拉菜单中选择"1.5 倍行距"选项，设置"段后"为"1"行，单击"确定"按钮，如图 2-40（b）所示。

（a）　　　　　　　　　　　　　　　（b）

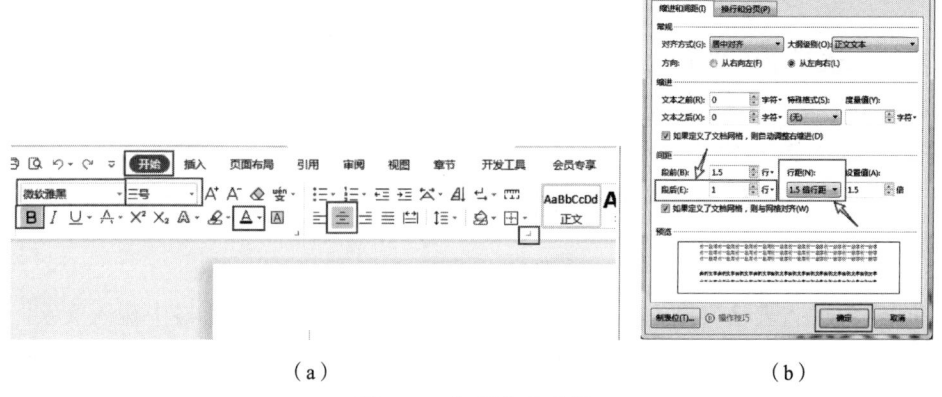

图 2-40　标题文字编辑

055

4. 文档编辑

（1）创建表格

在插入表格前，先要根据内容需要，规划好表格的行数、列数。若表格中有合并单元格，在计算行数、列数时，可以先按最多的行数、列数插入表格。根据本任务的个人简历表，插入一个8行7列的表格。"学习经历"栏后续通过拆分单元格进行处理，最后一行"人生格言"通过插入行进行处理。

> 操作：自动创建表格。将光标移到第2行位置，选择"插入"选项卡，单击"表格"下拉按钮，在下拉菜单的"插入表格"选区中，将鼠标指针在示意表格中移动，示意表格的左上方会显示相应的行数、列数，将鼠标指针移到8行7列所在的小方格上单击，即可在光标所在的位置插入一个8行7列的表格，如图2-41所示。
>
> 创建表格的常用方法较多，详见本案例"相关知识"部分。

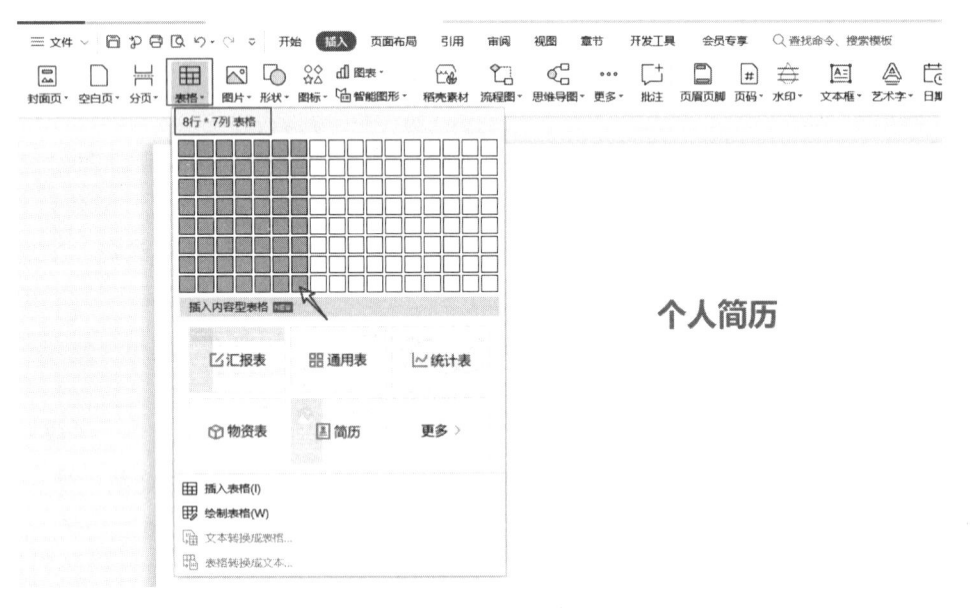

图2-41 自动创建表格

（2）输入表格中的文字

请参照图2-37，在表格的相应位置输入"姓名""性别""出生年月""籍贯""民族""政治面貌""学历""专业名称""毕业院校""联系方式""求职意向""学习经历""工作经历""获奖情况与技能证书"等，将文字设置为"仿宋，小四，加粗，水平居中"，字体颜色设置为"培安紫，着色4"。

> 操作1：输入表格文字。单击表格中的单元格，即可在该单元格中输入文字。如单击第1行第1列单元格，输入"姓名"；单击第1行第3列单元格，输入"性别"；按

照此方法，参照图 2-37，在对应的单元格中输入其他文字。

操作 2：设置表格文字格式。将鼠标指针移到表格的上方，表格的左上角会显示"表格移动控制点"，单击"表格移动控制点"即可选中整个表格，如图 2-42 所示。在表格

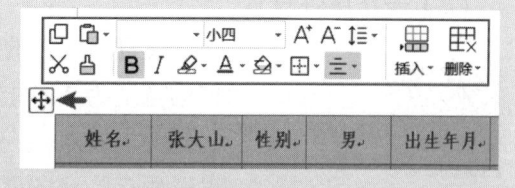

图 2-42　使用表格移动控制点和"浮动工具栏"设置表格文字格式

上方的"浮动工具栏"中，单击"字体"下拉按钮，在下拉菜单中选择"仿宋"选项；单击"字号"下拉按钮，在下拉菜单中选择"小四"选项；单击"加粗"按钮；单击"字体颜色"下拉按钮，在下拉菜单中选择"主题颜色"中的"培安紫，着色 4"（若找不到该颜色，可选用其他颜色）选项；单击"居中对齐"按钮（或者按"Ctrl+E"组合键）。

参照图 2-37，将"获奖情况与技能证书"调整为 3 行，单倍行距，取消勾选"如果定义了文档网格，则与网格对齐"复选框。

提示：文档网格可以在"页面设置"对话框中进行设置。"行网格"控制一页分成几行，行与行之间是 1 倍行距；"字符网格"控制一行放几个字符，字符间距为字体的标准间距。如果无网格，则页面的字间距和行高就按默认设置。

操作：将光标置于"获奖情况与技能证书"中"况"字的右侧，按"Enter"键即可在光标所在的位置插入一个段落标记；再将光标置于"与"字的右侧，按"Enter"键。

选中文字"获奖情况与技能证书"，选择"开始"选项卡，单击"段落"对话框启动按钮，打开"段落"对话框，在"缩进和间距"选项卡的"间距"选区中，取消勾选"如果定义了文档网格，则与网格对齐"复选框，单击"确定"按钮，如图 2-43 所示。

图 2-43　设置段落格式

（3）表格属性设置

设置前 4 行的高度为 1.1 厘米，后 4 行的高度为 4 厘米；第 1 列的宽度为 2.2 厘米，第 7 列的宽度为 3.4 厘米，根据页面效果适当调整其他列的宽度。设置表格的宽度为 16.4 厘米，表格居中。设置所有单元格的对齐方式为"水平垂直居中"。

操作 1：设置行高与列宽。选中前 4 行，选择"表格工具"选项卡，单击"表格行高"微调按钮，设置行高为 1.1 厘米；使用同样的方法设置后 4 行的行高为 4 厘米；选中第 1 列，选择"表格工具"选项卡，单击"表格列宽"微调按钮，设置列宽为 2.2 厘米；使用同样的方法设置第 7 列的列宽为 3.4 厘米。

操作 2：设置表格的宽度。在表格上右击，在弹出的快捷菜单中选择"表格属性"选项；或者在"表格工具"选项卡中单击左上角的"表格属性"按钮。打开"表格属性"对话框，在"表格"选项卡中，勾选"指定宽度"复选框，设置宽度为 16.4 厘米，在"对齐方式"选区中选择"居中"选项，单击"确定"按钮。

操作 3：设置所有单元格的对齐方式。将鼠标指针移到表格上，右击"表格移动控制点"，在弹出的快捷菜单中选择"单元格对齐方式"选项，在右侧的子菜单中，选择正中间的图标，即可将所有单元格的对齐方式都设置为"水平垂直居中"，如图 2-44 所示。

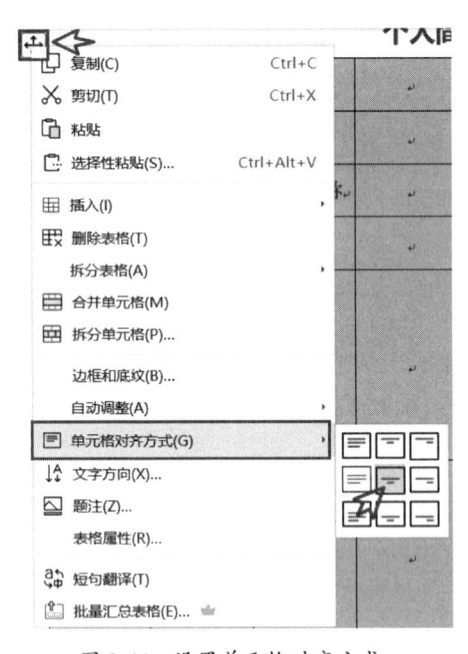

图 2-44　设置单元格对齐方式

（4）合并单元格

将前 4 行最右边的单元格合并；将第 3 行的第 3～4 列单元格合并，第 5～6 列单元格合并；将第 4 行的第 2～4 列单元格合并；分别将第 5、6、7、8 行的第 2～7 列单元格合并。

操作：将鼠标指针移到第 1 行最后一个单元格上，按住鼠标左键向下拖动至该列的第 4 个单元格，松开鼠标左键（即可选中前 4 行的第 7 列，合计四个单元格），在选中的单元格区域上右击，在弹出的快捷菜单中选择"合并单元格"选项；或者单击"表格工具"选项卡中的"合并单元格"按钮，如图 2-45 所示。其他合并的操作过程与此类似，此处不再赘述。

（a）　　　　　　　　　　　　（b）

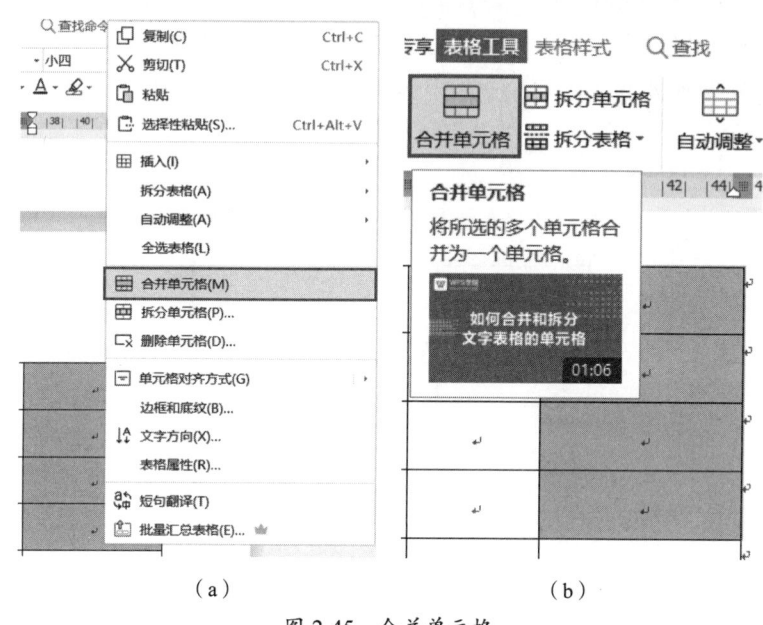

图 2-45　合并单元格

（5）插入单元格

在最后一行的下方插入一行，将新插入的行合并为一个单元格，将行高设置为 3 厘米，输入"人生格言"，设置对齐方式为"靠上居中"。

操作：将鼠标指针移到表格上，单击表格底部的"⊞"按钮，即可在表格的下方插入新的行（或者单击最后一行的任意单元格，选择"表格工具"选项卡，单击"在下方插入行"按钮）。选中新增行的所有单元格，在选中的单元格区域中右击，在弹出的快捷菜单中选择"合并单元格"选项。

选择"表格工具"选项卡，单击"表格行高"微调按钮，设置行高为 3 厘米。单击该单元格，输入"人生格言"；右击该单元格，在弹出的快捷菜单中选择"单元格对齐方式"选项，在右侧的子菜单中，选择"靠上居中对齐"图标。

（6）拆分单元格

将"学习经历"右侧的单元格拆分为 4 行 3 列；在第 1 行分别输入"层次、起止时间、学校名称（专业名称）"；在第 1 列"层次"下方分别输入"初中、高中、大学"；将行高设置为 1 厘米，适当调整列宽。

操作1：拆分单元格。将鼠标指针移到"学习经历"右侧的单元格上并右击，在弹出的快捷菜单中选择"拆分单元格"选项，打开"拆分单元格"对话框，在该对话框中，将"列数"设置为"3"，"行数"设置为"4"，确认后单击"确定"按钮。

操作2：输入文字。根据题目要求，分别在对应的单元格中输入文字。

操作3：调整行高与列宽。选中拆分的单元格（4行3列），选择"表格工具"选项卡，单击"表格行高"微调按钮，设置行高为1厘米。

调整部分单元格的列宽。在拖动边框调整列宽时，默认对"整列"调整列宽。如果只对部分单元格调整列宽，则需先选中对应的单元格，再拖动边框调整。有关操作如图2-46所示。

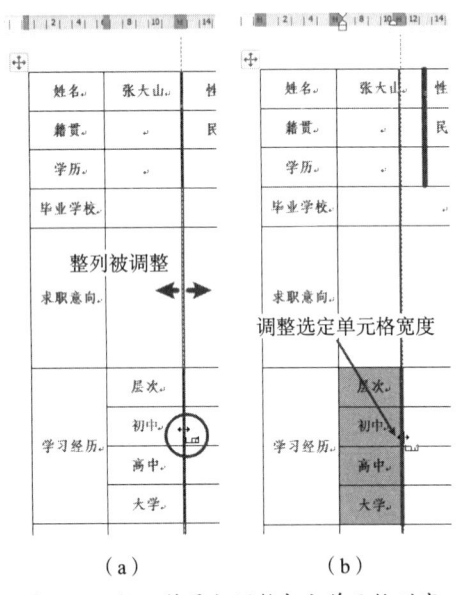

图2-46　插入符号与调整部分单元格列宽

（7）套用表格样式

使用表格样式对表格进行美化。选择表格样式为"浅色系"-"浅色样式3-强调6"；设置"人生格言"所在单元格的底纹颜色为"培安紫，着色4，浅色80%"；左、右、下边框颜色为"培安紫"，左、右、下边框线的类型为"┅┅"两点一线型，宽度为1.5磅。

操作1：套用表格样式。将鼠标指针移到表格上，单击任意单元格，选择"表格样式"选项卡，单击"预设样式"下拉按钮，在下拉菜单中选择"浅色系"选项卡，向下拖动滚动条，选择"浅色样式3-强调6"选项，如图2-47所示。

操作2：设置单元格底纹。单击"人生格言"所在的单元格，选择"表格样式"选项卡，单击"底纹"下拉按钮，选择"主题颜色"中的"培安紫，着色4，浅色80%"

选项，如图2-48所示。

操作3：设置单元格边框。单击"表格样式"选项卡中的"边框"下拉按钮，在下拉菜单中选择"边框和底纹"选项，打开"边框和底纹"对话框，在该对话框中，在"设置"选区中选择"自定义"选项，设置"线型"为"――――――――"，设置"颜色"为"主题颜色"中的"培安紫"，设置"宽度"为"1.5磅"，设置"应用于"为"单元格"，在"预览"选区中分别单击"▯"、"▯"和"▯"按钮，使得左、右、下边框线被选中并显示在预览图中，单击"确定"按钮，如图2-49所示。

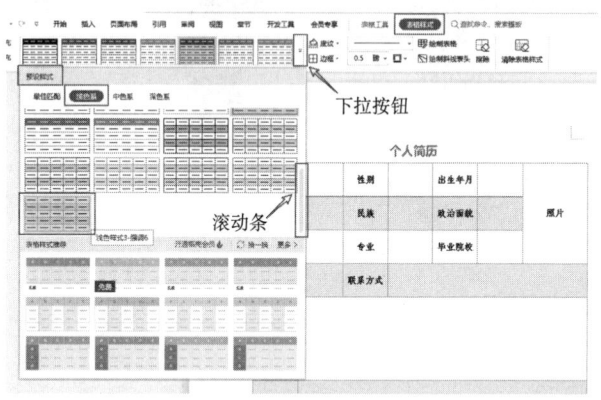

图 2-47　预设样式　　　　　　　　　图 2-48　底纹

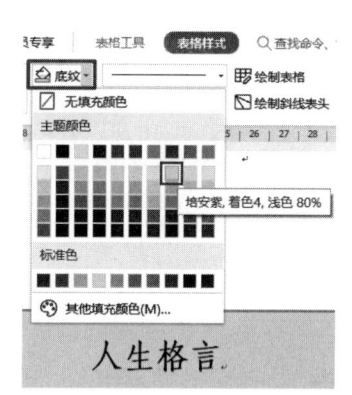

（a）　　　　　　　　　　　　（b）

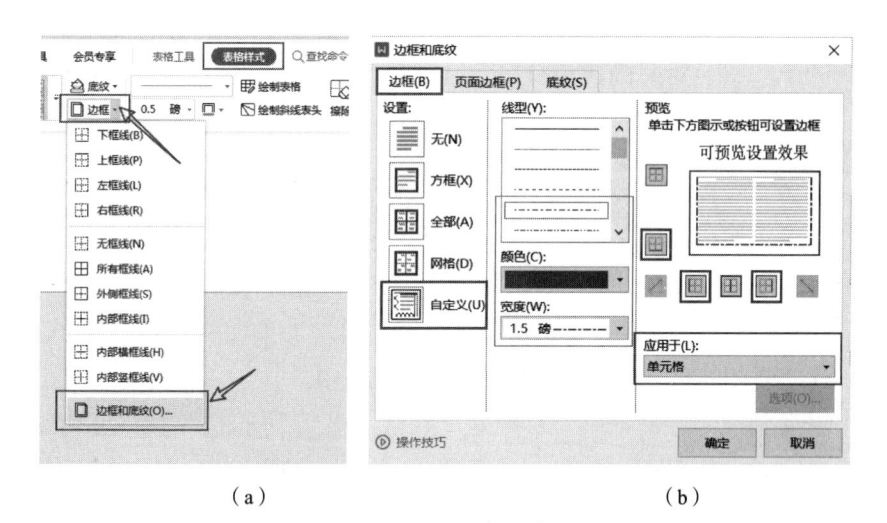

图 2-49　设置边框和底纹

（8）插入图片

在"照片"单元格中插入手机上的任意图片。若无法使用手机，请插入素材中的图片。

操作：选中"照片"单元格，选择"插入"选项卡，单击"图片"下拉按钮，在下拉菜单中选择"手机传图"选项，弹出"插入手机图片"对话框，用手机微信扫描二维码，在手机上选

插入图片

择需要上传的图片（一次最多上传20张），再在"插入手机图片"对话框中双击目标图片，即可在PC端插入手机中的图片，如图2-50所示。

若无法使用手机，可以在"图片"下拉菜单中选择"本地图片"选项，找到素材中的"pic1.jpg"，将图片插入表格。

（a） （b） （c）

图2-50 手机传图

插入符号

（9）插入符号

在"起止时间"单元格的下方，插入波浪线符号"～"，用于对时间进行分隔。在"获奖情况与技能证书"右侧的单元格中插入"奖牌"符号。

操作：单击"起止时间"下方的单元格，选择"插入"选项卡，单击"符号"下拉按钮，在下拉菜单的"符号大全"选区中选择"标点"选项，在右侧单击需要插入的符号图标，此处单击全形颚化符"～"，如图2-51（a）所示。然后在单元格中选中该符号，按"Ctrl+C"组合键复制，再选中需要粘贴该符号的单元格区域，按"Ctrl+V"组合键，可一次将复制的符号粘贴到选定的多个单元格中。

单击"获奖情况与技能证书"右侧的单元格，选择"插入"选项卡，单击"符号"按钮，打开"符号"对话框，在该对话框的"符号"选项卡中，单击"字体"下拉按钮，在下拉菜单中选择"Webdings"选项，在下方的符号图标选区中，单击需要插入的符号；或者在对话框底部的"字符代码"文本框中输入代码值，如字符代码"38"对应的是"奖牌"符号，确认后单击"插入"按钮，如图2-51（b）所示。

然后复制该符号,将其粘贴至相应的单元格区域中。

(a)　　　　　　　　　　　(b)

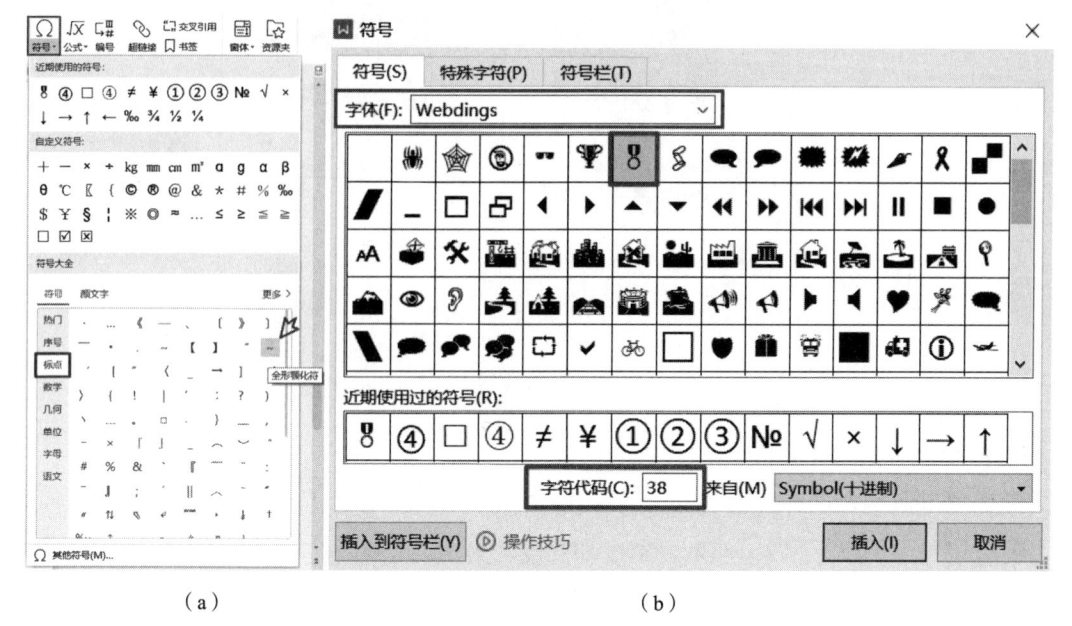

图 2-51　插入符号

(10) 插入二维码

在使用个人简历的过程中,为方便他人获取本人信息,提高交流效率,可以使用 WPS 中的"插入二维码"功能,在文档中插入包含个人信息的二维码名片,并将二维码名片放在个人简历右上角的适当位置。

插入二维码

① 插入二维码名片。

> 操作:将光标置于第 1 行文字的右侧,选择"插入"选项卡,单击"二维码"按钮,打开"插入二维码"对话框,在该对话框的左侧,单击"名片"图标,在"输入联系人信息"选区中,输入相应的信息(可参照效果图),将右侧二维码下方的滑块拖动到"圆角"处,单击"颜色设置"选项卡中的前景色按钮,选择自己喜欢的颜色,选择"嵌入文字"选项卡,在文本框中输入姓名,单击文本框后面的"确定"按钮,输入的文字就会出现在二维码中,再单击对话框右下角的"确定"按钮,可将该二维码插入文档中,如图 2-52 所示。

（a） （b） （c）

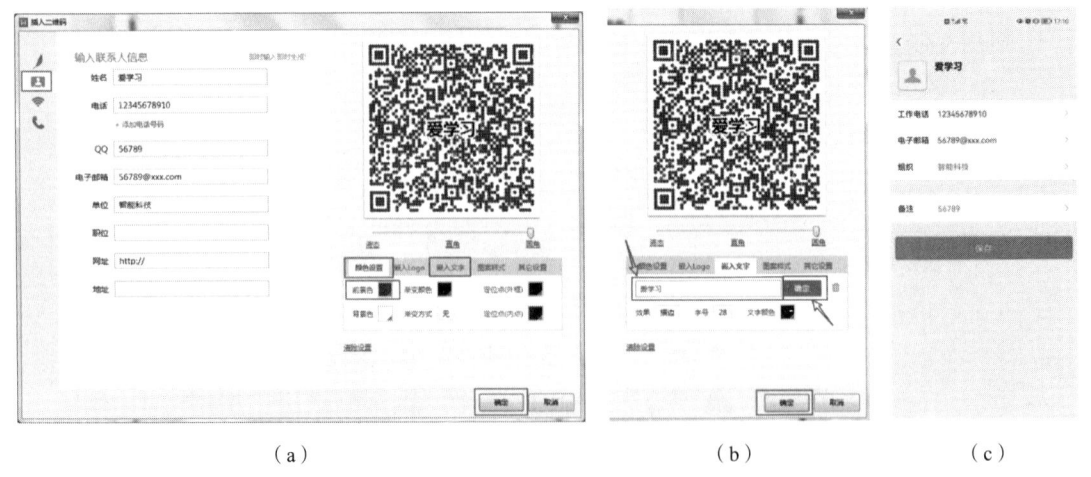

图 2-52 插入二维码（名片）与微信扫码效果

② 设置二维码图片的格式。

设置二维码图片的环绕方式为"浮于文字上方"，水平绝对位置为页面右侧 15.8 厘米，垂直绝对位置为页面下侧 2.1 厘米，宽度和高度均为 2.2 厘米。

> 操作：单击二维码图片，在右侧的"快速工具栏"中单击"布局"按钮，在右侧的子菜单中选择"文字环绕"选区中的"浮于文字上方"选项；单击右下角的"查看更多…"链接，打开"布局"对话框，在"位置"选项卡中，分别在"水平""垂直"选区中进行相应的设置；在"大小"选项卡中，分别对"高度"和"宽度"进行设置。有关操作如图 2-53 所示。

（a） （b）

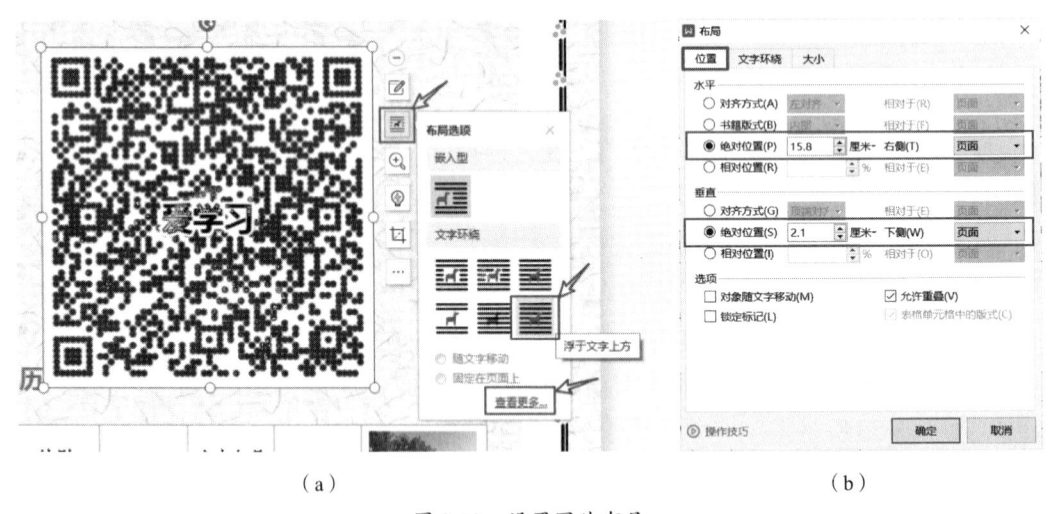

图 2-53 设置图片布局

5. 设置页面边框和背景

设置页面边框为艺术型"   "，页面背景为"纸纹 2"。

页面设置

操作：选择"页面布局"选项卡，单击"页面边框"按钮，打开"边框和底纹"对话框，在该对话框中，在"艺术型"下拉菜单中选择""选项，如图2-54（a）所示，单击"确定"按钮。

在"页面布局"选项卡中单击"背景"下拉按钮，在下拉菜单中选择"其他背景"中的"纹理"选项，如图2-54（b）所示，打开"填充效果"对话框，在该对话框的"纹理"选项卡中，选择"纸纹2"纹理，单击"确定"按钮，如图2-54（c）所示。

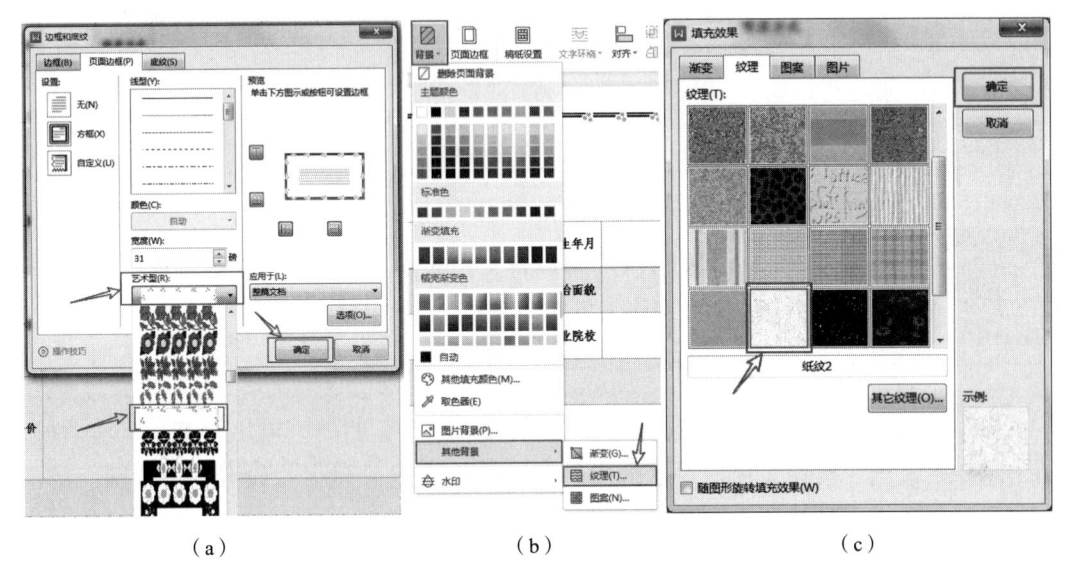

（a）　　　　　　　　　　（b）　　　　　　　　　　（c）

图2-54　设置页面边框和背景

6. 文件保存与输出

（1）保存文件

所有操作完成后，对文件执行保存操作。

操作：按"Ctrl+S"组合键，可对文件执行保存操作。

（2）文档加密

为防止他人随意查看文档，可用密码保护文档，用户输入密码后才能打开文档。请设置"文件打开密码"为"123456"。

操作：在"文件"菜单中选择"文档加密"选项，选择"密码加密"选项，打开"密码加密"对话框，在该对话框的"打开权限"选区的"打开文件密码"文本框中输入密码，如"123456"，再次输入密码，确认后单击"应用"按钮，如图2-55所示。

(a) (b)

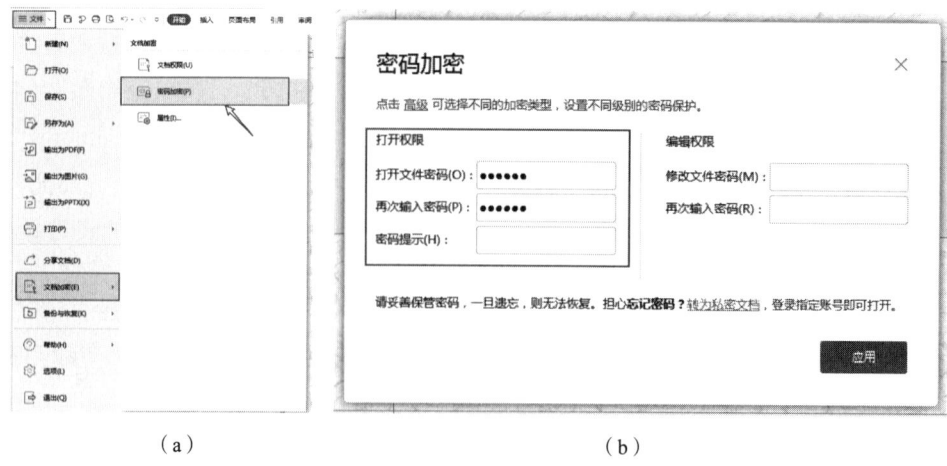

图 2-55 文档加密

（3）文档输出

文档加密与输出

WPS 文字可以将文档输出为 PDF、图片等多种格式的文件，方便在网络上发布与分析。

① 文档输出为 PDF。

操作：在"文件"菜单中选择"输出为 PDF"选项，打开"输出为 PDF"对话框，单击"开始输出"按钮。在该对话框中，可以修改 PDF 文件名，设置输出范围，单击左下角的"设置"链接，在打开的对话框中可以设置输出内容、文件打开密码等，如图 2-56 所示。

(a) (b)

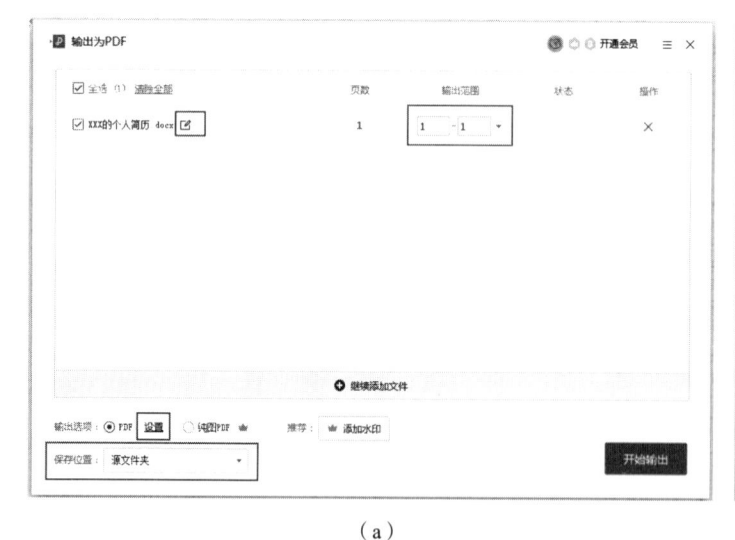

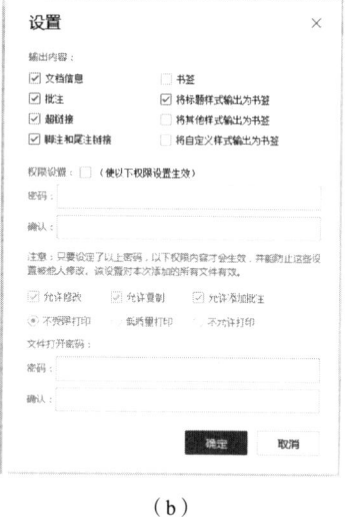

图 2-56 文档输出为 PDF

② 文档输出为图片。

操作：在"文件"菜单中选择"输出为图片"选项，打开"输出为图片"对话框，在该对话框中，设置"输出方式"为"逐页输出"，设置"水印设置"为"默认水印"，设置"输出格式"为"JPG"，设置"输出尺寸"为"普通（默认尺寸）"，设置"输出颜色"为"彩色"，确认后单击右下角的"输出"按钮即可输出为图片，如图 2-57 所示。逐页输出时会自动创建文件夹保存每页的图片文件。后面带有皇冠标志的功能项，需要WPS 会员权限。

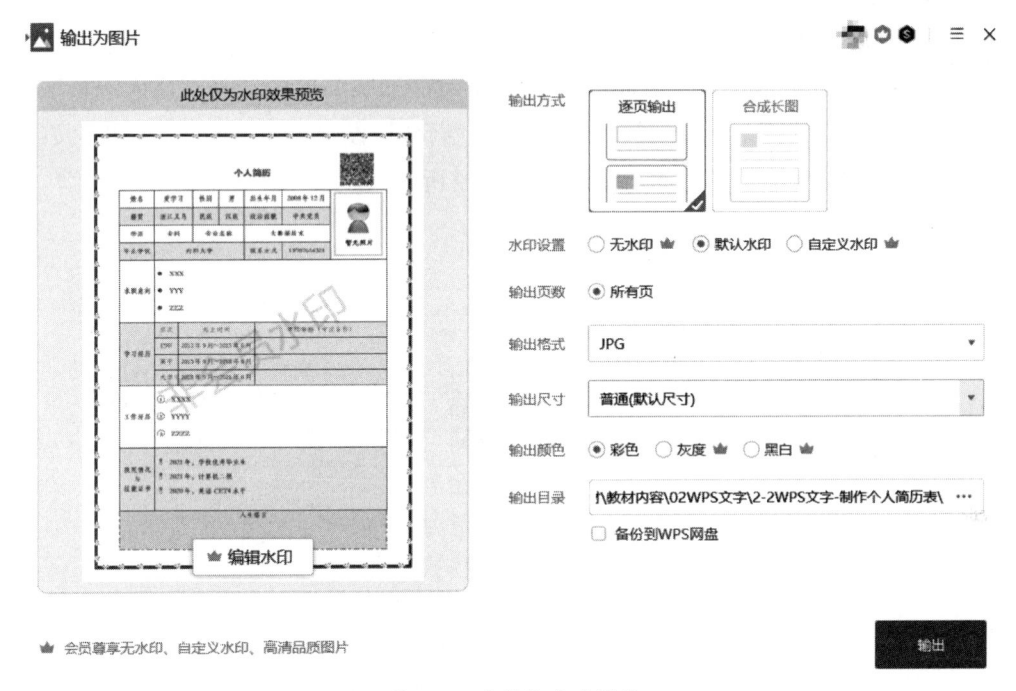

图 2-57　文档输出为图片

提醒：关闭 WPS 文字之前，请务必执行保存操作，可按"Ctrl+S"组合键，或者单击"快速访问工具栏"中的"保存"按钮。

2.2.5　相关知识

1. 浮动工具栏

选择或右击文本时即可自动显示浮动工具栏，浮动工具栏包括一些格式设置的基础命令按钮和下拉菜单，如"字体""字号""字体颜色""对齐方式""行距"等，通过浮动工具栏可以执行相应的操作，如图 2-58 所示。

图 2-58　浮动工具栏

2. 表格应用

在文档中，使用表格存放数据可以使内容看起来简洁明了，条理更清晰。WPS 提供了强大的表格处理功能，包括创建表格、编辑表格、设置表格的格式及对表格中的数据进行排序和计算等。在对一些页面内容进行排版时，可以使用表格对页面进行布局，方便页面内容分块存放。

（1）创建表格

插入表格的方法较多，常用的方法有下列几种。

方法 1：手动创建表格。

单击"插入"选项卡中的"表格"下拉按钮，在下拉菜单中选择"插入表格"选项，打开"插入表格"对话框，将"列数"设置为 7，"行数"设置为 8，单击"确定"按钮，即可在光标位置插入一个 8 行 7 列的表格，如图 2-59 所示。

(a)　　　(b)

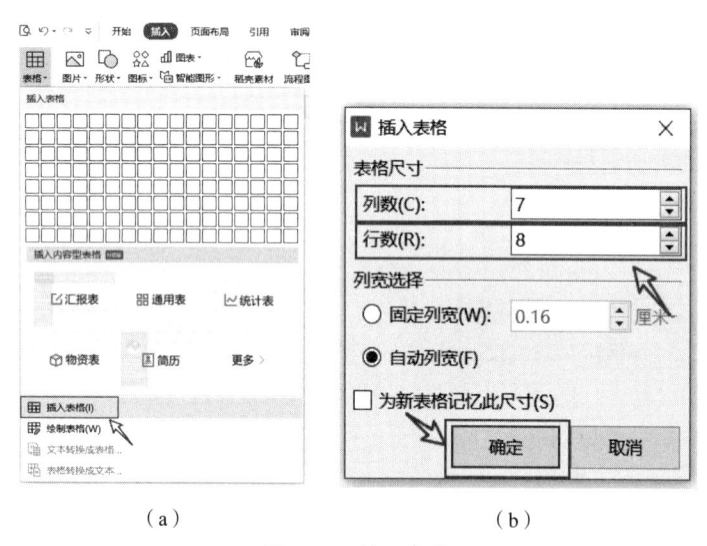

图 2-59　插入表格

方法 2：绘制表格。

单击"插入"选项卡中的"表格"下拉按钮，在下拉菜单中选择"绘制表格"选项，此时鼠标指针变成笔的形状，在需要插入表格的位置的左上角，按住鼠标左键不放并向右下角拖动鼠标，鼠标指针经过的区域将出现表格，同时在区域的右侧会显示当前绘制表格的行数、列数。确认后松开鼠标左键即可完成表格的绘制。"绘制表格"操作可重复使用，按"Esc"键可取消绘制，如图 2-60 所示。

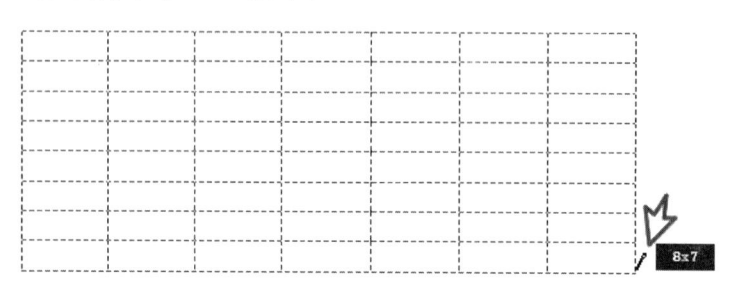

图 2-60　绘制表格

方法 3：文本转换成表格。

按照预估的表格行数和列数在文字文档中输入表格中的文字，选中文字，单击"插入"选项卡中的"表格"下拉按钮，在下拉菜单中选择"文本转换成表格"选项，打开"将文字转换成表格"对话框，选中"文字分隔位置"中的"空格"单选按钮，在"表格尺寸"的"列数"文本框中输入"7"，单击"确定"按钮，即可完成表格的插入，如图 2-61 所示。

(a)　　　　　　　　　　　　(b)

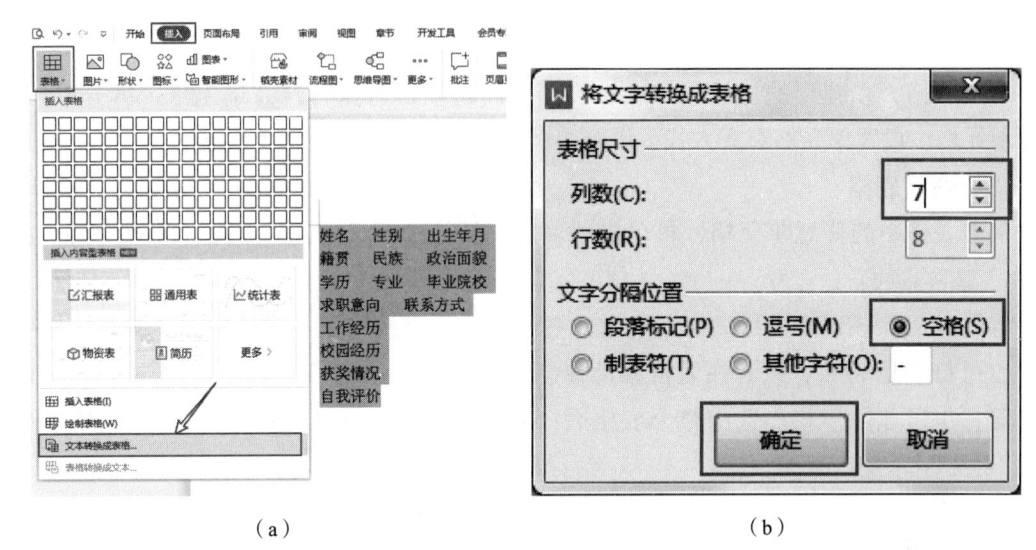

图 2-61　文本转换成表格

（2）选择表格

● 选择表格。将鼠标指针移到表格上时，表格的左上角和右下角会出现两个控制点，分别是表格移动控制点和表格大小控制点，如图 2-62 所示。

图 2-62　表格移动控制点和表格大小控制点

将鼠标指针移到表格移动控制点上，单击即可选中整个表格；按住鼠标左键并拖动鼠标，可以移动表格。将鼠标指针移到表格大小控制点上，按住鼠标左键并拖动鼠标，可按比例缩放表格。

● 表格工具。在任意单元格上单击，顶部的"选项卡"区域会出现"表格工具"选项卡和"表格样式"选项卡。在"表格工具"选项卡中可以插入行、列，拆分 / 合并单元格，设置单元格内容的对齐方式，对表格内容进行排序，设置重复标题行，插入公式等，如图 2-63 所示。

(a)

(b)

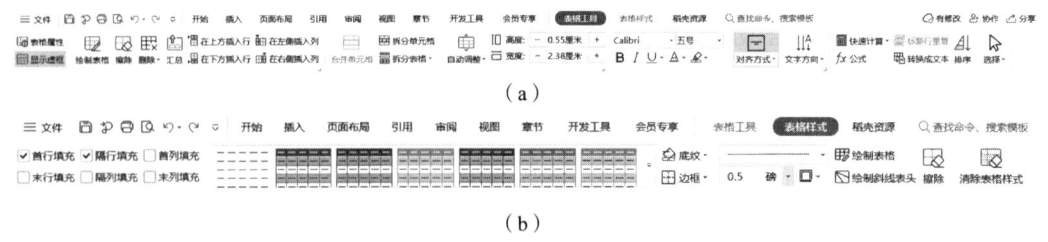

图2-63 "表格工具"选项卡与"表格样式"选项卡

右击表格,在弹出的快捷菜单中选择相应的选项,可执行合并单元格、拆分单元格、删除单元格、设置单元格对齐方式、设置边框和底纹、设置表格属性等操作。

(3)删除表格

单击表格中的任意单元格,再单击"表格工具"选项卡中的"删除"下拉按钮,选择"表格"选项即可。

将鼠标指针移到表格移动控制点上,右击,在弹出的快捷菜单中选择"删除表格"选项,也可将表格删除。或者在表格移动控制点上单击,选中整个表格,按"Shift+Delete"组合键,也可删除表格。选中整个表格后,如果只按"Delete"键,则只清除表格中的数据,不会删除表格。

(4)表格样式

选中表格后,在"表格样式"选项卡中可以设置表格样式、边框、底纹、绘制斜线表头、清除表格样式等,如图2-64所示。应用表格样式前、后的效果如图2-65所示。

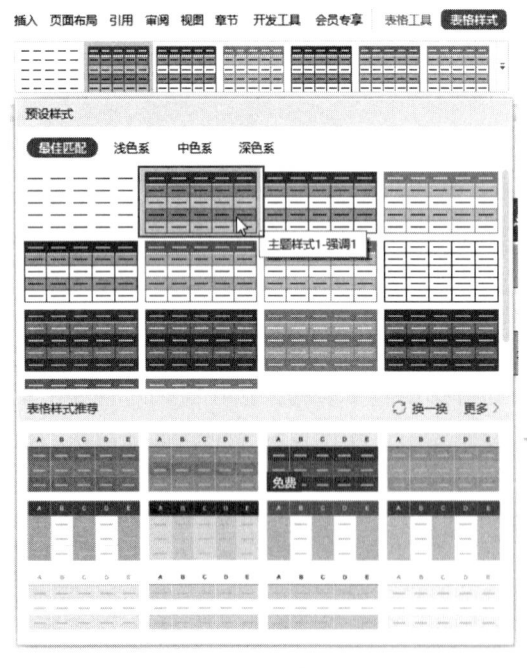

图2-64 表格样式　　　　图2-65 应用表格样式前、后的效果

（5）移动光标的快捷键

光标的移动既可以使用鼠标进行单击，也可以按快捷键，常用的移动光标的快捷键如表 2-2 所示。

表 2-2　移动光标的快捷键

快捷键	Tab	Shift+Tab	↑（上箭头）	↓（下箭头）
功能	按行方向右移一个单元格	按行方向左移一个单元格	移到本列的上一个单元格（向上移一行）	移到本列的下一个单元格（向下移一行）

（6）调整表格的行高与列宽

调整表格的行高与列宽的方法较多，常用方法有下列几种。

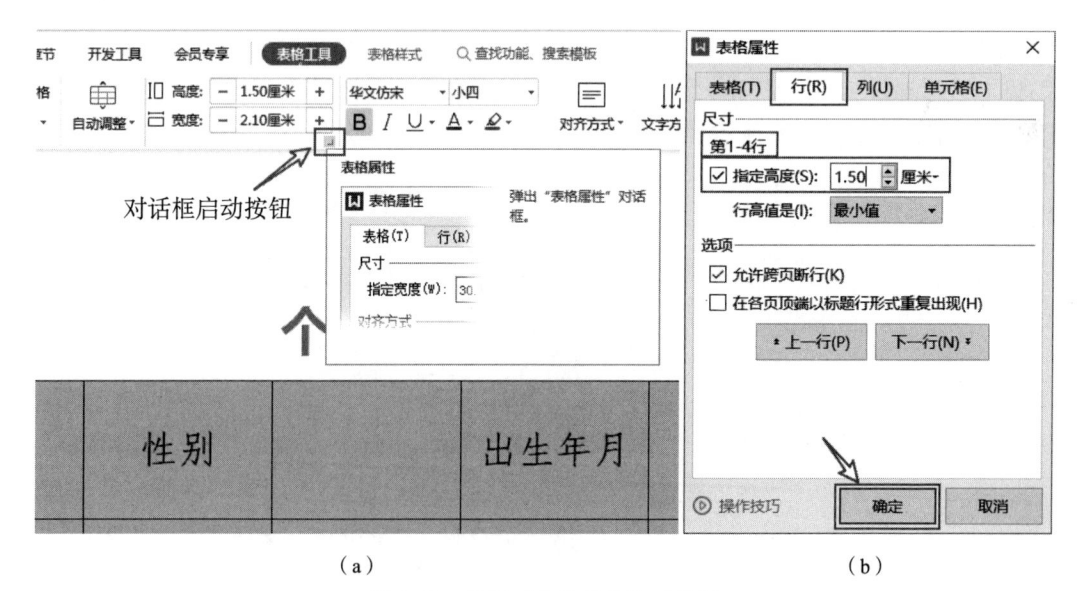

方法 1：使用"表格属性"对话框。

在"表格属性"对话框中进行设置，可调整表格的行高与列宽。下面举例说明。

选中前 4 行 6 列单元格，单击"表格工具"选项卡中的"表格属性"对话框启动按钮，弹出"表格属性"对话框，选择"行"选项卡，在"尺寸"选区的"第 1-4 行"中的"指定高度"文本框中输入"1.50"，如图 2-66 所示；选择"列"选项卡，在"尺寸"选区的"第 1-6 列"中的"指定宽度"文本框中输入"2.10"，单击"确定"按钮。按照以上操作可设置后 4 行 6 列的单元格高度、宽度，以及第 7 列单元格的宽度。或者在"表格属性"对话框中单击"上一行"或"后一行"按钮，根据"尺寸"下方显示的行数信息，在"指定高度"文本框中输入要求的高度，如图 2-67（a）所示，同样也可逐一设置各列的宽度，单击"确定"按钮，如图 2-67（b）所示。

图 2-66　使用"表格属性"对话框

（a） （b）

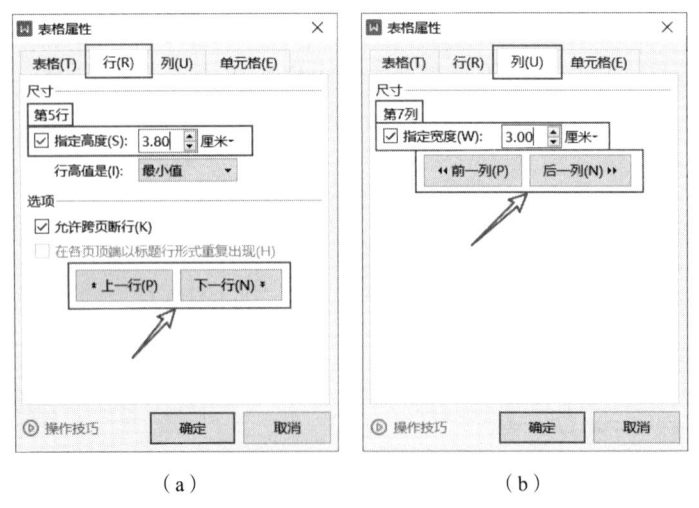

图 2-67　指定单元格的行、列尺寸设置

方法 2：手动调整行高与列宽。

将鼠标指针移至表格线上时，鼠标指针会变成 形状，此时，可拖动表格线对高度与宽度进行手动调整。

（7）设置单元格对齐方式

表格中单元格的对齐方式有 9 种，由垂直方向的"上、中、下"与水平方向的"左、中、右"组合而成。按从上到下、从左到右的顺序，分别为"靠上两端对齐、靠上居中对齐、靠上右对齐、中部两端对齐、水平居中、中部右对齐、靠下两端对齐、靠下居中对齐、靠下右对齐"。

选中需要设置对齐方式的单元格区域，在已选中区域上右击，弹出快捷菜单，将鼠标指针移到"单元格对齐方式"选项上，其右侧会显示 9 个小图标，按从上到下、从左到右排列成 3 行 3 列，分别对应 9 种对齐方式。单击对应的图标，即可设置单元格的对齐方式，如图 2-68（a）所示。或者选择单元格区域后，单击"表格工具"选项卡中的"对齐方式"下拉按钮，在下拉菜单中选择所需的对齐方式，如图 2-68（b）所示。

（a） （b）

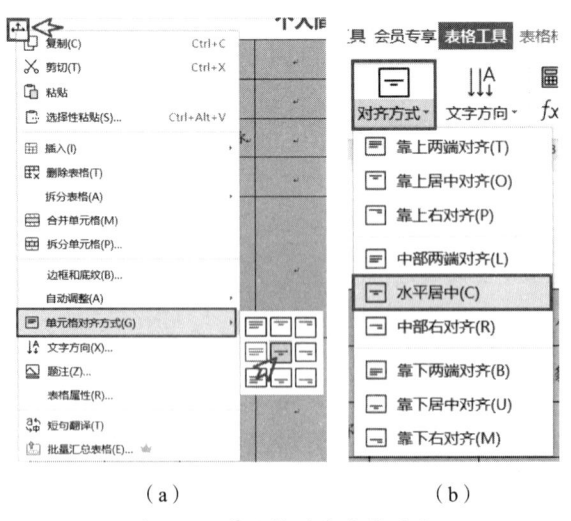

图 2-68　单元格对齐方式设置

（8）单元格的拆分、删除和插入

在对单元格进行设置的过程中，除了对单元格进行合并操作，有时还需要对单元格进行拆分、删除和插入操作，这些操作的使用方法与单元格合并的使用方法类似。

①单元格的拆分。

右击要拆分的单元格，在弹出的快捷菜单中选择"拆分单元格"选项，打开"拆分单元格"对话框，在"列数"和"行数"文本框中输入列数、行数，单击"确定"按钮，即可拆分目标单元格，如图2-69所示。

（a） （b）

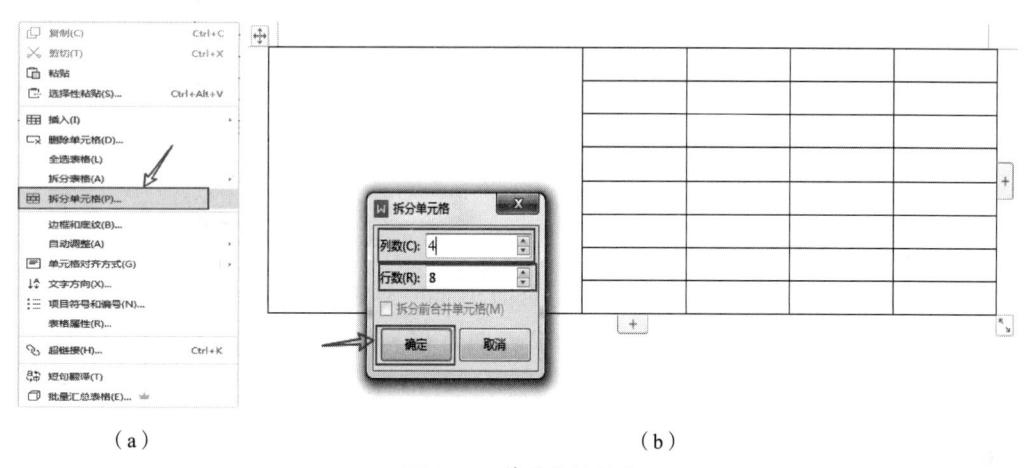

图 2-69 单元格的拆分

②单元格的删除。

右击要删除的单元格，在弹出的快捷菜单中选择"删除单元格"选项，打开"删除单元格"对话框，选中相应的单选按钮，即可删除单元格。或者将光标移至目标单元格上，单击"表格工具"选项卡中的"删除"下拉按钮，选择相应选项，即可删除单元格，如图 2-70 所示。

（a） （b）

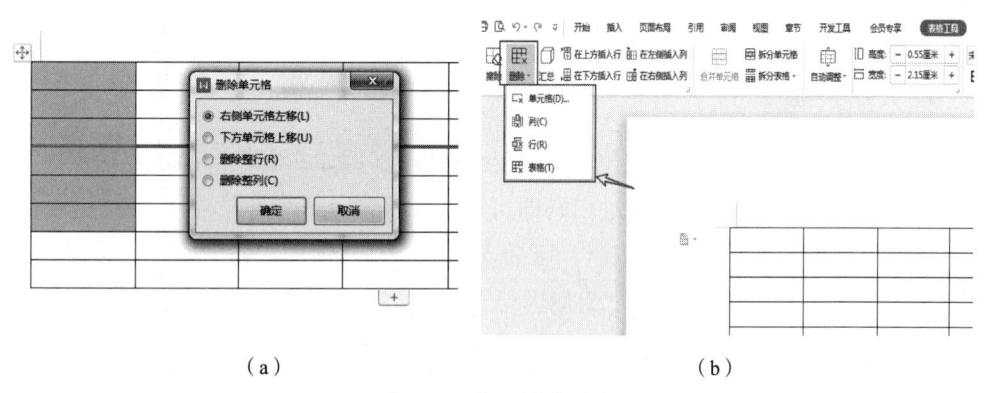

图 2-70 单元格的删除

③单元格的插入。

将光标移至要插入单元格的位置附近，右击，在弹出的快捷菜单中选择"插入"选项，在右侧的子菜单中选择相应的选项，即可插入单元格。或者将光标移至要插入单元格的位置附近，单击"表格工具"选项卡中的"在上方插入行"/"在下方插入行"/"在左侧插入列"/"在右侧插入列"按钮，即可插入单元格，如图2-71所示。

（a） （b）

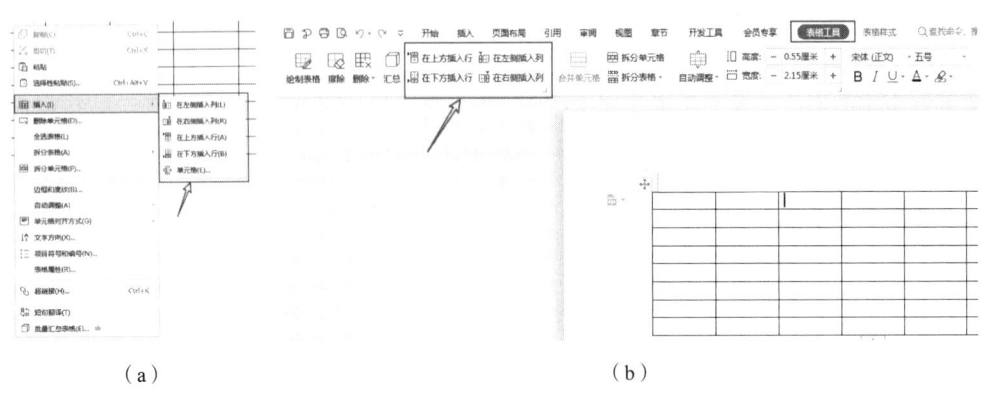

图2-71 单元格的插入

（9）去除表格下方的空白页

当文档最后一页是表格，且表格占据了页面底部时，在表格下方一般会有一页空白页。可以将最后一行的行高设为"固定值，1磅"，即可将表格下方的空白页去除，如图2-72所示。

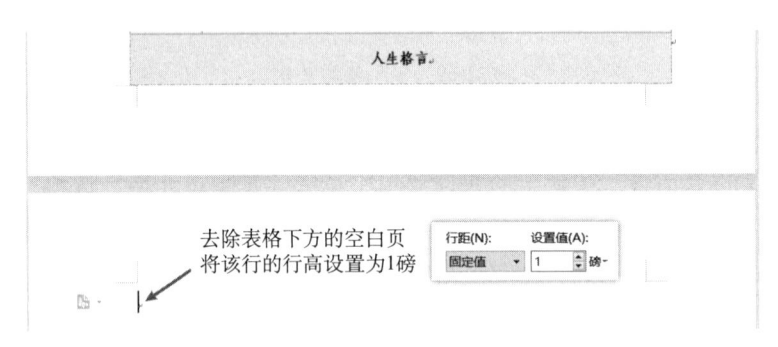

图2-72 去除表格下方的空白页

3. 插入条形码

在编辑文档的过程中，可以根据需要插入条形码。例如，制作商品信息表时，可以将商品的编码制作成一个条形码，通过扫码即可读取商品的编码信息。在WPS文字中，通过"插入"选项卡中的"更多"下拉按钮，可插入"截屏、几何图、条形码、二维码、化学绘图"等对象。下面以插入"条形码"为例进行介绍。

> 操作：单击"更多"下拉按钮，在下拉菜单中选择"条形码"选项，打开"插入条形码"对话框，在"编码"下拉菜单中选择一种编码，WPS文字提供"Code128、EAN、UPC-A、Code39、ITF14、MSI、Codabar"7种编码形式，不同编码支持输入的内容不一样，在选择编码时会提示支持输入的内容、应用领域等。在"输入"文本框中输入支持的内容，条形码会自动展示示例图。确认后单击"插入"按钮即可在文档中插

入条形码，如图 2-73 所示。

（a）　　　　　　　　　　　　　　（b）

图 2-73　插入条形码

4．样式应用

样式是指字体、字号、缩进等字符段落格式设置的组合，将这一组合作为集合加以命名和存储，以便对文档进行统一的格式化操作。应用样式不仅能快速地设置段落格式，还能确保文档格式的一致性。在对文档进行编排时，可以先将文档中用到的各种样式分别加以定义，使之应用到相应的段落中。WPS 文字提供了主题库和样式库，其中包含预先设置的各种主题和样式，使用这些主题和样式可以快速地为文档设置相应的格式。

（1）应用主题样式

如果文档内容比较长，需要更换主题风格时，逐项更换的工作量较大，可以应用主题实现快速更换。单击"页面布局"选项卡中的"主题"下拉按钮，在下拉菜单中选择所需的主题样式，如图 2-74 所示。

图 2-74　应用主题样式

（2）应用颜色样式

单击"页面布局"选项卡中的"颜色"下拉按钮，在下拉菜单中选择预设颜色或推荐的颜色，选择"更多颜色"选项，可以查看更多主题颜色。主题颜色更改后，"开始"选项卡中的"字体颜色"下拉菜单中的可选颜色为更改后的主题颜色，且文档中之前通过"字体颜色"下拉菜单设置的颜色也会自动进行相应更改，如图2-75所示。

（a）　　　　　　　　　　　　　　　　（b）

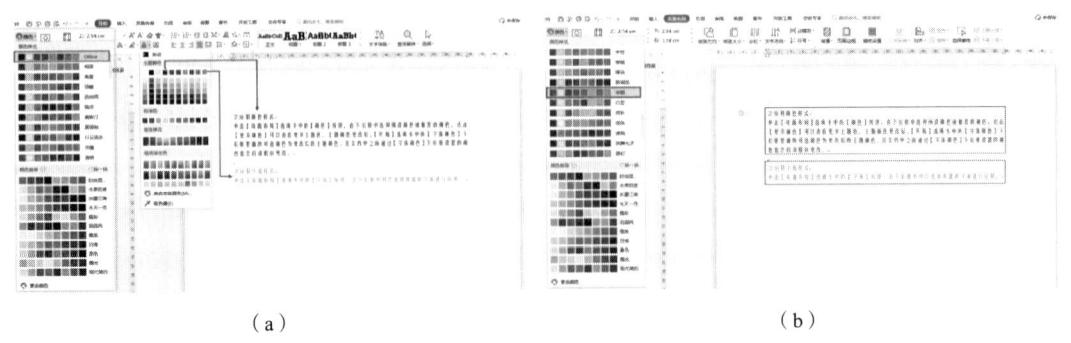

图2-75　应用颜色样式

（3）应用字体样式

单击"页面布局"选项卡中的"字体"下拉按钮，在下拉菜单中可以选择所需的字体。应用字体样式后字体下拉菜单中的主题字体会自动变化，如图2-76所示。

（a）　　　　　　　　　　　　　　　　（b）

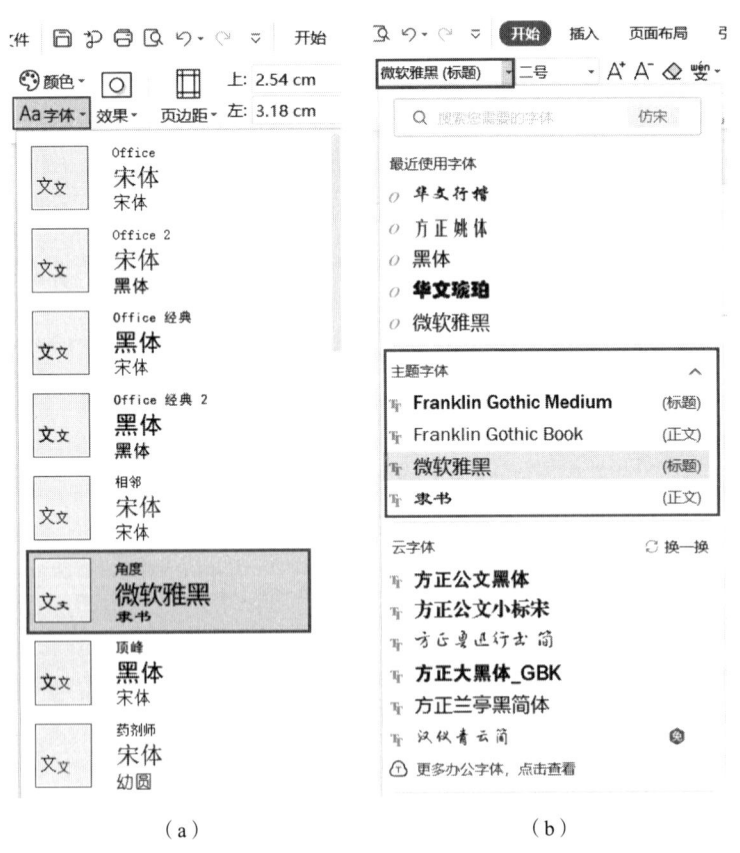

图2-76　应用字体样式后字体下拉菜单中的主题字体会自动变化

（4）新建样式

系统自带的样式为内置样式，可以修改，但无法删除。我们可以根据需要创建新样式。单击"开始"选项卡中"样式"库右侧的下拉按钮，在下拉菜单中选择"新建样式"选项，打开"新建样式"对话框。在"名称"文本框中输入新建样式的名称，要尽量取有意义的名称，且不能与系统自带的样式同名，如图 2-77 所示。

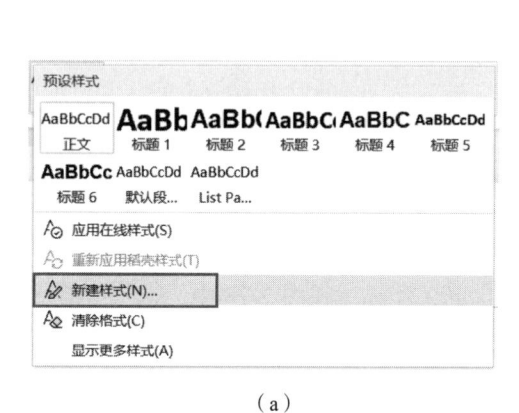

（a）

（b）

图 2-77　新建样式

在"样式类型"下拉菜单中选择样式类型，样式类型分段落、字符两种。不同的样式类型，其应用范围不同，字符类型的样式用于设置选中的文字格式，段落类型的样式用于设置整个段落的格式。

在"样式基于"下拉菜单中，列出了当前文档中的所有样式。如果要创建的样式与其中某个样式比较接近，可以选择该样式，新样式会继承所选样式的格式，只要稍做修改，就可以创建新的样式。

在"后续段落样式"下拉菜单中，显示了当前文档中的所有样式，其作用是在编辑文档的过程中，按"Enter"键后，转到下一段落时自动套用样式。

在"格式"选区中，默认显示选择"新建样式"选项前，文档中光标所在位置的字体、段落等格式。在"格式"选区中可以设置字体、段落的常用格式，也可以单击"格式"下拉按钮，在下拉菜单中选择要设置的格式类型，如"字体、段落、制表位、边框、编号"等，然后在打开的对话框中进行详细的设置。最后在"新建样式"对话框中单击"确定"按钮，完成新样式的创建。

（5）修改样式

对系统自带的内置样式和自定义样式都可以进行修改。单击"开始"选项卡中"样式"库右侧的下拉按钮，在下拉菜单中，将鼠标指针移到需要修改的样式名称上并右击，在弹出的快捷菜单中选择"修改样式"选项，如图 2-78 所示，打开"修改样式"对话框，在该对话框中的操作与在"新建样式"对话框中的操作基本类似。

图 2-78 "修改样式"与"删除样式"选项

（6）删除样式

系统自带的内置样式无法删除，只能删除自定义样式。在图 2-78 中，选择"删除样式"选项，即可删除指定的自定义样式。

5. 打印与输出

（1）打印文档

● 打印预览。打印文档之前，可以先使用"打印预览"功能查看打印效果。单击"快速访问工具栏"中的"打印预览"按钮，打开打印预览界面，如图 2-79 所示，在该界面中可以选择打印机，设置纸张类型、纸张方向、打印份数等，单击"直接打印"按钮，可进行打印，单击"返回"或"关闭"按钮，可退出打印预览界面。

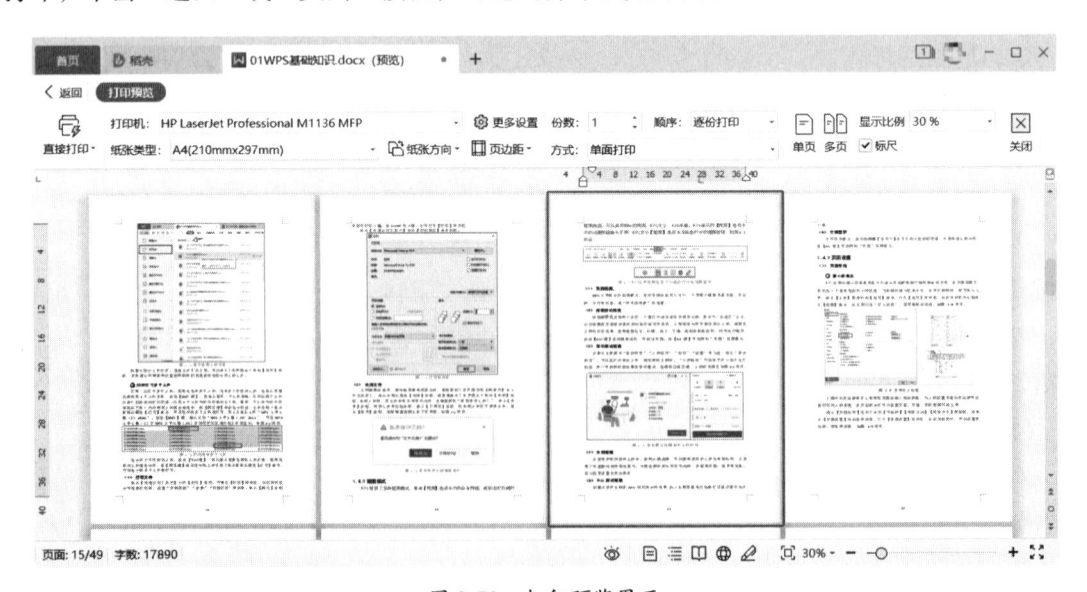

图 2-79 打印预览界面

● 打印。按"Ctrl+P"组合键，或者单击"快速访问工具栏"中的"打印"按钮，可打开"打印"对话框，在该对话框中，可以选择打印机，设置打印份数、页码范围等。设置页码范围时，默认为"全部"，可以选中"当前页"单选按钮或者选中"页码范围"单选按钮，并在"页码范围"文本框中指定打印页码，如图 2-80 所示，页码范围"3-5,8-10,14"表示打印页码为第 3 页至第 5 页，第 8 页至第 10 页，第 14 页，共打印 7 页。单击"确定"按钮即可完成文档的打印操作。

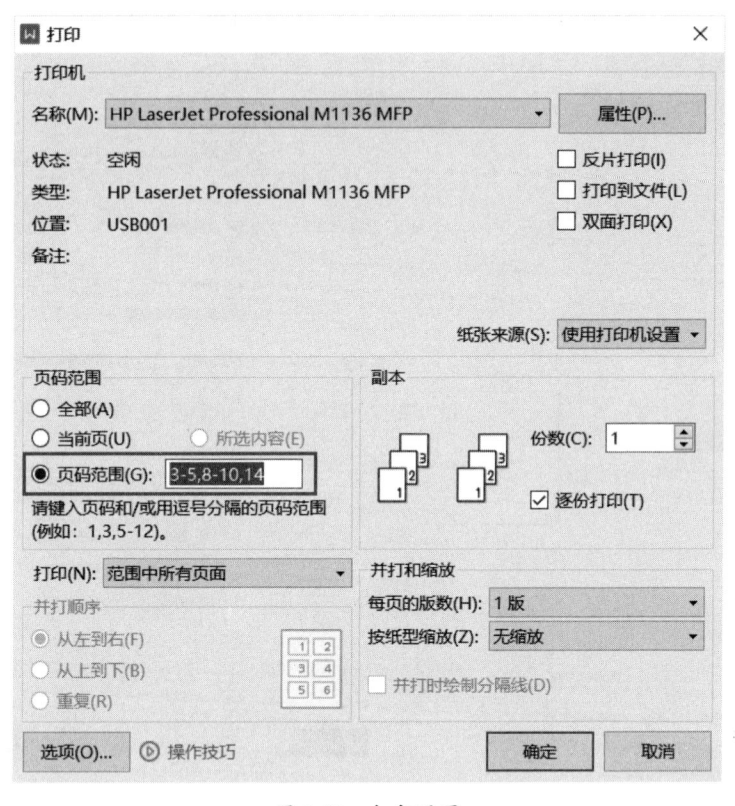

图 2-80　打印设置

● 直接打印。单击"快速访问工具栏"中的"直接打印"按钮，打开"打印进程"对话框，可直接将文档内容发送到默认打印机进行打印，若没有连接打印机，则发送到 WPS 高级打印，如图 2-81 所示。

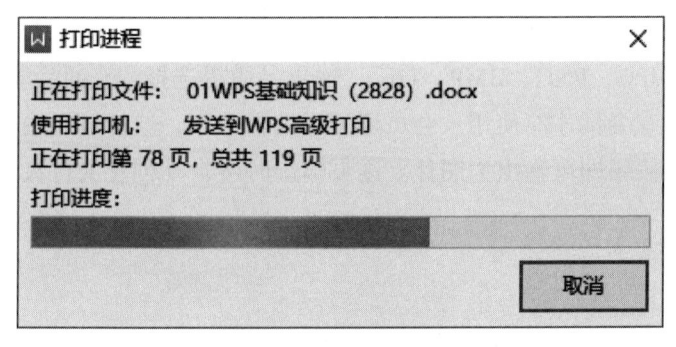

图 2-81　直接打印

（2）输出文档

WPS 文字可以将文档输出为图片、PDF 等多种格式的文件，方便在网络上发布与分享。通过"文件"菜单中的"输出为 PDF""输出为图片""输出为 PPTX"等选项，可以将文档输出为指定格式的文件。

在"文件"菜单中选择"输出为 PDF"选项，打开"输出为 PDF"对话框，在该对话框中，可以设置输出范围，单击左下角的"设置"链接，在打开的对话框中可以设置输出内容，设置文件打开密码等。WPS 会员还可以选择输出"纯图 PDF"，添加水印等，如图 2-82 所示。

（a） （b）

图 2-82 文档输出为 PDF

在"文件"菜单中选择"输出为图片"选项，打开"输出为图片"对话框，如图 2-83 所示，在该对话框中，可以设置有关输出参数。"逐页输出"表示文档的每页为一张图片，"合成长图"表示整个文档所有页面为一张上下拼接的长图。非会员会显示"非会员水印"，输出格式可选择"JPG、PNG、BMP、TIF"，输出品质可选择"普通品质、标清品质"，其中"标清品质"只有会员才能使用。会员还可以编辑水印，选择页码输出等，确认后单击右下角的"输出"按钮即可输出为图片。逐页输出时会自动创建文件夹，以保存每页的图片文件。

图 2-83　文档输出为图片

2.2.6　任务总结

1. 在 WPS 文字中绘制较复杂的表格时，表格的行数、列数，可以先以执行合并操作之前的最大行数、最大列数为参照，插入表格后，通过合并单元格等操作再调整表格的结构。

2. 通过套用表格样式，可以一键美化表格。

3. 本任务中的表格，根据版心大小和内容安排，经过计算来精确设置一些单元格的高度和宽度。但在日常使用中，通常无须精准计算，而根据实际需要，灵活设置各单元格的高度和宽度，使用鼠标拖动单元格的左右边框调整宽度，拖动单元格的下边框调整其高度，拖动表格右下角的表格大小控制点，对整个表格进行缩放。

4. 在 WPS 文字中使用表格时，应避免表格后面出现空白页，如果表格后面有空白页，应将空白页的行距设置为 1 磅，这样即可去除空白页。

5. WPS 文字中的表格排版，涉及较多操作细节，部分操作的效果可以通过多种操作方式实现，需要同学们多操作、多练习，熟悉 WPS 文字中的各项内容和命令，以便熟练掌握相关的操作。

2.2.7 任务巩固

1. 操作题

请结合"建党百年"主题，选择一位你最熟悉的党史中的重要人物，通过搜索资料，自行设计一个"名人简介表"。包括表格边框、底纹设置，结合插入图片、条码、页面边框、水印等操作，巩固表格设置的有关知识。

2. 单选题

（1）在 WPS 文字中，可在以下哪个选项卡中调整单元格的高度和宽度？（　　）
A．开始　　　　　B．插入　　　　　C．表格工具　　　　D．表格样式

（2）在 WPS 文字中，创建表格可在以下哪个选项卡中进行？（　　）
A．开始　　　　　B．插入　　　　　C．引用　　　　　　D．视图

（3）在 WPS 文字中，设置单元格的底纹颜色可以通过单击"表格样式"选项卡中哪个按钮实现？（　　）
A．表格工具　　　B．线型　　　　　C．宽度　　　　　　D．底纹颜色

（4）下列有关 WPS 文字中表格功能的说法中，不正确的是（　　）。
A．可以将表格转换成文本　　　　　B．在表格的单元格中可以插入表格
C．在表格中可以插入图片　　　　　D．表格的边框线不能修改

（5）在 WPS 文字中，要选定表格中不连续的行，在操作的过程中应按住（　　）键不放。
A．"Ctrl"　　　　B．"Shift"　　　　C．"Alt"　　　　　D．"Enter"

（6）在 WPS 文字中，如果当前光标在表格中某行的最后一个单元格的外框线旁，按"Enter"键后，则（　　）。
A．光标所在列变宽
B．在该行最后一个单元格中增加一个段落标记
C．在光标所在行的下方增加一行
D．光标所在行变高

扫下面二维码可在线测试

测试一下
每次测试20分钟，最多可进行2次测试，取最高分作为测试成绩。

扫码进入测试 >>

2.3 制作垃圾分类主题海报

2.3.1 任务目标

本任务介绍 WPS 文字中图文混排的有关操作，读者学习本任务后能够调整页面布局，插入艺术字、分栏、分隔符、页眉页脚、图片、图表等；学会使用快捷键选择、复制、粘贴文本；学会使用 WPS 的在线资源，提高文档编辑效率；能将文档输出为 PDF 等格式的文件。此外，读者还能了解垃圾分类的有关知识，提高环保意识。

2.3.2 任务描述

小王同学想参加学校组织的环保主题海报设计活动，通过学习与搜索资料，她准备设计并制作一份以垃圾分类为主题的海报，主要展示"有害垃圾、可回收物、厨余垃圾、其他垃圾"四种垃圾类型以及对应的主要物品，并通过图表形式，展示素材文件"图表数据.xlsx"中有关"全国城市生活垃圾"的统计数据，从而帮助大家更好地了解垃圾分类，强化环保意识。请根据要求，帮助她完成海报设计。

本任务完成后的参考效果如图 2-84 所示。

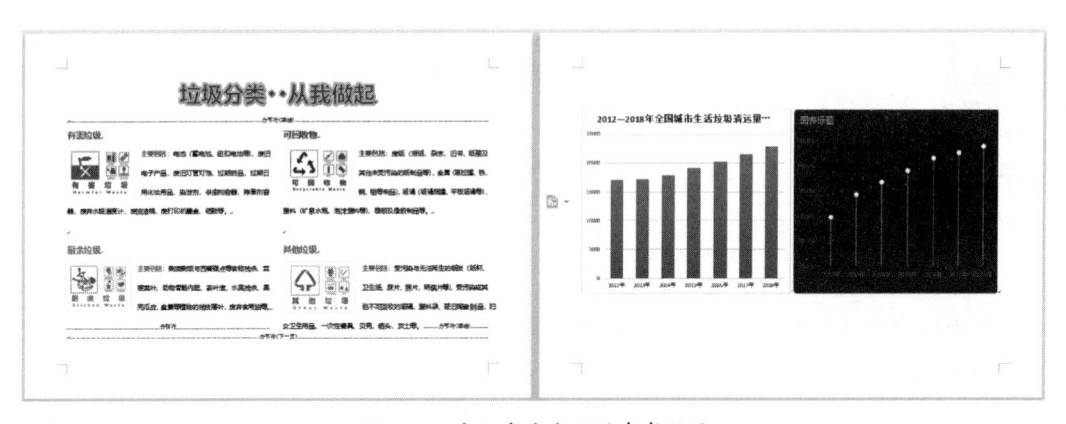

图 2-84 本任务完成后的参考效果

2.3.3 任务分析

● 使用"页面布局"选项卡进行页面设置，对页面进行分栏等操作，使用"分隔符"中的分栏符、分页符等，对文档进行分栏或分页处理。

- 使用"插入"选项卡插入艺术字、图片、图表、页眉页脚,并对其进行设置。
- 使用快捷键对文字进行选择、复制、粘贴。
- 使用"开始"选项卡对字体、段落进行编辑。
- 使用 WPS 的在线图表等资源美化文档,提高文档编辑效率。
- 使用"文件"菜单将文档输出为图片等多种格式的文件。

2.3.4 任务实现

新建一个 WPS 文字文档,命名为"×××的垃圾分类海报.docx",其中"×××"为姓名,".docx"为文档的扩展名,按要求完成下列操作。所有操作完成后,对文档执行保存操作。

1. 页面设置

将页面设置为横向,上、下页边距都设置为 2cm,左、右页边距都设置为 2.5cm。

操作:单击"页面布局"选项卡中的"纸张方向"下拉按钮,在下拉菜单中选择"横向"选项;单击"页边距"按钮右侧的"上""下""左""右"微调按钮,或直接在对应的文本框中输入页边距大小,如"2",单位"cm"不用输入,系统固定为"cm"。

2. 插入艺术字

在文档第 1 行位置,插入艺术字"垃圾分类‥从我做起",字体为"微软雅黑"。艺术字预设样式为"填充-白色,轮廓-着色 2,清晰阴影-着色 2",设置艺术字的文本填充为"蓝色",文本轮廓为"黄色",文本效果为"发光","发光变体"为"巧克力黄,8pt 发光,着色 2"。

操作:按两次"Enter"键,输入 2 个换行符。将光标定位到第 1 行,单击"开始"选项卡中的"段落"对话框启动按钮,打开"段落"对话框,在该对话框中将段前间距设置为 5 行。

单击"插入"选项卡中的"艺术字"下拉按钮,在下拉菜单的"预设样式"选区中,选择"填充-白色,轮廓-着色 2,清晰阴影-着色 2"选项,如图 2-85 所示。在出现的文本框中输入"垃圾分类‥从我做起"。选中输入的文字,单击"开始"选项卡中的"字体"下拉按钮,在下拉菜单中选择"微软雅黑"选项。在"文本工具"选项卡中,单击"文本填充"下拉按钮,在下拉菜单中选择"蓝色"选项;单击"文本轮廓"下拉按钮,在下拉菜单中选择"黄色"选项;单击"文本效果"下拉按钮,在下拉菜单中选择"发光"选项,在右侧展开的子菜单中,选择"巧克力黄,8pt 发光,着色 2"

选项。

  单击"绘图工具"选项卡中的"对齐"下拉按钮,在下拉菜单中选择"水平居中"选项,使艺术字文本框在页面水平居中,如图2-86所示。

  单击艺术字所在的文本框,将鼠标指针移到文本框四周的虚线边框上并右击,在弹出的快捷菜单中选择"其他布局选项"选项,打开"布局"对话框,在该对话框的"位置"选项卡中取消勾选"对象随文字移动"复选框,如图2-87所示。

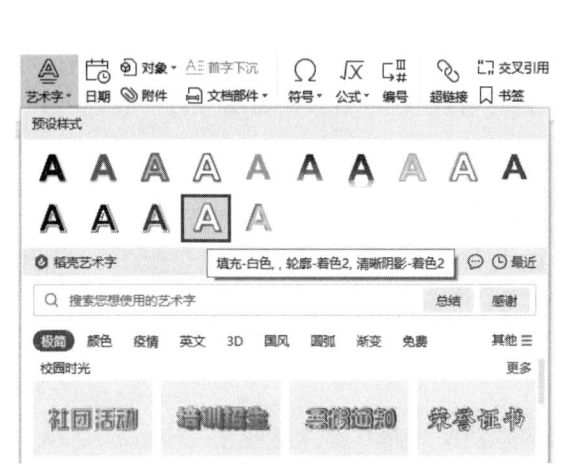

图2-85 选择艺术字预设样式

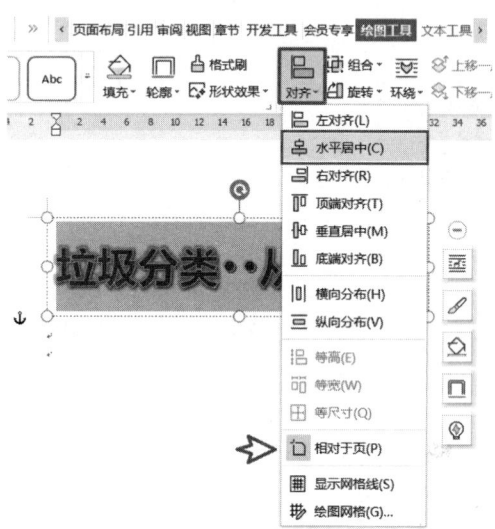

图2-86 "对齐"下拉菜单

(a)

(b)

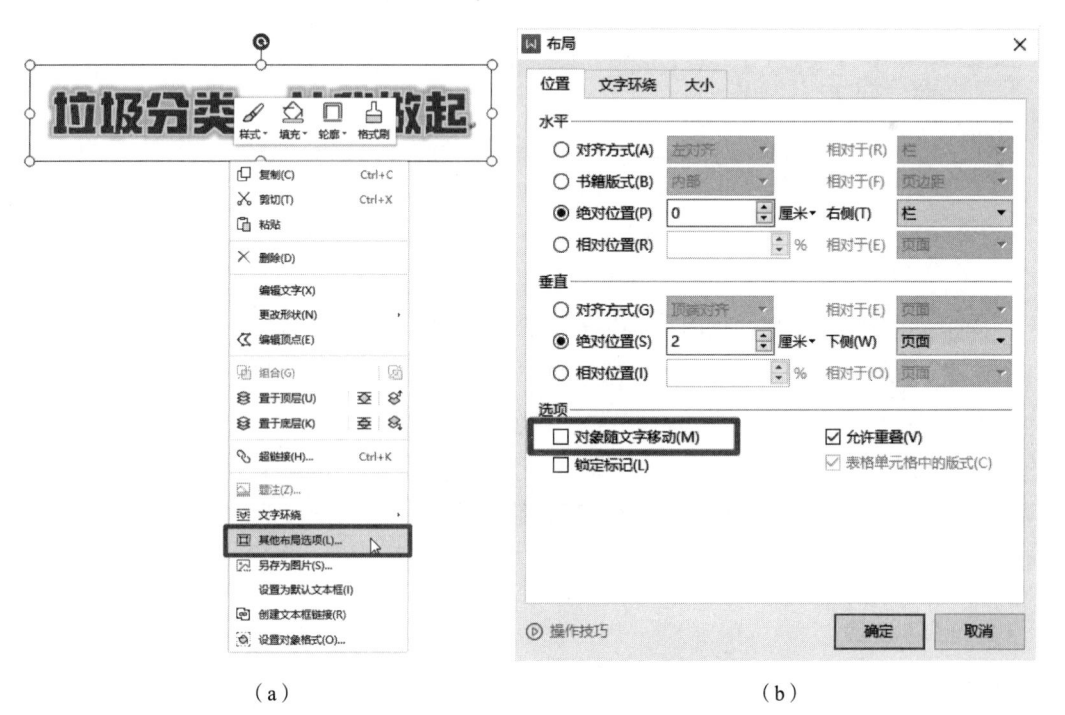

图2-87 选择"其他布局选项"选项,打开"布局"对话框

3. 文字输入与分栏

（1）复制素材文件中的文字

将素材文件"垃圾分类文字素材.txt"中的文字复制到本文档中。

操作：打开素材文件"垃圾分类文字素材.txt"，按"Ctrl+A"组合键全选素材文件中的文字，按"Ctrl+C"组合键复制选定的文字，关闭素材文件。

在海报文字文档中，将光标定位到第 2 行，按"Ctrl+V"组合键，将复制的文字粘贴到文档中。

（2）分栏

选中粘贴的文字"有害垃圾……灰土等。"，将其分为两栏，第一栏显示"有害垃圾、厨余垃圾"，第二栏显示"可回收物、其他垃圾"。

操作 1：选中文字。将鼠标指针移到"有害垃圾"文字的左侧并单击（将光标定位到"有害垃圾"文字的左侧），将鼠标指针移到"灰土等。"文字的右侧，按住"Shift"键不放并单击，即可选中两次单击区域内的文字，如图 2-88 所示。

图 2-88　选中连续的文字

操作 2：分栏。选择"页面布局"选项卡，单击"分栏"下拉按钮，在下拉菜单中选择"两栏"选项，即可对选中的文字进行分类，默认栏高相等（两栏中的行数一致）。

操作 3：插入分栏符。将光标置于"厨余垃圾"中"废弃食用油等。"文字的右侧。选择"页面布局"选项卡，单击"分隔符"下拉按钮，在下拉菜单中选择"分栏符"选项，此时光标处之后的内容将自动移到第 2 栏位置。使用"Delete"键，删除第 2 栏"可回收物"上方的空行。

（3）字体设置

将垃圾分类中的文字设置为"微软雅黑、五号"。

操作：将光标定位到"有害垃圾"文字的左侧，将鼠标指针移到"灰土等。"文字的右侧，按住"Shift"键不放并单击，即可选中两次单击区域内的文字。选择"开始"选项卡，单击"字体"下拉按钮，在下拉菜单中选择"微软雅黑"选项；单击"字号"下拉按钮，在下拉菜单中选择"五号"选项。

将文字"有害垃圾""厨余垃圾""可回收物""其他垃圾"的字号修改为"四号"。

操作：选中文字"有害垃圾"，按住"Ctrl"键不放（可选中多个不连续的文字区域或对象），再分别选中文字"厨余垃圾""可回收物""其他垃圾"。选择"开始"选项卡，单击"字号"下拉按钮，在下拉菜单中选择"四号"选项。

将"有害垃圾主要包括"设置为"红色、加粗"；"厨余垃圾主要包括"设置为"绿色、加粗"；"可回收物主要包括"设置为"加粗、自定义颜色（RGB模式：0，78，152）"；"其他垃圾主要包括"设置为"加粗、自定义颜色（RGB模式：127，127，127）"。

操作：选中文字"有害垃圾主要包括"，选择"开始"选项卡，单击"加粗"按钮，单击"字体颜色"下拉按钮，在下拉菜单中选择"红色"选项。选中文字"厨余垃圾主要包括"，选择"开始"选项卡，单击"加粗"按钮，单击"字体颜色"下拉按钮，在下拉菜单中选择"绿色"选项。

选中文字"可回收物主要包括"，选择"开始"选项卡，单击"加粗"按钮，单击"字体颜色"下拉按钮，在下拉菜单中选择"其他字体颜色"选项，打开"颜色"对话框，选择"自定义"选项卡，设置颜色模式为RGB，设置"红色""绿色""蓝色"的颜色值分别为"0""78""152"，如图2-89（a）所示。

选中文字"其他垃圾主要包括"，选择"开始"选项卡，单击"加粗"按钮，单击"字体颜色"下拉按钮，在下拉菜单中选择"其他字体颜色"选项，打开"颜色"对话框，选择"自定义"选项卡，设置颜色模式为RGB，设置"红色""绿色""蓝色"的颜色值均为"127"，如图2-89（b）所示。

（a） （b）

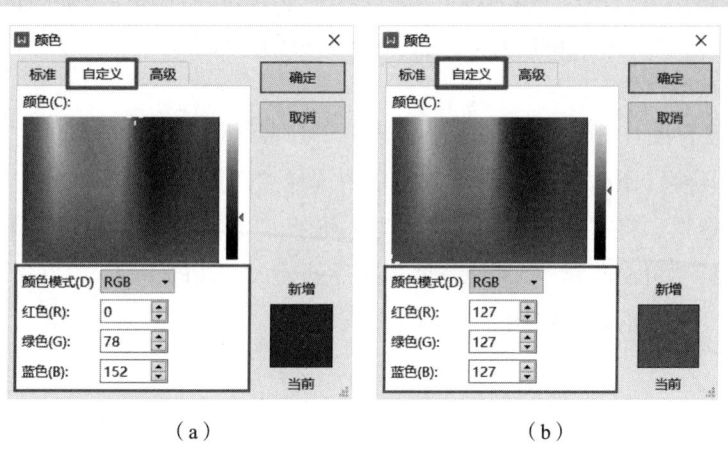

图2-89 自定义颜色

上述操作完成后的效果如图 2-90 所示。

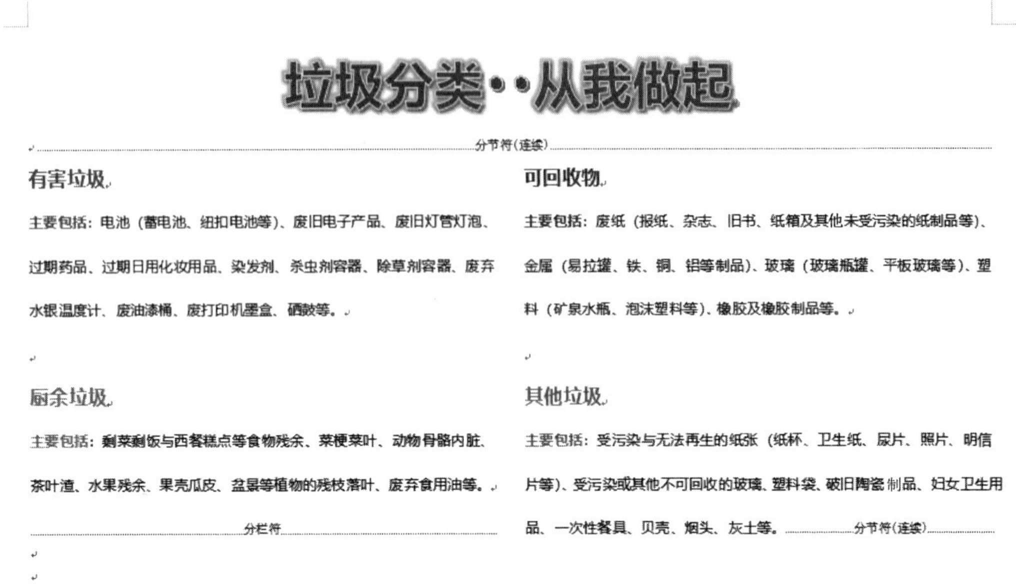

垃圾分类··从我做起

分节符(连续)

有害垃圾

主要包括：电池（蓄电池、纽扣电池等）、废旧电子产品、废旧灯管灯泡、过期药品、过期日用化妆用品、染发剂、杀虫剂容器、除草剂容器、废弃水银温度计、废油漆桶、废打印机墨盒、硒鼓等。

厨余垃圾

主要包括：剩菜剩饭与西餐糕点等食物残余、菜梗菜叶、动物骨骼内脏、茶叶渣、水果残余、果壳瓜皮、盆景等植物的残枝落叶、废弃食用油等。

分栏符

可回收物

主要包括：废纸（报纸、杂志、旧书、纸箱及其他未受污染的纸制品等）、金属（易拉罐、铁、铜、铝等制品）、玻璃（玻璃瓶罐、平板玻璃等）、塑料（矿泉水瓶、泡沫塑料等）、橡胶及橡胶制品等。

其他垃圾

主要包括：受污染与无法再生的纸张（纸杯、卫生纸、尿片、照片、明信片等）、受污染或其他不可回收的玻璃、塑料袋、破旧陶瓷制品、妇女卫生用品、一次性餐具、贝壳、烟头、灰土等。分节符(连续)

图 2-90　设置分栏与字体后的效果

4. 图片插入与对齐

（1）插入图片

参照完成后的效果图，将素材中的“01 有害垃圾.png”“02 厨余垃圾.png”“03 可回收物.png”“04 其他垃圾.png”四张图片插入对应位置。将有害垃圾、其他垃圾的图片设置为高 3 厘米、宽 4.3 厘米，厨余垃圾、可回收物的图片设置为高 2.8 厘米、宽 4 厘米。

操作 1：插入图片。将光标置于“有害垃圾”下方“主要包括”文字的左侧。选择“插入”选项卡，单击“图片”下拉按钮，在下拉菜单中选择“本地图片”（效果同直接单击“图片”按钮），打开“插入图片”对话框，在该对话框中，找到并双击图片“01 有害垃圾.png”；或者选择该图片，并单击右下角的“打开”按钮，即可将该图片插入文档中光标所在的位置。

操作 2：设置图片环绕方式与大小。选中“有害垃圾”图片，选择“图片工具”选项卡，单击“环绕”下拉按钮，在下拉菜单中选择“四周型环绕”选项；取消勾选“锁定纵横比”复选框，将“形状高度”设置为 3 厘米，“形状宽度”设置为 4.3 厘米。

“厨余垃圾”“可回收物”“其他垃圾”图片的插入方法同上。

上述操作完成后的效果如图 2-91 所示。

第 2 章　WPS 文字综合应用

图 2-91　插入图片后的效果

（2）对齐图片

使"有害垃圾""厨余垃圾""可回收物""其他垃圾"四张图片分别对齐，上下相邻的图片，其中心点在一条垂直的直线上；使左右相邻的图片，其中心点在一条水平的直线上，效果如图 2-92 所示。

对齐图片

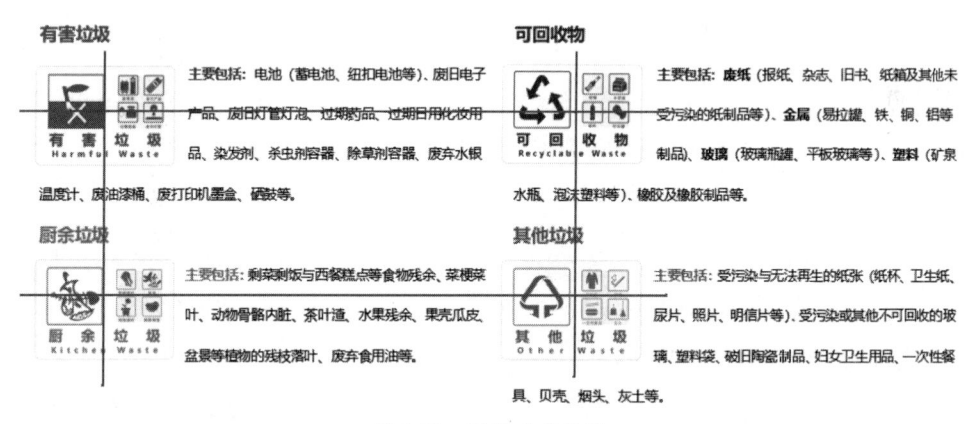

图 2-92　图片对齐效果

操作：按住"Shift"键不放，分别单击"有害垃圾"图片和"可回收物"图片，在自动显示的"浮动工具栏"中，单击"垂直居中"按钮，将选中的对象设置为"垂直居中"，即对象的中心点在同一条水平的直线上，如图 2-93（a）所示。

每条直线上的对象要单独设置，请读者设置另外 3 条直线的对齐效果。

注意，在"图片工具"或"绘图工具"选项卡的"对齐"下拉菜单中，如果选择"相对于页"选项，如图 2-93（b）所示，则在设置"垂直居中"或"水平居中"时，会将对象相对于页面居中。例如，设置垂直居中时，会将对象的中心移到相对于页面的垂直居中位置。

（a） （b）

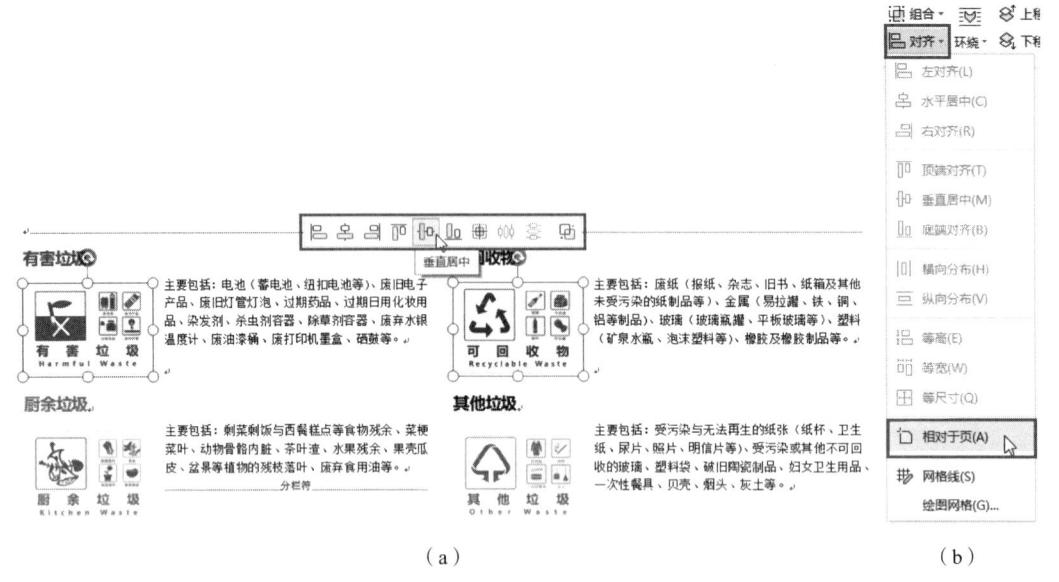

图 2-93　对齐浮动工具栏与对齐下拉框

5. 插入图表

打开素材文件"图表数据.xlsx"，使用素材文件中的数据，参照完成后的效果图，在第 2 页插入两个图表。"2012—2018 年全国城市生活垃圾清运量统计"使用柱形图，"2012—2018 年全国城市生活垃圾无害化处理率"使用在线图表中的"折线图"→"免费"→"均衡器式折线图"类型。通过设置图表样式与有关参数，对图表进行适当美化。

操作 1：插入图表。将光标定位到最后一行，单击"页码布局"选项卡中的"分隔符"下拉按钮，在下拉菜单中选择"下一页分节符"选项，此时光标定位在第 2 页第 1 行，将该行的段前间距设置为 4 行。

单击"插入"选项卡中的"图表"下拉按钮，在下拉菜单中选择"图表"选项，打开"图表"对话框，在该对话框中，左侧的图表类型选择"柱形图"，右侧的图表样式选择"簇状柱形图"，在图表缩略图上单击，即可插入预设图表。

操作 2：编辑图表数据。选中插入的图表，选择"图表工具"选项卡，单击"编辑数据"按钮，打开一个新的 WPS 工作界面，在打开的"WPS 文字中的图表"文件中，维护图表对应的数据源。将素材文件"图表数据"中的"年份、全国总量（万吨）"两列数据复制到数据源表中，将鼠标指针移到 D5 单元格的填充柄位置，按住鼠标左键拖动数据选择框到 B8 单元格，即可将图表的数据源由 A2:D5 调整为 A2:B8，如图 2-94 所示，确认后关闭该工作界面。

图 2-94　调整图表数据源的范围

操作 3：修改图表的属性。选中图表，选择"图表工具"选项卡，单击"图表样式"下拉按钮，在下拉菜单中选择"样式 6"选项；单击"添加元素"下拉按钮，在下拉菜单中选择"图例"→"无"选项，即不显示图例项，如图 2-95 所示。

双击"图表标题"文本框，输入标题文字"2012—2018 年全国城市生活垃圾清运量统计"。选中图表，在"绘图工具"选项卡中，设置图表的宽度为 12.2 厘米。

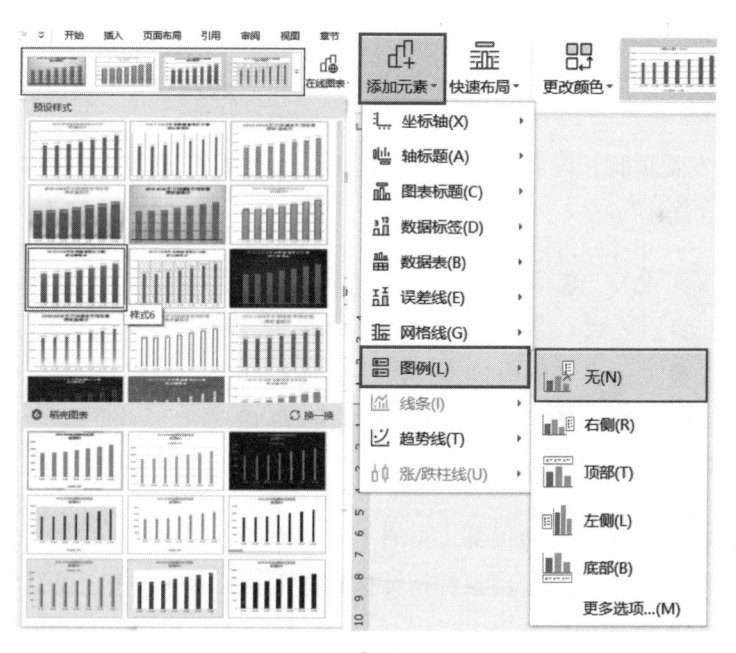

图 2-95　设置图表样式与添加元素

操作 4：插入在线图表。将光标定位到已插入图表的右侧，单击"插入"选项卡中的"图表"下拉按钮，在下拉菜单中选择"在线图表"选项，打开"在线图表"对话框，选择"折线图"→"免费"→"均衡器式折线图"选项（或者在搜索框中搜索"免费均衡器式折线图"），在图表缩略图上单击，即可插入选定的在线图表，如图2-96所示。

操作5：修改图表的数据源。将素材文件"图表数据"中的"年份、无害化处理率"两列数据复制到数据源表中，注意选择不连续的数据区域时，需要按住"Ctrl"键。其他操作同操作2、操作3。完成后的效果如图2-84所示。

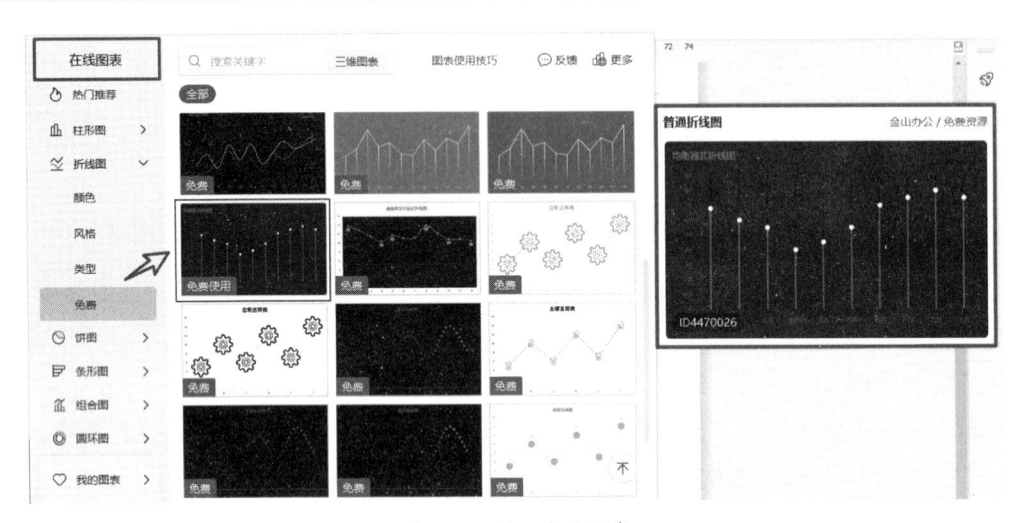

图2-96　插入在线图表

6. 页脚设置

在页面底部设置页脚，内容为"混放是垃圾，分类成资源。"，将字体设置为"微软雅黑、四号、加粗，居中"。

操作：单击"插入"选项卡中的"页眉页脚"按钮，进入"页眉页脚"编辑状态，此时光标停留在页眉区域。将鼠标指针移到页脚区域并单击，输入"混放是垃圾，分类成资源。"，选中输入的文字，通过"开始"选项卡中的"字体""字号""加粗""居中对齐"按钮，完成有关操作。页眉页脚设置完成后，单击"页眉页脚"选项卡中的"关闭"按钮，可退出页眉页脚的编辑。

提示：将鼠标指针移到页面顶部（页眉）或页面底部（页脚）位置并双击，可快速进入"页眉""页脚"的编辑区域。将鼠标指针移到主文档区域并双击，可退出对"页眉页脚"的编辑，进行对主文档的编辑。

7. 文件保存与输出

（1）文件保存

所有操作完成后，对文件执行保存操作。

操作：按"Ctrl+S"组合键，可对文件执行保存操作。

（2）文档输出

将完成后的文档输出为长图。

操作：在"文件"菜单中选择"输出为图片"选项，打开"输出为图片"对话框，如图 2-97 所示，在该对话框中，设置"输出方式"为"合成长图"，其他属性根据需要进行设置，部分属性的设置需要会员权限。确认"输出目录"等设置后，单击右下角的"输出"按钮，打开"输出成功"对话框，提示"图片成功输出，直接打开或进入文件夹浏览"，根据需要执行相关操作即可。

图 2-97 "输出为图片"对话框

2.3.5 相关知识

1. 分隔符

WPS 文字提供了四类分隔符：分页符、分栏符、换行符和分节符。

● 分页符：表示前一页终止且下一页开始的标记。在文档中输入文字时，会按照页面设置中的参数使文字填满一行时自动换行，填满一页时自动换页。"分页符"的作用是可以使文档在插入分页符的位置强制换页。快捷键是"Ctrl+Enter"组合键。不要用连续输入多个换行符（回车键）的方式换页。

● 分栏符：表示同一页面被拆分为并排的多个编辑区域的标记。有时根据排版和美观的需要，要对文本进行分栏操作。选中需要分栏的文字，单击"页面布局"选项卡中的"分栏"下拉按钮,在下拉菜单中选择栏数或选择"更多分栏"选项,打开"分栏"对话框,在其中设置栏数、分隔线、宽度和间距等参数,如图 2-98 所示。

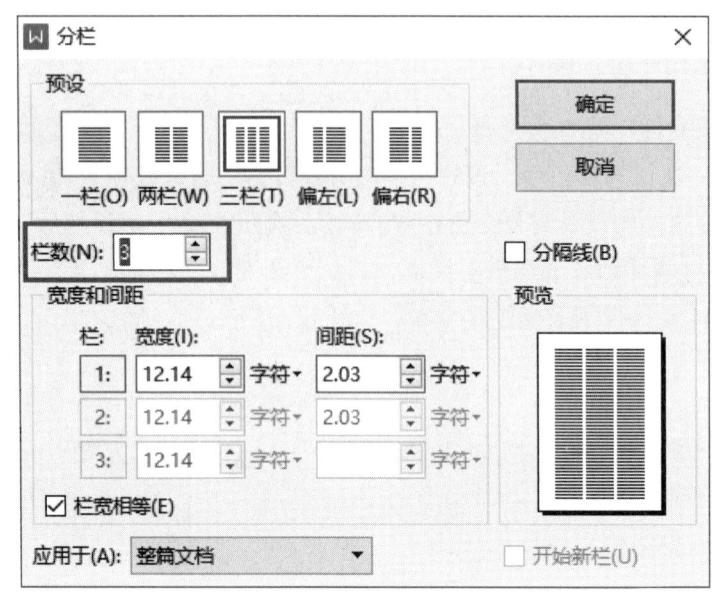

图 2-98 "分栏"对话框

设置分栏后,在分栏区域内,在"页面布局"选项卡中选择"分隔符"下拉菜单中的"分栏符"选项,可以将"分栏符"下方的内容另起一栏。

- 分节符:表示节的结尾的标记。新建的 WPS 文字文档默认只有 1 节。分节符包含节的格式设置元素,如页边距、纸张方向、页眉和页脚,以及页码的顺序。可以使用分节符改变文档中一个或多个页面的版式或格式。例如,通过分节可以设置文档中不同页面的纸张方向,有的纵向显示,有的横向显示。通过分节还可以设置不同的纸张大小、页边距、页眉页脚、页码等。

分节符包含 4 种类型,即下一页分节符、连续分节符、偶数页分节符、奇数页分节符。

下一页分节符:插入分节符并在下一页开始新节,如图 2-99 所示。

图 2-99 下一页分节符

连续分节符：插入分节符并在同一页开始新节，如图 2-100 所示。

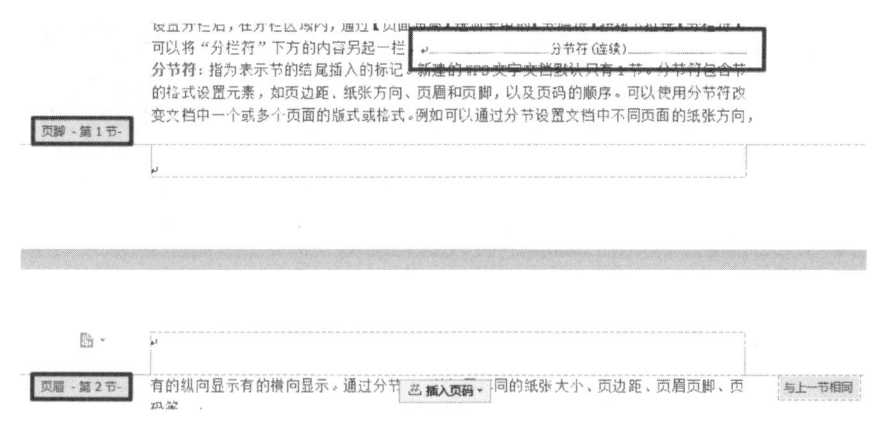

图 2-100　连续分节符

偶数页分节符：插入分节符，并在下一偶数页开始新节，如果下一页的页码是奇数，则使用奇数后面的第 1 个偶数作为页码。如图 2-101 所示，在第 2 页中插入偶数页分节符，则下一页的页码由 3 变为 4。

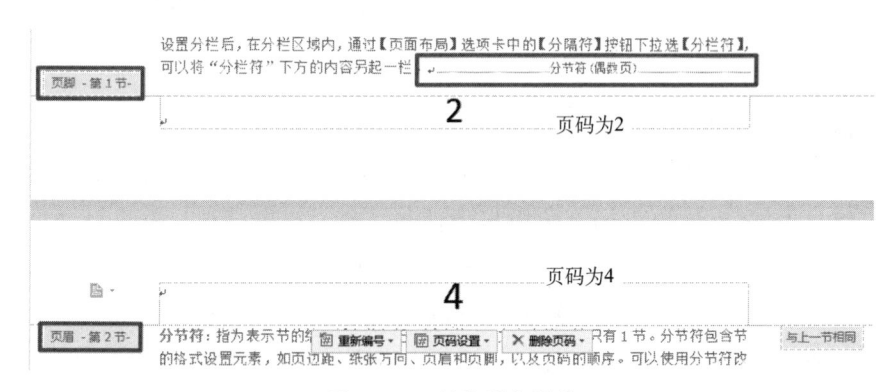

图 2-101　偶数页分隔符

奇数页分节符：类似于偶数页分节符，插入该分节符后，在下一奇数页开始新节。

如果不需要分节符，或者有错误的分节符需要删除，可以先选择"大纲"视图，在"大纲"视图下，会显示一条虚线，上面有"分节符"字样，将光标置于分节符的左侧，按"Delete"键，即可删除分节符，如图 2-102 所示。

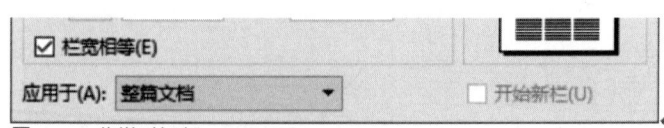

图 2-102　删除分节符

2. 页眉页脚与页码

在"插入"选项卡中，单击"页眉页脚"按钮，可进入页眉编辑状态，这时正文区域会变成灰色，不可编辑。如图 2-103 所示，在页眉区域输入页眉内容即可，单击"页眉页脚"选项卡中的"页眉页脚切换"按钮，可以在页眉、页脚的编辑区进行切换。如果要退出页眉页脚编辑状态，可以单击"页眉页脚"选项卡中的"关闭"按钮，或者直接在正文区域双击。

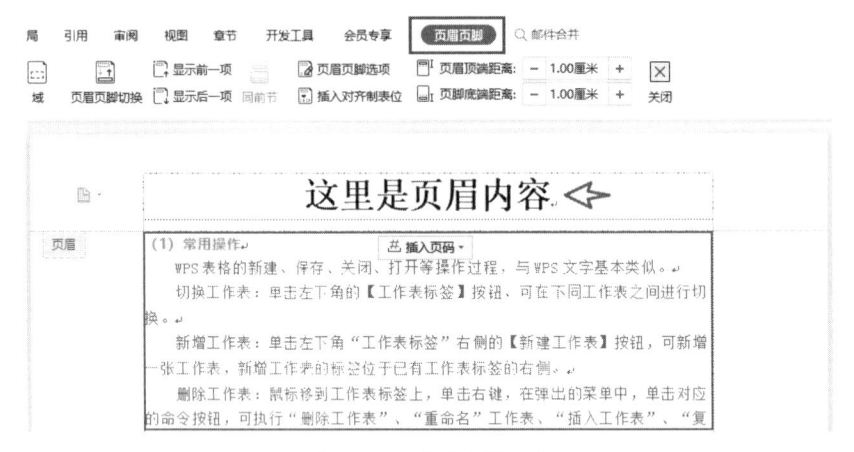

图 2-103　页眉编辑状态

单击"页码"下拉按钮，可以在下拉菜单的"预设样式"选区中选择某种样式的页码效果，也可以从 WPS 文字提供的页码模板中选择，部分页码模板只有会员才能使用。选择下拉菜单底部的"页码"选项，打开"页码"对话框，在该对话框中，可对页码的样式、位置、页码编号、应用范围等进行设置，确认后单击"确定"按钮即可插入页码，同时进入页脚编辑状态，如图 2-104 所示。如果要退出页脚编辑状态，则可以单击"页眉页脚"选项卡中的"关闭"按钮，或者直接在正文区域双击。

（a）　　　　　　　　（b）

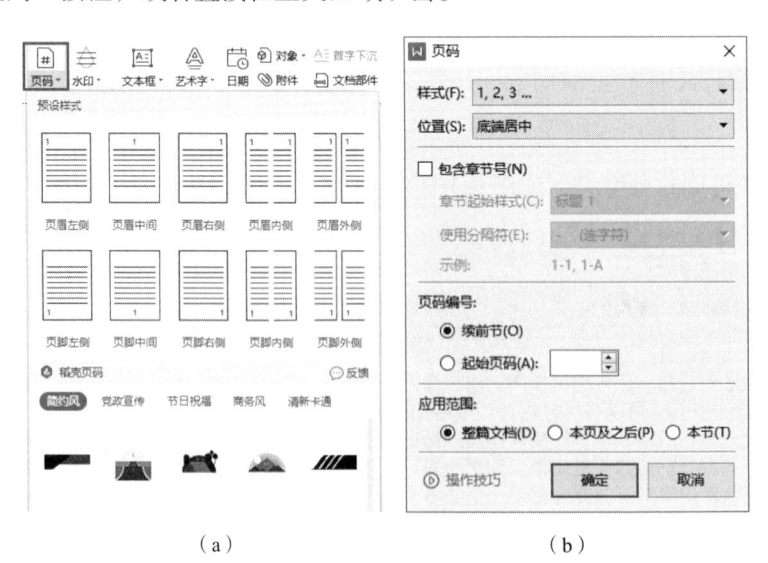

图 2-104　插入页码

3. 使用取色器设置颜色

选择颜色值时，在"颜色"下拉菜单的"主题颜色""标准色"选区中选择已有的颜色，也可以设置"自定义颜色"，还可以选择"取色器"选项，通过吸管吸取所需的颜色。当使用"取色器"时，鼠标指针变为吸管形状，移动鼠标指针，会自动获取吸管所在位置的颜色值，如图 2-105 所示。

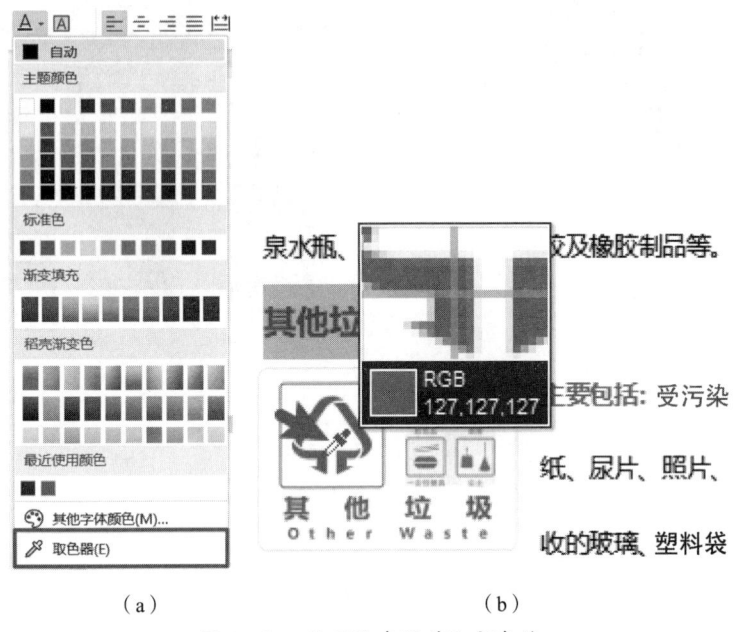

（a）　　　　　　　　　　　　　　　（b）

图 2-105　使用取色器获取颜色值

4. 图片有关操作

在文档中添加合适的图片，可以增加文档的美观性。单击"插入"选项卡中的"图片"下拉按钮，在下拉菜单中选择相应的选项可以把选定的图片插入文档中。插入的图片可以是本地图片、扫描仪中的图片、手机中的图片，也可以是线上的图片。

插入与编辑图片

（1）插入图片

将光标置于需要插入图片的位置，在"插入"选项卡中单击"图片"按钮，可打开"插入图片"对话框，在磁盘中找到所需的图片，单击"打开"按钮即可把图片插入文档中光标所在的位置。单击"图片"下拉按钮，在下拉菜单中选择插入图片的方式，可以直接搜索线上的图片，也可以选择"手机传图"选项，将手机中的图片插入文档中。选择"手机传图"选项后，先用手机微信扫描二维码，在手机上选择需要上传的图片（一次最多上传 20 张），在手机中选好图片后，在 WPS 的"插入手机图片"对话框中会直接显示图片。将鼠标指针移到需要插入的图片上并右击，在弹出的快捷菜单中会显示"插入"和"全选"选项，选择"插入"选项可将选定的单张图片插入文档中，选择"全选"选项可将对话框中的图片都选中，再右击，在弹出的快捷菜单中选择"插入"选项，可将选中的所有图片依次插入文档中，如图 2-106 所示。

（a） （b）

图 2-106　手机传图操作

当插入的单张图片容量大于 2MB 时，WPS 会自动提示"插入的图片有 x 张过大（≥ 2MB），建议压缩图片，以节省磁盘空间，提高程序运行效率。如果压缩，会适当降低图片的精度，是否压缩？"，其中"x"为容量大于 2MB 的图片数量，如图 2-107（a）所示，单击"是"按钮，打开"压缩图片"对话框，如图 2-107（b）所示，确认压缩模式等参数后，单击"压缩"按钮，即可完成对插入图片的压缩操作，并提示"成功减少文件体积的容量信息"。

（a） （b）

图 2-107　插入图片及压缩图片

（2）编辑图片

插入图片后，选中图片，在"图片工具"选项卡中有多种编辑图片的功能按钮，包括旋转、裁剪、智能缩放、压缩图片、对齐、环绕、图片转文字、图片转 PDF 等。

（3）旋转图片

选中图片，在图片上方会显示"旋转"功能图标，如图 2-108（a）所示，将鼠标指针移到该图标上，按住鼠标左键沿顺时针或逆时针方向拖动，图片会跟随鼠标旋转，旋转到目标位置后松开鼠标左键即可。

或者选中图片后，单击"图片工具"选项卡中的"旋转"下拉按钮，在下拉菜单中，根据需要选择旋转方式即可，如图 2-108（b）所示。

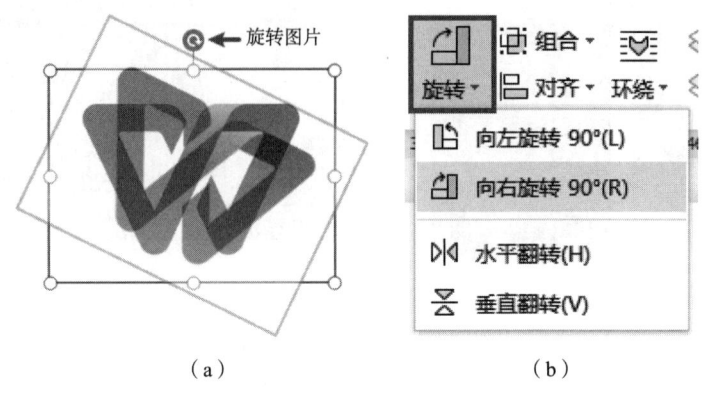

图 2-108　旋转图片

（4）环绕方式

插入图片后，图片的默认环绕方式为"嵌入型"。

选中图片，单击图片右侧出现的"快速工具栏"中的"布局选项"按钮，在右侧的子菜单中选择需要的环绕方式，如图 2-109（a）所示。

或者单击"图片工具"选项卡中的"环绕"下拉按钮，在下拉菜单中，根据需要选择环绕方式即可。以"四周型环绕"为例，效果如图 2-109（b）所示。

图 2-109　图片环绕设置与效果

（5）对齐与组合

对图片执行"对齐"或"组合"操作前，需先选中需要操作的图片。

先选择第 1 张图片，按住"Ctrl"键或"Shift"键不放，依次单击其他需要选中的图片，在图片上方的"浮动工具栏"中，单击需要的功能按钮，如"垂直居中"按钮或"组合"按钮。也可以在选中多张图片后右击，在弹出的快捷菜单中选择"组合"选项，组合后的图片对象可以作为一个整体进行移动，如图2-110所示。

注意：执行"对齐"或"组合"操作时，图片的环绕方式不能是"嵌入型"的。

（a） （b）

图2-110 图片对齐与组合

（6）压缩图片

当在WPS文档中插入多个图片后，文件往往变得很大，影响文件传输。导致文件过大的原因大多是插入的图片没有经过压缩，占用空间偏大。只要在文档中对图片进行压缩，就能在不影响使用的前提下减小图片占用的存储空间，从而减小文档占用的存储空间。

具体操作：选中图片，单击"图片工具"选项卡中的"压缩图片"按钮，打开"压缩图片"对话框，默认只对选中的图片进行压缩，用户也可以选中"文档中所有图片"单选按钮，并且设置"压缩模式"及"基础选项"等，如图2-111所示。

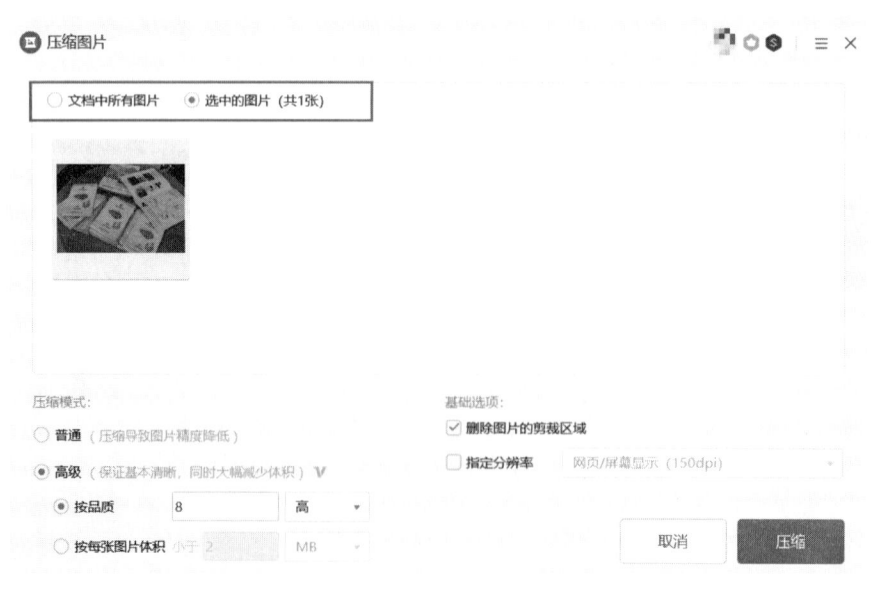

图2-111 "压缩图片"对话框

（7）裁剪图片

WPS 中的裁剪图片功能非常强大，不仅能够实现常规的图片裁剪，还可以将图片裁剪为特殊的形状。

具体操作：选中需要裁剪的图片，单击"图片工具"选项卡中的"裁剪"按钮，此时图片上会出现带有 8 个控制柄的裁剪框，拖动裁剪框上的控制柄，调整裁剪框包围的范围，即可控制图片的裁剪区域，裁剪框之外的区域表示被裁剪区域。也可以在裁剪框右侧的浮动菜单中选择"按形状裁剪"或"按比例裁剪"选项。按形状裁剪时，只需选择一种形状，再调整裁剪框的位置及裁剪范围，操作完成后，按"Enter"键，或者在图片外面单击，即可完成裁剪操作，如图 2-112 所示。

图 2-112　按形状裁剪图片

（8）更改图片

如果添加图片后感觉图片不合适，可以将其替换为其他图片，替换图片时会保留替换前图片的设置效果。在需要替换的图片上右击，在弹出的快捷菜单中选择"更改图片"选项，再在子菜单中选择"本地图片"选项，如图 2-113 所示；或者选定图片后，在"图片工具"选项卡中单击"替换图片"按钮。打开"更改图片"对话框，在该对话框中选择要替换的图片，确认后单击"打开"按钮。

图 2-113　更改图片

2.3.6 任务总结

1. 分栏时，如果不选中分栏开始位置的段落标记，则分栏范围针对整页，即第2栏中的内容会从第1行开始显示，如图2-114（a）所示。如果选中段落标记，则选中区域上方和下方的行，不参与分栏，如图2-114（b）所示。

2. 按住"Ctrl"键，可选中多个不连续的文字区域或对象。

3. 在"布局"对话框中，取消勾选"对象随文字移动"复选框后，在文档中输入换行符时，对象不会随文字移动。默认情况是勾选"对象随文字移动"复选框。

4. 插入图表时，可以使用WPS文字提供的在线图表，使用线上的图表样式，可提高操作效率。

（a）　　　　　　　　　（b）

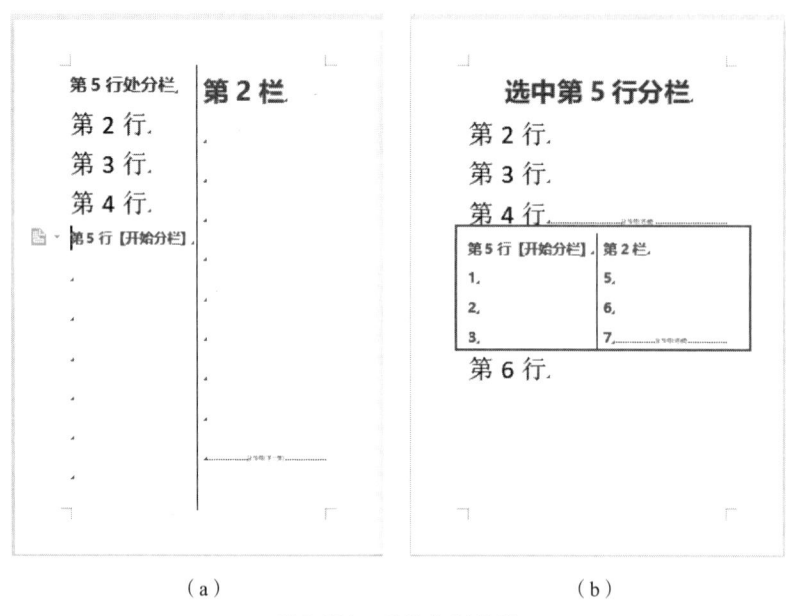

图2-114　两种分栏效果

2.3.7 任务巩固

1. 操作题

打开完成后的文档，给页面添加边框、水印。水印包含图片和文字，边框效果及水印内容自定。

2. 单选题

（1）在WPS文字中，下列关于艺术字的说法中，正确的是（　　）。

A. 在编辑区右击，在弹出的快捷菜单中选择"艺术字"选项可以完成艺术字的插入

B. 插入文本区中的艺术字不能再更改文字内容

C．艺术字可以像图片一样设置其与文字的环绕关系

D．选中艺术字后，在"文本工具"选项卡中的"文本轮廓"下拉菜单中设置的颜色是指艺术字四周矩形方框的颜色

（2）下述关于分栏操作的说法中，正确的是（　　）。

A．可以将指定的段落分成指定宽度的两栏

B．任何视图下均可看到分栏效果

C．设置的各栏宽度和间距与页面宽度无关

D．栏与栏之间不能设置分隔线

（3）在WPS文字中，能够显示页眉页脚的视图是（　　）。

A．阅读版式视图　　　　　　　　B．页面视图

C．大纲视图　　　　　　　　　　D．Web版式视图

（4）在WPS文字的编辑状态中，使插入点快速移动到文档末尾的操作是按（　　）。

A．"Home"键　　　　　　　　　　B．"Ctrl+End"组合键

C．"Alt+End"组合键　　　　　　　D．"Ctrl+Home"组合键

（5）在WPS文字中，下列哪个选项不属于图片的环绕方式？（　　）

A．四周型环绕　　　　　　　　　B．左右型环绕

C．浮于文字上方　　　　　　　　D．穿越型环绕

（6）在WPS文字中，要将文字放在图片上方，应该将图片的环绕方式设置为（　　）。

A．浮于文字上方　　　　　　　　B．衬于文字下方

C．上下型环绕　　　　　　　　　D．穿越型环绕

扫下面二维码可在线测试

测试一下

每次测试20分钟，最多可进行2次测试，取最高分作为测试成绩。

扫码进入测试 >>

第3章

WPS演示综合应用

3.1 制作诗词欣赏演示文稿

3.1.1 任务目标

在本任务中，读者将学习使用 WPS 演示进行演示文稿的新建、编辑、保存等操作；掌握幻灯片的新建、幻灯片版式的应用，文本框、图片、音频等对象的插入；学会对幻灯片中的文本框、图片等对象进行编辑与格式化；掌握超链接、动画效果、切换效果的设置；学会使用墨迹画笔，能够进行放映控制，能够嵌入字体保存文件；能将演示文稿输出为图片等格式的文件。

3.1.2 任务描述

李老师要围绕三首古诗词给学生讲解古诗词赏析，他需要制作一份古诗词赏析演示文稿，三首古诗词通过图片、文本、音频等多种元素进行展示。李老师已搜集了相关素材，请你帮助他设计并制作该演示文稿。

本任务完成后的参考效果如图 3-1 所示。

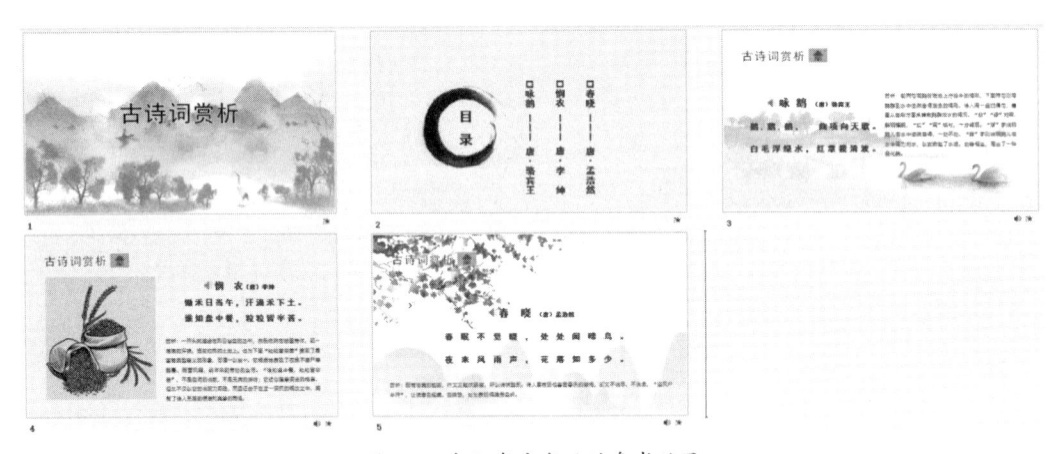

图 3-1 本任务完成后的参考效果

3.1.3 任务分析

● 通过"开始"选项卡中的"新建幻灯片"按钮，为演示文稿添加多种版式的幻灯片。
● 通过"插入"选项卡中的命令按钮，为幻灯片插入文本框、图片、音频等对象，并通过"对象属性"对对象进行效果设置。对幻灯片中的文本进行编辑与格式化，为对象设置超链接。
- 通过"设计"选项卡，对幻灯片进行背景图片或背景颜色的设置。
- 通过"动画"选项卡，为幻灯片中的对象添加动画，并通过"自定义动画"按钮设置动画效果。
- 通过"切换"选项卡，为幻灯片添加切换方式，并设置切换效果。
- 通过"视图"选项卡，在不同的视图模式中对幻灯片进行处理。

3.1.4　任务实现

1. 制作静态古诗词演示文稿

（1）新建演示文稿

在 WPS 演示中新建一个演示文稿，命名为"×××的诗词欣赏演示文稿.pptx"，其中"×××"为姓名，".pptx"为文稿的扩展名，文件保存位置自定。按要求完成下列操作，所有操作完成后，对文件执行保存操作。

> 操作：双击"WPS Office"图标，启动 WPS Office，打开 WPS Office 首页。单击左侧导航栏中的"新建"按钮，进入 WPS Office 新建界面，在界面上方的文档类型选择区中选择"P 演示"选项卡，在界面中单击"新建空白演示"按钮，新建空白演示文稿，如图 3-2 所示。

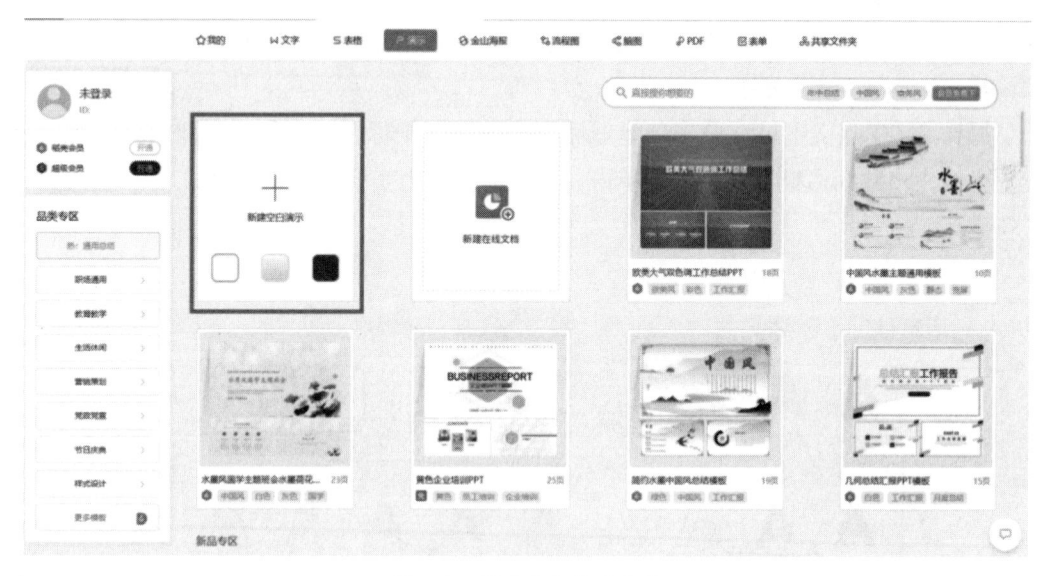

图 3-2　新建空白演示文稿

（2）制作首页幻灯片

在 WPS 演示中新建空白演示文稿时，默认文件名是"演示文稿1"，其中包含1张"标题幻灯片版式"幻灯片，如图 3-3 所示。请参照完成后的效果，在该幻灯片的基础上制作首页幻灯片。

图 3-3 空白演示文稿中的"标题幻灯片版式"幻灯片

① 输入并设置标题文字。

操作 1：输入标题文字并对其进行设置。在第 1 张幻灯片中，单击"空白演示"占位符，在光标处输入"古诗词赏析"，选中全部文字，选择"开始"选项卡，单击"字体"下拉按钮，在下拉菜单中选择"黑体"选项，单击"字号"下拉按钮，在下拉菜单中选择"72"号选项，单击"加粗"按钮。

操作 2：设置文本样式。选中标题文字，选择"文本工具"选项卡，在"文字效果"库的"预设样式"选区中选择"填充 - 黑色，文本 1，轮廓 - 背景 1，清晰阴影 - 着色 5"预设样式，如图 3-4 所示。

操作 3：删除文本框。单击"单击输入您的封面副标题"占位符，此时文本框边框线为虚线，将鼠标指针移到边框上单击，此时边框线为实线，按"Delete"键，删除该占位符。

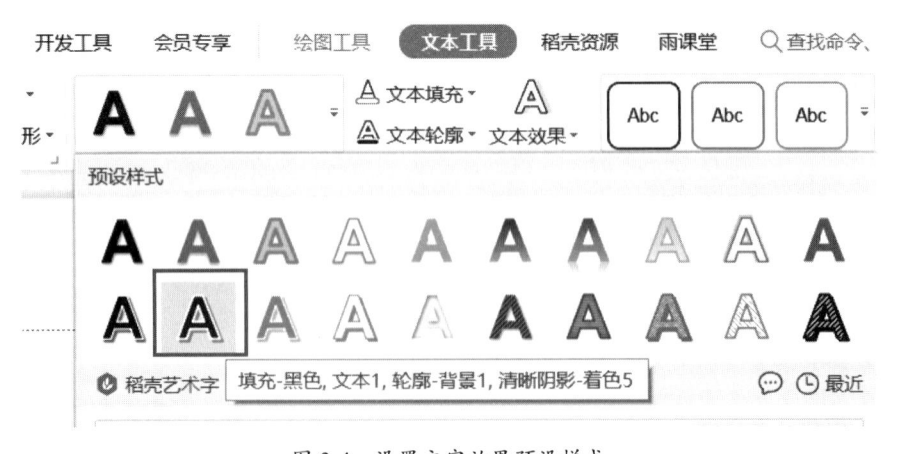

图 3-4 设置文字效果预设样式

② 设置幻灯片背景图片。

将素材文件中的图片"标题背景.jpg"设置为第 1 张幻灯片的背景图片。

> 操作：单击第 1 张幻灯片，选择"设计"选项卡，单击"背景"下拉按钮，在下拉菜单中选择"背景"选项，在右侧的"对象属性"任务窗格中，在"填充"选区中选中"图片或纹理填充"单选按钮。单击"图片填充"下拉按钮，在下拉菜单中选择"本地文件"选项，打开"选择纹理"对话框，在该对话框中选择素材文件中的"标题背景.jpg"，即可将选定的图片设置为当前幻灯片的背景图片。有关操作如图 3-5 所示。

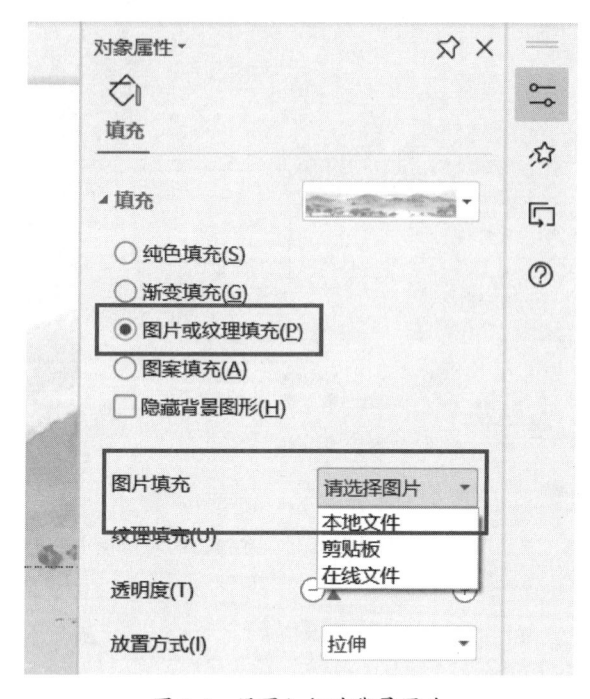

图 3-5 设置幻灯片背景图片

（3）制作目录页幻灯片

① 新建幻灯片与插入图片。

在第 1 张幻灯片的下方新建 1 张空白幻灯片，参照效果图，完成第 2 张幻灯片（目录页幻灯片）的制作。

> 操作 1：新建幻灯片。在普通视图模式下，在左侧的"幻灯片浏览窗格"中，将鼠标指针移到第 1 张幻灯片的缩略图上，缩略图的下方会显示"当页开始"播放按钮和"新建幻灯片"按钮，单击"新建幻灯片"按钮，在弹出的对话框中，选择左侧列表中的"新建"选项，如图 3-6 所示，在版式缩略图中选择"空白版式"，即可在当前幻灯片的下方新建 1 张"空白版式"的幻灯片。
>
> 操作 2：插入图片。在第 2 张幻灯片中，选择"插入"选项卡，单击"图片"下拉按钮，在下拉菜单中选择"本地图片"选项，打开"插入图片"对话框，在该对话框中

选择本地图片文件"水墨环.png",双击图片;或者单击对话框中的"打开"按钮,即可将选中的图片插入当前幻灯片中。

操作3:调整图片位置与大小。在图片上按住鼠标左键不放,将图片拖动到幻灯片左侧的合适位置,松开鼠标左键。将鼠标指针移到图片对角处的任意控制柄上,按住鼠标左键并拖动鼠标,可调整图片的大小,待图片大小调整合适后松开鼠标左键。

提示:调整图片的大小时,通过控制图片四个角上的控制柄,可以保持图片的宽高比,如图3-7所示。

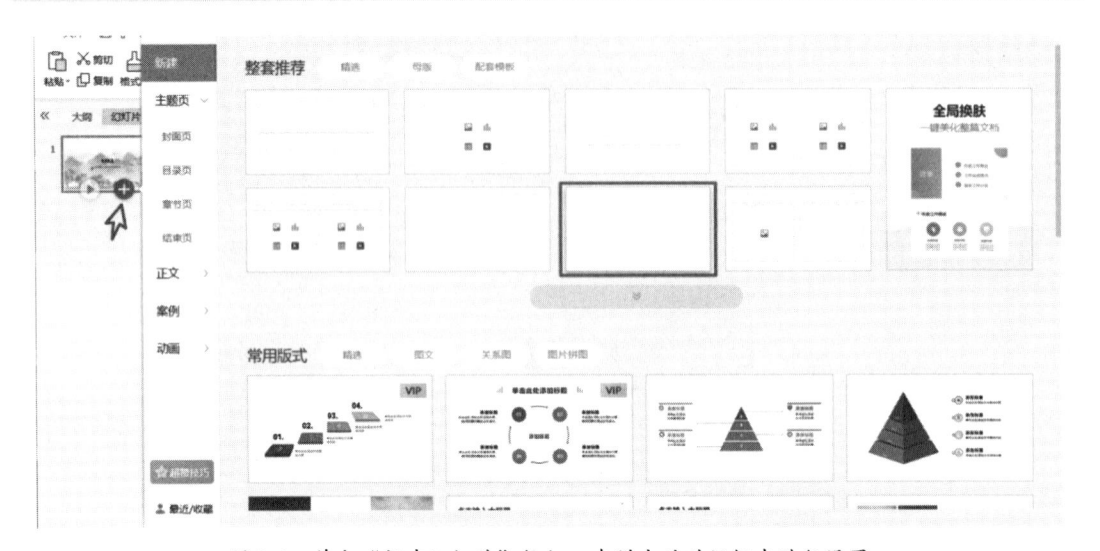

图3-6 单击"新建幻灯片"按钮,在弹出的对话框中进行设置

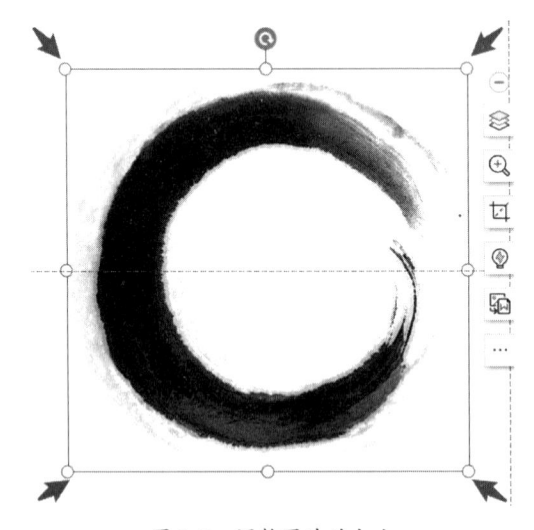

图3-7 调整图片的大小

②输入与编辑文字。

参照完成后的效果，插入文本框，完成文本信息的输入与文本框的设置。

操作1：插入文本框。单击第2张幻灯片，选择"插入"选项卡，单击"文本框"下拉按钮，在下拉菜单中选择"竖向文本框"选项，在幻灯片中按住鼠标左键拖动鼠标，绘制一个竖向文本框，在光标处输入文字"目录"。

操作2：设置"目录"文本框。选中文字"目录"，选择"开始"选项卡，单击"字体"下拉按钮，在下拉菜单中选择"黑体"选项；单击"字号"下拉按钮，在下拉菜单中选择"40"号选项；单击"加粗"按钮；单击"分散对齐"按钮。

操作3：拖动与调整文本框。单击文本框，在文本框边框上按住鼠标左键拖动鼠标，将文本框移动到图片水墨环的空白位置，松开鼠标左键。将鼠标指针移到文本框底边中间处的控制柄上，按住鼠标左键向上拖动鼠标，调整文本框的高度，待文本框的高度调整合适后松开鼠标左键。

操作4：输入并设置"咏鹅"文本框。按照上述操作方法，插入竖向文本框，输入"咏鹅———唐·骆宾王"。

选中文字"咏鹅———唐·骆宾王"，选择"开始"选项卡，单击"字体"下拉按钮，在下拉菜单中选择"黑体"选项；单击"字号"下拉按钮，在下拉菜单中选择"28"选项；单击"加粗"按钮；单击"字体颜色"下拉按钮，在下拉菜单中选择"标准色：红色"选项；单击"项目符号"下拉按钮，在下拉菜单中选择"空正方形"项目符号；将鼠标指针移到文本框底边中间处的控制柄上，按住鼠标左键向下拖动鼠标，调整文本框的高度，待文本框的高度调整合适后松开鼠标左键。

操作5：复制修改文本框。单击选中设置好的竖向文本框，先按"Ctrl+C"组合键（或者在文本框边框上右击，在弹出的快捷菜单中选择"复制"选项），再按"Ctrl+V"组合键（或者在幻灯片的空白处右击，在弹出的快捷菜单中选择"粘贴"选项），复制粘贴出两个相同的竖向文本框，将文本框拖动到合适位置。

单击其中一个复制的文本框，选中全部文字，按"Delete"键将文字删除后，再输入新的文字"悯农———唐·李 绅"，按照相同的方法修改第3个文本框文字为"春晓———唐·孟浩然"。

操作6：对齐文本框。单击选中"咏鹅……"文本框，按住"Shift"键不放，分别单击"悯农……""春晓……"文本框，将三个文本框都选中。在浮动工具栏中单击"靠上对齐"和"横向分布"按钮，如图3-8所示，同时将三个文本框放到幻灯片右侧的合适位置，这样三个竖向文本框设置完成，并排列整齐。

对齐文本框

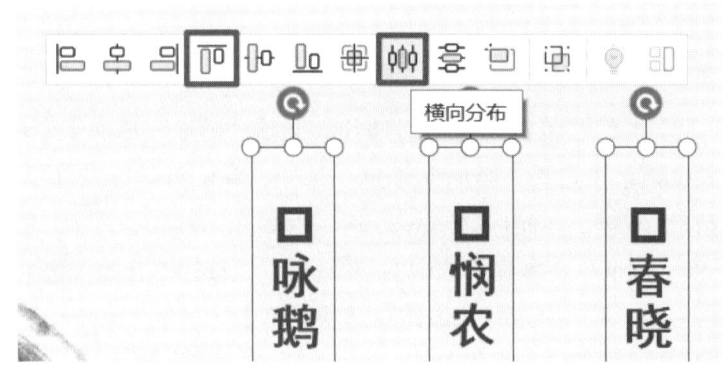

图 3-8　对象对齐与均匀分布

操作 7：设置幻灯片背景颜色。选择"设计"选项卡，单击"背景"下拉按钮，在下拉菜单中选择"背景"选项，在右侧的"对象属性"任务窗格中，在"填充"选区中选中"纯色填充"单选按钮。单击"颜色"下拉按钮，在下拉菜单中选择"主题颜色：白色，背景 1，深色 5%"选项。

上述操作完成后，第 2 张幻灯片的参考效果如图 3-9 所示。

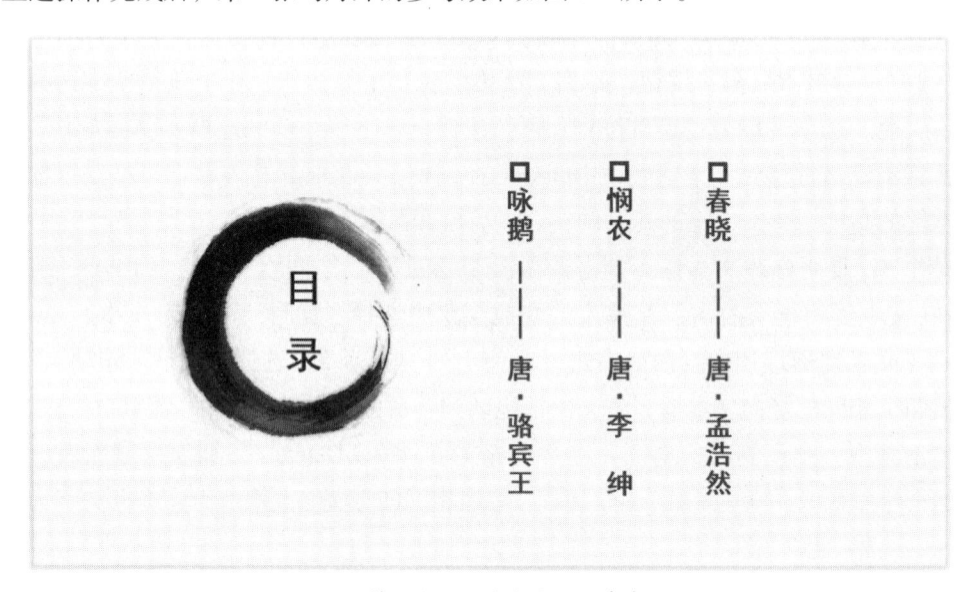

图 3-9　第 2 张幻灯片完成后的参考效果

（4）制作内容页幻灯片——咏鹅

操作 1：新建幻灯片。选中第 2 张幻灯片，选择"开始"选项卡，单击"新建幻灯片"下拉按钮，在下拉菜单中选择"空白版式"选项，演示文稿中出现了第 3 张幻灯片。

操作 2：设置背景图片。选中第 3 张幻灯片，选择"设计"选项卡，单击"背景"下拉按钮，在下拉菜单中选择"背景"选项，在右侧的"对象属性"任务窗格中，在"填充"选区中选中"图片或纹理填充"单选按钮。单击"图片填充"下拉按钮，在下拉菜单中选择"本地文件"选项，打开"选择纹理"对话框，在该对话框中选择素材文件中的"咏鹅背景.jpg"，即可将选定的图片设置为当前幻灯片的背景图片。

操作3：插入文本框。选择"插入"选项卡，单击"文本框"下拉按钮，在下拉菜单中选择"横向文本框"选项，在幻灯片中按住鼠标左键拖动鼠标，在幻灯片的上方绘制一个横向文本框，输入顶部标题文字"古诗词赏析"，将标题文字设置为"黑体，36号，加粗"。

选中标题文字，选择"文本工具"选项卡，在"文字效果"库的"预设样式"选区中选择"填充-黑色，文本1，轮廓-背景1，清晰阴影-着色5"预设样式。

操作4：复制文本到文本框。打开素材中的"素材文字-诗文内容.txt"，选中"咏鹅"的诗词文字，按"Ctrl+C"组合键复制，在幻灯片的空白处，按"Ctrl+V"组合键，将复制的内容粘贴到幻灯片中，粘贴时会自动创建一个文本框，调整其大小与位置。

操作5：设置文本框。将诗词分成三行，选中诗词，设置文字颜色为"深红"；字体为"黑体"；标题字号为"32"号，作者文字的字号为"18"号，诗词文字的字号为"24"号。选中两行诗词内容，单击"开始"选项卡中的"分散对齐"按钮，如图3-10所示，将其两端同时对齐，最后调整好文本框的位置和大小。

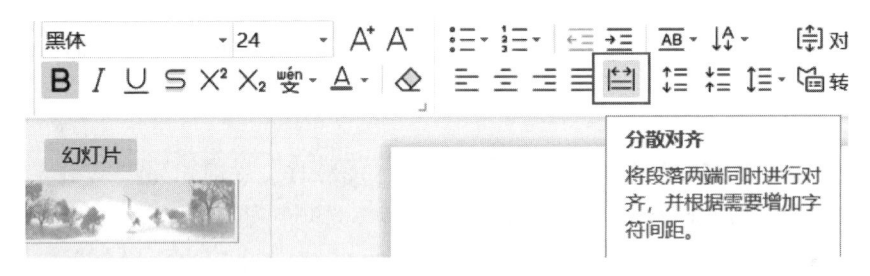

图 3-10 设置对齐方式

操作6：按照上述操作，将素材中"咏鹅"一诗的赏析文字复制并粘贴到幻灯片中。

选中赏析文字，将其设置为"幼圆，16号"；选择"开始"选项卡，单击"行距"下拉按钮，将该文本框的段落行距设置为"1.5"倍，如图3-11所示，最后调整好文本框的位置和大小。

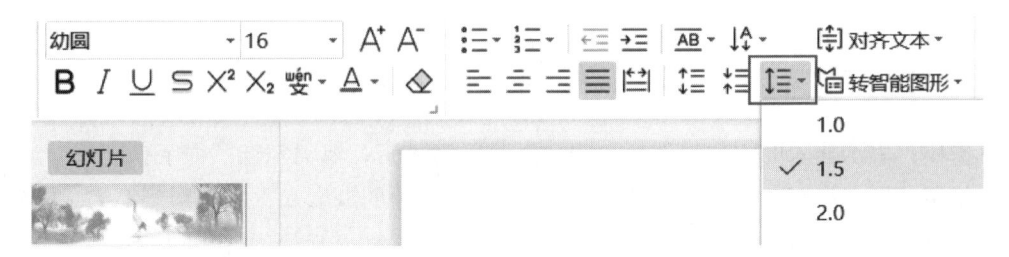

图 3-11 设置行距

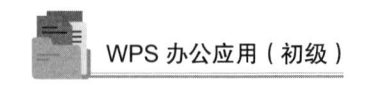

上述操作完成后，第 3 张幻灯片（"咏鹅"幻灯片）的参考效果如图 3-12 所示。

图 3-12　第 3 张幻灯片完成后的参考效果

（5）制作其他内容页幻灯片

其他内容页幻灯片的排版方式与"咏鹅"幻灯片的排版方式类似，主体都是由三个文本框对象，以及背景图片构成的。在其他内容页幻灯片中，三个文本框内的文字的字体、字号、颜色等与"咏鹅"幻灯片中文字的设置相同，读者可以"复制/粘贴""咏鹅"幻灯片，并替换文本框中的文字、调整文本框的大小及位置，从而快速完成其他内容页幻灯片的制作。

> 操作 1：复制/粘贴幻灯片。在左侧"大纲/幻灯片"导航窗格中的第 3 张幻灯片上右击，在弹出的快捷菜单中选择"复制幻灯片"选项，如图 3-13（a）所示，再重复执行一次上述操作（或者选中第 3 张幻灯片，先按"Ctrl+C"组合键复制，再按两次"Ctrl+V"组合键），即可将第 3 张幻灯片复制并粘贴两次。
>
> 操作 2：删除/更换背景图片。在新增加的第 4 张幻灯片上右击，在弹出的快捷菜单中选择"删除背景图片"选项，如图 3-13（b）所示，将幻灯片的背景图片删除。在新增加的第 5 张幻灯片上右击，在弹出的快捷菜单中选择"更换背景图片"选项，如图 3-13（c）所示，打开"选择纹理"对话框，在该对话框中选择本地图片文件（素材文件"春晓背景.jpg"）作为该幻灯片的背景图片。

参照制作目录页幻灯片的操作方法，为第 4 张幻灯片插入图片"锄禾.png"并设置背景颜色。完成后，参照完成后的效果，修改"锄禾"图片的有关属性。

> 操作：单击插入的图片，选择"图片工具"选项卡，取消勾选"锁定纵横比"复选框，使用"形状高度""形状宽度"微调按钮，将图片的高度和宽度分别调整为 13 厘米和 12 厘米，如图 3-14 所示。完成后，将图片移动到左侧合适的位置。

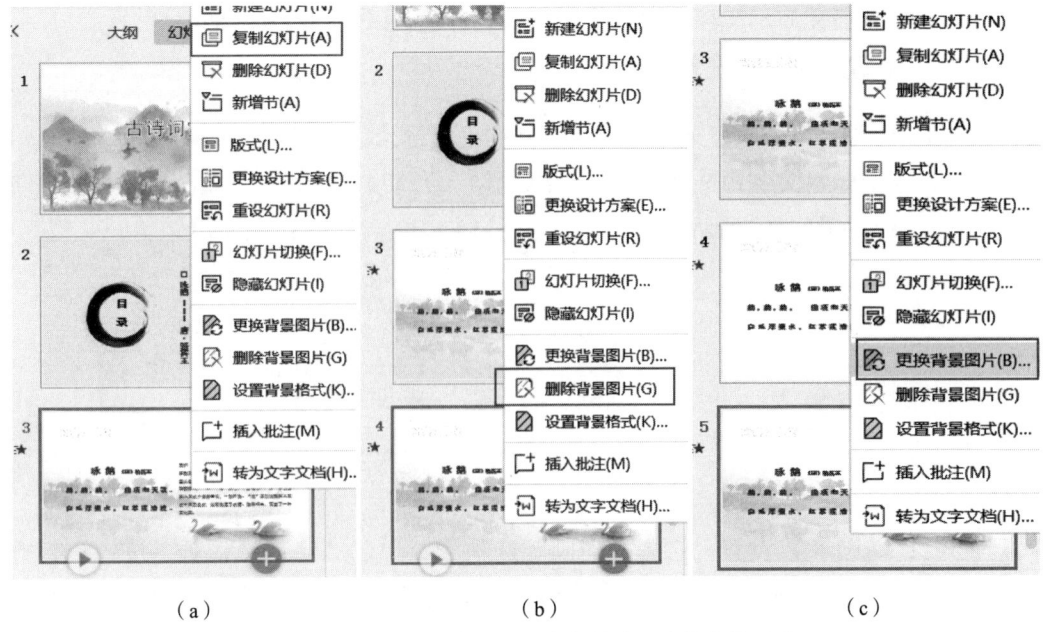

图 3-13　复制幻灯片，删除背景图片，更换背景图片

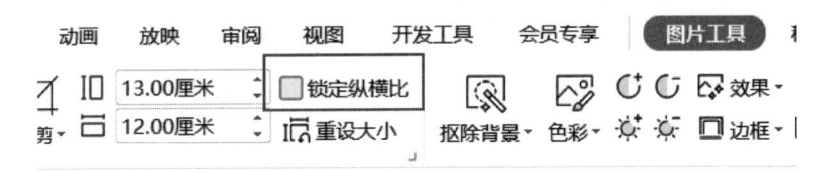

图 3-14　设置图片大小

修改幻灯片文本框中的文字。打开素材文件"素材文字 - 诗文内容.txt"，选中需要的文字，将文字复制粘贴到幻灯片对应的文本框中，以替换原来的文字，文字的格式会与原来的文字格式保持一致。调整文本框的大小，并将文本框拖动到相应的位置。

这样，静态的演示文稿内容制作完成，后续将为幻灯片设置动画。

上述操作完成后，第 4 张和第 5 张幻灯片的参考效果如图 3-15 所示。

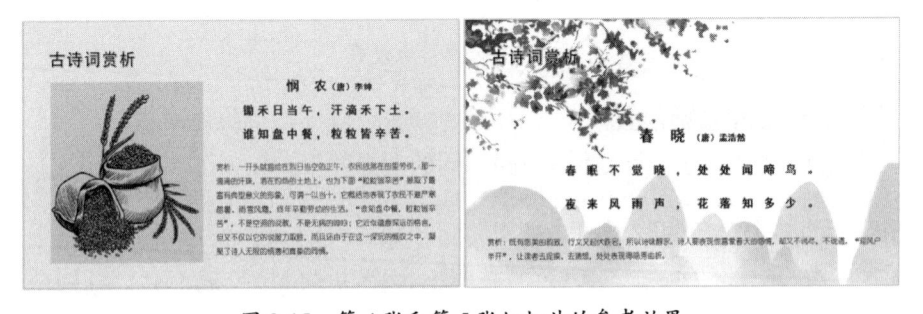

图 3-15　第 4 张和第 5 张幻灯片的参考效果

2. 制作动态古诗词演示文稿

在制作演示文稿时，除了要有精致的素材和好的排版创意，还要根据文稿特点添加必

要的动画效果，从而使演示文稿的内容更加生动、有趣，以便吸引观众的注意力。

（1）第1张幻灯片动画设置

操作1：添加动画。在普通视图模式下，在"大纲/幻灯片"导航窗格中，单击第1张幻灯片；单击标题文字，选择"动画"选项卡，在"动画样式"下拉菜单中选择"飞入"动画效果，如图3-16所示。

图3-16 设置动画

操作2：动画参数设置。选择"动画"选项卡，单击"自定义动画"按钮，打开"自定义动画"任务窗格，在该任务窗格中可对动画的"开始、方向、速度"等参数进行设置，如图3-17（a）所示。具体参数设置为：设置"开始"为"之后"；设置"方向"为"自底部"；设置"速度"为"快速"。

单击"自定义动画"任务窗格底部的"播放"按钮进行动画预览；也可以单击"幻灯片播放"按钮对当前幻灯片进行播放预览，如图3-17（b）所示。

（a） （b）

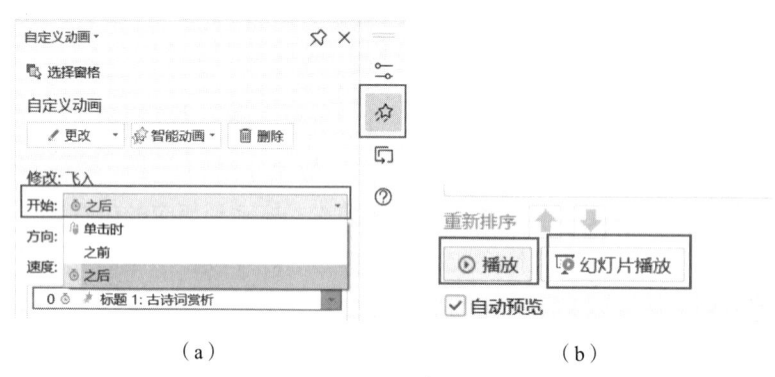

图3-17 动画参数设置

（2）第2张幻灯片动画设置

在第2张幻灯片中，为三个文本框设置相同的动画效果。

操作1：为多个对象同时添加同类型动画。在"大纲/幻灯片"导航窗格中，单击第2张幻灯片，单击选中"咏鹅……"文本框，按住"Shift"键不放，分别单击"悯农……"文本框、"春晓……"文本框，将三个文本框都选中。也可以在幻灯片中，按住鼠标左键拖动鼠标，画出一个矩形框后松开鼠标左键，可将位于该区域内的所有文本框都选中，如图3-18所示。

选中文本框后，选择"动画"选项卡，在"动画样式"下拉菜单中选择"擦除"动画效果。这样，就为选中的多个文本框同时添加了相同类型的动画效果。

操作2：动画参数设置。在右侧的"自定义动画"任务窗格中，对选定的三个文本框同时进行动画参数设置。设置"开始"为"之后"，设置"方向"为"自顶部"，设置"速度"为"中速"。

（a） （b）

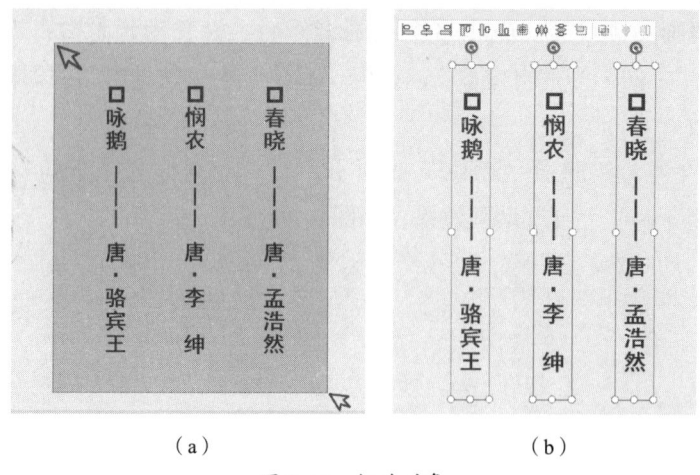

图3-18 框选对象

（3）第3张幻灯片动画设置

操作1：添加动画。在"大纲/幻灯片"导航窗格中，单击第3张幻灯片，单击诗词内容文本框，选择"动画"选项卡，在"动画样式"下拉菜单中选择"擦除"动画效果。

操作2：动画效果选项设置。在右侧的"自定义动画"任务窗格中，在动画对象上右击，在弹出的快捷菜单中选择"效果选项"选项，打开"擦除"对话框，在该对话框中选择"正文文本动画"选项卡，在"组合文本"下拉菜单中选择"所有段落同时"选项，单击"确定"按钮，如图3-19所示。

（a） （b）

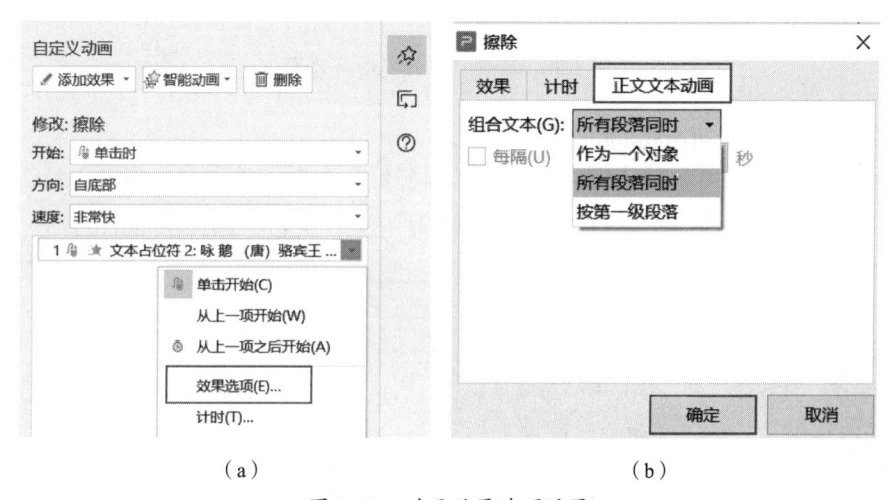

图3-19 动画效果选项设置

操作 3：同时选中多个连续的动画事件。在"自定义动画"任务窗格中展开动画事件。单击第 1 个动画事件，按住"Shift"键不放，再单击第 3 个动画事件，即可将两次单击的动画事件及这两个动画事件之间的所有动画事件都选中。此处选中三个动画事件。

说明：按住"Ctrl"键不放，逐个单击动画事件，可以选中多个不连续的动画事件。

操作 4：动画参数设置。选中多个动画事件后，设置动画参数：设置"开始"为"之后"；设置"方向"为"自左侧"；设置"速度"为"快速"。可以同时对选中的多个动画设置参数。

单击赏析文本框，选择"动画"选项卡，在"动画样式"下拉菜单中选择"进入"→"温和型"→"上升"动画效果，如图 3-20 所示。

该文本框的动画参数：设置"开始"为"之后"；设置"速度"为"快速"。

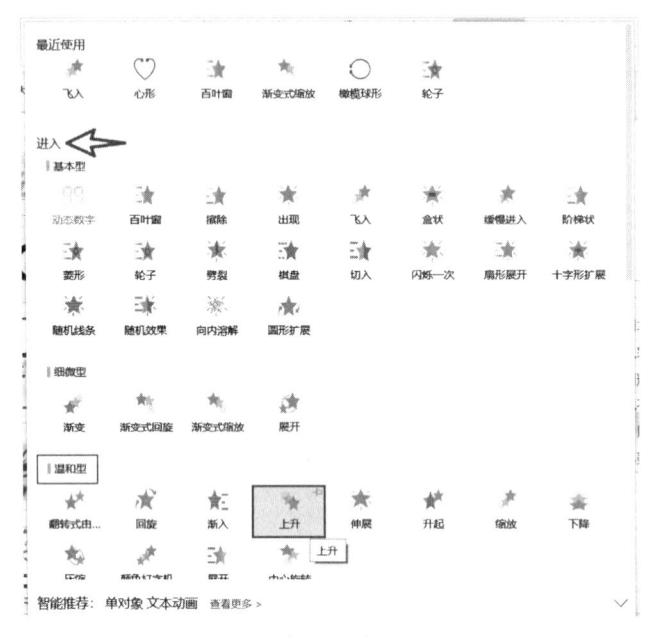

图 3-20　选择"上升"动画效果

（4）第 4 张和第 5 张幻灯片动画设置

第 4 张和第 5 张幻灯片的诗词内容文本框和解析文本框的动画效果与第 3 张幻灯片中的文本框的动画效果是一样的，可以通过"动画刷"按钮复制所选文本框的动画，并应用到其他文本框上，实现动画的复制。

设置动画效果

操作 1：使用动画刷。在"大纲/幻灯片"导航窗格中，单击第 3 张幻灯片，在《咏鹅》诗词内容文本框上单击，选择"动画"选项卡，双击"动画刷"按钮。

在"大纲/幻灯片"导航窗格中，单击第 4 张幻灯片，在

《悯农》诗词内容文本框上单击；在"大纲／幻灯片"导航窗格中，单击第 5 张幻灯片，在《春晓》诗词内容文本框上单击，即可将《咏鹅》诗词内容文本框中的已有动画效果一键设置到《悯农》和《春晓》诗词内容文本框中，实现动画效果的快速设置。最后按"Esc"键（或者在幻灯片的空白位置单击）取消"动画刷"。

按照此操作方法，将第 3 张幻灯片《咏鹅》的"赏析"文本框的动画效果，复制到第 4 张幻灯片《悯农》的"赏析"文本框和第 5 张幻灯片《春晓》的"赏析"文本框。

由于《咏鹅》诗词内容文本框的动画效果已设置为"所有段落同时"，而诗词文本框内容为 3 段，使用"动画刷"复制动画效果后，动画效果会重复 3 次，共有 9 个动画事件，所以需要将第 4～9 个动画事件删除。

操作 2：删除动画。在"大纲／幻灯片"导航窗格中，单击第 4 张幻灯片，单击《悯农》诗词文本框。

选择"动画"选项卡，单击"自定义动画"按钮，在右侧的"自定义动画"任务窗格中，单击《悯农》诗词的第 4 个动画事件，按住"Shift"键不放，单击《悯农》诗词的第 9 个动画事件（即可将第 4～9 个动画事件同时选中），按"Delete"键（或者在选中的动画事件上右击，在弹出的快捷菜单中选择"删除"选项），如图 3-21 所示。

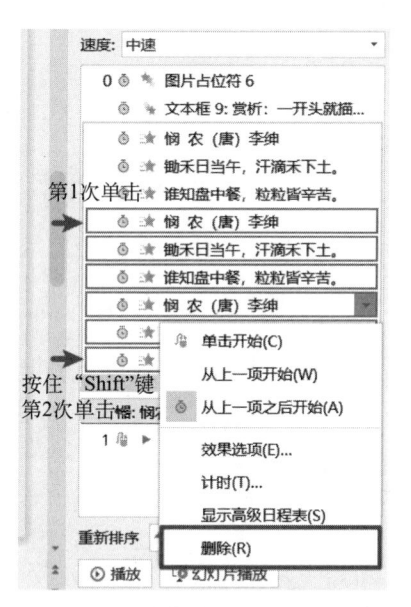

图 3-21　使用"Shift"键选择多个连续的动画事件并删除动画

按照此操作方法，在第 5 张幻灯片中，将《春晓》诗词的文本框中多余的动画事件删除。

操作 3：设置"渐变式缩放"动画效果。单击第 4 张幻灯片中的图片，选择"动画"选项卡，在"动画样式"下拉菜单中选择"进入"→"细微型"→"渐变式缩放"选项。该图片的动画参数:设置"开始"为"之后";设置"速度"为"快速"。

操作 4:调整动画事件的顺序。单击第 4 张幻灯片中的图片,在"自定义动画"窗格中,单击任务窗格底部"重新排序"选区中的"向上箭头"按钮,将图片动画事件移动到动画的开始处;也可以用鼠标拖动图片动画事件来调整动画顺序。

3. 插入音频

在第 3 张幻灯片中,插入"咏鹅"的音频文件。

操作:在"大纲/幻灯片"导航窗格中,单击第 3 张"咏鹅"幻灯片,选择"插入"选项卡,单击"音频"下拉按钮,在下拉菜单中选择"嵌入音频"选项,如图 3-22(a)所示,打开"插入音频"对话框,在该对话框中,选择本地音频素材"咏鹅.mp3",单击"打开"按钮。在幻灯片中插入音频后,会自动出现一个小喇叭图标,将音频小喇叭图标移动到"咏"字前面,如图 3-22(b)所示。

图 3-22 插入音频

将音频文件的开始播放方式设置为"单击",即在幻灯片播放的过程中,只有单击"小喇叭"图标才能播放音频。

操作:单击音频小喇叭,选择"音频工具"选项卡,在"开始"下拉菜单中选择"单击"选项,如图 3-23 所示。

图 3-23 设置音频文件的开始播放方式

按照此操作方法，在第 4 张和第 5 张幻灯片中的"悯"和"春"字的前面分别插入音频文件"悯农.mp3"和"春晓.mp3"，并设置音频文件的开始播放方式为"单击"。

4. 超链接与动作按钮

（1）设置超链接

为第 2 张幻灯片"目录页"中的"咏鹅、悯农、春晓"三个文本框分别设置超链接，实现单击文本框，即可跳转到对应的幻灯片页面。

操作：在"大纲/幻灯片"导航窗格中，单击第 2 张幻灯片，单击"咏鹅"文本框，在文本框边框上右击，在弹出的快捷菜单中选择"超链接"选项，打开"插入超链接"对话框，在该对话框中，在"链接到"选区中选择"本文档中的位置"选项，在"请选择文档中的位置"列表中选择标号为 3 的幻灯片（文档中的第 3 张幻灯片），同时可以在"幻灯片预览"区域中查看当前幻灯片的内容。或者选中用于设置超链接的对象后，按"Ctrl+K"组合键，也可打开"插入超链接"对话框，如图 3-24 所示。设置完成后，单击"确定"按钮，插入超链接。

使用同样的方法为目录页中的"悯农、春晓"文本框添加超链接，分别链接到本文档中的位置为第 4、5 张幻灯片。

（2）设置动作按钮

为第 3～5 张幻灯片添加动作按钮，单击该按钮，可以返回目录页幻灯片。

操作 1：添加动作按钮。在"大纲/幻灯片"导航窗格中，单击第 3 张幻灯片，选择"插入"选项卡，单击"形状"下拉按钮，在下拉菜单的"动作按钮"选区中选择"动作按钮：第一张"选项，在当前幻灯片的标题"古诗词赏析"的后面绘制一个动作按钮图标，如图 3-25 所示。

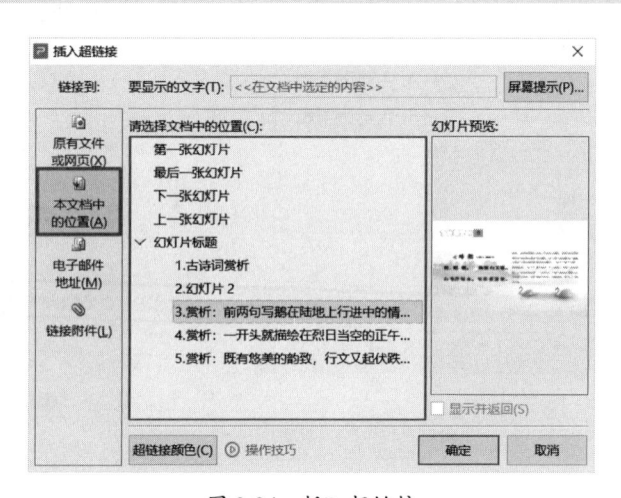

图 3-24　插入超链接

(a)   (b)

图 3-25　添加动作按钮

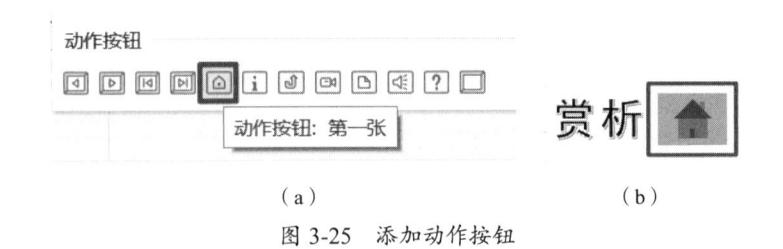

操作 2：动作设置。绘制动作按钮后，会自动打开"动作设置"对话框，在该对话框中，在"超链接到"下拉菜单中选择"幻灯片..."选项，打开"超链接到幻灯片"对话框，在该对话框中，选择幻灯片标题为"2.幻灯片 2"的目录幻灯片，如图 3-26 所示。单击"确定"按钮，完成动作按钮的设置。

操作 3：设置动作按钮的属性。在第 3 张幻灯片中，双击已插入的动作按钮图标，在右侧显示"对象属性"任务窗格，在"填充与线条"选项卡中，设置"填充"为"橙色"，设置"线条"为"无线"；选择"大小与属性"选项卡，在"大小"选区中，将高度设置为 1.5 厘米，宽度设置为 2 厘米。

操作 4：复制动作按钮。在第 3 张幻灯片中，选中动作按钮，按"Ctrl+C"组合键，分别在第 4、5 张幻灯片中，按"Ctrl+V"组合键，粘贴动作按钮。

通过对"目录页"中的文本框设置超链接，在"内容页"中添加返回目录页的动作按钮，可以实现目录页与内容页之间的双向跳转。

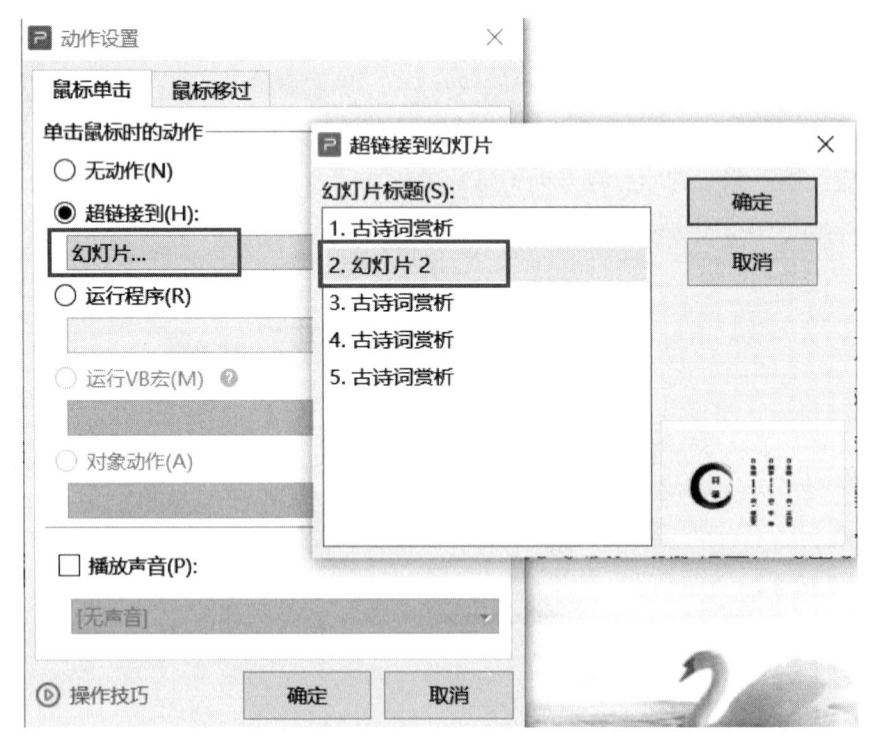

图 3-26　动作设置

5. 设置切换效果

为所有幻灯片设置切换效果，设置切换效果为"框"，设置切换速度为"01.25"。要求第 1 张幻灯片通过单击鼠标进行切换，其他幻灯片通过超链接与动作按钮进行切换。

> 操作 1：对所有幻灯片设置切换效果。
>
> 选择"切换"选项卡，在"切换方案"下拉菜单中选择"框"选项，将"速度"设置为"01.25"，取消勾选"单击鼠标时换片"复选框，确认后单击"应用到全部"按钮，如图 3-27 所示。

图 3-27　设置幻灯片切换效果

> 操作 2：对指定的幻灯片设置切换效果。
>
> 单击第 1 张幻灯片，在"切换"选项卡中勾选"单击鼠标时换片"复选框。第 1 张幻灯片通过单击鼠标切换到第 2 张幻灯片。

6. 放映与保存幻灯片

（1）放映幻灯片

幻灯片制作完成后，可以通过放映幻灯片来观看播放效果，对不满意的部分进行修改。

选择演讲者放映（全屏幕）方式，每张幻灯片停留 10 秒后自动翻页，循环播放，以红色作为绘图笔颜色，在播放的过程中适当使用绘图笔进行标记。

操作 1：设置放映方式。选择"放映"选项卡，单击"放映设置"按钮，打开"设置放映方式"对话框，在"放映选项"选区中，勾选"循环放映，按 Esc 键终止"复选框；设置"绘图笔颜色"为"红色"，单击"确定"按钮，如图 3-28（a）所示。

操作 2：设置自动换片间隔。选择"切换"选项卡，在"设置自动换片间隔"文本框中输入"00:10"（或者单击调节按钮），设置自动换片间隔后，"自动换片"复选框会自动变成勾选状态，单击"应用到全部"按钮。

操作 3：放映幻灯片。按"F5"键，即可从第 1 张幻灯片开始放映，将鼠标指针移到放映屏幕的左下角，在显示的"快捷工具栏"中单击"绘图笔"按钮，在展开的菜单中选择"圆珠笔"或"水彩笔"等选项，即可在幻灯片屏幕上使用绘图笔进行标记。在"设置放映方式"对话框中设置的绘图笔颜色是其默认颜色，在"绘图笔"菜单中可以重新选择绘图笔的颜色，如图 3-28（b）所示。

或者使用快捷键："水彩笔"的快捷键为"Ctrl+P"组合键,"荧光笔"的快捷键为"Ctrl+I"组合键。

（a） （b）

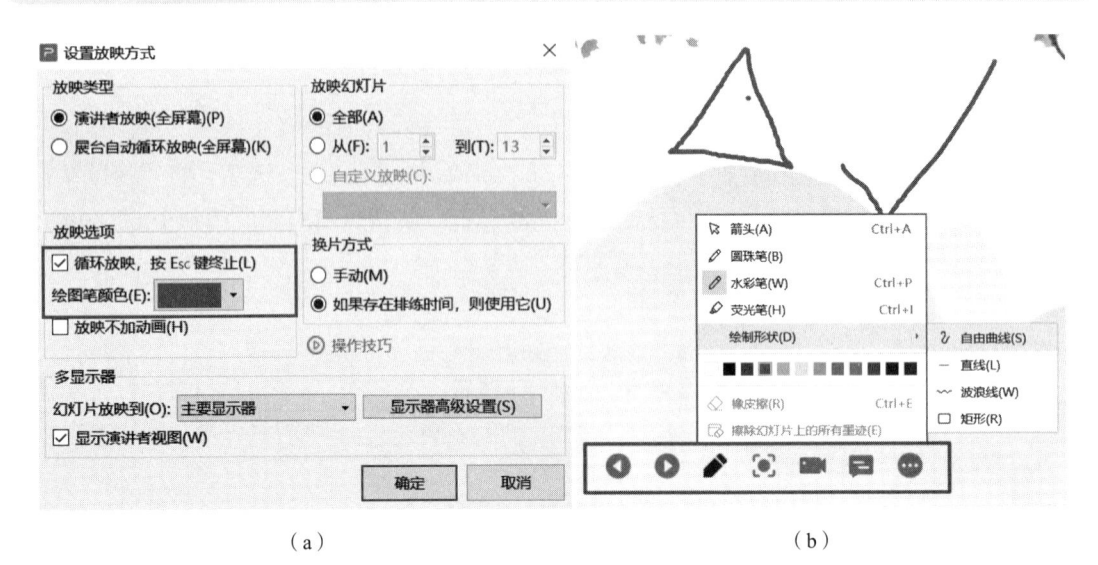

图 3-28　设置放映方式与使用绘图笔

（2）保存演示文稿

上述操作完成后,对文件执行保存操作。为使演示文稿能在其他设备上正常播放,应将演示文稿以"将字体嵌入文件"的方式保存,以免因其他设备缺少字体文件而影响播放效果。

操作:在"文件"菜单中选择"选项"选项,打开"选项"对话框,在左侧的列表中选择"常规与保存"选项,在右侧勾选"将字体嵌入文件"复选框,选中"仅嵌入文档中所用的字符（适于减小文件大小）"单选按钮,单击"确定"按钮,如图 3-29 所示。

按"Ctrl+S"组合键,执行保存操作。首次保存时会打开"另存文件"对话框,输入文件名"×××的诗词欣赏演示文稿.pptx",其中"×××"为姓名,".pptx"为文稿的扩展名。

（3）输出为长图

将完成后的演示文稿输出为长图。

操作:在"文件"菜单中选择"输出为图片"选项,打开"输出为图片"对话框,在该对话框中,设置"输出方式"为"合成长图",设置"输出格式"为"JPG",设置"输出尺寸"为"普通",设置保存位置,单击"输出"按钮,即可将所有幻灯片合成为一张上下拼接的长图,如图 3-30 所示。

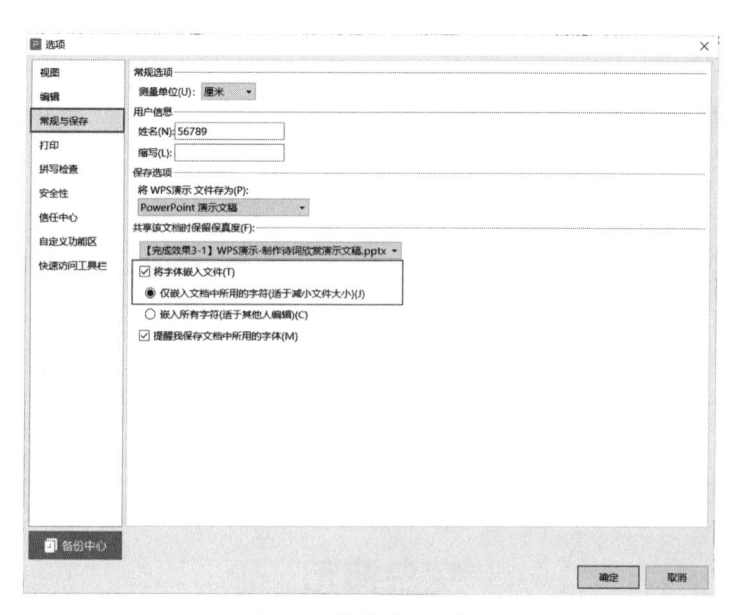

图 3-29　将字体嵌入文件

（a）　　　　　　　　　　　　　　　　　　　　　　（b）

图 3-30　将演示文稿输出为长图

3.1.5　相关知识

WPS 演示是一款用于制作演示文稿的软件。演示文稿中的每页被称为幻灯片。演示文稿被广泛应用于工作汇报、教育培训、企业宣传、产品推介等领域。

WPS 演示中的演示文稿的新建、保存、打开、关闭等操作与 WPS 文字中的文档的操作基本类似，此处不再赘述。

1. WPS 演示简介

（1）工作界面

在 WPS 演示（2019 版）的工作界面中，主要有①标签栏，②快速访问工具栏，③选项卡，④快捷搜索框，⑤协作状态区，⑥功能区，⑦大纲／幻灯片浏览窗格，⑧幻灯片编辑区，⑨任务窗格，⑩备注窗格，⑪状态信息区，⑫视图切换按钮，⑬幻灯片播放按钮，⑭幻灯片缩放控制区，如图 3-31 所示。

图 3-31　WPS 演示（2019 版）的工作界面

（2）页面设置

在编辑演示文稿之前，可以先对演示文稿进行页面设置，如设置幻灯片的大小。单击"设计"选项卡中的"页面设置"按钮，或单击"幻灯片大小"下拉按钮，在下拉菜单中选择"自定义大小"选项，打开"页面设置"对话框，在该对话框中进行设置即可，如图 3-32 所示。

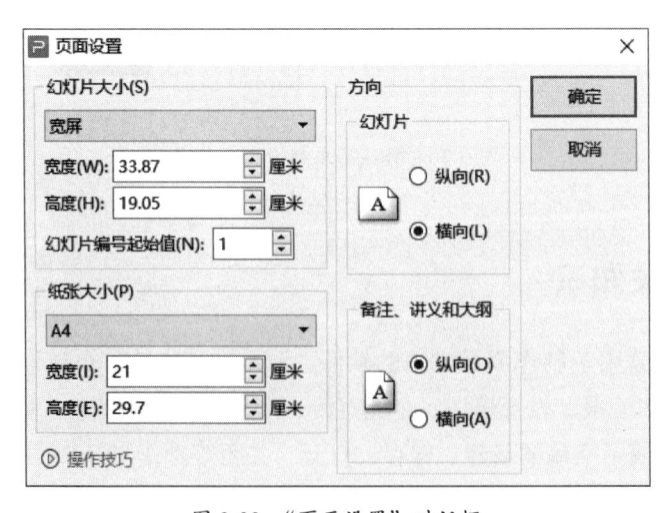

图 3-32　"页面设置"对话框

（3）视图的切换

为了帮助用户根据需要实现对演示文稿的创建、编辑、浏览和放映，WPS 演示提供了 4 种视图：普通视图、幻灯片浏览视图、备注页视图、阅读视图。每种视图都有自身的工作特点和功能。在"视图"选项卡中，单击 4 种视图对应的功能按钮，或者通过工作界面底部的"视图切换"按钮，可以在不同视图之间进行切换。

① 普通视图。

普通视图是演示文稿的默认视图，也是主要的编辑视图，提供了编辑演示文稿的各项功能，常用于撰写或设计演示文稿。该视图包含三个工作区：左侧是幻灯片窗格，幻灯片以缩略图的方式显示，方便选择和切换幻灯片；右侧是主要的编辑区域；底部为备注窗格，可以备注当前幻灯片的关键内容。在演讲者模式下，备注文字只能在屏幕上显示，而不能在投影屏幕上显示。

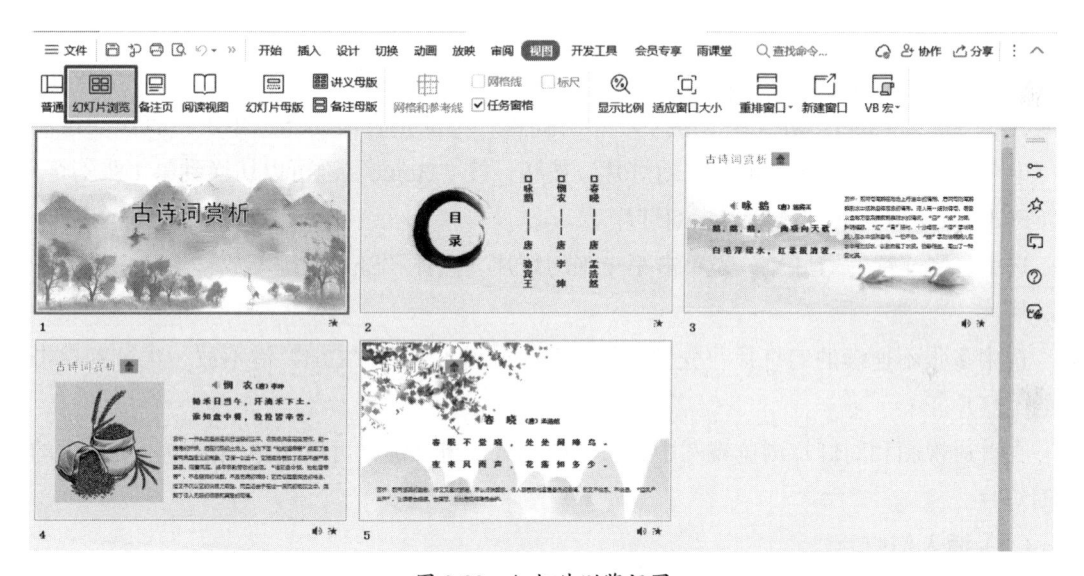

② 幻灯片浏览视图。

幻灯片浏览视图是以缩略图的方式显示幻灯片的视图，常用于对演示文稿中的幻灯片进行整体操作，如对各幻灯片进行移动、复制、删除等操作。在该视图下，不能对幻灯片中的具体内容进行修改操作。幻灯片浏览视图如图 3-33 所示。

图 3-33　幻灯片浏览视图

③ 备注页视图。

备注页视图用于检查演示文稿和备注页一起打印时的外观。每页都包括 1 张幻灯片和演讲者备注。演讲者备注可以在普通视图模式下的"备注窗格"中输入，也可以单击"放映"选项卡中的"演讲备注"按钮，在打开的"演讲者备注"对话框中输入，如图 3-34 所示。

（a） （b）

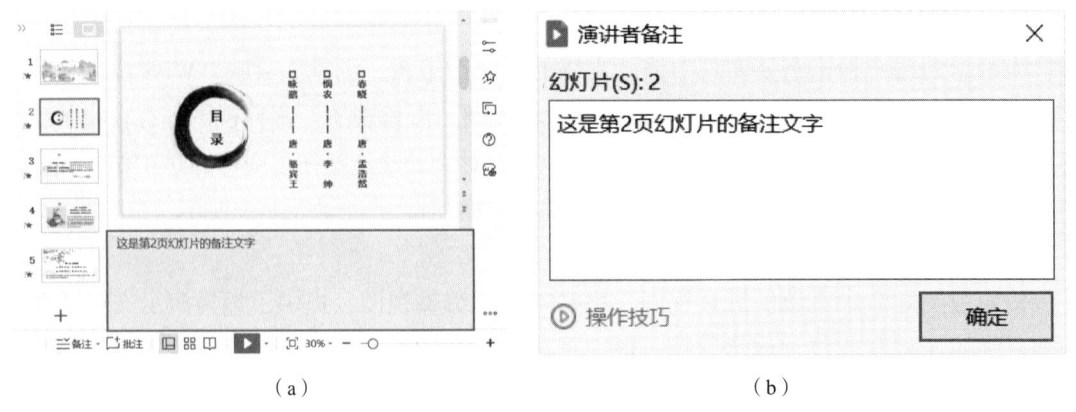

图 3-34　输入幻灯片备注

④ 阅读视图。

在阅读视图下，演示文稿可以在窗口中放映，以便用户快速浏览演示文稿。

2. 幻灯片常用操作

（1）选择幻灯片

要显示某张幻灯片，可以使用下列方法。

在普通视图下，在左侧的幻灯片浏览窗格中单击某张幻灯片；滚动鼠标滚轮；按"PageUp"键、"PageDown"键；按上、下方向键；拖动垂直滚动条；单击垂直滚动条下方的"上一张幻灯片"按钮、"下一张幻灯片"按钮；按"Home"键可以切换到第 1 张幻灯片，按"End"键可以切换到最后 1 张幻灯片。

选中多张连续的幻灯片：先单击第 1 张幻灯片，按住"Shift"键不放，再单击最后 1 张幻灯片。

选中多张不连续的幻灯片：先单击第 1 张幻灯片，按住"Ctrl"键不放，再分别单击需要的幻灯片。

在普通视图和幻灯片浏览视图中，按"Ctrl+A"组合键，可以选中当前演示文稿中的所有幻灯片。

（2）插入幻灯片

在普通视图模式下，在左侧的幻灯片浏览窗格中，单击要插入新幻灯片的位置，单击"开始"选项卡中的"新建幻灯片"下拉按钮，在下拉菜单中选择需要的幻灯片版式，即可插入 1 张新幻灯片。如果单击某张幻灯片或该幻灯片的下方，则新幻灯片被插入该幻灯片的下方。如果单击某张幻灯片的上方，则新幻灯片被插入该幻灯片的上方。在幻灯片浏览窗格中，将鼠标指针移到幻灯片缩略图上，缩略图的下方会显示"当页开始"播放按钮和"新建幻灯片"按钮，单击"新建幻灯片"按钮，可在当前幻灯片的下方插入新幻灯片，如图 3-35 所示。

第 3 章　WPS 演示综合应用

（a）　　　　　　　　　　　　　　　　　（b）

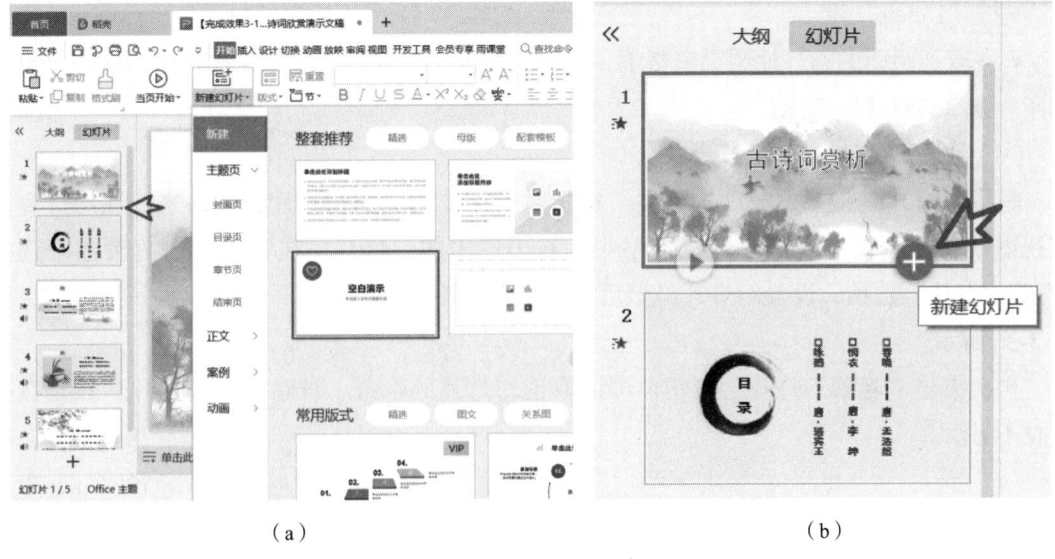

图 3-35　插入幻灯片

在幻灯片浏览窗格中，单击某张幻灯片，按"Enter"键，可以在当前幻灯片的下方插入 1 张新幻灯片。

（3）复制幻灯片

在制作演示文稿的过程中，若有几张幻灯片的版式或背景相同，只是其中的文本或部分内容不同，可以先复制幻灯片，再对复制后的幻灯片进行修改。

在幻灯片浏览视图或普通视图的幻灯片浏览窗格中，选中要复制的幻灯片。按住鼠标左键拖动选中的幻灯片，在拖动的过程中，幻灯片浏览视图会显示一个竖条，普通视图会显示一个横条，表示复制后幻灯片的新位置。将幻灯片拖到目标位置后，按住"Ctrl"键不放，先松开鼠标左键，再松开"Ctrl"键，选中的幻灯片会被复制到目标位置。

选中要复制的幻灯片后，也可使用"开始"选项卡的"复制"和"粘贴"按钮，或者使用快捷键"Ctrl+C"组合键和"Ctrl+V"组合键。

（4）移动幻灯片

在幻灯片浏览视图或普通视图的"幻灯片浏览窗格"中，选中要移动的幻灯片。按住鼠标左键拖动选中的幻灯片，在拖动的过程中，幻灯片浏览视图会显示一个竖条，普通视图会显示一个横条，表示移动后幻灯片的新位置。将幻灯片拖到目标位置后，松开鼠标左键，选中的幻灯片会被移动到目标位置。

选中要移动的幻灯片后，也可使用"开始"选项卡的"剪切"和"粘贴"按钮，或者使用快捷键"Ctrl+X"组合键和"Ctrl+V"组合键。

（5）删除幻灯片

幻灯片被删除后，后面的幻灯片会自动向前排列。要删除选中的幻灯片，可以使用下列方法：

- 按"Delete"键。
- 在普通视图的幻灯片浏览窗格中,右击选中的幻灯片的缩略图,在弹出的快捷菜单中选择"删除幻灯片"选项。

(6) 隐藏幻灯片

隐藏幻灯片是指根据放映的需要,将暂时不需要放映的幻灯片隐藏起来。在幻灯片浏览视图或普通视图的幻灯片浏览窗格中,右击选中的幻灯片,在弹出的快捷菜单中选择"隐藏幻灯片"选项,设置幻灯片隐藏后,幻灯片缩略图左侧的序号上会显示一条斜杠,如图3-36所示。

再次单击"隐藏幻灯片"按钮,可以取消幻灯片的隐藏。被隐藏的幻灯片,只是在播放时不显示。

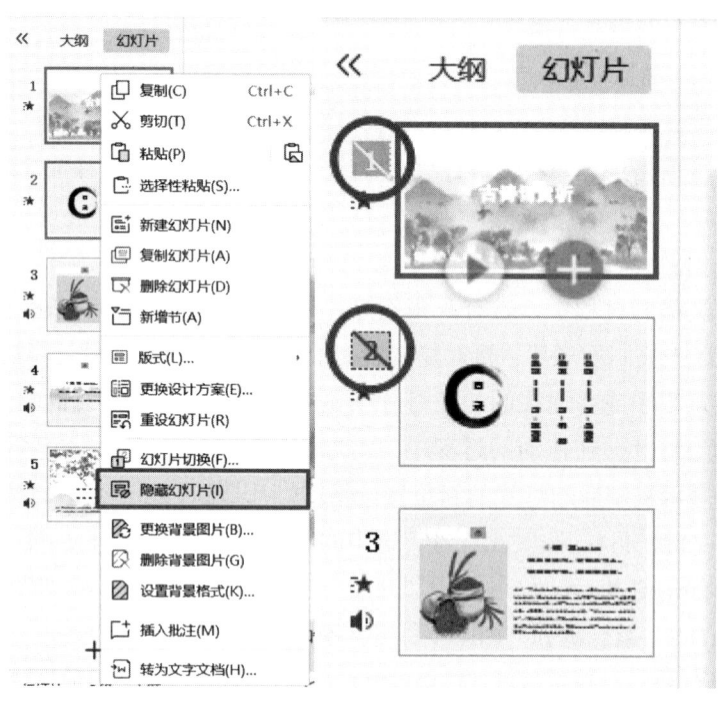

图3-36 隐藏幻灯片

(7) 更改幻灯片的版式

在普通视图的幻灯片浏览窗格中,右击选中的幻灯片,在弹出的快捷菜单中选择"版式"选项,在右侧的子菜单中选择一种版式,即可快速更改选中幻灯片的版式,如图3-37所示。选中幻灯片后,也可单击"开始"选项卡中的"版式"下拉按钮,在下拉菜单中选择一种版式。

第 3 章　WPS 演示综合应用

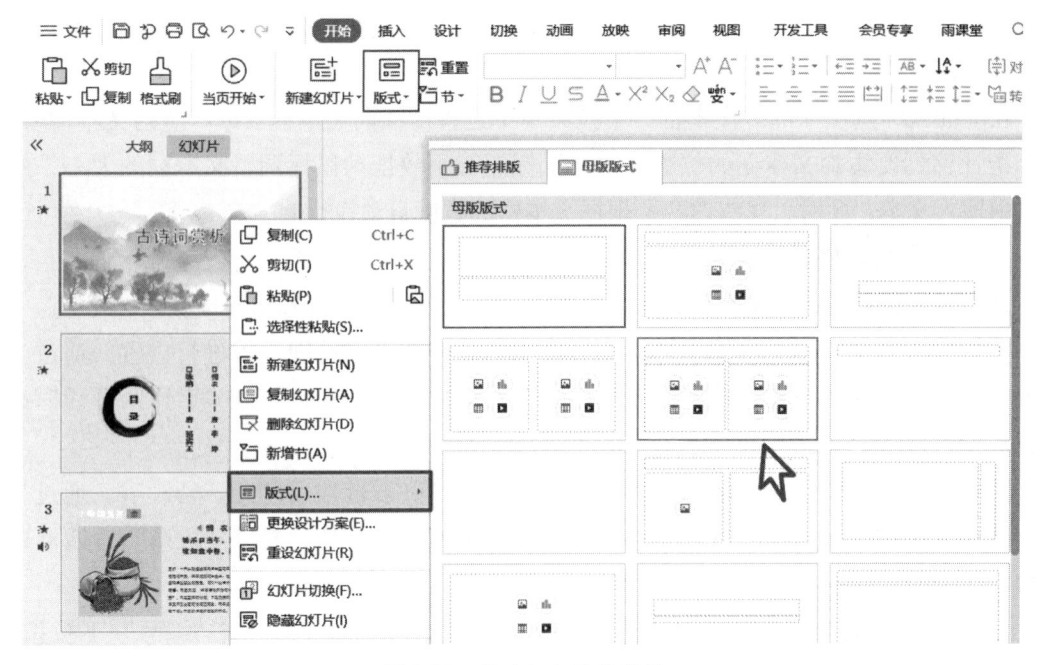

图 3-37　更改幻灯片的版式

3. 文本编辑

（1）输入文本

在演示文稿中，不能直接在幻灯片中输入文本，而需要将文本输入幻灯片的占位符中，或者通过插入文本框向幻灯片中输入文本。当新建一个空白演示文稿时，系统会自动插入 1 张标题幻灯片，在该幻灯片中单击"空白演示"（标题占位符），此时光标在标题占位符中闪烁，用户直接输入标题文字即可。单击副标题占位符，可以输入相应的内容，如图 3-38 所示。

（a）　　　　　　　　　　　　　　　（b）

图 3-38　使用占位符输入文本

使用文本框输入文本。文本框是一种可移动并调整大小的图形容器。单击"插入"选项卡中的"文本框"下拉按钮，在下拉菜单中选择"横向文本框"或"竖向文本框"选项，在幻灯片中要添加文本框的位置单击，即可插入文本框。在文本框中输入文本，此时，文

131

本框中的文字不会自动换行，输入完毕，单击文本框以外的任意位置即可完成输入，调整文本框的宽度可实现自动换行。

在"插入"选项卡的"文本框"下拉菜单中选择"横向文本框"或"竖向文本框"，将鼠标指针移到要添加文本框的位置，按住鼠标左键不放拖动鼠标调整文本框的大小，然后向其中输入文本，此时，文本内容会根据文本框的宽度自动换行。

（2）设置文本格式

选中需要设置格式的文本框，可以设置字体、段落、项目符号和编号等。

字体设置。主要对文本的字体、字号、颜色、样式、字符间距等进行设置。通过"开始"选项卡中的相关按钮，或者单击"字体"对话框启动按钮，打开"字体"对话框进行设置。

段落设置。主要设置段落的对齐方式、段落缩进、段前段后间距、行距等。通过"开始"选项卡中的相关按钮，或者单击"段落"对话框启动按钮，打开"段落"对话框进行设置。

项目符号和编号设置。单击"开始"选项卡中的"项目符号"或"编号"下拉按钮，在下拉菜单中选择相关命令进行设置。

4. 幻灯片美化

（1）使用在线模板创建演示文稿

在 WPS 工作界面顶部的标签栏中，单击"新建标签"按钮，在文档类型选择区中选择"P 演示"选项，在模板搜索框中输入关键词，搜索想要的模板，在关键词的前面或后面输入"免费"两个字，可使免费模板靠前显示。如输入"汇报免费"，搜索结果如图 3-39 所示。在搜索结果中单击模板图标，可查看模板中每页幻灯片的版面效果，单击右侧的"免费下载"按钮，下载后即可使用。在线模板需要使用 WPS 账号登录（支持微信、QQ、钉钉等登录）后才能使用，其中部分模板只有"稻壳会员"才能使用。

（a） （b）

图 3-39 使用在线模板创建演示文稿

（2）智能美化演示文稿

制作演示文稿后，使用 WPS 提供的"智能美化"功能，可以快速对演示文稿的风格、配色、背景、字体等进行统一设置。单击"设计"选项卡中的"智能美化"或"更多设计"按钮，打开"全文美化"对话框，在搜索框中输入"汇报"后按"Enter"键开始搜索，单击"分类"按钮，在展开的分类功能区中，可以按"风格、场景、颜色"进行分类筛选，如风格选择"商务"，场景选择"总结汇报"，颜色选择"红色"。在该对话框左侧的风格缩略图上单击，在对话框的右侧会显示预览效果，如图 3-40 所示。

在"全文美化"对话框的右侧选择"美化预览"选项卡，勾选预览缩略图右下角的复选框，可将美化效果应用于对应的幻灯片中。选择"模板详情"选项卡，可添加需要的模板。

单击"全文美化"对话框中的"关闭"按钮，弹出提示"是否应用美化效果，您当前预览的效果尚未生效，需要应用美化效果吗？"，单击"确定退出"按钮表示不应用，单击"应用并退出"按钮表示应用。

图 3-40　使用智能美化设置演示文稿风格

（3）设置幻灯片背景

设置幻灯片的背景颜色，可以确定整个演示文稿的主色调。在"设计"选项卡中，单击"背景"按钮，在工作界面右侧的任务窗格中会显示填充的有关设置选项，或者单击"背景"下拉按钮，在下拉菜单中设置背景，如图 3-41 所示。

图 3-41 设置幻灯片背景

5. 设置动画效果与切换方式

动画效果是指幻灯片放映时出现的一系列动作。对幻灯片中的对象设置动画，可以让原本静止的对象动起来，让演示文稿更加生动。动画是指对幻灯片中的文本、图片、表格等对象进行设置。WPS 演示提供 4 种主要的动画分类：进入动画、强调动画、退出动画、动作路径动画。

（1）设置动画效果

添加动画。在普通视图中，选中要添加动画的对象，然后选择"动画"选项卡，在"动画样式"下拉菜单中选择需要的动画，即可快速创建基本的动画。单击"自定义动画"按钮，在右侧会显示"自定义动画"窗格，在其中可以对动画的效果进行设置，如开始方式可选择"单击时"（表示通过鼠标单击触发动画）、"之前"（表示与上一个动画同时触发动画）、"之后"（表示在上一个动画之后触发动画），还可设置动画的方向、速度等。在动画列表中，最左侧的数字表示单击时动画执行的顺序，如数字"1"表示第 1 次单击时执行。

更改动画。在"自定义动画"窗格的已设定动画列表中，选择某个动画，可以设置动画的"开始、方向、速度"等参数，如某幻灯片中有多个对象设置了动画，可以通过设置"自定义动画"使多个动画按照一定顺序自动播放。用户也可以更改已设定动画的动画类型，选择某个动画，"添加效果"按钮自动变成"更改"按钮，单击"更改"按钮可以对当前选择的动画进行更改，如图 3-42 所示。

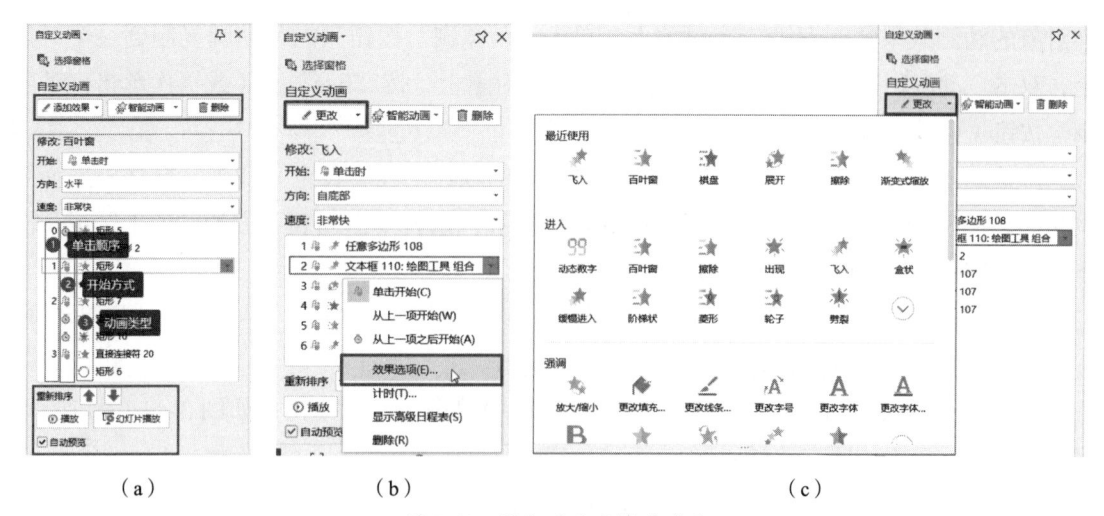

图 3-42 添加动画及修改动画

若要给同一个对象设置多个动画效果,在"自定义动画"窗格中,单击"添加效果"下拉按钮,在下拉菜单中选择需要的动画效果即可。

"预览动画效果"功能能够使用户快速浏览当前幻灯片中已设置的动画的整体效果。在"自定义动画"窗格的底部,默认勾选"自动预览"复选框,在添加动画时会自动播放当前动画预览效果。单击"播放"按钮可以对本幻灯片中设置的所有动画进行预览,预览动画时,对开始方式是"单击时"的动画也自动播放。

设置动画效果选项。右击某个动画效果,在弹出的快捷菜单中选择"效果选项"选项,在弹出的对话框中可以对更多动画参数进行设置,如播放动画后隐藏、重复、触发器(如单击指定对象才触发动画)、组合文本作为一个对象等,如图 3-43 所示。

图 3-43 动画"效果选项"设置

动画刷的使用。先单击需要复制动画的对象,再单击"动画"选项卡中的"动画刷"按钮,此时,鼠标指针变为"带格式刷的箭头"形状,最后单击另一个对象,可以把第一个对象的动画效果复制到第二个对象上。单击"动画刷"按钮只能将动画复制到一个对象上，双击"动画刷"按钮可以将动画复制到多个对象上，按"Esc"键（或再次单击"动画刷"按钮）可取消动画刷。

调整动画顺序。动画的顺序默认是设置动画的顺序。在"自定义动画"窗格中选择要调整顺序的动画，将其拖到动画列表中的目标位置，或者单击列表下方的"向上"或"向下"排序按钮，即可改变动画的顺序。

删除动画。先选择需要删除的动画，再选择"动画"选项卡，通过下列方式可以删除动画：

- 在"动画样式"下拉菜单中选择"无"选项。
- 单击"删除动画"按钮，在弹出的对话框中单击"是"按钮，如图3-44（a）所示，可删除选中对象中的所有动画效果。
- 单击"自定义动画"按钮，在右侧的"自定义动画"窗格中，单击"删除"按钮，如图3-44（b）所示。
- 在"自定义动画"窗格中，选择需要删除的动画效果并右击，在弹出的快捷菜单中选择"删除"选项。

（a）　　　　　　　　　　　　　　（b）

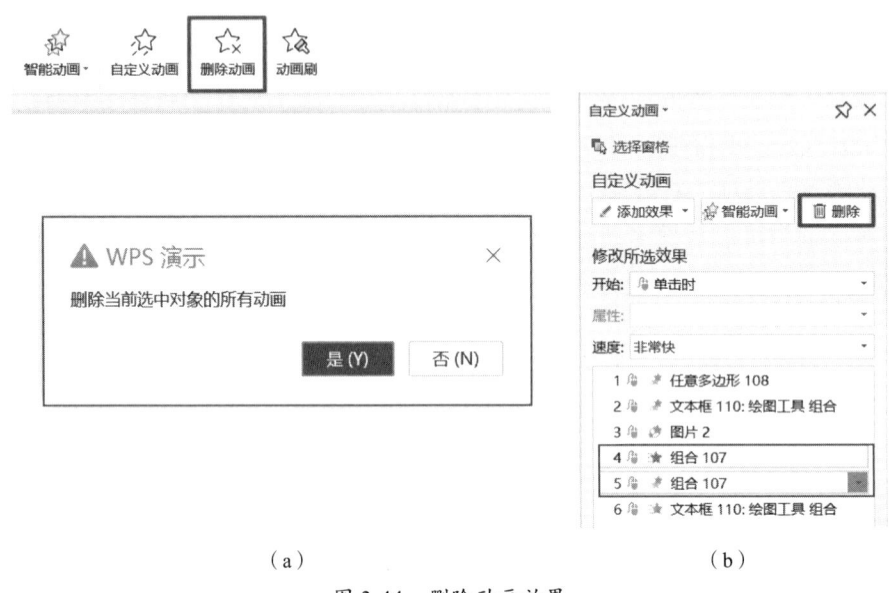

图3-44　删除动画效果

（2）设置切换效果

切换效果是指幻灯片翻页时相邻幻灯片之间的过渡效果，切换效果可以一次应用到所有页面。

添加切换效果。在普通视图或幻灯片浏览视图中选中需要设置切换效果的幻灯片，选择"切换"选项卡，在"切换方案"下拉菜单中选择一种幻灯片切换效果，可以设置切换的速度、声音；还可以设置单击鼠标时换片，以及自动换片等。切换效果默认只应用于当前选择的幻灯片，单击"应用到全部"按钮，可将切换效果应用于整个演示文稿。切换效果设置界面如图3-45所示。本案例中将幻灯片的切换方式设置为"平滑"并"应用到全部"。

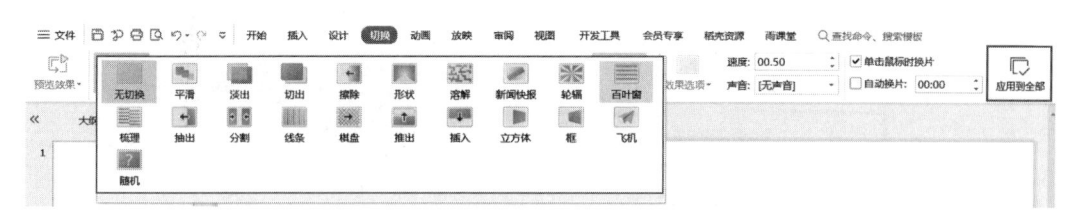

图 3-45　切换效果设置界面

删除切换效果。选中应用了切换效果的幻灯片，在"切换方案"下拉菜单中选择"无切换"选项，即可删除本幻灯片的切换效果，然后单击"切换"选项卡中的"应用到全部"按钮，即可删除所有幻灯片的切换效果。

6. 设置动作

通过对形状、文字、图片等设置动作，可以在幻灯片中起到指示、引导或控制播放的作用。例如，选中幻灯片中的某个对象（如形状、文字或图片），在"插入"选项卡中单击"动作"按钮，打开"动作设置"对话框进行设置。

还可以特意插入动作按钮。在"插入"选项卡中单击"形状"下拉按钮，在下拉菜单中选择需要的动作按钮，单击幻灯片，可以插入一个预定义大小的动作按钮；在幻灯片上按住鼠标左键拖动鼠标，可以插入一个自定义大小的动作按钮，并打开"动作设置"对话框，在"超链接到"下拉菜单中选择要执行的动作，最后单击"确定"按钮，如图 3-46 所示。

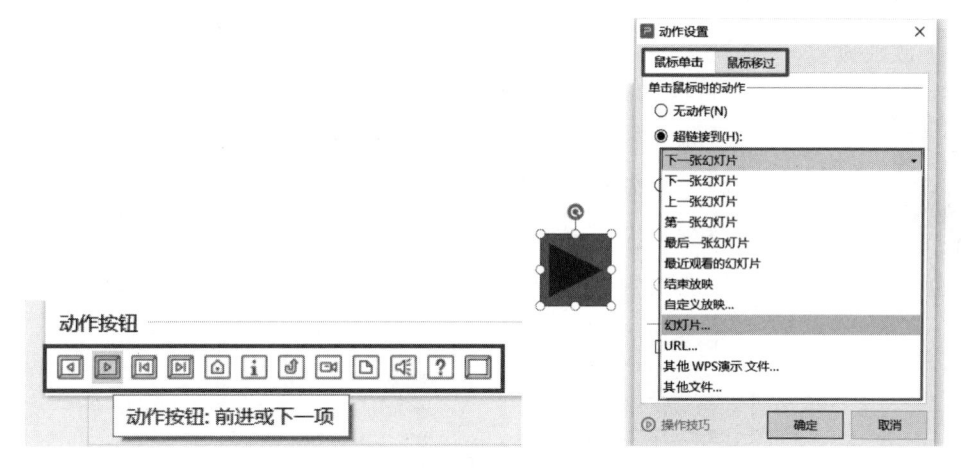

图 3-46　插入动作按钮

7. 设置超链接

在幻灯片中，对文本、形状、图片等对象设置超链接后，单击超链接可以直接跳转到其他幻灯片、文档或网页中。选择对象，在"插入"选项卡中单击"超链接"按钮，打开"插入超链接"对话框。在"链接到"选区中选择超链接的类型，可以链接到原有文件或网页、本文档中的位置、电子邮件地址、链接附件，其中链接附件需要绑定手机后才能使用，如图 3-47 所示。

137

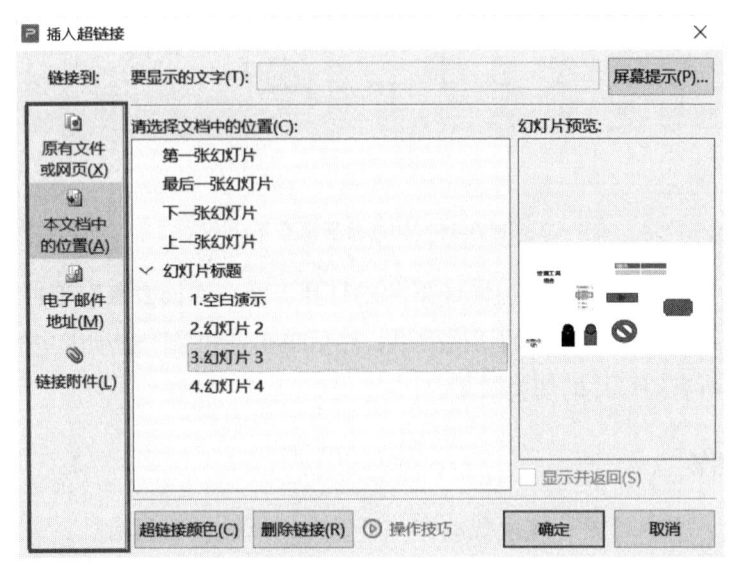

图 3-47 "插入超链接"对话框

当放映幻灯片时,将鼠标指针移到超链接上,鼠标指针会变成手的形状,单击即可打开对应的超链接。在设置超链接的对象上右击,在弹出的快捷菜单中选择"超链接"选项,在右侧的子菜单中有"编辑超链接"和"取消超链接"选项。

8. 幻灯片放映设置

(1) 放映设置

放映控制

幻灯片放映类型包括"演讲者放映(全屏幕)""展台自动循环放映(全屏幕)",不同的放映类型适合在不同场景下使用。在"放映"选项卡中,单击"放映设置"下拉按钮,在下拉菜单中选择"放映设置"选项,打开"设置放映方式"对话框,在该对话框中,可以设置"放映类型、放映选项、多显示器、放映幻灯片、换片方式"等,如图 3-48 所示。

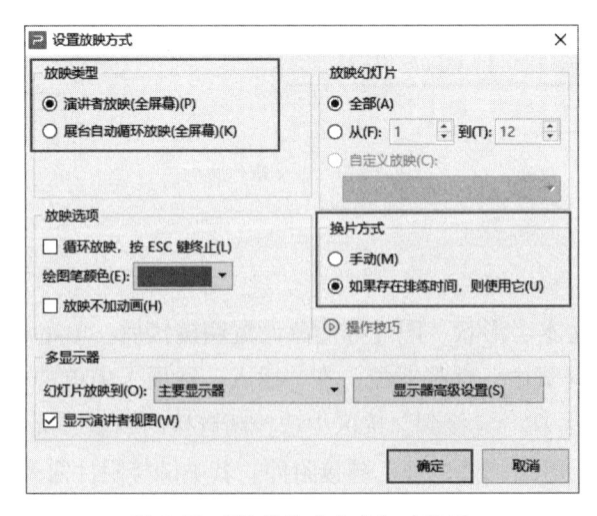

图 3-48 "设置放映方式"对话框

（2）放映操作

① 播放控制。

从第 1 页幻灯片开始放映：按"F5"键，或者单击"放映"选项卡中的"从头开始"按钮。从当前幻灯片开始播放：按"Shift+F5"组合键，或者单击 WPS 演示工作界面底部的"视图切换按钮"选区中的"从当前幻灯片开始播放"按钮。

② 放映控制。

使用演讲者放映类型时，按"B"键或"."键，可使放映屏幕黑屏，按任意键或单击，可以继续放映幻灯片。按"W"键或","键，可使放映屏幕白屏，按任意键或单击，可以继续放映幻灯片。在幻灯片放映的过程中，按"Ctrl+H"组合键，可以隐藏鼠标指针；按"Ctrl+U"组合键，可以使鼠标指针恢复为默认状态。

③ 墨迹画笔。

使用演讲者放映类型时，单击放映屏幕左下角的"画笔"按钮，在下拉菜单中选择"箭头、圆柱笔、水彩笔、荧光笔、绘制形状、橡皮擦"等选项。或者右击放映屏幕，在弹出的快捷菜单中选择"墨迹画笔"选项，在右侧的子菜单中，选择相关选项，如图 3-49 所示。

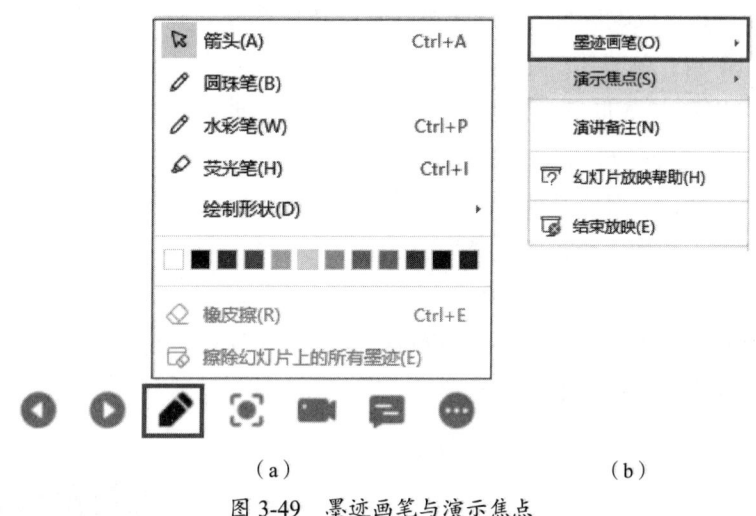

图 3-49　墨迹画笔与演示焦点

④ 翻页控制。

在幻灯片放映的过程中使用下列方法，可以切换到下一页幻灯片。如果当前幻灯片中有设置为"单击时"播放的动画，则执行对应动画，所有动画播放完成后，才切换到下一页幻灯片。

滚动鼠标滚轮（往前滚动）；按"空格"键、"Enter"键、"N"键、"PageDown"键、"下箭头"键、"右箭头"键；右击放映屏幕，在弹出的快捷菜单中选择"下一页"选项；将鼠标指针移到放映屏幕的左下角，单击"右箭头"按钮。用户也可以输入"编号"后按"Enter"键，打开指定的幻灯片。若在"切换"选项卡中取消勾选"单击鼠标时换片"复选框，可禁止通过单击进行换片。

如果想切换到指定的幻灯片，则可以右击放映屏幕，在弹出的快捷菜单中选择"定位"

选项，在右侧的子菜单中选择指定的幻灯片，如图3-50所示。

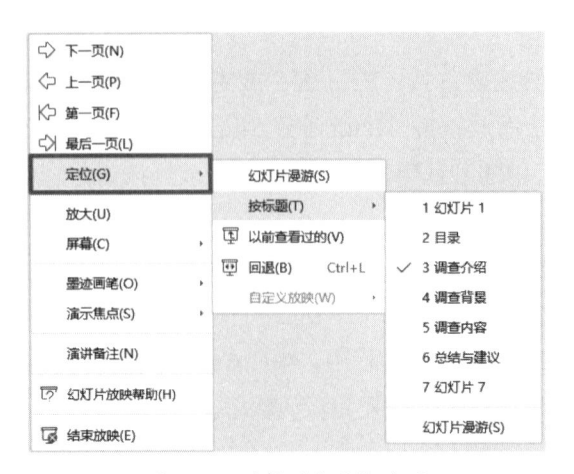

图3-50 选择"定位"选项

在幻灯片放映的过程中使用下列方法，可以切换到上一页幻灯片。

按"Backspace"键、"P"键、"PageUp"键、"上箭头"键、"左箭头"键；滚动鼠标滚轮（往后滚动）；右击放映屏幕，在弹出的快捷菜单中选择"上一页"选项，将鼠标指针移到放映屏幕的左下角，单击"左箭头"按钮。

另外，还可以通过翻页笔、手机等控制翻页。在"放映"选项卡中单击"手机遥控"按钮，弹出"手机遥控"对话框；或者在放映屏幕的左下角单击"手机"图标按钮。使用手机App（WPS Office）扫描二维码，即可使用手机控制翻页，在手机屏幕上左右滑动控制翻页，或者单击右上角的下拉按钮选择指定页码，如图3-51所示。

⑤结束放映。

在幻灯片放映的过程中，按"Esc"键可结束幻灯片放映。或者在放映屏幕上右击，在弹出的快捷菜单中选择"结束放映"选项。

（a） （b）

图3-51 手机遥控翻页

9. 打包输出演示文稿

（1）输出为视频

在"文件"菜单中选择"另存为"→"输出为视频"选项，打开"另存文件"对话框，在该对话框中选择合适的文件路径，勾选下方的"同时导出 WebM 视频播放教程"复选框，单击"保存"按钮，在弹出的"下载与安装 WebM 视频解码器插件（扩展）"对话框中，勾选"我已阅读"复选框，单击"下载并安装"按钮，如图 3-52 所示。后续根据提示完成相关操作，最后会提示"视频输出完成"。

图 3-52　将演示文稿输出为视频

使用 WPS 演示将演示文稿输出为视频时，文件类型只支持"WebM 视频（*.webm）"，WebM 视频传输至其他计算机后，可能因未安装解码器而无法打开或播放视频文件，用户可以直接使用新版的国内主流网页浏览器或 Chrome 6、FireFox 4、Opera10.60 以后版本的网页浏览器进行播放（注：IE 浏览器暂时不支持）。若要得到 MP4 格式的文件，可以使用"格式工厂"等视频转换软件进行处理。具体操作请查阅资料。

（2）输出为图片

在"文件"菜单中选择"输出为图片"选项，打开"输出为图片"对话框，如图 3-53 所示，在该对话框中可以设置有关输出参数。"逐页输出"表示文档的每页为一张图片，"合成长图"表示整个文档的所有页面为一张上下拼接的长图。非会员会显示"非会员水印"，输出格式可选择"JPG、PNG、BMP、TIF"，输出品质可选择"普通品质、标清品质"，其中"标清品质"只有会员才能使用。会员还可以编辑水印、选择页码输出等，确认后单击右下角的"输出"按钮即可输出为图片。逐页输出时会自动创建文件夹，用于保存每页的图片文件。

图 3-53 "输出为图片"对话框

（3）输出为 PDF

在"文件"菜单中选择"输出为 PDF"选项，打开"输出为 PDF"对话框，在该对话框中，可以设置输出范围，单击左下角的"设置"按钮，在打开的对话框中可以设置输出内容、文件打开密码等。WPS 会员还可以输出"纯图 PDF"，添加水印等。演示文稿输出为 PDF 的操作与文档输出为 PDF 的操作类似。

（4）输出为文档

在"文件"菜单中选择"另存为"→"转为 WPS 文字文档"选项，如图 3-54（a）所示，打开"转为 WPS 文字文档"对话框，如图 3-54（b）所示，在该对话框中可以选择幻灯片的编号或范围，设置转换后版式，设置转换内容等，确认后单击"确定"按钮，转换完成后的文字文档是"*.WPS"格式的。

（a）　　　　　　　　　　　　　　（b）

图 3-54　将演示文稿转为 WPS 文字文档

（5）打包演示文稿

演示文稿制作完成后，需要在其他计算机上进行放映，可以将演示文稿打包，把插入的音频、视频等文件一起打包，避免在其他计算机上因缺少字体和多媒体文件而影响正常演示效果。

在"文件"菜单中选择"文件打包"→"将演示文档打包成文件夹"选项，打开如图 3-55（a）所示的"演示文件打包"对话框，在该对话框中，可以对文件夹命名，选择存储位置，同时打包成一个压缩文件等，设置好后，单击"确定"按钮，关闭对话框。打开打包后的文件夹，可以看到除了演示文稿，还有相关的媒体文件，如图 3-55 所示。

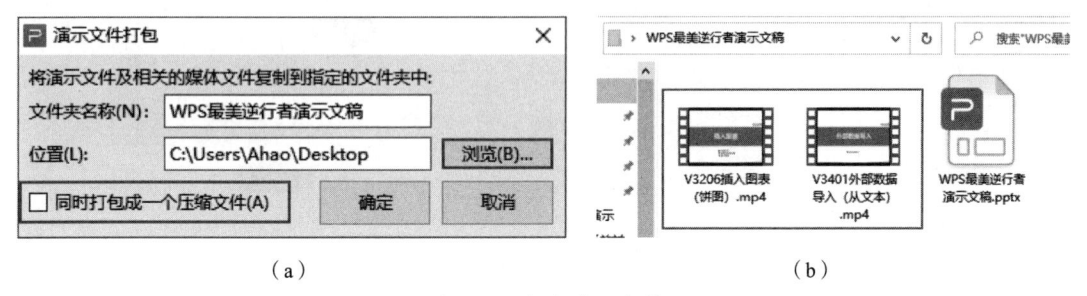

图 3-55　打包演示文稿

（6）将字体嵌入文件

在制作演示文稿的过程中，如果使用了非系统自带的字体，保存文档时，建议选择"将字体嵌入文件"的方式进行保存，避免演示文稿文件在其他设备上打开时，对应字体显示异常。在"文件"菜单中选择"选项"选项，打开"选项"对话框，如图 3-56 所示，在左侧的列表中选择"常规与保存"选项，在右侧勾选"将字体嵌入文件"复选框，其下方有"仅嵌入文档中所用的字符（适于减小文件大小）、嵌入所有字符（适于其他人编辑）"两个单选按钮，根据需要选择对应的单选按钮，确认后单击"确定"按钮。

图 3-56　"选项"对话框

（7）打印演示文稿

在"文件"菜单中选择"打印"选项，弹出"打印"对话框，如图 3-57（a）所示。WPS 演示提供普通打印功能和高级打印功能，高级打印功能需要安装相应的插件，用户可以在高级打印功能下选择打印模式，如图 3-57（b）所示。

（a） （b）

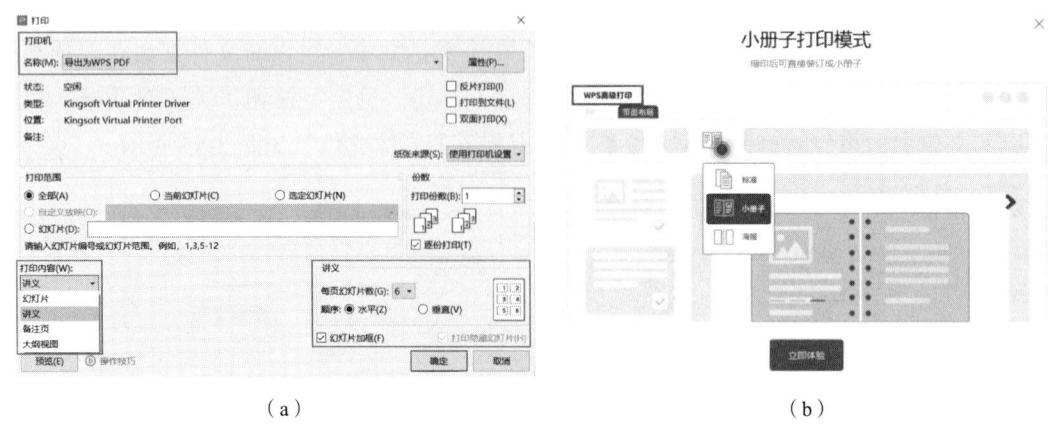

图 3-57　打印演示文稿

3.1.6　任务总结

1. 在制作文稿前，收集与主题相匹配的图片、音乐等素材。

2. 可以对幻灯片中的文字、文本框、图片等对象设置超链接。设置超链接后的文本会自动变色并添加下画线。为避免文字效果出现改变，一般对文本框设置超链接。

3. 多个文本对象的动画效果相同时，可以通过"格式刷"按钮快速设置，或者通过复制、粘贴对象，在修改文本内容时快速处理。

4. 将字体嵌入文件后，对应的字体将随文档一并保存，在其他计算机等设备中均可正常显示和编辑。

3.1.7　任务巩固

1. 操作题

请结合本项目的操作，以 ××× 读后感为主题，选择一本自己喜欢的书籍或一部电影、电视剧等，通过搜索资料制作一份演示文稿。要求不少于 5 张幻灯片，包含文本框、图片、形状等元素，并设置一些动画与切换效果，将完成后的演示文稿导出为 PDF 文件。

2. 单选题

（1）WPS 演示的默认视图是（　　）。

A．大纲视图　　　　　　　　　　　　B．普通视图

C．幻灯片视图　　　　　　　　D．母版视图

（2）如果要修改幻灯片中文本框的内容，则应该（　　）。

A．选中该文本框中所要修改的内容，然后重新输入文字

B．使用新插入的文本框覆盖原文本框

C．重新选择带有文本框的版式，然后输入文字

D．先删除文本框，再重新插入一个文本框

（3）在幻灯片的"动作设置"对话框中设置的超链接对象不允许是（　　）。

A．一个应用程序　　　　　　　B．下 1 张幻灯片

C．"幻灯片"中的一个对象　　　D．其他演示文件

（4）使用 WPS 演示自定义动画时，要使两个对象的动画效果同时出现，可以将第二个对象的动画开始方式设置为（　　）。

A．单击时　　　B．同时　　　C．之前　　　D．之后

（5）关于 WPS 演示的动画效果，下列说法中不正确的是（　　）。

A．可以为动画效果添加声音

B．对同一个对象不能添加多个动画效果

C．可以调整动画效果的顺序

D．动画效果既能更换也能删除

（6）关于在幻灯片中插入的图片、图形等对象，下列描述中正确的是（　　）。

A．这些对象放置的位置不能重叠

B．这些对象放置的位置可以重叠，叠放的顺序可以改变

C．这些对象无法一起被复制或移动

D．这些对象各自独立，不能组合为一个对象

扫下面二维码可在线测试

测试一下

每次测试 20 分钟，最多可进行 2 次测试，

取最高分作为测试成绩。

扫码进入测试 >>

3.2 制作抗疫主题演示文稿

3.2.1 任务目标

本任务介绍在 WPS 演示中，母版版式的设置与应用，幻灯片页面的复制，插入文本框、形状、艺术字、图片、图表等操作。通过本任务的学习，读者能够使用分栏布局页面；掌握对象的选择、大小设置、对齐、位置调整等操作；能够根据需要设置合适的动画与切换效果；掌握排练计时等操作。学习并了解中国抗疫的相关情况，激发爱国情怀。

3.2.2 任务描述

新型冠状病毒肺炎疫情发生以来，威胁到了全球人民的身体健康。我国在中国共产党的正确领导下，在全国人民的共同努力下，齐心协力，共同抗疫，取得了举世瞩目的抗疫成效。请你以抗疫为主题制作一份演示文稿，重点展示抗疫过程中的"最美逆行者"，要求主题明确、图文并茂，包含图片、文字、图表等元素，并设置合适的动画效果与切换效果，幻灯片不少于 4 张。

本任务完成后的参考效果如图 3-58 所示。

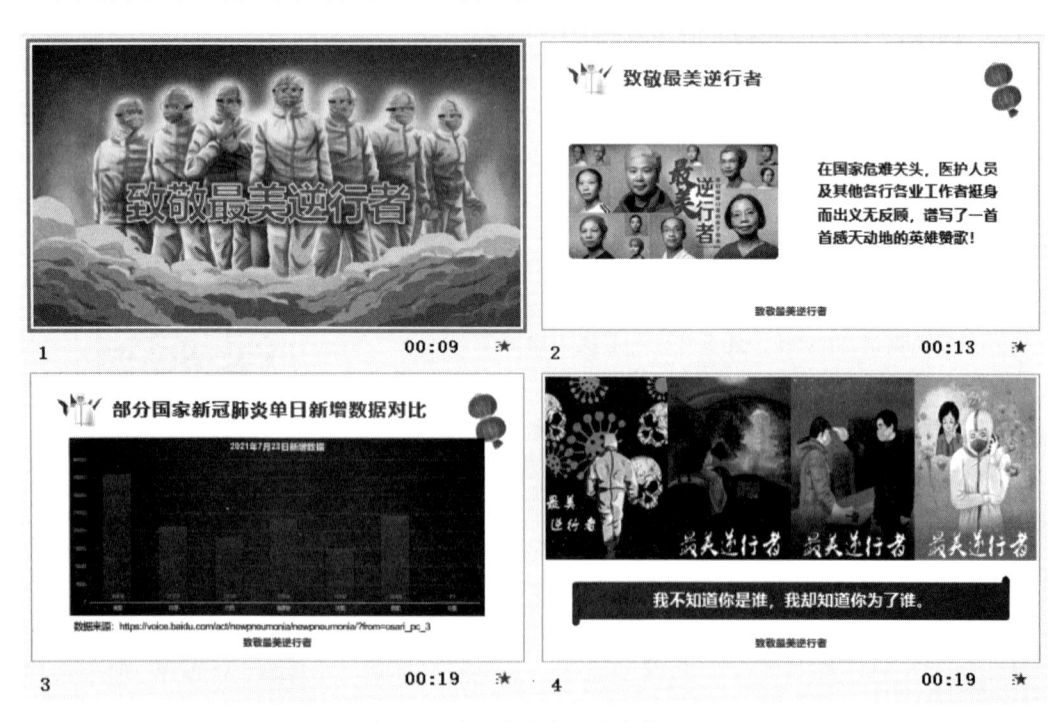

图 3-58 本任务完成后的参考效果

3.2.3 任务分析

- 通过"视图"选项卡，设置幻灯片母版，设置母版版式，美化幻灯片。
- 通过"插入"选项卡，插入艺术字、图片、图表等，对艺术字和图片进行相关设置，编辑图表数据，设置图表样式及有关属性。
- 通过"动画"选项卡，设置、修改及复制动画效果。
- 通过"切换"选项卡，设置及修改切换效果，设置自动换片。
- 通过"放映"选项卡，进行排练计时，设置放映方式。
- 通过"文件"菜单，将演示文稿输出为PDF。

3.2.4 任务实现

新建一个演示文稿，命名为"×××致敬最美逆行者.pptx"，其中"×××"为姓名，".pptx"为演示文稿的扩展名，文件保存位置自定。按要求完成下列操作，所有操作完成后，对文件执行保存操作。

1. 新建文件与基本设置

（1）新建与保存演示文稿

> 操作：启动 WPS Office，在工作界面顶部的标签栏中单击"新建标签"按钮，在文档类型选择区中选择"P演示"选项，单击"新建空白演示"按钮，即可新建一个演示文稿，此时，该文稿中只有 1 张标题幻灯片。文稿的默认名称是"演示文稿1"；单击"快速访问工具栏"中的"保存"按钮，打开"另存文件"对话框，在该对话框中设置文件名为"×××致敬最美逆行者.pptx"，其中"×××"为姓名，设置保存位置后，单击"保存"按钮。

（2）页面设置

对演示文稿的页面进行设置，宽高比为 16∶9，页面宽度为 33.87 厘米，高度为 19.05 厘米，横向。

> 操作1：打开演示文稿。
>
> 操作2：页面设置。在 WPS 演示中，选择"设计"选项卡，单击"页面设置"按钮，打开"页面设置"对话框，如图 3-59 所示，在该对话框中，可以设置幻灯片大小、方向等。在 WPS 演示中，新建的演示文稿的宽高比默认为 16∶9，默认宽度为 33.87 厘米，高度为 19.05 厘米。确认无误后单击"确定"按钮。

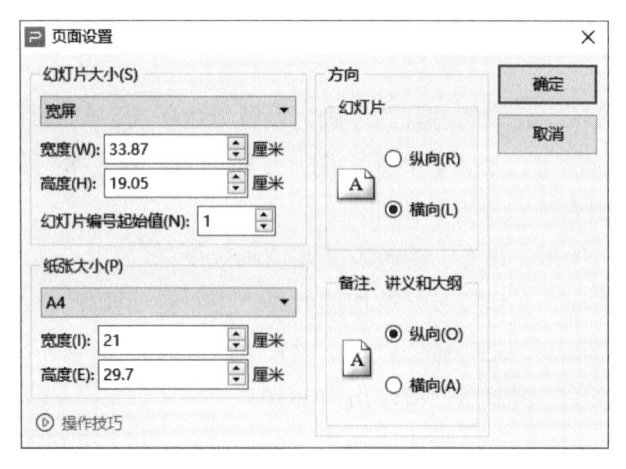

图 3-59 "页面设置"对话框

（3）设置配色方案

WPS 演示提供专业的文档配色功能，可以一键美化文档、表格、幻灯片的主题配色。下面将配色方案改为"新闻纸"。

> 操作：选择"设计"选项卡，单击"配色方案"下拉按钮，在下拉菜单的"颜色样式"选区中选择"新闻纸"选项，如图 3-60 所示。

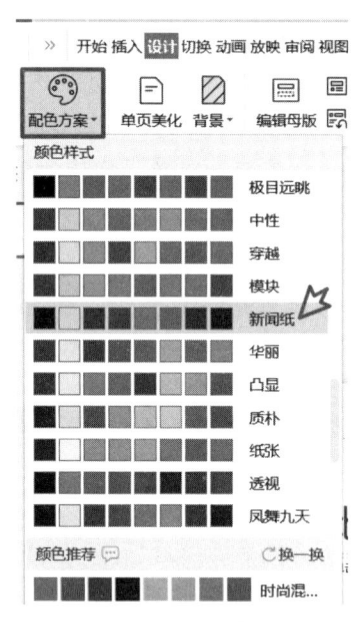

图 3-60 设置配色方案

（4）设置幻灯片版式

① 修改主题母版。

在幻灯片母版中修改"主题母版"中的"页脚区"文本框，将文字设置为"微软雅黑，20 磅，加粗"，将文字颜色设置为标准色中的"蓝色"。

操作：选择"视图"选项卡，单击"幻灯片母版"按钮，进入"幻灯片母版"编辑界面。在左侧的版式缩略图中找到并选择"Office 主题母版"，在母版编辑区的底部选中"页脚区"占位符，选择"开始"选项卡，单击"字体"下拉按钮，在下拉菜单中选择"微软雅黑"选项，单击"字号"下拉按钮，在下拉菜单中选择"20"选项，单击"加粗"按钮，单击"字体颜色"下拉按钮，在下拉菜单的"标准色"选区中选择"蓝色"选项。

② 修改标题和内容版式。

在幻灯片母版中修改"标题和内容版式"，插入素材文件中的"图片 1.png"和"图片 2.png"。

设置图片 1 的大小：在"锁定纵横比"模式下，将高度设置为 3 厘米；相对于左上角的水平位置为 1.2 厘米，垂直位置为 0.8 厘米。设置图片 2 的大小：在"锁定纵横比"模式下，将高度设置为 5 厘米；相对于左上角的水平位置为 30 厘米，垂直位置为 0.5 厘米，旋转 345 度。

将标题占位符设置为"微软雅黑，36 磅，加粗"，将颜色设置为主题颜色"深红，着色 1"，垂直位置相对于图片 1 垂直居中，适当调整其左右位置。

取消内容占位符中文本前面的项目符号。

操作 1：选择"视图"选项卡，单击"幻灯片母版"按钮，进入"幻灯片母版"编辑界面。在左侧的版式缩略图中选择"标题和内容版式"，选择"插入"选项卡，单击"图片"按钮，打开"插入图片"对话框打开素材文件夹，单击"图片 1"，按住"Ctrl"键不放，再单击"图片 2"（按住 Ctrl 键不放并分别单击对象，可以一次选中多个对象）。单击"插入图片"对话框中的"打开"按钮，即可将两张图片插入标题和内容版式中。

操作 2：选中"图片 1"，在工作界面右侧的任务窗格中，选择"大小与属性"选项卡，如图 3-61（a）所示，在"大小"选区中，设置高度为"3.00"厘米，设置宽度为"4.17"厘米，在"位置"选区中，设置水平位置为"1.20"厘米，设置"相对于"为"左上角"，设置垂直位置为"0.80"厘米，设置"相对于"为"左上角"。设置图片 2 的操作与图片 1 的操作类似，如图 3-61（b）所示。

操作 3：选中标题占位符（"单击此处编辑母版标题样式"所在的文本框），选择"开始"选项卡，单击"字体"下拉按钮，在下拉菜单中选择"微软雅黑"选项，单击"字号"下拉按钮，在下拉菜单中选择"36"选项，单击"加粗"按钮，单击"字体颜色"下拉按钮，在下拉菜单的"主题颜色"选区中选择"深红，着色 1"选项。

操作 4：对齐对象。先选中标题占位符所在的文本框，按住"Shift"键或"Ctrl"键不放，再单击图片 1，即可选中多个对象；在显示的"浮动工具栏"中，单击"垂直居中"按钮，如图 3-62 所示。

操作 5：将鼠标指针移到内容占位符（"单击此处编辑母版文本样式"所在的文本

框)的边框上并单击(即选中内容占位符文本框,此时边框为实线),选择"开始"选项卡,单击"插入项目符号"按钮(或者单击"插入项目符号"下拉按钮,在下拉菜单的"预设项目符号"选区中选择"无"选项),即可取消文本前面的项目符号。

(a)　　　　　　　　　　(b)

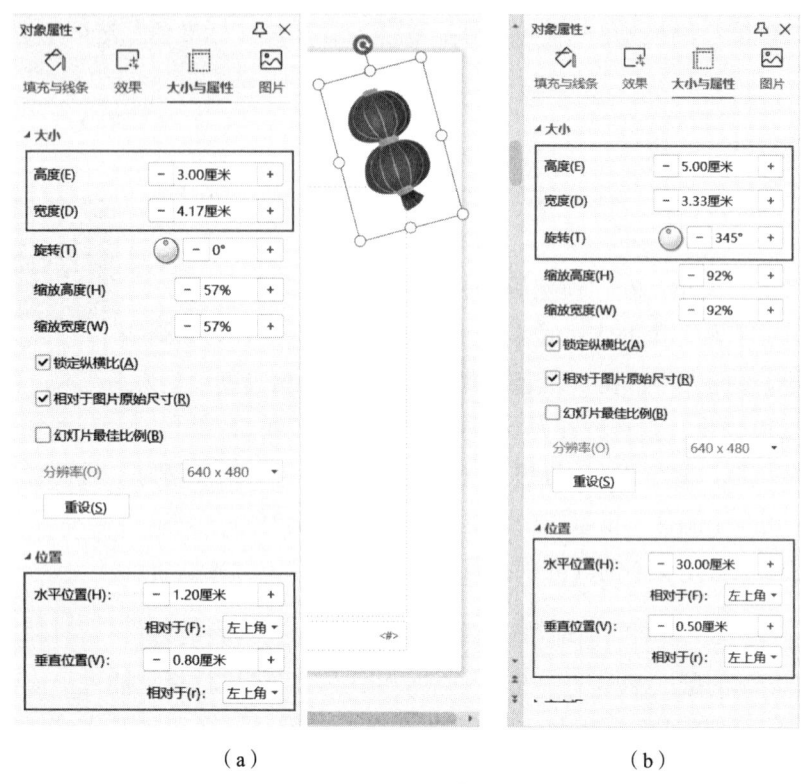

图 3-61　设置对象属性

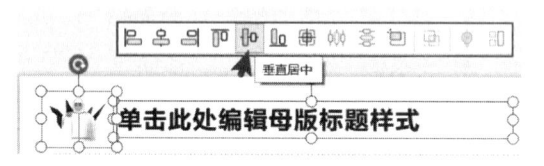

图 3-62　设置对象对齐

③ 修改两栏内容版式。

在幻灯片母版中修改"两栏内容版式",在页面顶部加入"图片1"和"图片2",两张图片及标题占位符字体的设置与"标题和内容版式"中的相关设置一致。适当调整两栏中内容占位符文本框的高度与位置。

操作:选择"视图"选项卡,单击"幻灯片母版"按钮,进入"幻灯片母版"编辑界面。在左侧的版式缩略图中选择"两栏内容版式",选中"单击此处编辑母版标题样式"文本框,按"Delete"键,将标题占位符删除。

在左侧的版式缩略图中选择"标题和内容版式",在幻灯片编辑区中,选中"图片

1",按住"Shift"键或"Ctrl"键不放,依次单击"标题占位符""图片 2",选中 3 个对象后,按"Ctrl+C"组合键。

选择"两栏内容版式",按"Ctrl+V"组合键,即可将 3 个对象粘贴到该版式中。

单击第 1 栏的内容占位符文本框,按住"Shift"键不放,再单击第 2 栏的内容占位符文本框,即可选中两个文本框。此时,将鼠标指针移到任意一个文本框边框的控制点上,按住鼠标左键拖动鼠标,即可同时调整两个文本框的大小或位置。

④ 修改空白版式。

在幻灯片母版中修改"空白版式",将"日期占位符"和"页码占位符"删除。

操作:选择"视图"选项卡,单击"幻灯片母版"按钮,进入"幻灯片母版"编辑界面。在左侧的版式缩略图中选择"空白版式",选中左下角的"日期占位符",按住"Shift"键或"Ctrl"键不放,单击右下角的"页码占位符",可同时选中两个占位符,然后按"Delete"键即可。

⑤ 删除其余版式。

在幻灯片母版中,除了"标题幻灯片版式""标题和内容版式""两栏内容版式""空白版式",将其余版式删除。

操作:选择"视图"选项卡,单击"幻灯片母版"按钮,进入"幻灯片母版"编辑界面。在左侧的版式缩略图中,选择需要删除的版式,按"Delete"键;或者在版式缩略图上右击,在弹出的快捷菜单中选择"删除版式"选项。

上述操作完成后,幻灯片母版中的版式效果如图 3-63 所示。

图 3-63 幻灯片母版中的版式效果

⑥ 退出"幻灯片母版"编辑界面。

幻灯片母版编辑完成后,返回幻灯片编辑界面。

操作：选择"幻灯片母版"选项卡，单击"关闭"按钮，即可退出"幻灯片母版"编辑界面，返回幻灯片编辑界面。

2. 制作第 1 张幻灯片

（1）删除"标题占位符"和"副标题占位符"

新建幻灯片后，第 1 张幻灯片默认为"标题幻灯片"。页面中会有"标题占位符"（"单击此处编辑标题"文本框）和"副标题占位符"（"单击此处编辑副标题"文本框）。在本任务中的第 1 张幻灯片中不使用这两个占位符，故在第 1 张幻灯片中将其删除。

操作：选中第 1 张幻灯片，在幻灯片编辑区中单击"标题占位符"，按住"Shift"键或"Ctrl"键不放，再单击"副标题占位符"，然后按"Delete"键，即可删除选中的对象。

（2）设置幻灯片背景

将素材文件中的"首页背景.png"作为第 1 张幻灯片的背景。

操作：选中第 1 张幻灯片，选择"设计"选项卡，单击"背景"按钮，在工作界面右侧的任务窗格中，在"填充"选区中选中"图片或纹理填充"单选按钮，在"图片填充"右侧的下拉菜单中选择"本地文件"选项，打开"选择纹理"对话框，选择素材文件夹中的"首页背景.png"，单击对话框中的"打开"按钮，即可将所选的图片设置为幻灯片的背景，如图 3-64 所示。

（a） （b）

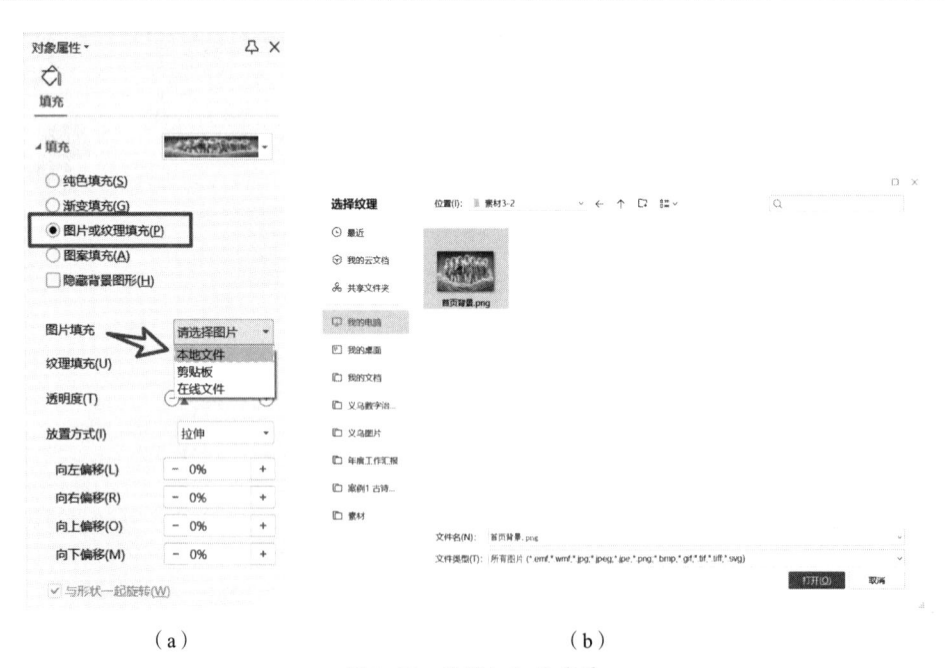

图 3-64 设置幻灯片背景

（3）插入艺术字

在第 1 张幻灯片中使用艺术字展示标题文字"致敬最美逆行者"。

设置艺术字预设样式为"填充 - 白色，轮廓 - 着色 5，阴影"，设置艺术字字体为"微软雅黑"、字号为"80"磅、加粗，文本填充为"红色"，文本轮廓为"颜色黄色，线型 3 磅"，文本效果为"发光"，"发光变体"为"热情的粉红，18pt 发光，着色 6"。

设置艺术字的位置为水平居中，且垂直位置相对于左上角为 8.80 厘米。

> 操作 1：插入艺术字。选中第 1 张幻灯片，选择"插入"选项卡，单击"艺术字"下拉按钮，在下拉菜单的"预设样式"选区中选择"填充 - 白色，轮廓 - 着色 5，阴影"选项，如图 3-65（a）所示。在出现的文本框中输入文字"致敬最美逆行者"。
>
> 操作 2：设置艺术字格式。选中输入的文字，选择"开始"选项卡，设置"字体"为"微软雅黑"，设置"字号"为"80"磅。切换到"文本工具"选项卡，设置"文本填充"为"红色"；单击"文本轮廓"下拉按钮，在下拉菜单中，颜色选择"黄色"选项，线型选择"3 磅"选项；单击"文本效果"下拉按钮，在下拉菜单中选择"发光"选项，在右侧的子菜单中，选择"热情的粉红，18pt 发光，着色 6"选项，如图 3-65（b）所示。
>
> 操作 3：设置艺术字的位置。选中艺术字，选择"绘图工具"选项卡，单击"对齐"下拉按钮，在下拉菜单中选择"水平居中"选项，将艺术字文本框水平居中。在工作界面右侧的任务窗格中，在"对象属性"下方选择"形状选项"选项卡中的"大小与属性"选项卡，在"位置"选区中设置垂直位置为"8.80 厘米"，设置"相对于"为"左上角"，如图 3-66 所示。

（a） （b）

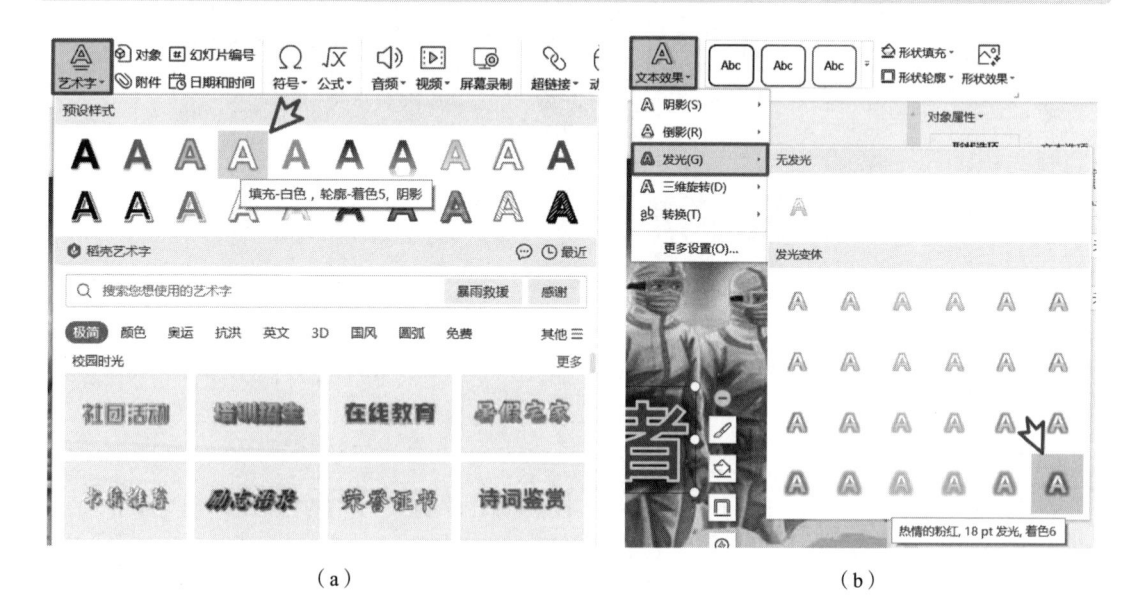

图 3-65　选择艺术字样式与设置发光效果

（a） （b）

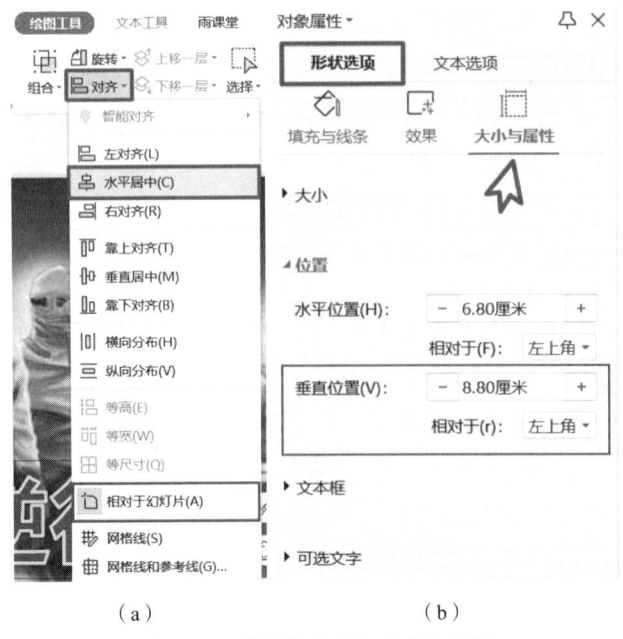

图 3-66　设置艺术字的对齐与位置

上述操作完成后，第 1 张幻灯片的参考效果如图 3-67 所示。

图 3-67　第 1 张幻灯片的参考效果

3. 插入幻灯片

（1）新建幻灯片

在第 1 张幻灯片的下方添加 1 张幻灯片。设置幻灯片版式为"两栏内容"。

操作：在普通视图模式下，在左侧的"幻灯片浏览窗格"中，将鼠标指针移到第 1 张幻灯片的缩略图上，缩略图的下方会显示"当页开始"播放按钮和"新建幻灯片"按钮，单击"新建幻灯片"按钮，打开"新建"界面，如图 3-68 所示，在"整套推荐"选区中单击"母版"按钮,可以选择幻灯片母版中已有的版式。在版式缩略图中选择"两栏内容版式",即可在当前幻灯片下方新建 1 张"两栏内容版式"的幻灯片。

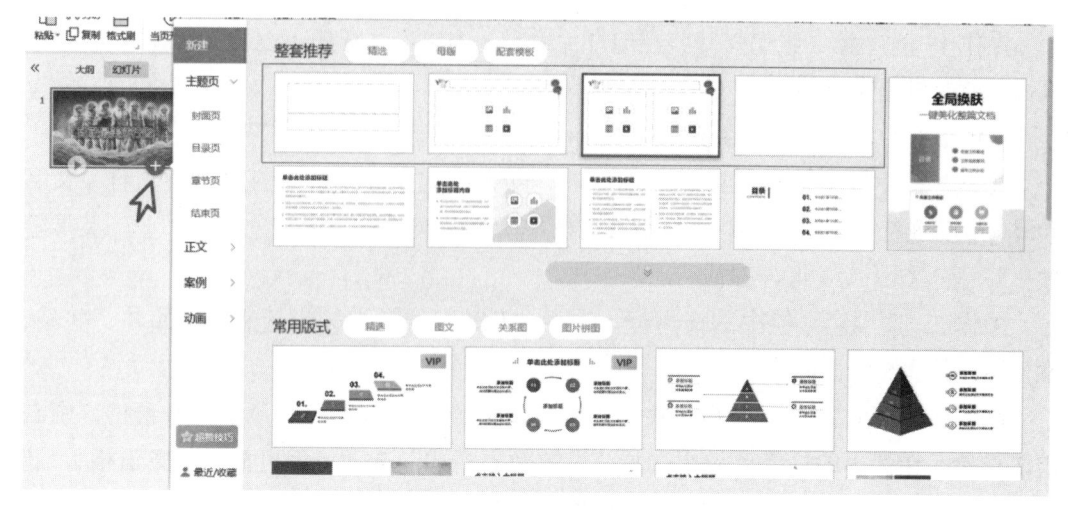

图 3-68　选择版式新建幻灯片

在第 2 张幻灯片的下方添加两张幻灯片。设置幻灯片版式为"标题和内容版式"。

操作 1:在普通视图模式下,在左侧的"幻灯片浏览窗格"中,将鼠标指针移到第 2 张幻灯片的缩略图上,缩略图下方会显示"当页开始"播放按钮和"新建幻灯片"按钮,单击"新建幻灯片"按钮,打开"新建"界面,在"整套推荐"选区中单击"母版"按钮,可以选择幻灯片母版中已有的版式。在版式缩略图中选择"标题和内容版式",即可在当前幻灯片的下方新建 1 张"标题和内容版式"的幻灯片,此时,新创建的幻灯片(第 3 张幻灯片)成为当前幻灯片。

操作 2:按"Enter"键,在当前幻灯片的下方插入 1 张与当前幻灯片相同版式的新幻灯片(第 4 张幻灯片),此时,第 4 张幻灯片成为当前幻灯片。

(2)复制幻灯片

将第 1 张幻灯片复制并粘贴到第 4 张幻灯片的下方。

操作:在左侧的"幻灯片浏览窗格"中,单击第 1 张幻灯片的缩略图,按"Ctrl+C"组合键,再单击第 4 张幻灯片的缩略图,按"Ctrl+V"组合键,即可将复制的幻灯片粘贴到第 4 张幻灯片的下方。

4. 制作第 2 张幻灯片

在标题占位符中输入"致敬最美逆行者";内容区的第 1 栏为素材文件中的"图片 3";在第 2 栏中输入"在国家危难关头,医护人员及其他各行各业工作者挺身而出义无反顾,谱写了一首首感天动地的英雄赞歌！"，将文字设置为"微软雅黑、28 磅、加粗"，文字颜色设置为"主题颜色：栗色，着色 6"，文本框垂直对齐方式设置为"中部居中"，取消项目符号。

> 操作 1：选中第 2 张幻灯片，在幻灯片编辑区内单击"标题占位符"所在的文本框，输入"致敬最美逆行者"。
> 在第 1 栏中插入"图片 3.png"。
> 在第 2 栏中单击文本框中的空白区域，输入指定文字（或者打开素材文件"文字素材 - 最美逆行者.txt"，选中并复制第 2 栏中所需的文字"在国家危难关头……英雄赞歌！"，按"Ctrl+V"组合键粘贴）。
> 操作 2：选中第 2 栏中的文本框。选择"开始"选项卡，设置文字的字体、字号、颜色等，并取消项目符号。
> 在工作界面右侧的任务窗格中（选中对象后，如果右侧没有显示任务窗格，则右击该对象，在弹出的快捷菜单中选择"设置对象格式"选项，即可显示任务窗格），选择"形状选项"选项卡中的"大小与属性"选项卡，在"文本框"选区中设置属性，在"垂直对齐方式"下拉菜单中选择"中部居中"选项，如图 3-69（a）所示。

第 2 张幻灯片完成后的参考效果如图 3-69（b）所示。

（a） （b）

图 3-69 设置文本框的属性及第 2 张幻灯片完成后的参考效果

5. 制作第 3 张幻灯片

（1）输入标题文字

在标题占位符中输入"部分国家新冠肺炎单日新增数据对比"。

操作：选中第 3 张幻灯片，在幻灯片编辑区中单击"标题占位符"所在的文本框，输入"部分国家新冠肺炎单日新增数据对比"。

（2）插入图表

在内容占位符中，插入一张柱形图，以图表方式展示"部分国家新冠肺炎单日新增数据"，对应数据使用素材文件"数据素材.xlsx"中的数据，也可从网上搜索最新数据。设置图表高度为 12 厘米，宽度为 29 厘米，相对于幻灯片水平居中。

操作 1：插入图表。在内容占位符中，单击"插入图表"按钮，打开"图表"对话框，在该对话框中，左侧的图表类型选择"柱形图"，右侧的图表样式选择"簇状柱形图"，如图 3-70（a）所示，在图表缩略图上单击，即可插入预设图表。

操作 2：编辑图表数据。选中插入的图表，选择"图表工具"选项卡，单击"编辑数据"按钮，打开一个新的 WPS 工作界面，显示"WPS 演示中的图表"文件，如图 3-70（b）所示，在该文件中，维护图表对应的数据源。将素材文件"数据素材.xlsx"中的数据复制到数据源表中，将鼠标指针移到 D5 单元格的填充柄位置，将数据选择框拖动到 B8 单元格，如图 3-70（c）所示，即可将图表的数据源由 A2:D5 调整为 A2:B8，确认后关闭该工作界面。

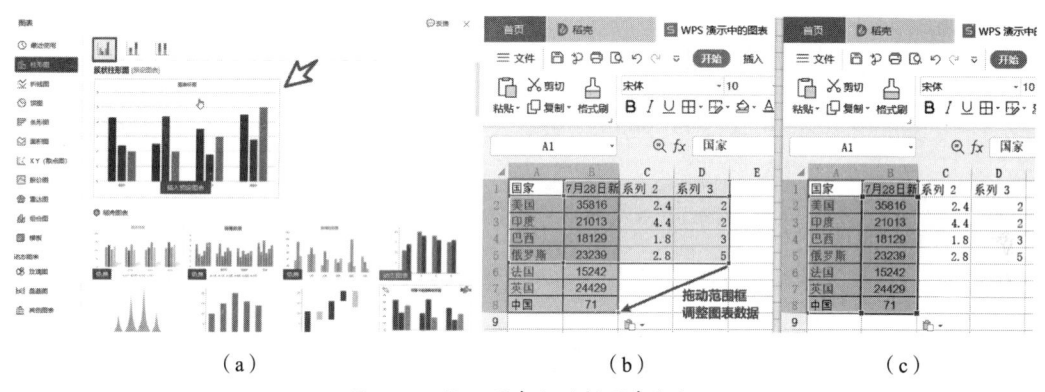

图 3-70　插入图表与编辑图表数据

操作 3：修改图表的属性。选中图表，选择"图表工具"选项卡，单击"图表样式"下拉按钮，在下拉菜单中选择"样式 8"选项；单击"添加元素"下拉按钮，在下拉菜单中选择"数据标签"→"轴内"选项；选择"图例"→"无"选项，即不显示图例项；选择"绘图工具"选项卡，在"形状高度"文本框中输入"12"厘米，在"形状宽度"文本框中输入"29"厘米；单击"对齐"下拉按钮，在下拉菜单中选择"水平居中"选项。

（3）插入文本框与设置超链接

插入一个横向文本框，输入"数据来源：https://voice.baidu.com/act/newpneumonia/

newpneumonia/?from=***_pc_3",并适当调整内容占位符文本框的大小与位置,使其位于页面下方区域。为文本框中的文字设置超链接,单击文字,可以打开"数据来源"网址对应的网页。

> 操作1:选择"插入"选项卡,单击"文本框"按钮,在要插入文本框的位置插入一个文本框。在文本框中输入指定文字(或者打开素材文件"文字素材-最美逆行者.txt",选中并复制所需的文字"数据来源……***_pc_3",按"Ctrl+V"组合键粘贴)。
>
> 操作2:设置超链接。单击"数据来源……"文本框,将鼠标指针移到边框上,右击(此时文本框的边框线变成实线),在弹出的快捷菜单中选择"超链接"选项,打开"插入超链接"对话框,如图3-71(a)所示,设置"链接到"为"原有文件或网页",在"地址"文本框中输入要链接的网址。放映幻灯片时,将鼠标指针移到有超链接的对象上,鼠标指针会变成手的形状,单击超链接,默认使用WPS浏览器打开对应的网址,如图3-71(b)所示。

(a)   (b)

图 3-71   插入超链接及用 WPS 浏览器访问超链接

第 3 张幻灯片完成后的参考效果如图 3-72 所示。

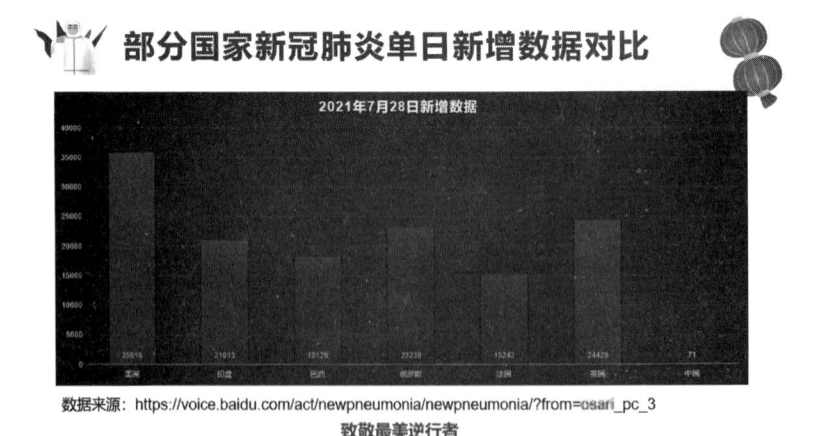

图 3-72   第 3 张幻灯片完成后的参考效果

6. 删除幻灯片

将第 4 张幻灯片删除。

> 操作：在左侧的"幻灯片浏览窗格"中，单击第 4 张幻灯片的缩略图，按"Delete"键。或者在第 4 张幻灯片上右击，在弹出的快捷菜单中选择"删除幻灯片"选项。

7. 制作第 4 张幻灯片

（1）修改幻灯片的版式

将第 4 张幻灯片的版式改为"空白版式"，并删除背景图片与艺术字。

> 操作：在左侧的"幻灯片浏览窗格"中，在第 4 张幻灯片的缩略图上右击，在弹出的快捷菜单中选择"版式"选项，在右侧的子菜单的"母版版式"选区中选择"空白版式"选项，如图 3-73 所示。

在第 4 张幻灯片的缩略图上右击，在弹出的快捷菜单中选择"删除背景图片"选项。在幻灯片编辑区内选中艺术字文本框，按"Delete"键。

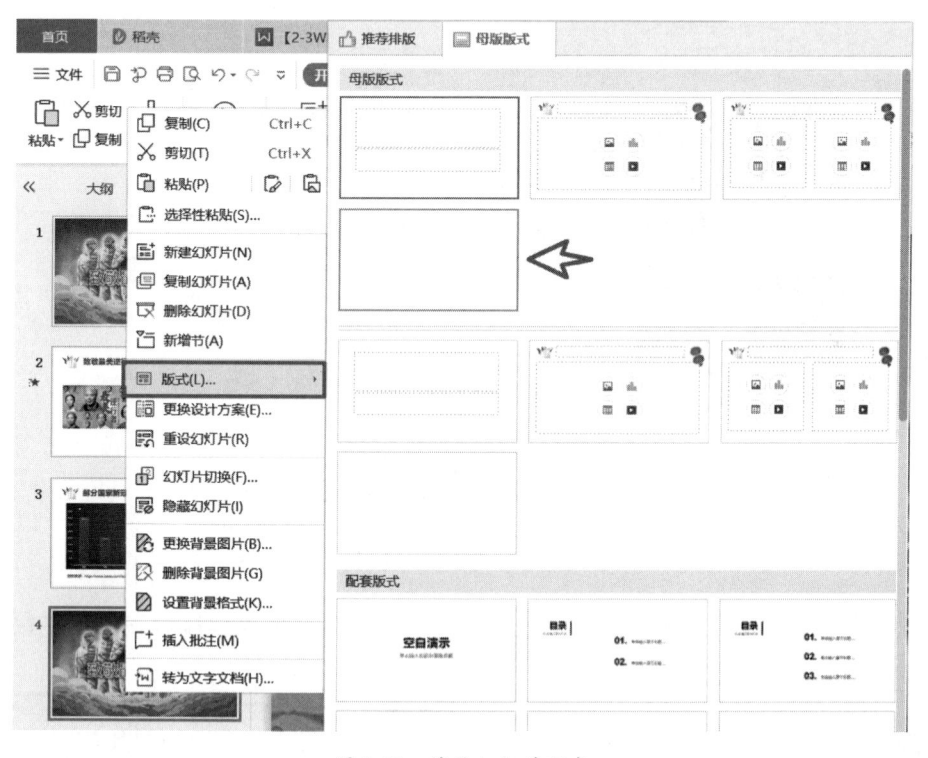

图 3-73 修改幻灯片版式

（2）编辑幻灯片内容

在第 4 张幻灯片（最后 1 张幻灯片）中，插入素材文件中的"图片 4""图片 5""图片 6""图片 7"四张图片。将四张图片的高度都设置为 12.4 厘米，宽度都设置为 8.5 厘米。

操作1：一次插入多张图片。在左侧的"幻灯片浏览窗格"中，单击第4张幻灯片的缩略图，选择"插入"选项卡，单击"图片"按钮，打开"插入图片"对话框。打开素材文件夹，单击"图片4"，按住"Shift"键不放，再单击"图片7"，可以将两次单击的图片及这两个图片中间的所有图片都选中。确认后单击"插入图片"对话框中的"打开"按钮，即可将选中的四张图片插入幻灯片中。

操作2：调整图片大小。选择任意一张图片，选择"图片工具"选项卡，取消勾选"锁定纵横比"复选框，在"形状高度"文本框中输入"12.4"厘米，在"形状宽度"文本框中输入"8.5"厘米，确认后按"Enter"键。

操作3：批量调整图片大小。先选中要调整大小的其他所有图片，按住"Shift"键或"Ctrl"键不放，单击已设置好大小的图片。选择"图片工具"选项卡，单击"对齐"下拉按钮，在下拉菜单中选择"等尺寸"选项，可将选中的所有图片的大小调整为最后一次选中图片的大小，如图3-74所示。使用"等高、等宽、等尺寸"选项时，都以最后一次选中对象的大小为准。

图3-74 使用"等尺寸"批量调整图片大小

在第4张幻灯片中，将插入的四张图片相对于幻灯片页面靠顶端对齐，且左右靠两端、水平均匀分布。

操作1：拖动两张图片到目标位置。拖动任意两张图片，将一张图片放在页面的左上角，另一张图片放在页面的右上角。在拖动图片的过程中，WPS会自动显示智能参考线，接近智能参考线时，会有自动"吸附"的效果，方便在拖动的过程中与其他对象对齐，如图3-75所示。

图 3-75　拖动图片时显示智能参考线

操作 2：设置对齐与均匀分布。选中四张图片（注意最后被选中的图片必须作为目标位置参考的图片，如在左上角或右上角的图片），在浮动工具栏中分别单击"靠上对齐"按钮和"横向分布"按钮，即可使四张图片相对于页面靠上、靠左右，且水平均匀分布，如图 3-76 所示。

排列对齐

图 3-76　多图对齐与均匀分布

在页面底部插入一个"横卷形"形状，将高度设置为 3.3 厘米，将宽度设置为 30 厘米，输入文字"我不知道你是谁，我却知道你为了谁。"，将文字设置为"微软雅黑、32 磅、加粗、居中"。将"横卷形"形状置于页面底部合适的位置，相对于页面水平居中。

操作 1：插入形状，输入文字。选择"插入"选项卡，单击"形状"下拉按钮，在下拉菜单中单击"星与旗帜"选区中的"横卷形"图标，在要插入形状的位置插入一个"横卷形"形状。

在"横卷形"形状上右击，在弹出的快捷菜单中选择"编辑文字"选项，在形状中输入文字"我不知道你是谁，我却知道你为了谁。"。

操作 2：设置形状的属性。选中插入的"横卷形"形状，选择"绘图工具"选项卡，在"形状高度"文本框中输入"3.3"厘米，在"形状宽度"文本框中输入"30"厘米；将"横卷形"形状拖动到幻灯片底部合适的位置；单击"对齐"下拉按钮，在下拉菜单中选择"水平居中"选项。选择"开始"选项卡，按照要求设置"字体、字号、加粗、居中"等属性。

第 4 张幻灯片完成后的参考效果如图 3-77 所示。

图 3-77　第 4 张幻灯片完成后的参考效果

8. 设置动画与切换效果

（1）在母版中设置动画效果

在母版版式中，为"标题和内容版式"和"两栏内容版式"的标题占位符、内容占位符设置动画效果。设置动画类型为"擦除"，动画方向为"自左侧"，动画速度为"快速"。在母版版式中设置动画后，在应用该母版版式的幻灯片中，对应的元素就有相应的动画效果。

操作 1：添加动画。选择"视图"选项卡，单击"幻灯片母版"按钮，进入"幻灯片母版"编辑界面。在左侧的版式缩略图中选择"标题和内容版式"，选中"单击此处编辑母版标题样式"文本框。选择"动画"选项卡，单击"动画"下拉按钮，在下拉菜单的"进入"选区中选择"擦除"选项，即可对选定的对象设置动画效果。

操作 2：设置动画属性。选择"动画"选项卡，单击"自定义动画"按钮，打开"自定义动画"窗格。设置"开始"为"之后"，设置"方向"为"自左侧"，设置"速度"为"快速",即可完成该对象的动画属性设置。

操作 3:使用"动画刷"将"标题和内容版式"中的标题占位符的动画效果设置到"两栏内容版式"的标题占位符上。

在"标题和内容版式"中单击"单击此处编辑母版标题样式"文本框,选择"动画"选项卡,双击"动画刷"按钮(此时鼠标指针变成"箭头+小刷子"形状),单击标题下方的内容占位符文本框;在左侧的版式缩略图中选择"两栏内容版式",在幻灯片编辑区中,依次单击"单击此处编辑母版标题样式"文本框、内容第 1 栏的文本框、内容第 2 栏的文本框,即可将"标题和内容版式"中标题占位符的动画效果分别复制到单击过的对象上,按"Esc"键取消动画刷功能。

(2)修改动画

在母版版式中,将"两栏内容版式"内容占位符中第 1 栏的文本框的动画效果设置为"切入",将动画方向设置为"自顶部",将动画速度设置为"快速"。

操作:在幻灯片编辑区中,单击"两栏内容版式"中第 1 栏的内容占位符文本框,此时,"自定义动画"窗格中会显示动画列表,能突出显示第 1 栏的内容占位符文本框的动画效果。在"自定义动画"窗格中,先选择对应的动画效果,再单击"更改"下拉按钮,在下拉菜单中选择"进入"选区中的"切入"选项,按照要求修改"开始、方向、速度"下拉菜单中的选项,如图 3-78 所示。

(a)　　　　　　　　　　　　　　　(b)

图 3-78　修改动画效果

(3)在幻灯片中设置动画效果

对第 4 张幻灯片中的所有对象设置动画效果。设置四张图片的动画类型为"百叶窗",动画方向为"垂直",动画速度为"快速",每张图片的动画的开始方式均为"之后"。设置"横卷形"的动画类型为"渐变式缩放",开始方式为"之后",速度为"中速",重复 3 次。

163

操作1：添加动画。选中第4张幻灯片。在幻灯片编辑区中，单击第一张图片，按住"Shift"键或"Ctrl"键不放，依次单击其他三张图片。选择"动画"选项卡，单击"动画"下拉按钮，在下拉菜单的"进入"选区中选择"百叶窗"选项，即可对选定的对象设置动画效果。

操作2：设置动画属性。在右侧的"自定义动画"窗格中，设置"开始"为"之后"，设置"方向"为"垂直"，设置"速度"为"快速"。

操作3：在幻灯片编辑区中，选中"横卷形"形状，选择"动画"选项卡，单击"动画"下拉按钮，在下拉菜单的"进入"选区中选择"渐变式缩放"选项。在右侧的"自定义动画"窗格中，设置"开始"为"之后"，设置"速度"为"中速"。

操作4：设置动画效果选项。在右侧的"自定义动画"窗格中，在"横卷形"形状的动画效果上右击，如图3-79（a）所示，在弹出的快捷菜单中选择"效果选项"选项，打开"渐变式缩放"对话框，如图3-79（b）所示，选择"计时"选项卡，设置"重复"为"3"。

（a） （b）

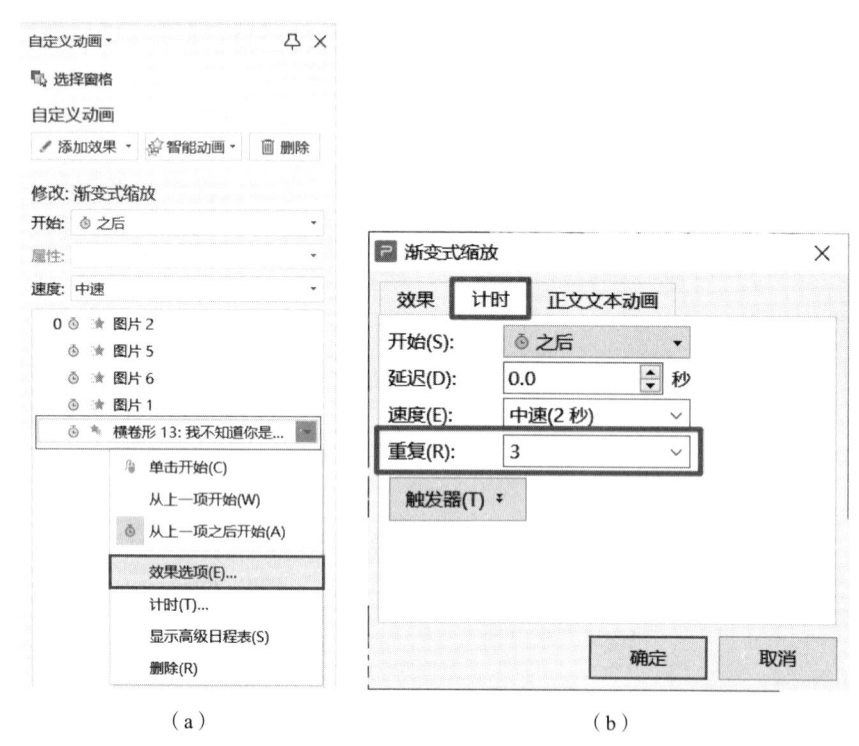

图3-79 设置动画效果

（4）设置切换效果

为每页幻灯片设置切换效果为"框"。

操作：在普通视图中，选择"切换"选项卡，在"切换方案"下拉菜单中选择"框"选项，切换效果默认只应用于当前选定的幻灯片，单击"应用到全部"按钮，将切换效果应用于整个演示文稿。

9. 设置页脚与统一字体

（1）设置页脚

为标题幻灯片之外的所有幻灯片插入页脚，页脚内容为"致敬最美逆行者"。

> 操作：在普通视图中，选择"插入"选项卡，单击"页眉页脚"按钮或"幻灯片编号"按钮，打开"页眉和页脚"对话框，如图 3-80 所示，在该对话框中勾选"页脚"复选框，输入页脚文字"致敬最美逆行者"，勾选"标题幻灯片不显示"复选框，单击"全部应用"按钮，即可为标题幻灯片之外的所有幻灯片插入页脚。

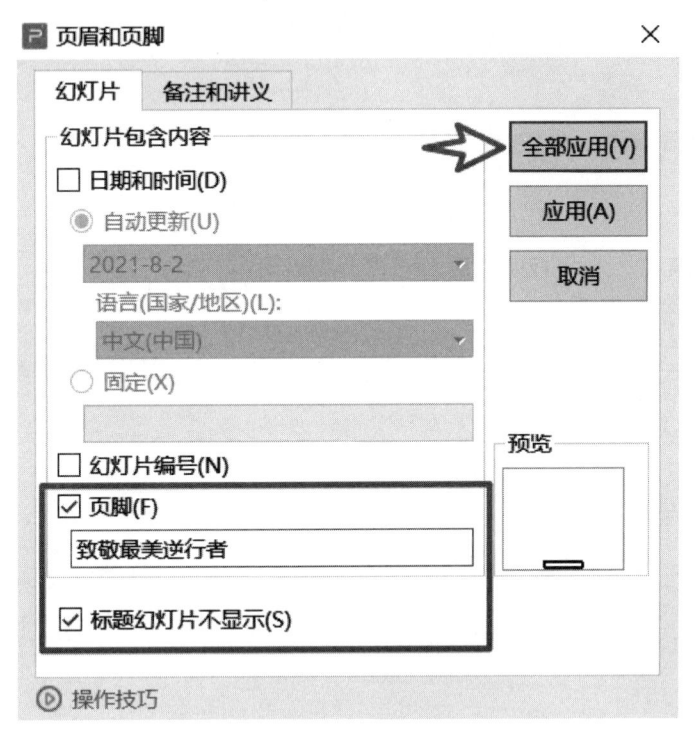

图 3-80　设置页脚

（2）统一字体

使用 WPS 演示中的"智能美化"功能，可以一键完成"全文换肤、整齐布局、智能配色、统一字体"操作。将本演示文稿中的标题字体和正文文字均设置为"中文：微软雅黑"和"西文：Arial"。

> 操作：在普通视图中，选择"设计"选项卡，单击"智能美化"按钮，打开"全文美化"对话框，在左侧选择"统一字体"选项，在右侧单击"自定义字体"按钮，在弹出的对话框中选择"标题"选项卡，设置中文字体为"微软雅黑"，设置西文字体为"Arial"；选择"正文"选项卡，设置正文的字体，确认后单击"确定"按钮，最后单击右下角的"应用美化"按钮，如图 3-81 所示。

图 3-81　统一字体

10. 放映与保存幻灯片

放映幻灯片时，有时会遇到控制放映时长的要求。请结合每张幻灯片展示的内容，使用排练计时功能，为每张幻灯片设置具体的放映时长，控制所有幻灯片的放映时长为1分钟。

（1）排练计时

操作：选择"放映"选项卡，单击"排练计时"下拉按钮，在下拉菜单中选择"排练全部"选项，如图3-82（a）所示，从第1张幻灯片开始，排练全部幻灯片。进入放映排练状态时，幻灯片将全屏放映，同时打开"预演"工具栏并自动为该幻灯片计时，可单击或按"Enter"键放映下1张幻灯片。可根据需要控制每张幻灯片的放映时长。每张幻灯片都排练放映后（或者按"Esc"键终止放映），会弹出提示对话框，如图3-82（b）所示，单击"是"按钮可保存排练时间，并且打开幻灯片浏览视图，可以查看每张幻灯片的排练时间。

（2）放映幻灯片

使用排练计时方式放映幻灯片。

操作：设置排练计时后，在"放映"选项卡中，单击"放映设置"按钮，打开"设置放映方式"对话框，如图3-83（a）所示，在"换片方式"选区中，会默认选中"如果存在排练时间，则使用它"单选按钮，放映演示文稿时将按照排练时间自动放映。

如果选中"手动"单选按钮，则放映时不使用排练时间。如果在某张幻灯片中，排练放映时长小于各对象的动画自动播放时长，则以动画自动播放时长为准。如果某张幻灯片的排练时间需要修改，则单击"排练计时"下拉按钮，在下拉菜单中选择"排练当前页"选项，即可重新调整排练时间。

（a）　　　　　　　　　　　　（b）

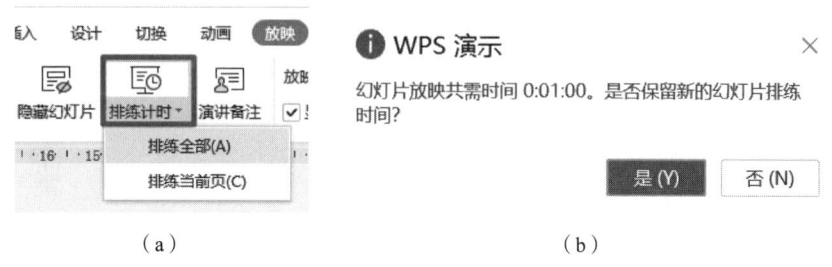

图3-82　"排练计时"下拉菜单与提示对话框

（a）　　　　　　　　　　　　（b）

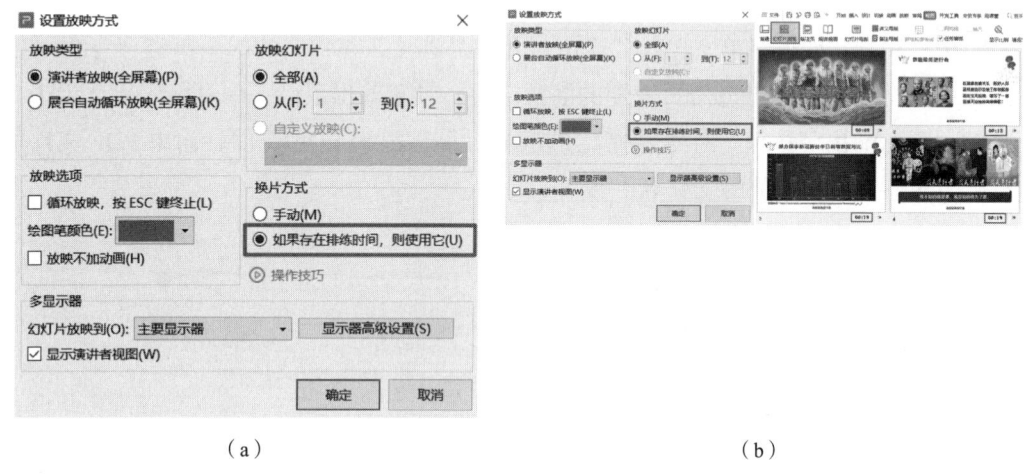

图3-83　"设置放映方式"对话框，以及设置放映方式后幻灯片浏览视图显示每页的排练时间

（3）放大镜与聚光灯

在幻灯片放映的过程中，适当使用"放大镜"和"聚光灯"功能，可突出显示幻灯片中的指定内容。

操作：在幻灯片放映的过程中，按"Ctrl+G"组合键，鼠标指针会变成放大镜形状，移动鼠标指针可控制放大镜显示的内容。按"Ctrl+T"组合键，鼠标指针会变成聚光灯形状，移动鼠标指针可控制聚光灯的照射位置，如图3-84所示。

将鼠标指针移到放映屏幕的左下角，在"快捷工具栏"中，单击"演示焦点"按钮，在弹出的快捷菜单中可以调整放大镜的"缩放"与"尺寸"，调整聚光灯的"遮罩"与"尺寸"。

（a）　　　　　　　　（b）

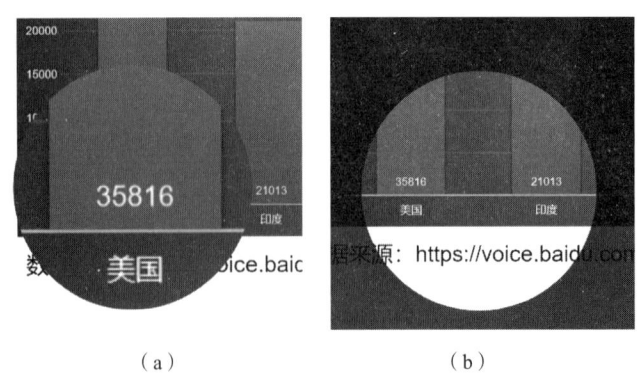

图 3-84　放大镜与聚光灯效果

（4）保存演示文稿

所有操作完成后，对演示文稿执行保存操作。

> 操作：按"Ctrl+S"组合键，可对演示文稿执行保存操作。

（5）输出为 PDF

将完成后的演示文稿输出为 PDF 文件。

> 操作：在"文件"菜单中选择"输出为 PDF"选项，在弹出的如图 3-85 所示的"输出为 PDF"对话框中，勾选需要处理的演示文稿，设置输出范围、保存位置等，单击右下角的"开始输出"按钮，即可将指定的演示文稿输出为 PDF 文件。输出 PDF 文件的文件名与对应的演示文稿的文件名一致。

图 3-85　"输出为 PDF"对话框

3.2.5 相关知识

1. 母版与版式

（1）幻灯片母版

幻灯片母版是存储有关应用的设计模板信息的幻灯片，设计模板信息包括字形、占位符大小或位置、背景设计和配色方案。通过修改母版中的字体、字号、背景格式、版式设计等，可以统一幻灯片的格式。

在制作演示文稿时，选择母版中的版式即可对幻灯片进行快速排版，节省大量重复的操作。在"视图"选项卡中，单击"幻灯片母版"按钮即可进入"幻灯片母版"编辑界面，如图 3-86 所示。

母版幻灯片是界面左侧缩略图窗格中顶部的幻灯片，与母版版式相关的幻灯片显示在其下方。

图 3-86 "幻灯片母版"编辑界面

（2）版式

幻灯片版式是幻灯片内容在幻灯片上的排列方式，包含幻灯片上显示的所有内容的格式和位置。占位符是幻灯片版式上的虚线容器，包含标题、正文、图片、图表、表格、智能图形、音频、视频等内容。在不同版式中，占位符的位置与排列的方式不同。

WPS 演示提供内置幻灯片版式，在新建的演示文稿中，第 1 张幻灯片默认为"标题幻灯片"，使用了内置幻灯片版式。右击"标题幻灯片"，在弹出的快捷菜单中选择"版式"选项，在右侧的子菜单中可以选择幻灯片版式，如图 3-87 所示。

图 3-87　选择幻灯片版式

2. 使用图表

使用图表表示数据，可以使数据更容易理解。默认情况下，在创建好图表后，需要在关联的 WPS 表格中编辑图表所需的数据。如果用户事先准备好了数据表，则可以打开相应的工作簿并选择所需的数据区域，然后将其复制到 WPS 图表中。

向幻灯片中插入图表的操作与在 WPS 表格中插入图表的操作类似。主要步骤如下：

①单击"插入"选项卡中的"图表"下拉按钮，在下拉菜单中选择"图表"或"在线图表"选项。

②在"图表"对话框的左、右列表中分别选择图表的类型、子类型，然后在需要的"插入预设图表"上单击，即可在幻灯片中插入一张图表。

③单击"图表工具"选项卡中的"编辑数据"按钮，或者在图表上右击，在弹出的快捷菜单中选择"编辑数据"选项，可自动启动 WPS 表格，在工作表的单元格中直接修改数据，WPS 演示中的图表会自动更新，修改完后，直接关闭 WPS 表格。

更新图表后，可以利用"图表工具"选项卡中的"添加元素""图表样式""快速布局"等按钮设置图表的效果。

3. 设置网格和参考线

利用 WPS 演示中的网格线、参考线、标尺等，可方便地对对象进行精确定位，从而快速对齐幻灯片中的图片、图形和文字等，使幻灯片的版面整齐美观。

（1）标尺

在普通视图中，在"视图"选项卡中勾选"标尺"复选框，可显示标尺（此处为水平标尺）。在"文件"菜单中选择"选项"选项，打开"选项"对话框，在对话框的左侧选择"视图"选项，在对话框的右侧勾选"垂直标尺"复选框，可显示"垂直标尺"。

（2）网格线和参考线

右击幻灯片，在弹出的快捷菜单中选择"网格和参考线"选项，或者单击"视图"选项卡中的"网格和参考线"按钮，在打开的"网格线和参考线"对话框中，可以设置对齐、间距和参考线。勾选"屏幕上显示绘图参考线"复选框，在幻灯片编辑区内会出现过页面中心点的水平虚线和垂直虚线。参考线可以根据需要添加、删除和移动，且具有吸附功能，能将靠近参考线的对象吸附对齐。如图 3-88 所示，拖动形状到参考线附近，形状会自动靠近参考线。

在"网格线和参考线"对话框中，设置"网格间距"，勾选"屏幕上显示网格"复选框，并单击"确定"按钮，即可显示网格线。如图 3-89 所示，拖动矩形到圆形与三角形中间的某处时，显示 3 条智能对齐参考线，两条带箭头的参考线表示矩形离圆形和三角形的距离相等，经过矩形顶边与三角形顶角的参考线表示矩形与三角形的顶部对齐。

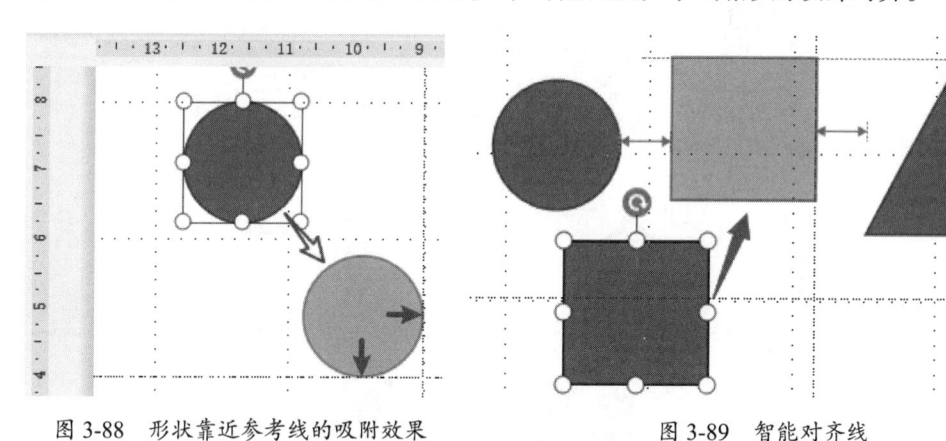

图 3-88　形状靠近参考线的吸附效果　　　　图 3-89　智能对齐线

4. 幻灯片放映设置

（1）排练计时

排练计时是对幻灯片放映的彩排，可以为每张幻灯片中的对象设置具体的放映时间，后续放映演示文稿时，就可以按照设置好的时间和顺序进行放映，无须用户单击，从而实现演示文稿的自动放映。

在"放映"选项卡中单击"排练计时"下拉按钮,在下拉菜单中选择"排练全部"选项,从第1张幻灯片开始,排练全部幻灯片,也可以单击"排练计时"下拉按钮,在下拉菜单中选择"排练当前页"选项,对当前幻灯片进行排练,如图3-90(a)所示。进入放映排练状态,幻灯片将全屏放映,同时打开"预演"工具栏并自动为该幻灯片计时,单击或按"Enter"键可放映下1张幻灯片。每张幻灯片都排练放映后,会弹出提示对话框,单击"是"按钮,保存排练时间,如图3-90(b)所示。此外,将打开幻灯片浏览视图,用户可以查看每张幻灯片的排练时间,如图3-91所示。

(a)　　　　　　　　　　　　　　(b)

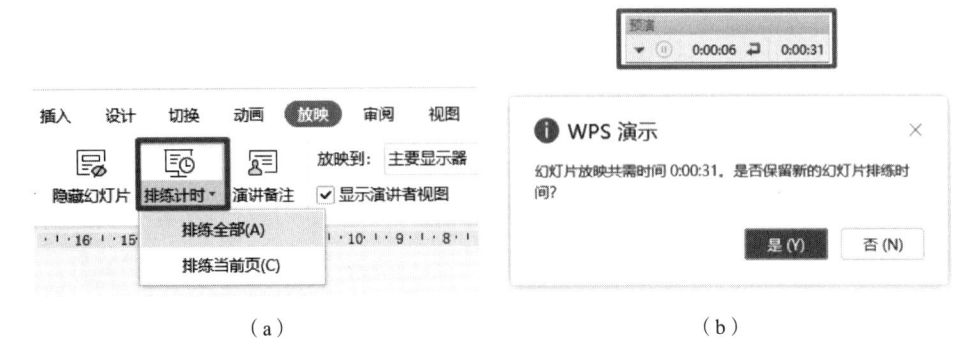

图 3-90　排练计时

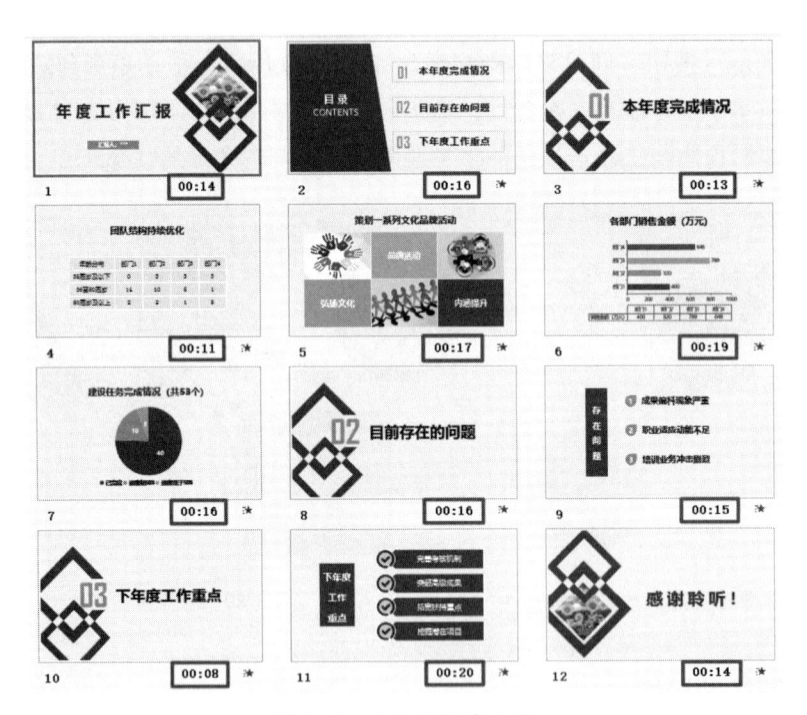

图 3-91　幻灯片浏览视图

设置排练计时后,在"放映"选项卡中单击"放映设置"按钮,在打开的"设置放映方式"对话框的"换片方式"选区中会默认选中"如果存在排练时间,则使用它"单选按钮,放映演示文稿时将按照排练时间自动放映,如果选中"手动"单选按钮,则放映时不使用排练时间。如果在某张幻灯片中,排练放映时长小于各对象的动画自动播放时长,则以动画自动播放时长为准。

（2）演示焦点

使用演讲者模式进行放映时，右击放映屏幕，在弹出的快捷菜单中选择"演示焦点"选项，在右侧的子菜单中有"激光笔（快捷键为"Ctrl+R"组合键）、放大镜（快捷键为"Ctrl+G"组合键）、聚光灯（快捷键为"Ctrl+T"组合键）"等选项。或者单击放映屏幕左下角的"演示焦点"按钮，在弹出的快捷菜单中选择相应的选项。其中"放大镜"可以将幻灯片的局部范围放大 1～3 倍，"聚光灯"可以对指定位置产生聚光灯照射的效果。使用聚光灯与放大镜的效果如图 3-92 所示。

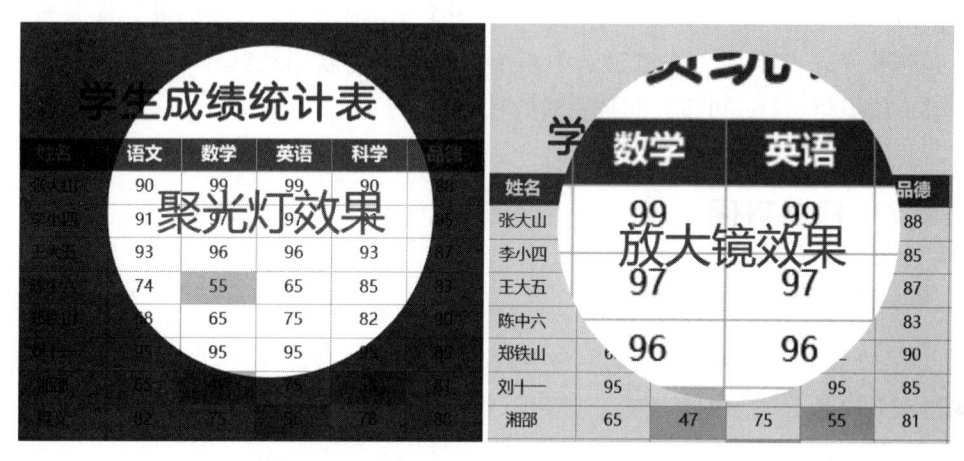

图 3-92　使用聚光灯与放大镜的效果

在放映幻灯片的过程中，右击放映屏幕，在弹出的快捷菜单中选择"放大"选项，屏幕的右下角会显示一个缩放窗口。在缩放窗口中单击"+"按钮，可对当前幻灯片进行放大，单击"-"按钮可缩小当前幻灯片；按住"Ctrl"键不放，滚动鼠标滚轮或按"上箭头"键、"下箭头"键，也可以进行缩放，如图 3-93 所示。单击"="按钮或直接在幻灯片上单击，可以快速恢复幻灯片原始大小。在缩放窗口中还会显示整张幻灯片的缩略图和一个红色方框，红框内就是屏幕显示的区域，直接拖动红色方框可以调整要显示的幻灯片区域。放大幻灯片后，按键盘上的方向键或直接在幻灯片上按住鼠标左键不放拖动鼠标，可调整要显示的区域。

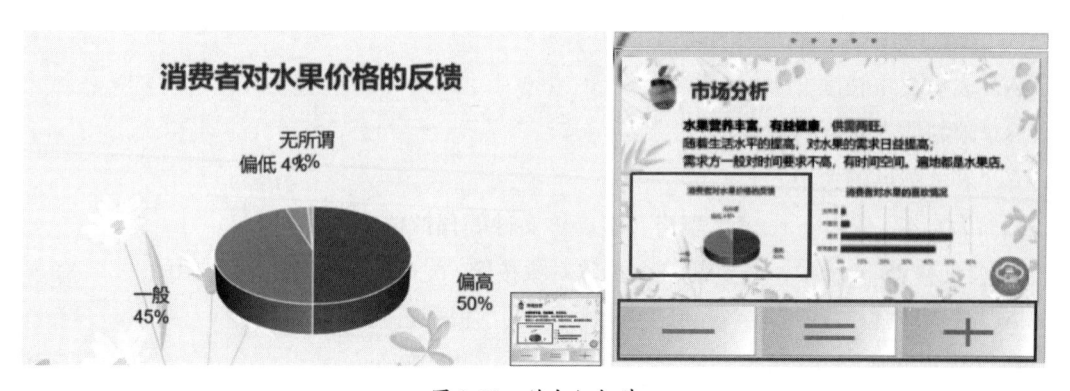

图 3-93　放大幻灯片

3.2.6 任务总结

1. 在母版版式中设置动画后，应用该母版版式中的对应元素就有相应的动画效果。在母版中设置的动画效果，其顺序先于在幻灯片中设置的动画，即先播放母版中设置的动画，再播放幻灯片中设置的动画。同一个对象可以设置不同的动画效果。

2. 切换效果是指幻灯片翻页的效果，在指定幻灯片中设置好切换效果后，默认仅当前幻灯片有效，如果想让所有幻灯片应用该切换效果，则单击"应用到全部"按钮。在"切换"选项卡中设置"自动换片"，可实现幻灯片自动播放的效果。

3. 在 WPS 演示中，先单击一个对象（如一个文本框），按住"Shift"键或"Ctrl"键不放，再依次单击其余对象，可以选中多个对象；也可以拖动鼠标框选多个对象。按住"Ctrl"键不放拖动对象，可以复制被拖动的对象。

3.2.7 任务巩固

1. 操作题

请以第 32 届夏季奥林匹克运动会为主题，通过搜索资料，设计并制作一个不少于 5 张幻灯片的演示文稿，要求图文并茂，使用母版版式，主题鲜明，包含自定义动画、幻灯片切换、图表等元素。

2. 单选题

（1）在 WPS 演示中，选择不连续的多张幻灯片，借助（　　）键。

A．"Shift" B．"Ctrl" C．"Tab" D．"Alt"

（2）要在一个屏幕上同时显示两个演示文稿并进行编辑，如何实现？（　　）

A．打开两个演示文稿，将其中一个演示文稿中的内容全部复制到另一个演示文稿中

B．打开两个演示文稿，单击"视图"选项卡中的"重排窗口"按钮

C．打开两个演示文稿，单击"视图"选项卡中的"适应窗口大小"按钮

D．无法实现

（3）幻灯片中占位符的作用是（　　）。

A．表示文本长度

B．限制插入对象的数量

C．表示图形的大小

D．为文本、图片、图表、表格、多媒体文件等预留位置

（4）在 WPS 演示中，若要使一个小球对象按照"心形"来运动，应使用（　　）。

A．进入动画 B．强调动画

C．退出动画 D．动作路径

（5）幻灯片母版是（　　）。

A．幻灯片模板的总称

B．用户定义的第1张幻灯片，以供其他幻灯片调用

C．用户自己设计的幻灯片模板

D．统一制作各种格式的特殊模板

（6）在WPS演示中，下列对象中不能设置超链接的是（　　）。

A．文本上　　　　B．背景上　　　　C．图片上　　　　D．形状上

扫下面二维码可在线测试

> 测试一下
> 每次测试20分钟，最多可进行2次测试，取最高分作为测试成绩。
>
> 扫码进入测试 >>

3.3　制作工作汇报演示文稿

3.3.1　任务目标

本任务介绍汇报类演示文稿的制作方法，读者通过本章的学习能够了解演示文稿基本结构（封面页、目录页、章节页或过渡页、正文页或内容页、结束页或致谢页）的五个组成部分；掌握表格、智能图形、形状、图表等对象的设置方法；通过合并形状功能，设计个性化的图形组合；掌握自定义放映、打包演示文稿等操作方法。

3.3.2　任务描述

又到年末，小宇需要在公司的年会中通过放映演示文稿进行年度工作汇报。小宇需要在演示文稿中使用形状、智能图形、图片、文本等元素，使演示文稿图文并茂，还要借助表格、图表等元素使数据能够以可视化的方式呈现，方便公司领导了解本年度小宇的工作情况，并为其制订工作计划提供指导。请你帮助她设计并制作该演示文稿。

本任务完成后的参考效果如图3-94所示。

图 3-94　本任务完成后的参考效果

3.3.3　任务分析

● 通过"新建幻灯片"下拉菜单中的选项，根据需要为演示文稿添加多种版式的幻灯片。

● 通过"插入"选项卡，插入形状、表格、图表、智能图形等对象，根据需要设置属性并进行美化。通过"图表工具"选项卡，编辑图表数据，设置图表元素等。

● 通过"动画"选项卡，为幻灯片中的对象添加动画，通过"自定义动画"窗格设置动画效果。

● 通过"切换"选项卡，为幻灯片添加切换方式，设置切换效果。

● 通过"放映"选项卡，对幻灯片进行自定义放映设置。

● 通过"文件"菜单，打包演示文稿。

3.3.4　任务实现

一个完整的演示文稿，一般包含封面页、目录页、过渡页、内容页、致谢页五部分。

新建一个演示文稿，命名为"×××的工作汇报演示文稿.pptx"，其中"×××"为姓名，".pptx"为文稿的扩展名，文件保存位置自定。按照要求完成下列操作，所有操作完成后，对文件执行保存操作。

操作：启动 WPS Office，在工作界面中单击"新建标签"按钮，文件类型选择"P 演示"，单击"新建空白演示"按钮，即可创建一个新的演示文稿，此时，该文稿中只有 1 张标题幻灯片。文稿的默认名称是"演示文稿 1"；单击"快速访问工具栏"中的

"保存"按钮,打开"另存文件"对话框,在该对话框中设置文件名为"×××的工作汇报演示文稿.pptx",其中"×××"为姓名,选择保存位置后,单击"保存"按钮。

1. 制作封面页

(1) 设置封面标题

参照完成后的效果,在第1张幻灯片中输入标题、副标题,并进行相关属性的设置。

操作1:设置主标题。在第1张幻灯片中,单击"空白演示"占位符,在光标处输入文字"年度工作汇报"。选中全部文字,选择"开始"选项卡,单击"字体"下拉按钮,在下拉菜单中选择"微软雅黑"选项,单击"字号"下拉按钮,在下拉菜单中选择"72"磅,单击"加粗"按钮,单击"字体颜色"下拉按钮,在下拉菜单中选择"深蓝色"选项。

操作2:设置副标题。单击"单击输入您的封面副标题"占位符,在光标处输入文字"汇报人:×××",其中"×××"为姓名。选中全部文字,选择"开始"选项卡,单击"字体"下拉按钮,在下拉菜单中选择"微软雅黑"选项,单击"字号"下拉按钮,在下拉菜单中选择"24"磅,单击"加粗"按钮。

操作3:设置对象属性。在幻灯片中双击对象,在工作界面的右侧会显示与该对象有关的任务窗格。

将鼠标指针移到副标题文本框的边框上双击,在右侧会显示"对象属性"任务窗格,选择"形状选项"选项卡中的"填充与线条"选项卡,在"填充"选区中选中"纯色填充"单选按钮,在"颜色"下拉菜单中选择"橙色"选项,如图3-95所示。

选中副标题文字,选择"开始"选项卡,单击"字体颜色"下拉按钮,在下拉菜单中选择"白色"选项。

调整两个标题文本框的大小,将标题文本框拖动至幻灯片左侧合适的位置。

(2) 绘制封面图形

在第1张幻灯片中插入合适的形状,并对形状进行设置。

操作1:插入形状。在第1张幻灯片中,选择"插入"选项卡,单击"形状"下拉按钮,在下拉菜单中选择"矩形"形状,按住"Shift"键不放,在当前幻灯片的任意位置,按住鼠标左键拖动,绘制一个正方形。

操作2:设置大小与旋转形状。单击绘制好的正方形,在右侧的"对象属性"任务窗格中,选择"形状选项"选项卡中的"大小与属性"选项卡,在"大小"选区中,将"高度"和"宽度"均设置为"10.00厘米",如图3-96所示;选择"填充与线条"选项卡,在"填充"选区中,选中"纯色填充"单选按钮,将"颜色"设置为"蓝色",将"线条"设置为"无";将"旋转"设置为"45°"。

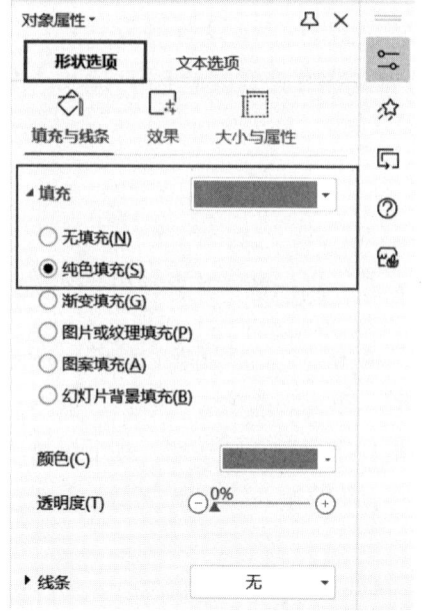

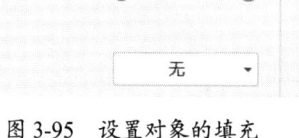

图 3-95　设置对象的填充　　　　　图 3-96　设置对象的大小与属性

操作 3：复制形状。单击绘制好的正方形，按住"Ctrl"键不放，拖动鼠标，复制一个正方形。将鼠标指针移到正方形右下角的控制柄上，按住"Shift"键不放，再按住鼠标左键向上拖动鼠标，将正方形等比例缩小到合适的大小。为方便区分两个正方形，将小正方形的填充颜色设置为"橙色"。

操作 4：选定与对齐多个形状。按住"Shift"键不放，分别单击大正方形和小正方形，同时选定两个图形对象。在上方的"浮动工具栏"中，单击"中心对齐"按钮（或者选择"绘图工具"选项卡，单击"对齐"下拉按钮，在下拉菜单中选择"水平居中"和"垂直居中"选项），这样，两个正方形水平、垂直均居中对齐，如图 3-97（a）所示。

操作 5：合并形状（组合）。先单击大正方形，按住"Shift"键不放，再单击小正方形，选定两个正方形后，选择"绘图工具"选项卡，单击"合并形状"下拉按钮，在下拉菜单中选择"组合"选项，将两个形状重叠的部分（小正方形）删除，组合后得到一个正方形环，其颜色与大正方形的颜色一致，即合并操作前，选定多个形状时，第 1 个选定形状的颜色，如图 3-97（b）所示。

操作 6：复制形状。单击正方形环，按住"Ctrl"键不放，再按住鼠标左键拖动鼠标，复制出另外一个正方形环。将鼠标指针移到复制的正方形环右下角的控制柄上，按住"Shift"键不放，再按住鼠标左键向上拖动鼠标，将正文形环等比例缩小到合适的大小。

操作 7：合并形状（组合）。移动小正方形环到大正方形环的下方。按住"Shift"键不放，分别单击大、小正方形环，同时选定两个图形对象；在上方的"浮动工具栏"中单击"水平居中"按钮，让两个形状的中心在一条垂直线上。

形状设置

选择"绘图工具"选项卡,单击"合并形状"下拉按钮,在下拉菜单中选择"组合"选项,将两个正方形环组合成一个形状,如图 3-98 所示。

(a)　　　　　　　　　　　　　　　(b)

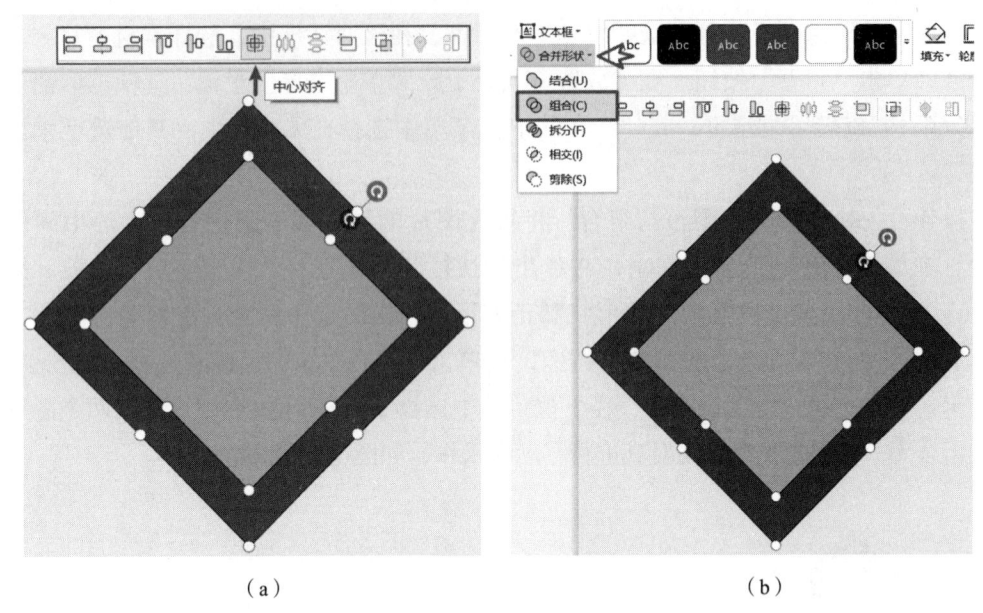

图 3-97　形状对齐与合并形状(组合)

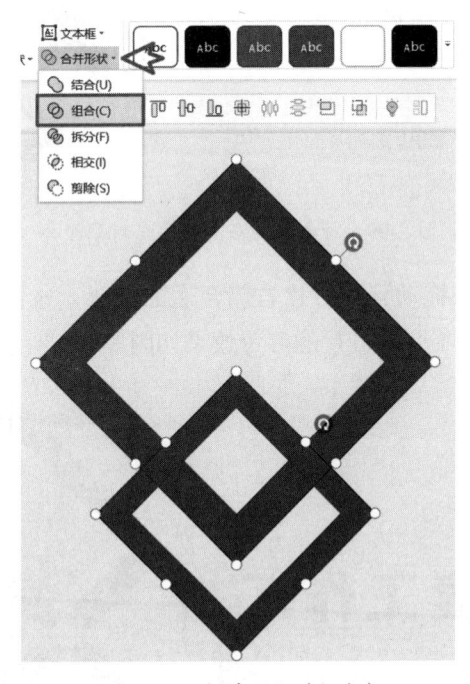

图 3-98　合并形状(组合)

参照完成后的效果,在第 1 张幻灯片中插入一个小正方形,用于显示"向日葵"图片,设置有关属性后将其移动到合适的位置。

操作8：插入形状并显示图片。按照上述方法，再绘制一个小正方形，沿顺时针方向旋转45°。选择"对象属性"窗格的"形状选项"选项卡中的"填充与线条"选项卡，在"填充"选区中选中"图片或纹理填充"单选按钮，在"图片填充"下拉菜单中选择"本地文件"选项，打开"选择纹理"对话框，在该对话框中，选择素材图片"向日葵.jpg"，单击"打开"按钮。在"放置方式"下拉菜单中选择"平铺"选项；取消勾选"与形状一起旋转"复选框；在"线条"下拉菜单中选择"无"选项，其他选项采用默认设置。

操作9：对象层次的调整与组合。将填充图片的形状移动到正方形大环中间的空白处，在填充图片的形状上右击，在弹出的快捷菜单中选择"置于底层"选项。按住"Shift"键不放，单击填充图片的形状和正方形环，同时选中两个图形对象；在上方的"浮动工具栏"中单击"水平居中"按钮，再单击"组合"按钮（或者选择"绘图工具"选项卡，单击"组合"下拉按钮，在下拉菜单中选择"组合"选项），这样，两个图形对象被组合为一个对象，以方便对其进行移动等操作，如图3-99所示。

（a） （b）

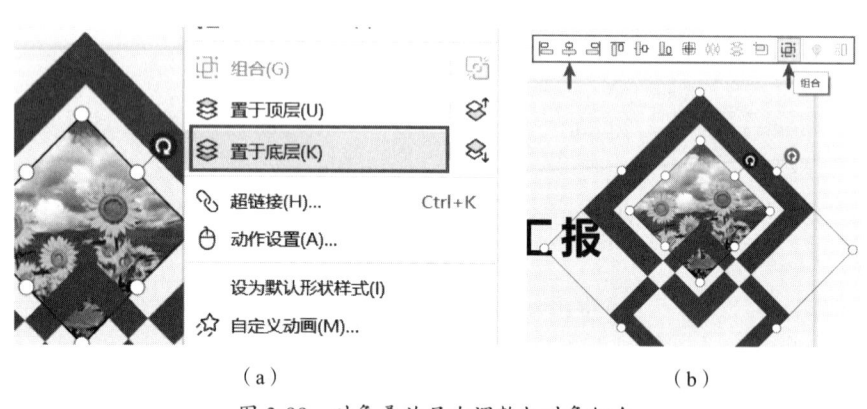

图3-99 对象叠放层次调整与对象组合

最后，将组合后的对象拖动到幻灯片右侧合适的位置，这样就完成了封面页幻灯片的制作。上述操作完成后，第1张幻灯片的参考效果如图3-100所示。

图3-100 第1张幻灯片完成后的参考效果

2. 制作目录页

在封面页幻灯片的后面新建1张空白版式的幻灯片（第2张幻灯片）。

（1）设置目录标题内容

在第2张幻灯片中，通过插入形状、文本框等对象，显示目录页中的信息，并设置有关属性。

> 操作：插入形状。单击第2张幻灯片，选择"插入"选项卡，单击"形状"下拉按钮，在下拉菜单中选择"矩形"选项，在幻灯片的右侧区域中绘制一个矩形。将鼠标指针移到矩形边框上并双击，在右侧的"对象属性"任务窗格中选择"形状选项"选项卡，在"填充"选区中选中"无填充"单选按钮；在"线条"选区中选中"实线"单选按钮，将"颜色"设置为"主题颜色：白色，背景1，深色15%"；将"宽度"设置为"1.75磅"。
>
> 插入一个"横向文本框"，输入标题的标号"01"，设置文字的字体为"Agency FB"，字号为"66"，加粗显示，文字颜色为"橙色"；按照同样的方法插入另外一个"横向文本框"，输入标题文字"本年度完成情况"，设置文字的字体为"微软雅黑"，字号为"40"，加粗显示，文字颜色为"深蓝色"。关于文本框的插入、文本的输入、字体的设置等操作，此处不再赘述。

将插入的矩形和两个文本框组合为一个对象，以方便进行复制、移动等操作。

> 操作：选中多个对象与组合对象。使用鼠标框选矩形和两个文本框（或者按住"Shift"键不放，依次单击矩形和两个文本框），将三个对象同时选中。在上方的"浮动工具栏"中单击"垂直居中"按钮，再单击"组合"按钮，这样，三个对象被组合为一个对象，以方便对其进行复制、移动等操作，如图3-101所示。

图3-101　对象的对齐与组合

经过组合后，虽然构成了一个组合对象，可以整体移动，但也可以再次对组合对象中的成员进行编辑。对组合后的形状，适当调整标号文本框和标题文字文本框在矩形中的位置。

> 操作：编辑组合对象中的成员。单击组合对象中需要编辑的成员对象，如单击标号为"01"的文本框，此时文本框边框为虚线，将鼠标指针移到边框上单击，此时，文本

框边框线为实线。按键盘上的方向键（或者直接使用鼠标拖动）可以移动文本框的位置，也可以修改文本框中的内容，如图 3-102 所示。调整好位置后，将组合对象拖动到幻灯片右侧合适的位置。

对象组合

图 3-102　编辑组合对象中的成员对象

参照完成后的效果，复制组合后的对象（标题组合对象），修改文字内容，调整对象的位置，完成对目录页标题文字的设置。

操作：复制标题组合对象。按住"Ctrl"键不放，并按住鼠标左键拖动标题组合对象到目标位置，可以复制一次标题组合对象。再重复一次该操作，复制两个标题组合对象。

分别修改标号和标题文字内容。最后将 3 个对象拖动到合适的位置，利用"对齐"功能，将 3 个对象设置为"左对齐"和"纵向分布"，使 3 个对象排列整齐、间隔均衡，如图 3-103 所示。

图 3-103　对象的左对齐与纵向分布

（2）绘制直角梯形并对页面进行布局

在第 2 张幻灯片的左侧区域中，绘制一个直角梯形，对目录页幻灯片进行布局与美化。

操作 1：绘制直角梯形。选择"插入"选项卡，单击"形状"下拉按钮，在下拉菜单的"线条"选区中选择"任意多边形"选项，如图 3-104（a）所示，在当前幻灯片中，绘制直角梯形的四条边。按住"Shift"键不放，在直角梯形的右上角位置单击，将鼠标向左移动到直角梯形的左上角位置再单击，即可在水平方向绘制一条直线（直角梯形的上边线）；继续将鼠标向下移动到直角梯形的左下角位置再单击，在垂直方向绘制一条竖线（直角梯形的左边线）；继续将鼠标向右移动到直角梯形的右下角位置再单击，在水平方向绘制另一条直线（直角梯形的下边线）；松开"Shift"键，继续将鼠标移动到直角梯形的右上角位置再单击，绘制一条斜线（直角梯形的右边线），形成一个封闭的图形，完成直角梯形的绘制，如图 3-104（b）所示。

绘制多边形

（a）　　　　　　　　　　　　（b）

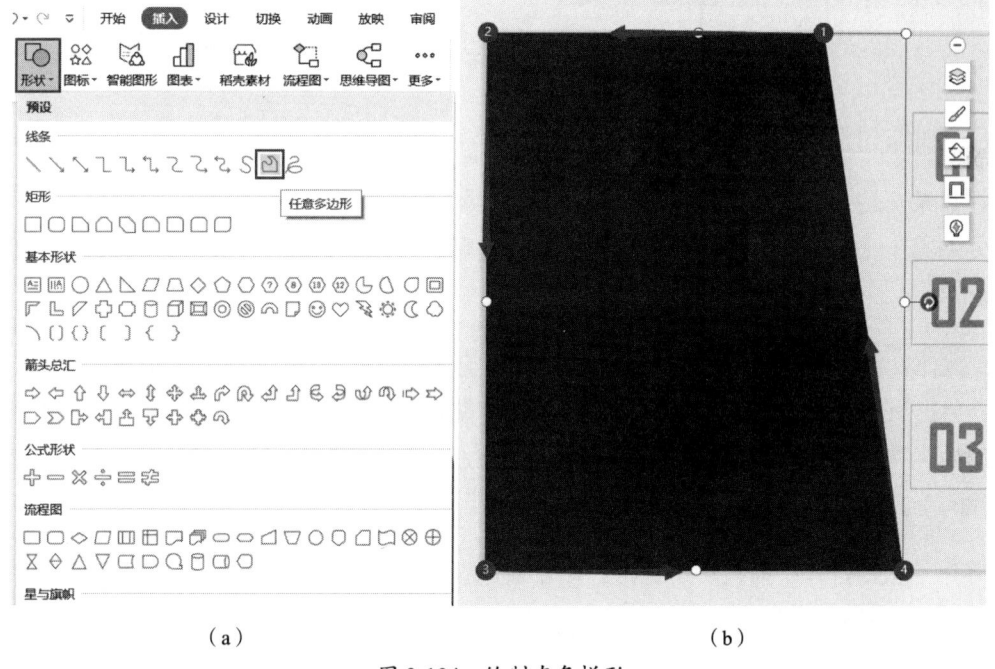

图 3-104　绘制直角梯形

操作 2：布局与美化。在"对象属性"任务窗格中，设置直角梯形的填充颜色为"蓝色"，线条为"无"。调整直角梯形的大小，使其与幻灯片的高度一致，并放在幻灯片的左侧。

在"插入"选项卡中，选择"文本框"下拉菜单中的"横向文本框"选项，在文本框中输入文字"目录 CONTENTS"。设置字体为"微软雅黑"，第 1 行的字号为"44"磅，第 2 行的字号为"36"磅；文字颜色为"白色"，加粗。

这样，就完成了目录页幻灯片的制作。目录页完成后的参考效果如图 3-105 所示。

图 3-105　第 2 张幻灯片（目录页幻灯片）完成后的参考效果

3. 制作过渡页

在目录页幻灯片的后面新建 1 张空白版式的幻灯片（第 3 张幻灯片）。

复制第 1 张幻灯片中的正方形串环图形，粘贴到过渡页幻灯片中，并把含有图片填充的形状删除。

> 操作：在第 1 张幻灯片中，单击右边的组合图形，按"Ctrl+C"组合键复制。
>
> 单击第 3 张幻灯片，按"Ctrl+V"组合键粘贴，即可把复制的内容粘贴到第 3 张幻灯片中。在组合形状中，选中有向日葵图片的正方形，按"Delete"键，即可删除含有图片的正方形。

在第 3 张幻灯片中插入一个矩形，用于对组合形状进行剪除，以便在组合形状的右侧预留一个位置来显示序号。

操作 1：插入形状。选择"插入"选项卡，单击"形状"下拉按钮，在下拉菜单中选择"矩形"选项，绘制一个矩形，为方便区分，将矩形的填充颜色设置为"橙色"。调整矩形的大小，并将其放在正方形串环图形上的合适位置。

操作 2：合并形状（剪除）。选中蓝色正方形串环图形，按住"Shift"键不放，单击橙色矩形。同时选中 2 个对象后，选择"绘图工具"选项卡，单击"合并形状"下拉按钮，在下拉菜单中选择"剪除"选项，将合并后的图形移动到左侧的合适位置，如图 3-106 所示。

（a） （b）

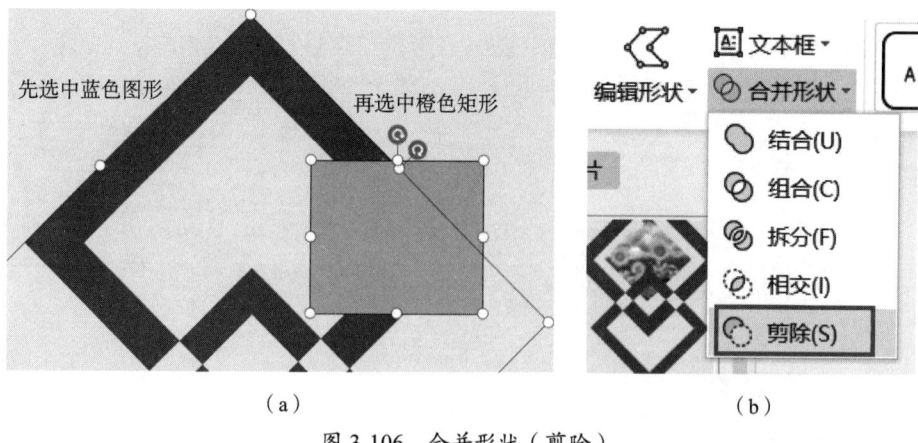

图 3-106　合并形状（剪除）

按照目录页幻灯片中标号文本框和标题文本框的制作方法完成过渡页幻灯片的标号和标题的制作。标号的字号均为 138 磅，标题的字号为 66 磅。过渡页幻灯片完成后的参考效果如图 3-107 所示。

其他标题过渡页幻灯片的版面效果基本一样，不一样的只是标号和标题。制作方法如下：

在"幻灯片 / 大纲"窗格中的第 3 张幻灯片（制作好的过渡页幻灯片）上右击，在弹出的快捷菜单中选择"复制幻灯片"选项，可以复制多张相同的幻灯片。在复制的过渡页幻灯片中，修改标号和标题即可。

图 3-107　第 3 张幻灯片（过渡页幻灯片）完成后的参考效果

4. 制作内容页

（1）表格应用

在第 3 张幻灯片（过渡页幻灯片）的后面新建 1 张空白版式的幻灯片，插入表格。

操作 1：插入表格。单击第 4 张幻灯片，选择"插入"选项卡，单击"表格"下拉按钮，在下拉菜单中选择 5 行 ×5 列的表格，单击即可插入表格。

操作 2：使用表格主题样式。选中表格，选择"表格样式"选项卡，单击"预设样式"按钮，在下拉菜单中选择"最佳匹配"中的"主题样式 2-强调 1"预设样式，如图 3-108 所示。

图 3-108　设置表格的预设样式

操作 3：设置单元格格式。选中表格的第 1 行，选择"表格工具"选项卡，单击"合并单元格"按钮；在第 1 行中输入"团队年龄结构表"。选中表格标题文字，设置文字格式为"微软雅黑、40 磅、居中"。参照完成后的效果，在表格其他单元格中输入文字并将文字格式设置为"幼圆、20 磅"。

选择"表格工具"选项卡，将"高度"设置为"2"厘米，将"宽度"设置为"5"厘米；单击"水平居中"和"居中对齐"按钮，使表格中的文字置于单元格的正中间。有关操作如图 3-109 所示。

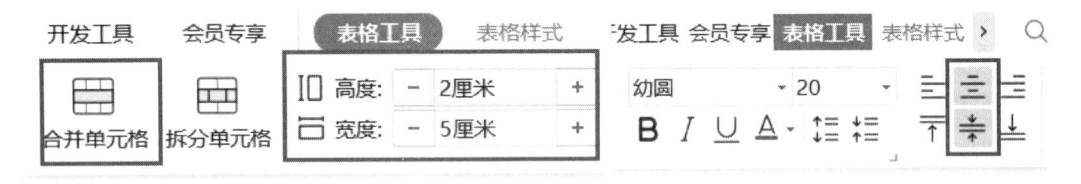

图 3-109　合并单元格并设置高度、宽度与对齐方式

操作 4：设置表格对齐。选中表格，选择"表格工具"选项卡，单击"对齐"下拉按钮，在下拉菜单中选择"水平居中"选项，让表格相对于幻灯片水平居中，如图 3-110 所示。选中表格，按方向键可以适当调整表格的位置，也可以拖动表格，根据智能参考线确定表格的位置。

第 3 章　WPS 演示综合应用

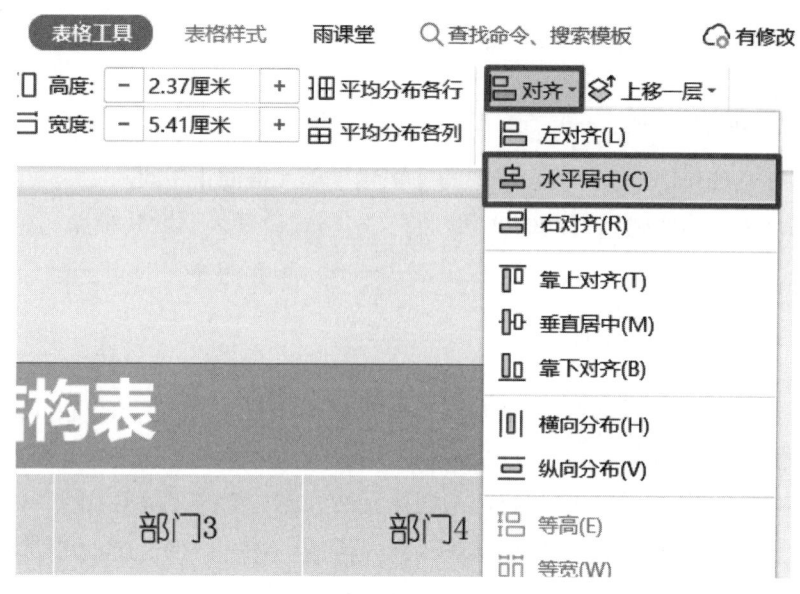

图 3-110　设置表格相对于幻灯片水平居中

（2）使用表格布局页面

在第 4 张幻灯片的后面新建 1 张空白版式的幻灯片（第 5 张幻灯片）。

在第 5 张幻灯片中，利用表格对幻灯片内容进行图文排版，插入一个 2 行 ×3 列的表格。将表格的行高设置为 7 厘米，列宽设置为 10 厘米。将表格移到幻灯片中的合适位置。

> 操作：设置表格的边框。在第 5 张幻灯片中，选中表格中的所有单元格，选择"表格样式"选项卡，按照如图 3-111 所示的序号完成表格边框的设置：设置"笔样式"为"实线"；设置"笔颜色"为"白色"；设置"笔划粗细"为"4.5 磅"；设置"应用至"为"内部框线"。

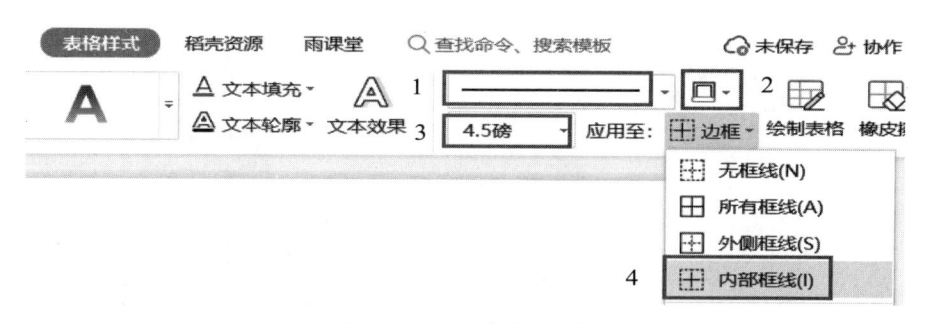

图 3-111　设置表格的边框

参照完成后的效果，在第 5 张幻灯片中设置部分单元格的填充颜色，输入文字，设置字体格式，将单元格对齐方式设置为水平居中和居中对齐。

> 操作 1：设置填充颜色。单击第 1 行的第 2 列单元格，选择"表格样式"选项卡，单击"填充"下拉按钮，在下拉菜单中选择标准色中的"橙色"选项；使用同样的方法

将第 2 行第 1 列单元格的填充颜色设置为"珊瑚红",将第 2 行第 3 列单元格的填充颜色设置为"蓝色"。

操作 2:设置单元格对齐方式。选中表格,选择"表格工具"选项卡,单击"水平居中"和"居中对齐"按钮,使表格中的文字置于单元格的正中间。

在这三个单元格中输入对应的文字,将文字格式设置为"微软雅黑、36 磅、白色、加粗"。

在对应的单元格中插入图片。

操作 1:显示"对象属性"任务窗格。在表格的边框上双击,在工作界面的右侧显示"对象属性"任务窗格。

操作 2:插入图片。单击第 1 行第 1 列单元格,在右侧的"对象属性"任务窗格中,选择"形状选项"选项卡中的"填充与线条"选项卡,在"填充"选区中选中"图片或纹理填充"单选按钮,在"图片填充"下拉菜单中选择"本地文件"选项,打开"选择纹理"对话框,在该对话框中选择素材文件"团队 1.jpg",单击"打开"按钮,完成图片的插入操作;按照同样的方法,在第 1 行第 2 列单元格中填充图片"团队 2.jpg";在第 2 行第 3 列单元格中填充图片"团队 3.jpg"。

在第 5 张幻灯片中插入一个文本框,输入"策划一系列文化品牌活动",将文字格式设置为"微软雅黑、40 磅、深蓝、加粗"。

通常情况下,在幻灯片中适当利用表格进行布局,能较好地处理文字与图片等对象的混排。第 5 张幻灯片完成后的参考效果如图 3-112 所示。

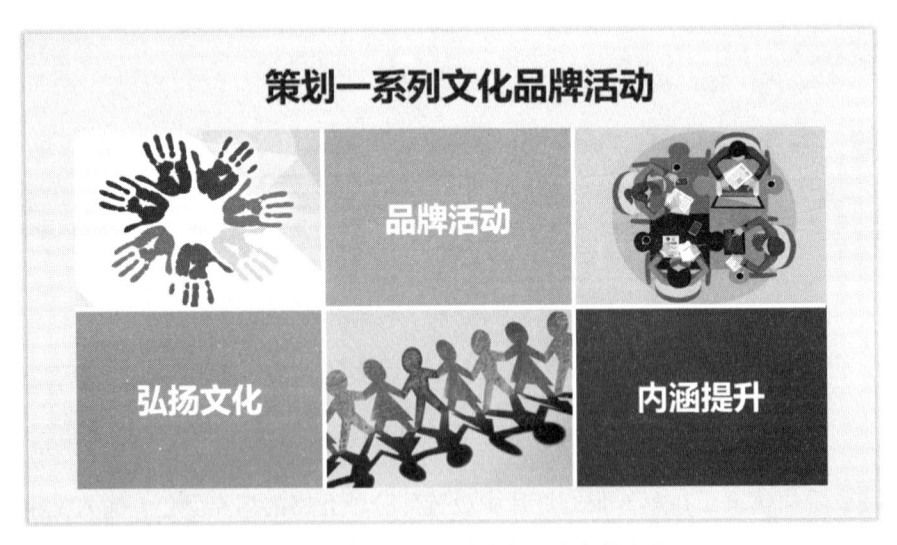

图 3-112　第 5 张幻灯片完成后的参考效果

(3)图表应用

图表对象的建立流程一般包括插入图表、编辑数据、修改图表元素等步骤。

在第 5 张幻灯片的后面新建 1 张空白版式的幻灯片（第 6 张幻灯片）。在第 6 张幻灯片中插入一张条形图，以图形化的方式展示数据，实现数据的可视化。

操作 1：插入图表。单击第 6 张幻灯片，选择"插入"选项卡，单击"图表"下拉按钮，在下拉菜单中选择"图表"选项，打开"图表"对话框，在该对话框中，选择"条形图"中的"簇状条形图"选项，单击对应的缩略图，即可完成图表插入操作，如图 3-113 所示。

图表应用

插入图表时，WPS 会为图表设置一些默认的初始数据。修改图表对应的数据源，让图表展示指定的数据。

操作 2：编辑图表数据。在第 6 张幻灯片中选中图表，选择"图表工具"选项卡，单击"编辑数据"按钮，会自动打开 WPS 表格，在表格中可以编辑图表数据源。

修改图表数据。将 A 列中的字段"类别 1""类别 2""类别 3""类别 4"依次修改为"部门 1""部门 2""部门 3""部门 4"；将 B 列中的数据依次修改为"销售金额（万元）""400""320""789""648"。

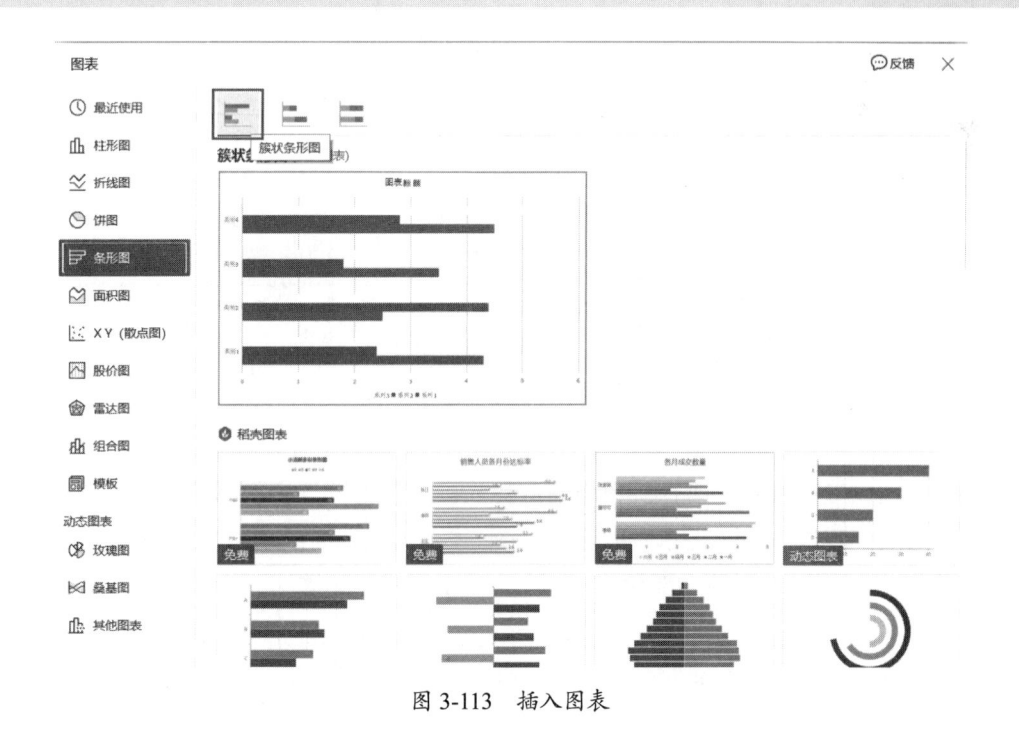

操作 3：调整图表数据源范围。将鼠标指针移到 D5 单元格右下角处的小方块上，当鼠标指针变成"左高右低的斜双向箭头"时，按住鼠标左键拖动数据选择框到 B5 单元格，即可将图表的数据源由 A2:D5 调整为 A2:B5，确认无误后关闭 WPS 表格工作界面。返回 WPS 演示的工作界面，幻灯片中的图表会自动根据修改后的数据进行更新。编辑图表数据的有关操作如图 3-114 所示。

图 3-113　插入图表

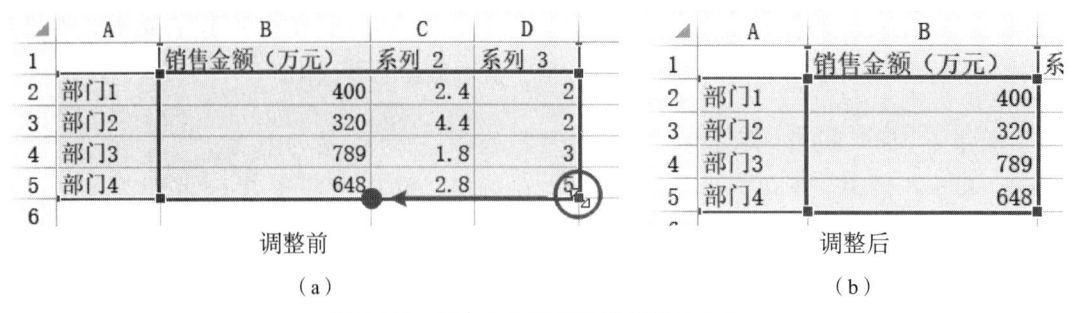

图 3-114 图表数据源范围调整前后对比

选中图表,选择"图表工具"选项卡,通过"添加元素"下拉菜单中的选项,可以对图表元素进行修改。常用选项的说明如下。

- 坐标轴:不选择"主要横向坐标轴"选项,这样图表下方的水平坐标轴不显示。
- 数据标签:选择"数据标签外"选项,这样每个系列的外侧会显示对应的数值。
- 数据表:选择"无图例项标示"选项,这样数据表格显示在图表的下方。
- 网格线:所有选项都不选择,这样图表中不显示网络线。
- 图例:选择"无"选项,这样原来在下方的图例不再显示。

请自行设置图表的有关元素,并观察设置操作对图表的影响,通过操作练习,进一步理解图表元素的设置。设置图表元素的有关操作如图 3-115 所示。

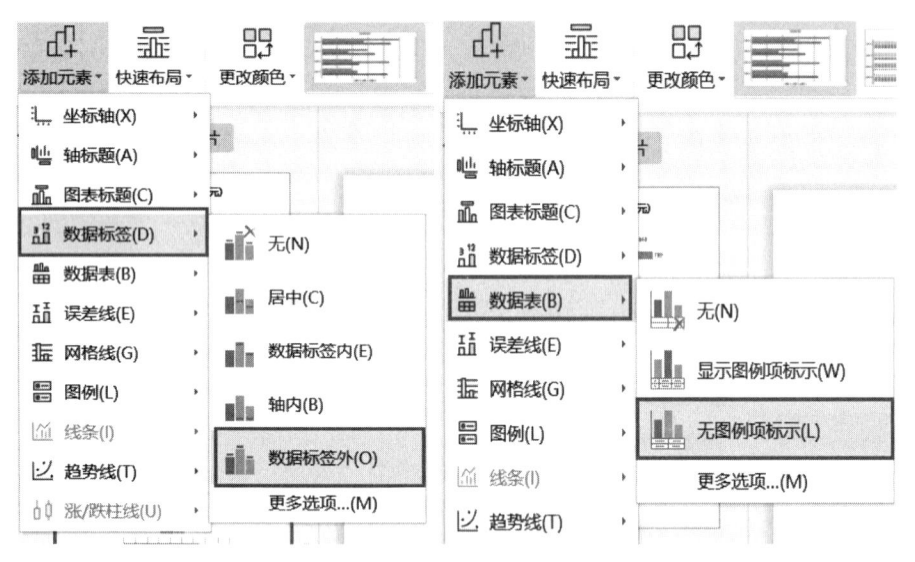

图 3-115 设置图表元素

操作4:设置图表有关属性。在当前幻灯片中,单击图表中的条形序列(代表4个部门的条形序列会被一起选中),再单击第一个序列(只选中一个条形序列),打开"对象属性"任务窗格,设置填充颜色为"橙色";使用同样的方法,为其他三个条形序列依次设置不同的填充颜色。

选中图表左侧的纵坐标轴,在"对象属性"任务窗格中,设置"线条"为"无"。

选中图表，选择"开始"选项卡，单击"增大字号"按钮，将图表中文字的字号增加到合适的大小；将文字颜色设置为"深蓝"，将字体设置为"微软雅黑"。

将鼠标指针移到图表边框右下角的小圆圈处，按住鼠标左键不放拖动鼠标，调整图表到合适的大小，并将幻灯片移动到幻灯片的合适位置。

（4）添加视频

在第 6 张幻灯片的后面新建 1 张空白版式的幻灯片（第 7 张幻灯片）。

在第 7 张幻灯片中，插入素材文件"视频素材.mp4"，对视频进行相关设置，将素材文件"向日葵.jpg"作为视频的封面，将视频设置为自动循环播放；将素材文件"手机.png"插入幻灯片中作为视频的背景框，适当调整视频文件与手机图片的大小。在锁定纵横比模式下，将视频高度设置为 12.3 厘米，将手机图片的高度设置为 13.8 厘米。插入一个文本框，输入"活动视频"，并对文字格式进行适当设置，最后将视频、手机图片与文本框在幻灯片中水平居中。

操作 1：插入视频。选择"插入"选项卡，单击"视频"下拉按钮，在下拉菜单中选择"嵌入本地视频"选项，打开"插入视频"对话框，选择素材文件"视频素材.mp4"，单击"打开"按钮，即可将视频文件插入幻灯片中。

操作 2：设置视频。选中视频文件，选择"视频工具"选项卡，单击"开始"下拉按钮，在下拉菜单中选择"自动"选项；勾选"循环播放，直到停止"复选框。

操作 3：设置视频封面。选中视频文件，选择"视频工具"选项卡，单击"视频封面"下拉按钮，在下拉菜单中选择"来自文件"选项，打开"选择图片"对话框，选择素材文件"向日葵.jpg"，单击"打开"按钮。

操作 4：插入图片。选择"插入"选项卡，单击"图片"按钮，打开"插入图片"对话框，选择素材文件"手机.png"，单击"打开"按钮，将图片插入幻灯片中。

操作 5：设置视频与图片大小。选中视频文件，选择"图片工具"选项卡，勾选"锁定纵横比"复选框，设置"形状高度"为"12.3"厘米；选中图片文件，选择"图片工具"选项卡，勾选"锁定纵横比"复选框，设置"形状高度"为"13.8"厘米。

操作 6：设置中心对齐。选中手机图片，选择"图片工具"选项卡，单击"对齐"按钮，在下拉菜单中选择"水平居中"选项，将手机图片水平居中。

选中视频文件，按住"Shift"键不放单击手机图片，同时选中视频文件和手机图片，在上方的"浮动工具栏"中单击"中心对齐"按钮，即可将视频文件置于手机图片的中心。

文本框的插入与对齐设置，此处不再赘述。

第 7 张幻灯片完成后的参考效果如图 3-116 所示。

图 3-116　第 7 张幻灯片完成后的参考效果

（5）应用形状

第 8 张幻灯片为过渡页，参照完成后的效果，将第 8 页中的标题文字设置为"目前存在的问题"，将"序号"设置为"02"。

在第 8 张幻灯片后面新建 1 张空白版式的幻灯片（第 9 张幻灯片）。

在第 9 张幻灯片中插入形状、文本框等元素，展示"存在问题"。

操作 1：插入形状。单击第 9 张幻灯片，选择"插入"选项卡，单击"形状"下拉按钮，在下拉菜单的"基本形状"中选择"泪滴形"选项，插入"泪滴形"形状。

操作 2：设置形状属性。双击"泪滴形"形状，在工作界面的右侧会显示"对象属性"任务窗格，在"填充与线条"选项卡中设置"填充"为"橙色"，"线条"为"实线"，"颜色"为"白色"，"宽度"为"1.00 磅"。在"效果"选项卡中，设置"阴影"类型为外部的"右下斜偏移"效果，如图 3-117 所示。

操作 3：设置形状大小。在"对象属性"任务窗格中，选择"形状选项"选项卡中的"大小与属性"选项卡，在"大小"选区中，将"高度"和"宽度"均设置为"2.00 厘米"；在"文本框"选区中，设置"垂直对齐方式"为"中部居中"。

操作 4：编辑形状中的文字。在"泪滴形"形状上右击，在弹出的快捷菜单中选择"编辑文字"选项，然后输入"1"；将文字格式设置为"Arial Black、32 磅、白色、居中对齐"。

(a)   (b)

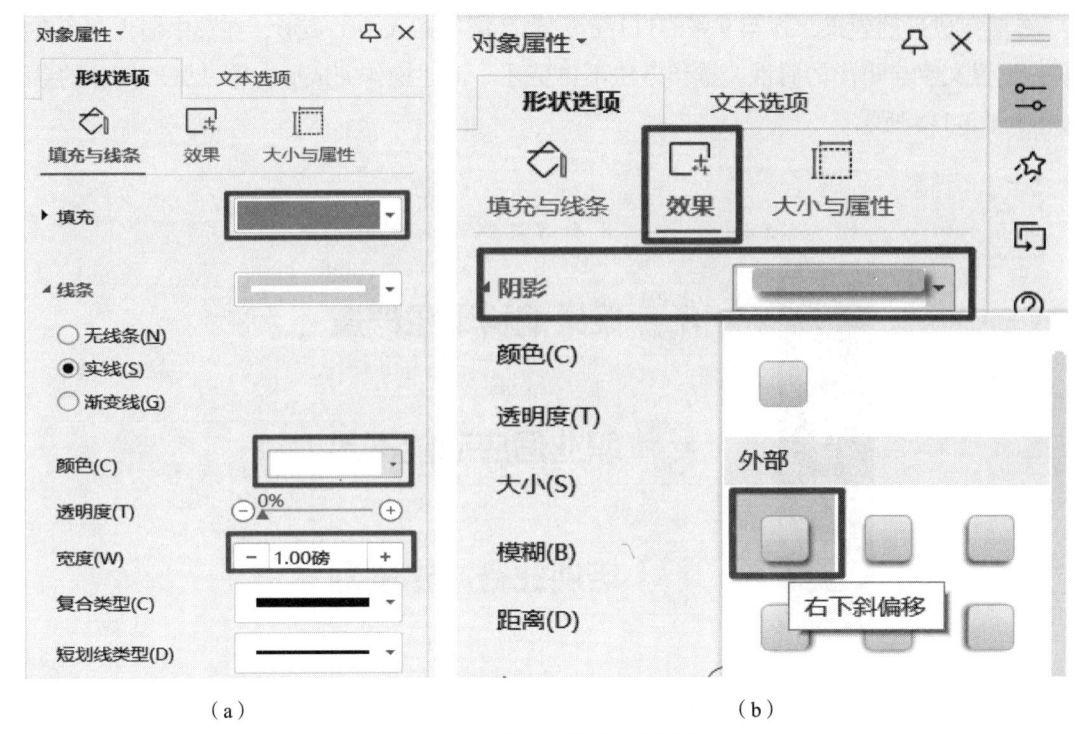

图 3-117 设置形状的对象属性

在第 9 张幻灯片中插入横向文本框，输入文字内容，将文字格式设置为"微软雅黑、36 磅、深蓝色"。参照完成后的效果，在每个文本框的左侧放置一个"泪滴形"形状，设置好后，将它们组合成一个对象。插入文本框、输入文字及设置属性的操作，此处不再赘述。

操作 1：形状的对齐与组合。调整"泪滴形"形状和文本框的水平间隔距离。

单击第 9 张幻灯片，按住"Shift"键不放，分别单击"泪滴形"形状和文本框，将这两个对象一起选中。在上方的"浮动工具栏"中单击"垂直居中"按钮，再单击"组合"按钮，即可将这两个对象组合成一个对象。拖动组合后的对象到合适的位置。

操作 2：复制组合对象并对新生成的两个组合对象进行修改。按住"Ctrl"键不放，拖动组合对象，复制出两个相同的组合对象。将新生成的两个组合对象中文本框内的文字分别修改为"职业适应动能不足""培训业务冲击剧烈"。

操作 3：对齐对象。将 3 个组合对象分别拖动到合适的位置。按住"Shift"键不放，分别单击 3 个组合对象，同时选中这 3 个组合对象。在上方的"浮动工具栏"中单击"左对齐"按钮，再单击"纵向分布"按钮，使 3 个组合对象整齐排列。

参照完成后的效果,在第 9 张幻灯片的左侧区域中插入一个矩形,在其中输入"存在问题",设置文字与矩形的属性,操作方法不再赘述。上述操作完成后,第 9 张幻灯片的参考效果如图 3-118 所示。

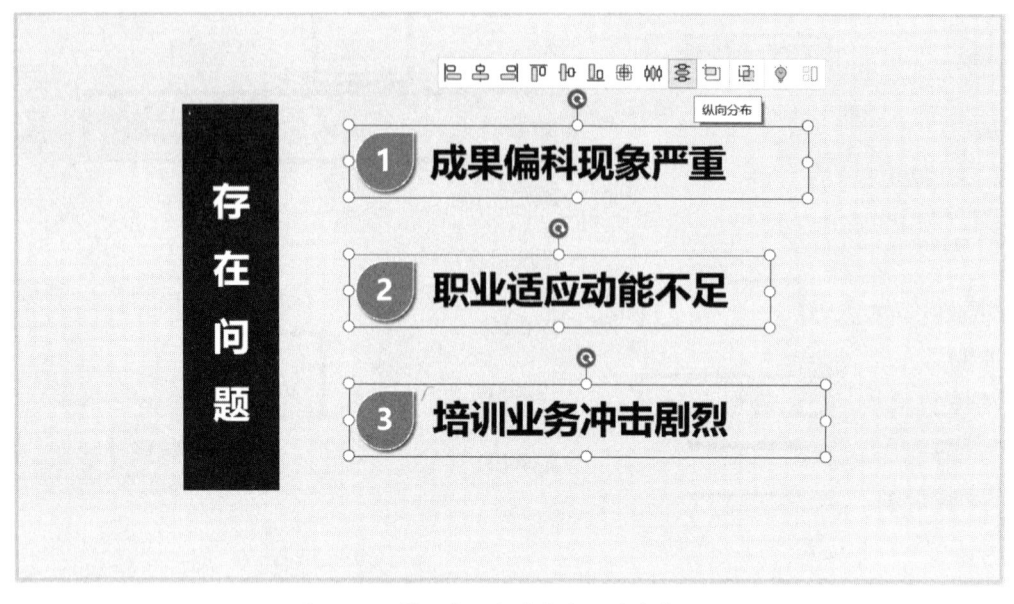

图 3-118　第 9 张幻灯片完成后的参考效果

第 10 张幻灯片为过渡页,输入其中的文字内容。

在第 10 张幻灯片后面新建一张空白版式的幻灯片(第 11 张幻灯片)。

在第 11 张幻灯片中插入智能图形、矩形等元素,展示"下年度工作重点"有关内容。

(6)使用智能图形

> 操作:单击第 11 张幻灯片,选择"插入"选项卡,单击"智能图形"按钮,打开"智能图形"对话框,在该对话框的"列表"选项卡中,单击"垂直图片重点列表"缩略图,即可在当前幻灯片中插入该智能图形,如图 3-119 所示。

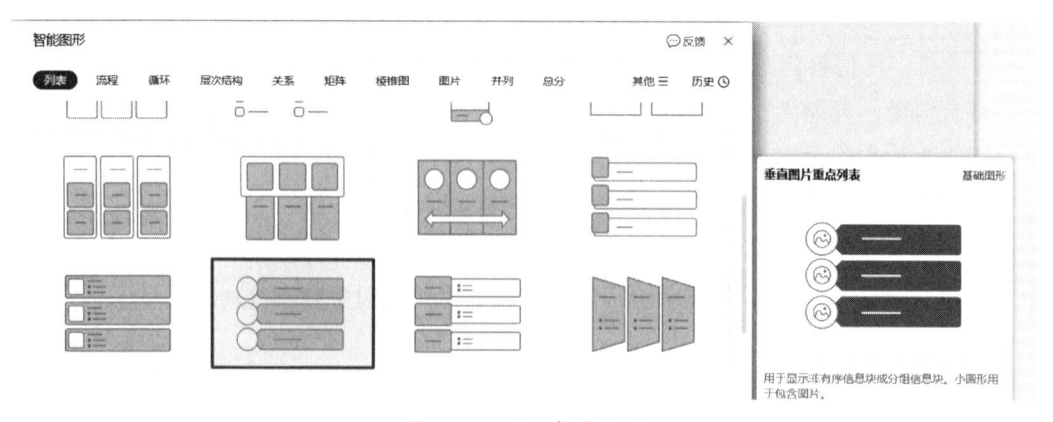

图 3-119　插入智能图形

对插入的智能图形进行编辑，参照完成后的效果，显示指定内容。

操作1：在智能图形中添加项目。单击智能图形中的任一文本框，选择"设计"选项卡，单击"添加项目"按钮，在下拉菜单中选择"在后面添加项目"选项，如图3-120（a）所示；或者单击智能图形对象后，在右侧显示的"快速工具栏"中再单击"添加项目"按钮，在子菜单中选择"在后面添加项目"选项，如图3-120（b）所示。

使用智能图形

若要在智能图形中删除项目，将鼠标指针移到项目的边框上并单击，选中项目，按"Delete"键，即可将选中的项目删除。

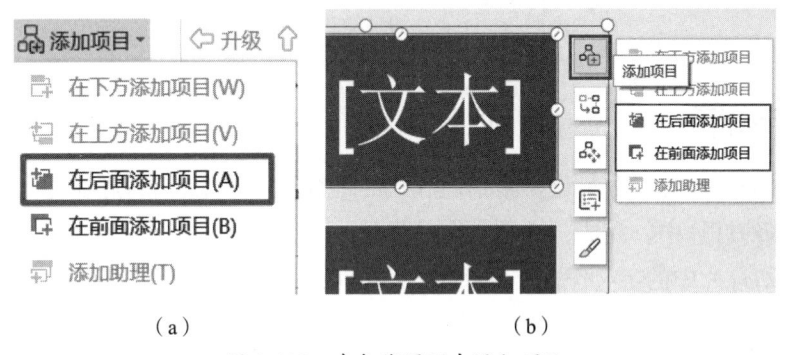

图 3-120　在智能图形中添加项目

在智能图形中的文本框内单击，依次输入"完善考核机制""突破高级成果""拓宽扶持重点""挖掘潜在项目"。将文字格式设置为"微软雅黑、32磅"。为智能图形中的每个项目添加图片，选择素材文件中的图片"ok.png"。

操作2：为智能图形中的项目设置图片。单击智能图形项目左侧的圆圈中的图片标记，打开"插入图片"对话框，在该对话框中选择需要插入的图片，即可将选定的图片插入智能图形项目左侧的圆圈中。按照此操作方法，为智能图形中的其他3个项目添加图片。

操作3：调整智能图形的大小。单击智能图形，选择"设计"选项卡，单击"形状高度"和"形状宽度"微调按钮，将高度设置为"13"厘米，将宽度设置为"22"厘米。将智能图形拖动到幻灯片的右侧。

在第11张幻灯片的左侧插入一个圆角矩形，将其填充为"橙色"，在圆角矩形中输入"下年度工作重点"，设置文字格式为"微软雅黑、40磅、白色、加粗"，设置对齐方式为"中部居中"，设置合适的高度与宽度。

上述操作完成后，第11张幻灯片的参考效果如图3-121所示。

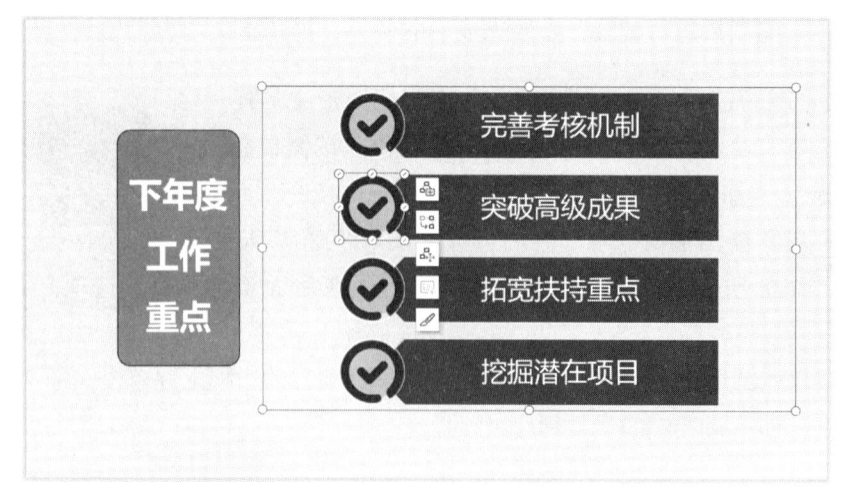

图 3-121　第 11 张幻灯片完成后的参考效果

5. 制作致谢页

在第 11 张幻灯片的后面新建 1 张空白版式的幻灯片（第 12 张幻灯片）。

在第 12 张幻灯片中，完成"致谢页"的设计。

将第 1 张幻灯片中的组合图形复制到致谢页，并进行适当修改。插入一个文本框，输入"感谢聆听！"，并设置合适的文字格式。

> 操作 1：复制粘贴组合图形。在第 1 张幻灯片中，选中右边的组合图形，按"Ctrl+C"组合键复制。单击第 12 张幻灯片，按"Ctrl+V"组合键粘贴，即可把复制的内容粘贴到第 12 张幻灯片中。
>
> 操作 2：旋转形状。在第 12 张幻灯片中，选中组合图形，选择"绘图工具"选项卡，单击"旋转"下拉按钮，在下拉菜单中选择"垂直翻转"选项。将图形拖动到幻灯片左侧的合适位置。
>
> 操作 3：插入文本框。插入一个横向文本框，输入"感谢聆听！"，选择"开始"选项卡，单击"字体"下拉按钮，在下拉菜单中选择"微软雅黑"选项，单击"字号"下拉按钮，在下拉菜单中选择"72"磅，单击"加粗"按钮，单击"字体颜色"下拉按钮，在下拉菜单中选择"深蓝"选项。将文本框拖动到幻灯片右侧的合适位置。

至此，基本完成了年度工作汇报演示文稿的静态内容的制作，之后可以给幻灯片对象设置合适的动画效果，并为文稿中的幻灯片设置合适的切换效果。

6. 放映设置与打包输出

（1）自定义放映

演示文稿制作完成后，播放时默认播放所有幻灯片。可以根据实际情况，设置自定义放映，有选择性地播放指定的幻灯片，或者调整幻灯片的播放顺序。接下来设置自定义放映，播放幻灯片1、2、3、6、4、8、10、2。

> 操作：单击"放映"选项卡中的"自定义放映"按钮，打开"自定义放映"对话框，单击"新建"按钮，打开"定义自定义放映"对话框，如图3-122（a）所示，输入幻灯片放映名称（默认为"自定义放映1"），在对话框的左侧列表中显示演示文稿中的幻灯片，将需要放映的幻灯片添加到右侧的列表中，确认后单击"确定"按钮，返回"自定义放映"对话框，单击"放映"按钮可以查看自定义放映的效果。
>
> 在"设置放映方式"对话框的"自定义放映"下拉菜单中，选择"自定义放映1"选项，放映幻灯片时将按照选定的自定义放映方式播放，如图3-122（b）所示。

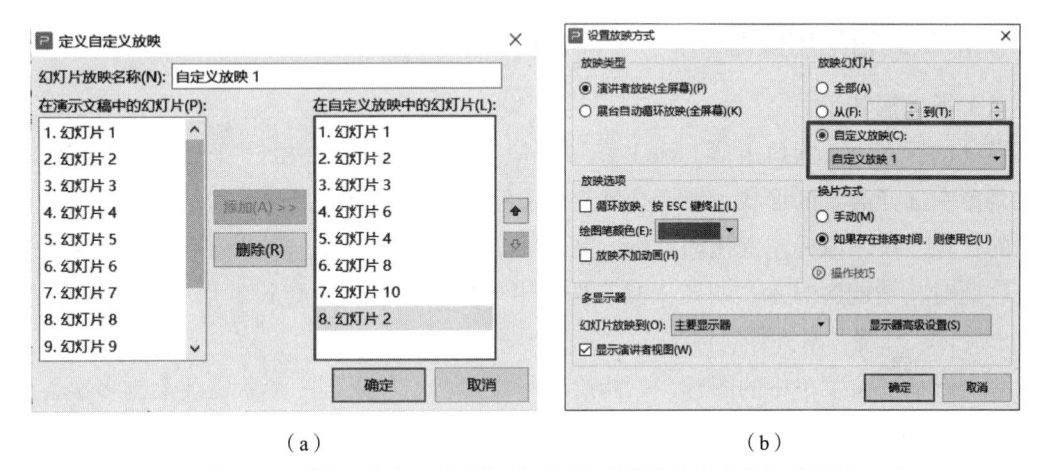

（a）　　　　　　　　　　（b）

图3-122　"定义自定义放映"对话框与"设置放映方式"对话框

（2）打包演示文稿

演示文稿制作完成后，将演示文稿打包。

> 操作：选择"文件"菜单中的"文件打包"选项，在右侧的子菜单中选择"将演示文档打包成文件夹"选项，打开"演示文件打包"对话框，如图3-123所示。在该对话框中，可以设置文件夹名称、位置，以及是否同时打包成一个压缩文件等，设置好后，单击"确定"按钮，完成后选择打开文件夹或关闭文件夹。打开文件夹后，如果演示文稿中有嵌入的媒体文件，则可以看到除了演示文稿，还有相关的媒体文件，如图3-124所示。

打包演示文稿

图3-123　"演示文件打包"对话框

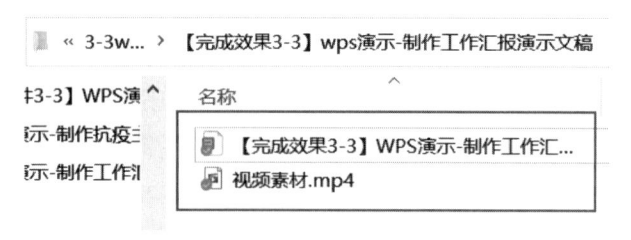

图 3-124 打包演示文稿

3.3.5 相关知识

1. 形状编辑常用操作

（1）插入形状

形状包括直线、圆角矩形、标注等。单击"插入"选项卡中的"形状"下拉按钮，在下拉菜单中选择需要的形状，鼠标指针变为十字形状，将鼠标指针移到幻灯片中需要插入形状的位置，按住鼠标左键拖动鼠标绘制形状，松开鼠标左键，形状绘制完成并保持选择状态。此时，功能区显示"绘图工具"选项卡中的功能按钮，可设置形状的填充、轮廓、样式、旋转、环绕、对齐等属性。

单击形状下拉菜单中的图标，只能绘制一次形状。如果同一形状需要绘制多次，可在"形状"下拉菜单中的形状图标上右击，在弹出的快捷菜单中选择"锁定绘图模式"选项，此时，可以无限次绘制该形状，按"Esc"键或单击另一个形状图标，可退出锁定绘图模式。

插入的自由曲线如图 3-125 所示。

图 3-125 插入的自由曲线

绘制形状时，按住"Ctrl"键不放，可采用以鼠标指针所在的位置为中心向四周扩展的方式进行绘制。按住"Shift"键不放，可绘制宽高相等的形状，如正方形、圆形。

（2）对象的选择与移动

选择文本框、形状、图片等对象时，单击可以选中一个对象，按住"Shift"键或"Ctrl"键不放，逐个单击对象，可以选中多个对象。

选中对象后，按住鼠标左键拖动鼠标可以移动对象。在拖动的过程中按住"Shift"键不放，对象会按照水平或垂直方向移动，即左右平移或上下平移。按住"Ctrl"键不放拖动选中的对象，可以将拖动的对象复制到目标位置。在拖动的过程中同时按住"Shift"键和"Ctrl"键不放，可实现对象的上下或左右复制。

（3）快速对齐

在幻灯片中，选中2个及以上的形状、文本框、图片等对象后，系统会自动在所选对象的上方显示对齐"浮动工具栏"，如图3-126所示。单击"垂直居中"按钮，可将所选对象的中心位于同一条水平线上，水平线的位置以最后选中的对象为准。单击"横向分布"按钮，可让所选对象的左右间距相等。

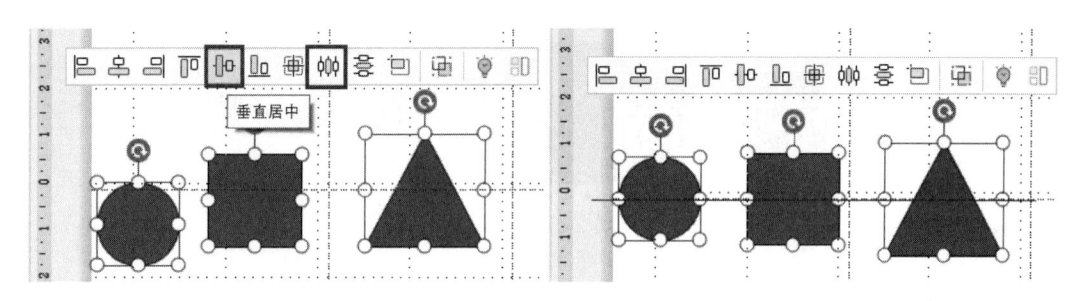

图3-126 对齐"浮动工具栏"

（4）大小设置

选中形状后，形状四周会出现8个控制点和1个旋转按钮，使用鼠标拖曳控制点可自由调整其大小；将鼠标指针移到旋转按钮图标上，按住左键绕形状的中心转动，可以旋转对象，转到目标位置松开鼠标左键即可。

（5）等宽、等高、等尺寸设置

选中2个及以上的形状、文本框、图片等对象后，单击"绘图工具"选项卡中的"对齐"下拉按钮，在下拉菜单中选择"等尺寸"选项，可使所选对象的宽度相等，高度也相等，宽度、高度的数值大小以最后选中的对象为准。如图3-127所示，先选中椭圆，后选中矩形，设置"等尺寸"后，椭圆的宽度、高度将与矩形一致。

（6）合并形状

选中2个及以上的形状、文本框、图片等对象后，单击"绘图工具"选项卡中的"合并形状"下拉按钮，在下拉菜单中，有"结合、组合、拆分、相交、剪除"5种合并方式供选择。"合并形状"操作完成后，将得到一个对象，形状的填充颜色、轮廓颜色与第1次所选形状的填充颜色、轮廓颜色一致，如图3-128所示。

注意："合并形状"中的"组合"选项与"绘图工具"选项卡中的"组合"下拉按钮的操作效果不同。前者组合后不能取消组合，组合后形状颜色相同，且交叉部分为白色。后者组合后有"取消组合"选项,只能把选中的形状组合成一个对象,各形状的颜色保持不变,如图 3-129 所示。

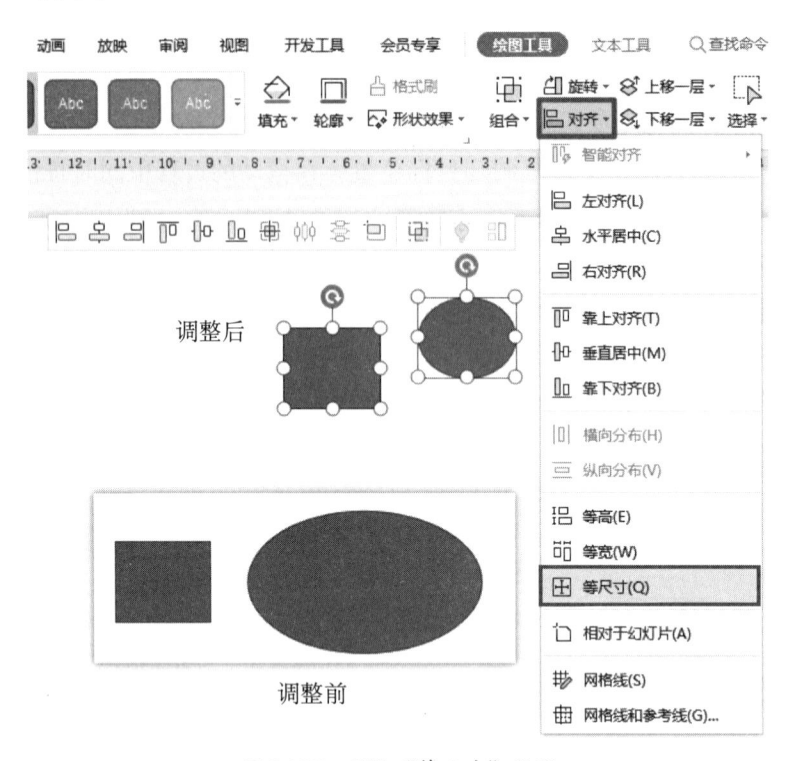

图 3-127 形状"等尺寸"设置

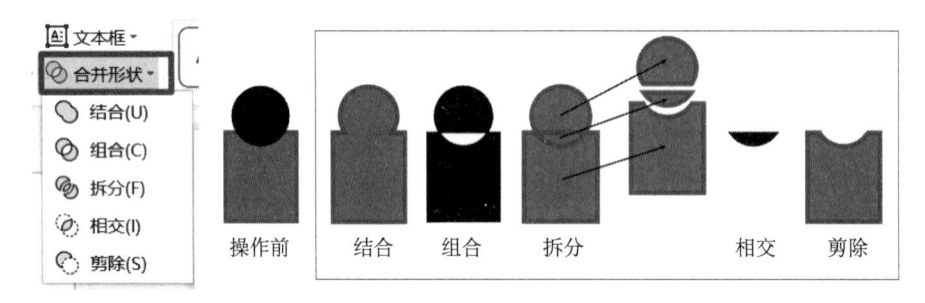

图 3-128 "合并形状"选项及操作效果

(a) 合并形状-组合

(b) 绘图工具-组合

图 3-129 两种"组合"操作效果对比

2. 使用表格

如果需要在演示文稿中添加排列整齐的数据，则可以使用表格来完成。

(1) 在幻灯片中插入表格

单击"插入"选项卡中的"表格"下拉按钮，在下拉菜单中选择表格的行数和列数，可以直接插入表格。也可以在下拉菜单中选择"插入表格"选项，在弹出的对话框中设置"列数"和"行数"，然后单击"确定"按钮，即可将表格插入幻灯片中，如图3-130所示。

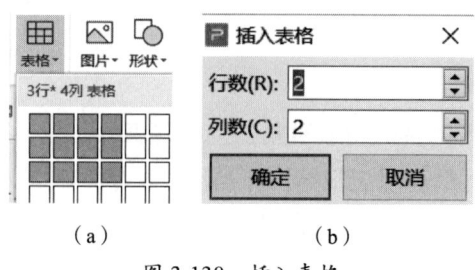

(a)　　　　　　　(b)

图 3-130　插入表格

创建表格后，插入点位于表格左上角的第一个单元格中。此时，可在其中输入文本，当一个单元格的文本输入完毕时，按"Tab"键可进入下一个单元格。如果希望回到上一个单元格，则按"Shift+Tab"组合键。

如果输入的文本较长，则可以设置在当前单元格的宽度范围内自动换行，增加该行的高度，以适应输入的内容。

(2) 选中表格中的内容

在对表格进行操作之前，首先要选中表格中的内容。在选中一行时，单击该行中的任一单元格，选择"表格工具"选项卡，单击"选择"下拉按钮，在下拉菜单中选择"选择行"选项即可。选中一列或整个表格的方法与之类似。

(3) 修改表格的结构

对于已经创建的表格，用户可以修改表格中行、列的结构。如果要插入新行，则将插入点置于表格中希望插入新行的位置，然后选择"表格工具"选项卡，单击"在上方插入行"或"在下方插入行"按钮，如图3-131(a)所示。或者在插入点处右击，在弹出的快捷菜单中选择"插入"选项，在右侧的子菜单中选择"在上方插入行"或"在下方插入行"选项，如图3-131(b)所示。

插入列的操作与插入行的操作类似。

(a)　　　　　　　(b)

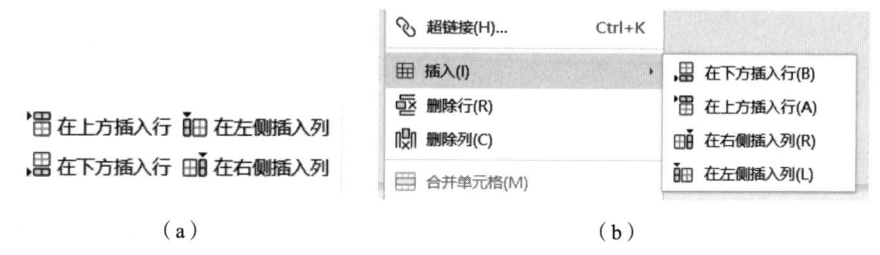

图 3-131　插入行/列

将多个单元格合并成一个单元格时，首先选中这些单元格，然后选择"表格工具"选项卡，单击"合并单元格"按钮。单击"拆分单元格"按钮，可以将一个大的单元格拆分为多个小的单元格。

（4）设置表格效果

选中要设置样式的表格，选择"表格样式"选项卡，在"预设样式"下拉菜单中选择一种样式，即可将该表格样式快速应用于该表格。通过单击"表格样式"选项卡中的"填充""边框""效果"等按钮，可以对表格的填充颜色、边框和外观效果进行设置。

3. 使用智能图形

可以向幻灯片中插入新的智能图形对象，包括列表、流程、循环层次结构等智能图形。智能图形能很好地显示内容的逻辑层级结构。操作步骤如下：

（1）选择"插入"选项卡，单击"智能图形"按钮，在弹出的对话框中，根据内容的逻辑关系选择一种类型，即可创建一个智能图形。

（2）用户可在智能图形中输入文字，并利用"设计"与"格式"选项卡设置智能图形的效果。

也可以将文本转换为智能图形，操作方法如下：

单击要转换的文本框，选择"文本工具"或"开始"选项卡，单击"转智能图形"下拉按钮，在下拉菜单中选择所需的智能图形，即可将文本框中的文本转换为智能图形，如图3-132所示。

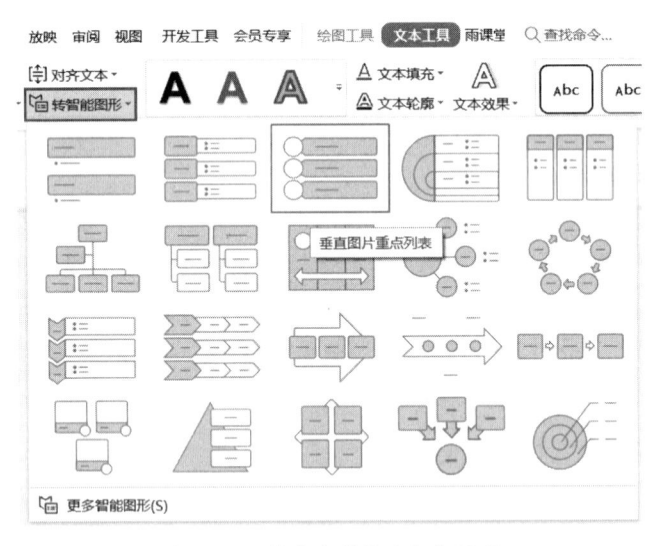

图3-132　将文本转换为智能图形

4. 插入视频

在演示文稿中添加音频、视频等多媒体文件，能让演示文稿更具吸引力，下面主要介绍插入视频的方法。

WPS 演示支持插入 mp4、wmv、asf、avi、mpg、mpeg 等格式的视频文件。若需要插入的视频文件不是支持的视频格式，可以先使用"格式工厂"等格式转换软件对视频文件进行格式转换，再将其插入演示文稿中。

（1）插入视频

选择"插入"选项卡，单击"视频"下拉按钮，在下拉菜单中，可以选择"嵌入本地视频""链接到本地视频""开场动画视频"等选项。

嵌入本地视频和链接到本地视频的区别在于视频文件的保存方式不同。选择嵌入本地视频方式，演示文稿文件的容量会变大（包含视频文件的容量），视频文件会嵌入演示文稿中一起保存，在幻灯片中播放视频时，不受视频文件位置的影响。选择链接到本地视频方式，演示文稿文件的容量不会变大（视频文件独立保存），当视频文件的存放位置改变后，演示文稿中的该视频将无法播放。

（2）播放设置

播放设置主要包括：控制播放视频的开始方式，分"单击"与"自动"两种；是否全屏播放；未播放时是否隐藏；是否循环播放；视频封面；音量；裁剪视频等。

例如，将视频文件设置为自动播放、循环播放。操作方法：选中视频文件，选择"视频工具"选项卡，单击"开始"下拉按钮，在下拉菜单中选择"自动"选项；勾选"循环播放，直到停止"复选框，如图 3-133（a）所示。

视频封面指视频没有播放时显示的画面。若没有设置，一般为视频的第一帧，或是黑屏。设置视频封面的操作方法：选中视频文件，选择"视频工具"选项卡，单击"视频封面"下拉按钮，在下拉菜单中选择"来自文件"选项，在打开的对话框中选择素材文件，如图 3-133（b）所示。

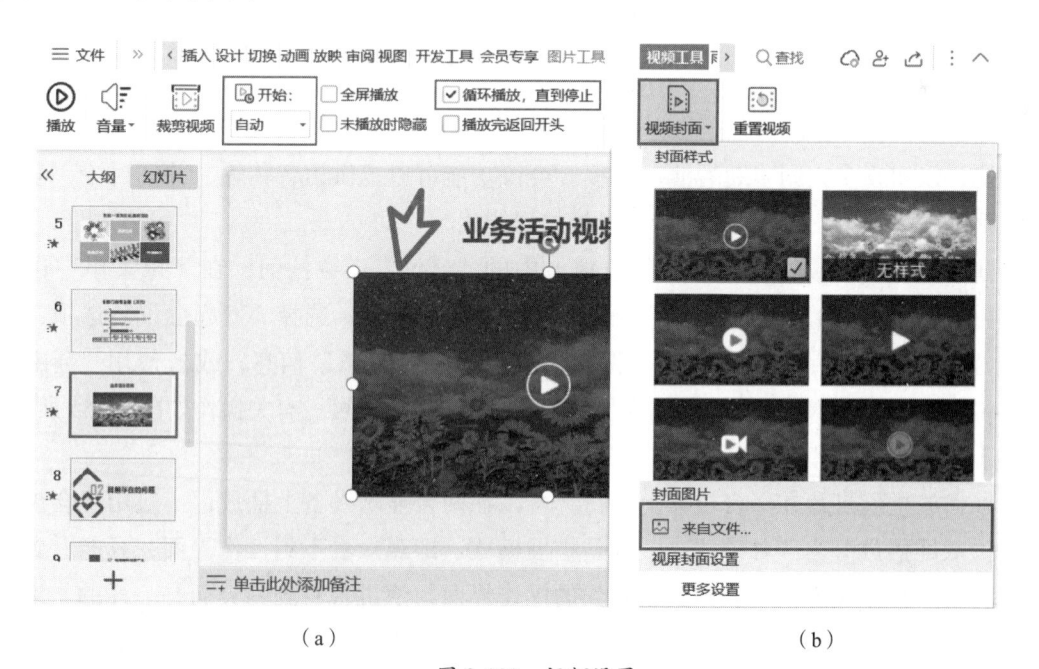

（a）　　　　　　　　　　　　　　（b）

图 3-133　视频设置

5. 幻灯片放映设置

（1）自定义放映

演示文稿制作完成后，可以根据需要设置自定义放映，有选择性地播放指定的幻灯片。在"放映"选项卡中单击"自定义放映"按钮，打开"自定义放映"对话框，单击"新建"按钮，打开"定义自定义放映"对话框，如图3-134（a）所示，输入幻灯片放映名称，在左侧列表中显示在演示文稿中的幻灯片，将需要自定义放映的幻灯片添加到右侧的列表中，确认后单击"确定"按钮，返回"自定义放映"对话框，单击"放映"按钮可以查看自定义放映的效果。在"设置放映方式"对话框的"自定义放映"下拉菜单中，选择已有的自定义放映选项，放映幻灯片时将按照所选的自定义放映方式播放，如图3-134（b）所示。

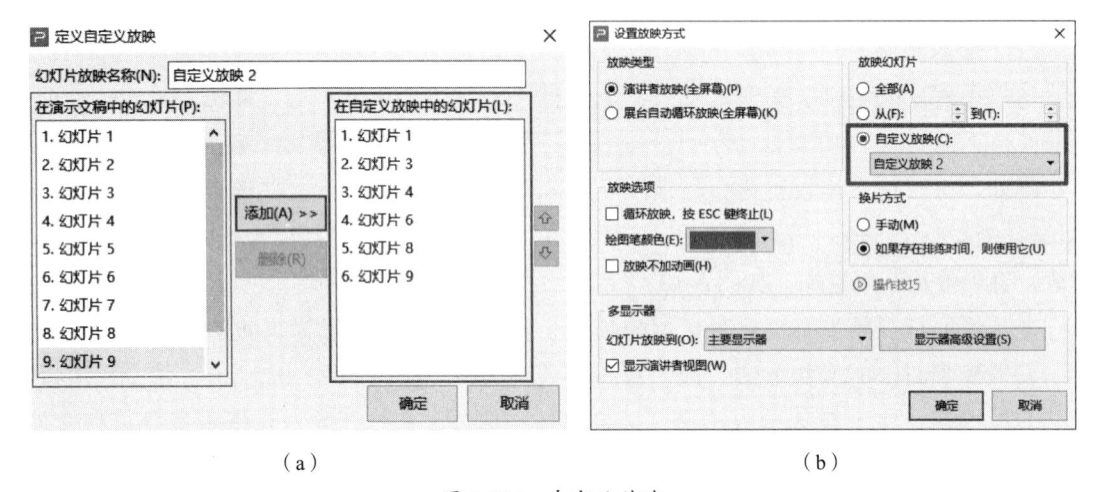

（a）　　　　　　　　　　　　　　（b）

图3-134　自定义放映

（2）会议放映

在工作中，有时会遇到召开临时会议需要使用演示文稿的情况，这时可以使用WPS的会议功能，以实现多人同步观看演示文稿。会议功能可以提供语音传输、共同讨论、双端参会、手机遥控等服务，从而提升会议场景的智能化。

以演示文稿为例，单击"放映"选项卡中的"会议"下拉按钮，在下拉菜单中选择"加入会议"选项，输入接入码，可以加入别人发起的会议；选择"发起会议"选项，可以自己主导发起会议，单击"邀请"按钮，可以通过复制邀请信息，或者使用"金山会议"App扫码加入会议，会议结束后单击"结束会议"按钮即可。有关操作如图3-135所示。

（3）双屏播放

双屏播放指幻灯片在一台机器上运行，可以在两台显示设备上播放，一般用于会议或演讲中。双屏播放分为两种模式：一种是扩展模式，即观众看不到操作界面，只能看到播放界面；另一种是克隆模式，即观众看到的操作界面与演讲者看到的界面是一样的。本书推荐使用扩展模式，这种模式提供了演讲者视图，能够将演示过程所用到的工具全部放在操作面板上，使演示过程的控制变得更加简便。

第 3 章　WPS 演示综合应用

　　首先本机必须先外接一台显示设备。显示设备连接后，单击"放映"选项卡中的"放映设置"按钮，打开"设置放映方式"对话框，在该对话框中的"多显示器"选区中，单击"显示器高级设置"按钮，打开系统的设置显示界面，在"多显示器设置"的下拉菜单中选择"扩展这些显示器"选项，如图 3-136（a）所示，并勾选"设为主显示器"复选框。

　　在 Windows 10 操作系统中，可以按"Windows+P"组合键，屏幕右侧会出现四个投影选项："仅电脑屏幕"（只在本机屏幕显示）、"复制"（两个屏幕都显示同样的内容）、"扩展"（将外接显示设备的屏幕作为本机屏幕的扩展，播放幻灯片时，可将其中一个屏幕作为"幻灯片放映到"显示器，用于观众浏览，移动鼠标可在两个屏幕之间切换）、"仅第二屏幕"（只在外接显示设备的屏幕上显示，本机屏幕黑屏），根据需要进行选择，一般选择"扩展"选项，如图 3-136（b）所示。

（a）　　　　　　　　　　　　　　　（b）

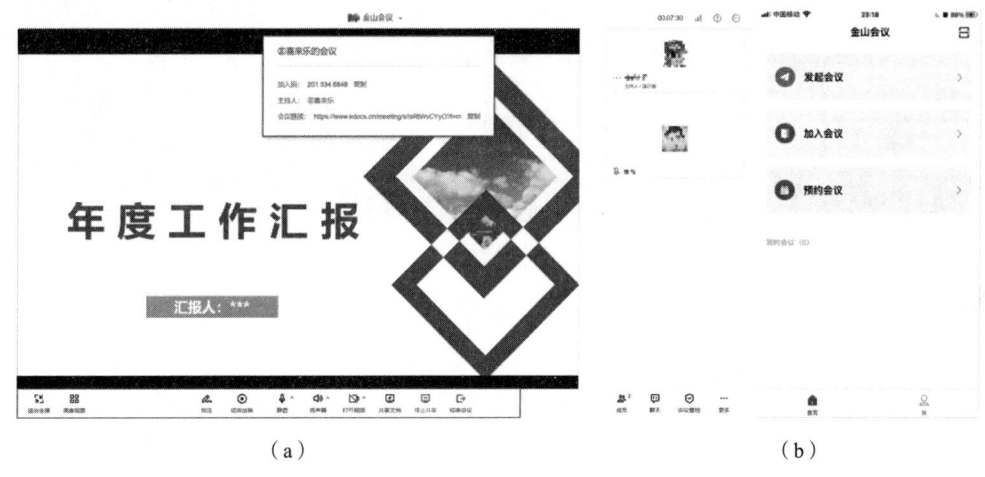

图 3-135　金山会议电脑端与手机端操作界面

（a）　　　　　　　　　　　　　　　（b）

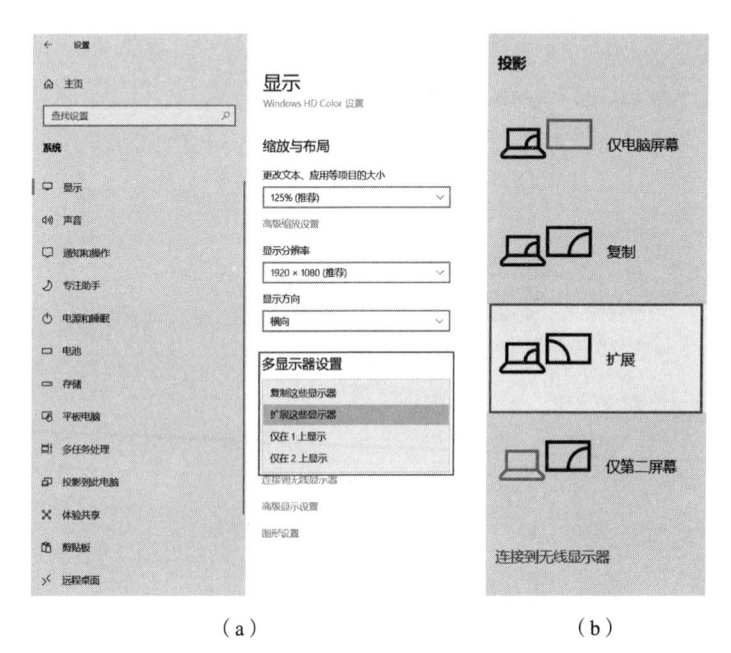

图 3-136　多显示器设置

205

多显示器设置完成后，在演讲者模式下放映幻灯片，即可查看两个屏幕的播放效果。外接显示设备的屏幕只显示"当前放映幻灯片"，本机屏幕会显示当前放映幻灯片、当前幻灯片的备注、下一张幻灯片与墨迹画笔、演示焦点、弹幕等功能按钮，如图3-137所示。

图3-137 在演讲者模式下放映幻灯片

若两个屏幕的显示内容错位，可在"设置放映方式"对话框的"多显示器"选区中，修改"幻灯片放映到"下拉菜单中的选项，如图3-138所示，该选项所对应的屏幕在幻灯片放映时，只显示当前放映的幻灯片，供观众浏览。一般本机屏幕是主要显示器，可在系统的设置显示界面修改。

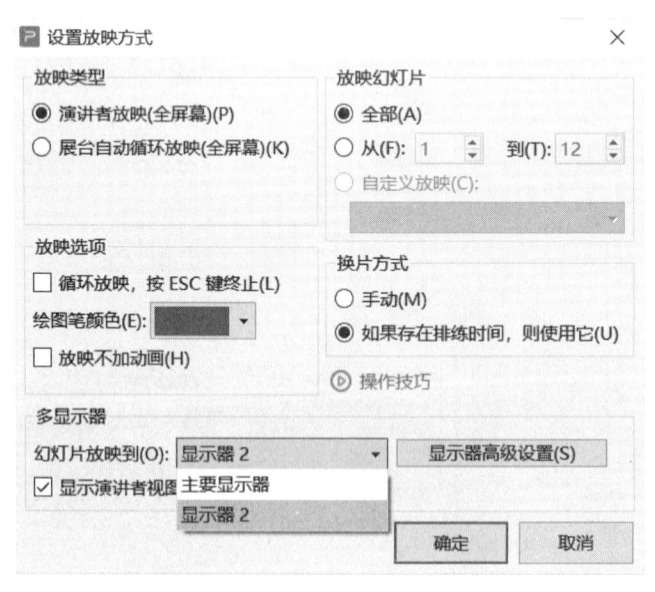

图3-138 "设置放映方式"对话框

3.3.6　任务总结

1. 表格有很多组成要素，包括长宽、边框、底纹、方向等，通过改变这些要素可以制作出不同的表格版式，从而达到美化表格的目的。表格不仅用来呈现数据列表，也可以用于版面的划分和幻灯片内容的定位。

2. 在工作汇报类的演示文稿中应避免使用特别夸张的动画效果。

3. 文本框是可移动、可调整大小的文字或图形容器。利用文本框，可在幻灯片的任意位置摆放内容，灵活控制显示内容的位置。若要多次使用文本框或形状，可将设置好的文本框或形状设置为默认，下次插入时自动为默认效果，无须重复设置字体、底纹、边框等属性。注意：设置为默认的文本框或形状，只在本演示文稿内有效。设置默认文本框或形状如图3-139所示。

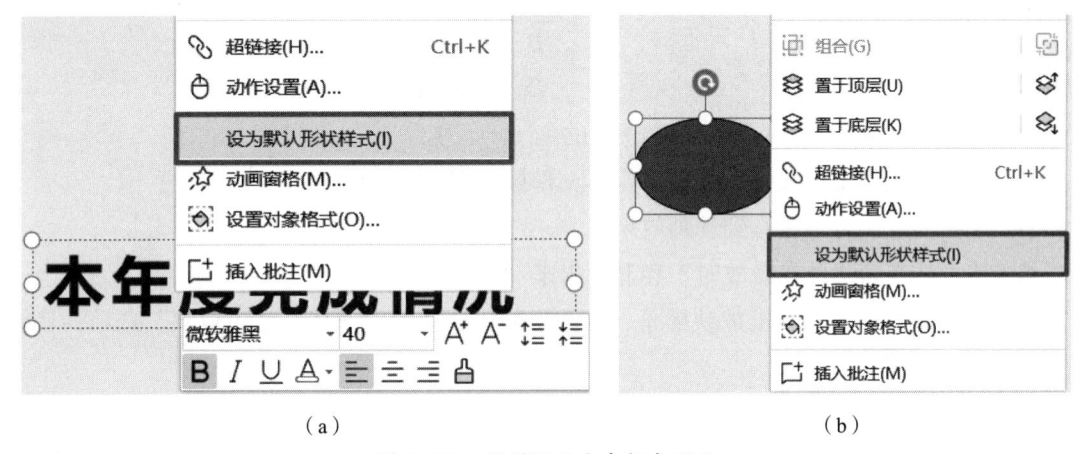

（a）　　　　　　　　　　　　　　（b）

图3-139　设置默认文本框或形状

4. 自定义放映方式可以任意调整幻灯片的放映顺序，同1张幻灯片可以多次放映，可以定义多个自定义放映方式。

3.3.7　任务巩固

1. 操作题

（1）在本任务中完成的演示文稿的基础上，为幻灯片中的对象设置合适的动画效果，为演示文稿中的幻灯片设置合适的切换效果，实现演示文稿的动态展示。

（2）选一门课程，以课程学习情况汇报的形式，制作一份演示文稿。要求包含"封面页、目录页、章节页（过渡页）、正文页（内容页）、结束页（致谢页）"5个组成部分，不少于10张幻灯片，逻辑结构清晰合理，有文本框、图片、形状、表格、图表等元素，动画效果、切换效果设置合理。将完成后的演示文稿导出为视频文件。

2. 单选题

（1）假设一份演示文稿共有 20 张幻灯片，现在只想播放其中的第 1 张、第 4 张、第 9 张、第 14 张和第 17 张幻灯片，应该选择（　　）。

A．从头开始放映　　　　　　　　B．排练计时
C．自定义放映　　　　　　　　　D．从当前幻灯片开始播放

（2）在 WPS 演示中，设置（　　）后，单击"放映"按钮就能自动放映。

A．排练计时　　　　　　　　　　B．动画
C．自定义动画　　　　　　　　　D．幻灯片设计

（3）为所有幻灯片设置统一的、特有的外观风格，应使用（　　）。

A．母版　　　　B．放映方式　　　C．自动版式　　　D．幻灯片切换

（4）在放映幻灯片时，若要终止幻灯片的放映，可直接按（　　）。

A．"Esc"键　　　　　　　　　　B．"Enter"键
C．"Ctrl+Esc"组合键　　　　　　D．"Ctrl+Enter"组合键

（5）在 WPS 演示中，下列说法中正确的是（　　）。

A．在演示文稿中播放媒体文件，媒体文件播放完后才能停止
B．放映幻灯片时不能看到动画效果
C．插入的视频文件在播放时不会显示出来
D．放映幻灯片时，右击放映屏幕，在弹出的快捷菜单中选择"结束放映"选项，就能停止放映

（6）在幻灯片中添加动作按钮是为了（　　）。

A．实现演示文稿中幻灯片的跳转功能
B．利用动作按钮制作幻灯片
C．使其具有更好的动画效果
D．利用动作按钮控制幻灯片的外观

扫下面二维码可在线测试

测试一下
每次测试 20 分钟，最多可进行 2 次测试，取最高分作为测试成绩。

扫码进入测试 >>

第4章

WPS表格综合应用

4.1 制作商品信息表

4.1.1 任务目标

在本任务中，读者将学习使用 WPS 表格进行表格的新建、编辑、保存等操作；掌握数据的输入、工作表的插入、单元格格式的设置、行与列的设置、工作表的设置、页面的设置；掌握冻结或拆分窗口的操作方法，填充柄的使用方法，以及条件格式、数据有效性、打印区域、顶端标题行的设置方法。

4.1.2 任务描述

小楼是某超市的员工，近期超市要对部分商品进行打折销售，为方便信息统计与查询，他需要使用表格记录打折销售商品的信息，该表格包括“序号、商品编号、类别、商品名称、单位、零售价、促销价、折扣率、库存量、供应商、进货日期”等内容，请你帮他设计并制作表格，要求内容完整、清晰，布局合理。

本任务完成后的参考效果如图 4-1 所示，表格共两页，图 4-1 展示了第 1 页。

商品信息表

序号	商品编号	类别	商品名称	单位	零售价	促销价	折扣率	库存量	供应商	进货日期	备注
1	01009001	零食	红糖	斤	500	420	84.00%	80	义工电商	2021/8/6	热销
2	99009001	生活日用	电动升降晾衣架	个	202	188.88	93.50%	50	智能信息	2020/12/31	
3	01000001	零食	巧克力芝士脆波波	包	39	28.9	74.10%	230	卡帕卡	2020年9月28日	热销
4	02000001	生活日用	公牛1.8米排插	个	33.2	29.9	90.06%	10	公牛	2020年12月16日	
5	02000003	生活日用	20夹不锈钢晒衣架	个	18.9	15.9	84.13%	130	庭好	2020年12月16日	
6	01000002	零食	玛丽苏饼干	包	19.9	15.9	79.90%	730	卡帕卡	2020年9月28日	
7	01000003	零食	乐事无限组合装薯片104克*3罐/组	组	17.9	14.9	83.24%	480	卡帕卡	2020年9月28日	
8	02000002	生活日用	7号南孚电池8粒	版	19.9	17.9	89.95%	500	南孚	2020年12月16日	
9	02000004	生活日用	10只彩色粘钩	包	9.8	6.86	70.00%	460	妙然	2020年12月16日	
10	02000005	生活日用	家用鞋刷	个	7.5	5.5	73.33%	20	千屿	2020年12月16日	
11	03000001	办公文体	文件夹	个	25.9	22	84.94%	195	得力	2020年12月16日	热销
12	03000002	办公文体	签字笔	盒	15.6	11.8	75.64%	68	得力	2020年12月16日	热销
13	03000003	办公文体	订书机	个	25.6	19.8	77.34%	85	得力	2020年12月16日	
14	03000004	办公文体	中性笔12支	盒	12.8	9.8	76.56%	496	晨光	2020年12月16日	热销
15	03000005	办公文体	A4打印纸80g（500张）	包	25	18.8	75.20%	76	晨光	2020年12月16日	热销
16	04000001	水果	香蕉	斤	12.9	9.9	76.74%	29	大荔	2021年7月12日	
17	04000002	水果	冬枣	斤	26	19.9	76.54%	280	大荔	2021年7月12日	热销
18	04000003	水果	红心火龙果	斤	10.8	8.8	81.48%	220	大荔	2021年7月12日	热销
19	04000004	水果	牛油果	个	9.8	6.8	69.39%	188	大荔	2021年7月12日	
20	05000001	生鲜	鲜五花肉	斤	26.8	23.8	88.81%	190	鲜美来	2021年7月12日	

第 1 页，共 2 页

图 4-1 本任务完成后的参考效果

4.1.3 任务分析

- 通过 WPS 表格中的填充柄的自动填充功能,快速输入序号等有规律的数据。
- 通过设置单元格格式,输入以"0"开头的数据。
- 通过"单元格格式"对话框,对单元格的"数字、对齐、字体、边框、图案、保护"等进行设置。
- 通过输入公式计算折扣率,通过"数字格式"按钮选择合适的数字格式。
- 通过拖动填充柄,对数据进行批量填充。
- 通过"数据"选项卡中的"有效性"按钮设置"数据有效性",规范数据的输入,提高数据的正确性。
- 通过"开始"选项卡中的"条件格式"按钮,突出显示满足指定条件的数据。
- 通过"页面布局"选项卡中的"页面设置"按钮设置"页面、页边距、页眉/页脚、打印区域、顶端标题行"等。
- 通过"文件"菜单中的"输出为 PDF"选项将 WPS 表格导出为 PDF 格式的文件。
- 通过"开始"选项卡中的"行和列"按钮完成与行、列有关的设置操作。

4.1.4 任务实现

1. 新建 WPS 表格

新建 WPS 表格文件,命名为"×××的商品信息表.xlsx",其中"×××"为姓名,".xlsx"为文件的扩展名,将文件保存到计算机桌面上。在该文件中,创建"商品明细"工作表。按照要求完成下列操作,所有操作完成后,对文件执行保存操作。

> 操作:在桌面上双击 WPS Office 图标,或者在"开始"菜单中选择"WPS Office"选项,打开"WPS 首页",单击"新建标签"按钮,文件类型选择"S 表格",单击"新建空白表格"按钮,系统默认创建一个名为"工作簿 1"的工作簿文件,按"Ctrl+S"组合键对该工作簿文件进行保存,命名为"×××的商品信息表.xlsx",其中×××为姓名。双击左下角的工作表标签"Sheet1",输入工作表的名称"商品明细"。

2. 输入数据

(1)输入标题文字

在"商品明细"表的第 1 行的 A1 单元格中输入"商品信息表"。设置文字格式为"微软雅黑、24 磅、加粗",设置字体颜色为"钢蓝,着色 5,深色 25%",合并 A1:L1 单元格,使标题居中显示。

输入数据

操作1：输入文字。在"商品明细"表中，单击A1单元格，输入"商品信息表"，按"Enter"键或者单击工作表中的其他单元格，即可完成单元格内文字的输入操作。

操作2：设置文字格式。单击A1单元格，选择"开始"选项卡，单击"字体"下拉按钮，在下拉菜单中选择"微软雅黑"选项；单击"字号"下拉按钮，在下拉菜单中选择"24"选项，或者直接输入"24"后按"Enter"键；单击"加粗"按钮，单击"字体颜色"下拉按钮，在下拉菜单中选择"主题颜色"中的"钢蓝，着色5，深色25%"。

操作3：合并单元格。单击A1单元格，按住鼠标左键拖动鼠标，直到L1单元格被选中，选择"开始"选项卡，单击"合并居中"按钮。

（2）输入列标题文字

在"商品明细"表的第2行的A2:L2单元格区域内分别输入"序号""商品编号""类别""商品名称""单位""零售价""促销价""折扣率""库存量""供应商""进货日期""备注"。参照上述方法，完成列标题文字的输入操作。

设置文字格式为"微软雅黑、12磅、加粗"，设置单元格填充颜色为"钢蓝，着色5"，设置字体颜色为"白色，背景1"，使列标题在水平方向和垂直方向均居中显示。

操作：设置第2行的文字格式。单击A2单元格，按住鼠标左键拖动鼠标，选中A2:L2单元格区域；选择"开始"选项卡，单击"字体"下拉按钮，在下拉菜单中选择"微软雅黑"选项；单击"字号"下拉按钮，在下拉菜单中选择"12"选项；单击"加粗"按钮；单击"填充颜色"下拉按钮，在下拉菜单中选择"主题颜色"中的"钢蓝，着色5"；单击"字体颜色"下拉按钮，在下拉菜单中选择"主题颜色"中的"白色，背景1"；单击"垂直居中"和"水平居中"按钮。

前两行设置完成后的参考效果如图4-2所示。

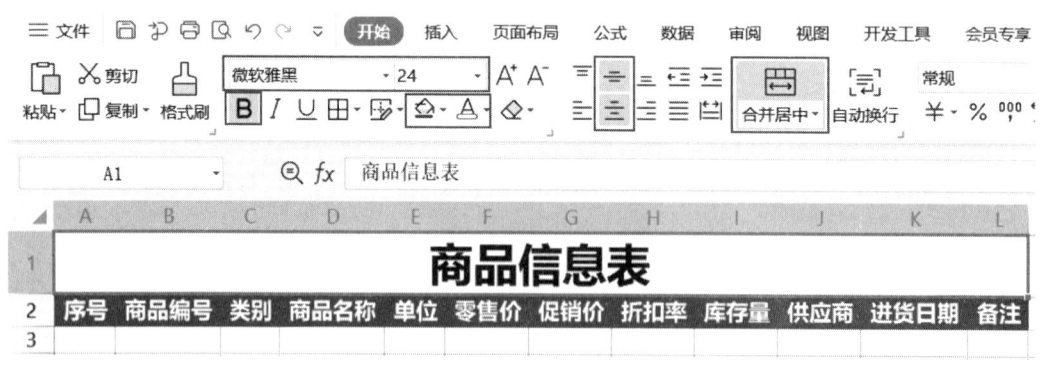

图4-2 前两行设置完成后的参考效果

3. 冻结窗格

在输入数据的过程中，使用冻结窗格、拆分窗口、重排窗口等功能，可以调整表格的布局，还可以在数据量较大的时候更方便地查看数据与列标题的对应关系，避免数据错位。拆分窗口、重排窗口的操作方法请看本任务的"相关知识"。

在"商品明细"表中，将两个标题行冻结，方便后续输入数据。

操作：选中第1～2行（将鼠标指针移到第1行的行号"1"上，按住鼠标左键向下拖动鼠标，当鼠标指针移至第2行的行号上时，松开鼠标左键），选择"视图"选项卡，单击"冻结窗格"下拉按钮，在下拉菜单中选择"冻结至第2行"选项，完成对选中数据行的冻结。此时，在工作表区域内上下滚动鼠标滚轮，可以看到，第1～2行固定显示，滚动显示其余数据行。冻结窗格的有关操作及效果如图4-3所示。

取消冻结窗格。选择"视图"选项卡，单击"冻结窗格"下拉按钮，在下拉菜单中选择"取消冻结窗格"选项，即可取消冻结窗格，表格恢复原状。

（a） （b）

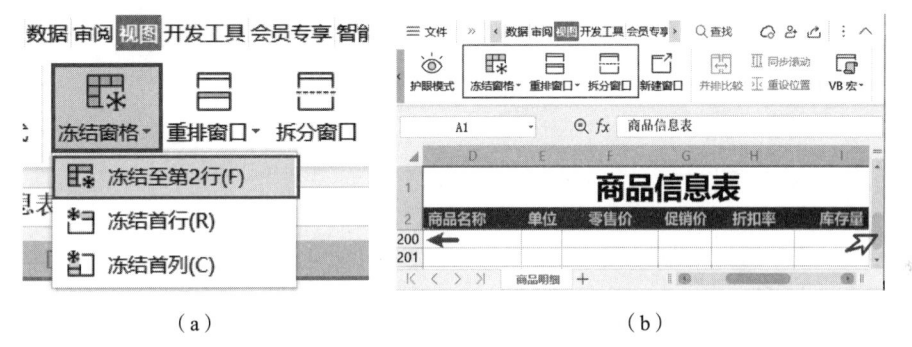

图4-3 冻结窗格的有关操作及效果

4. 输入记录数据

在"商品明细"表的第3～4行的A3:L4单元格区域内输入两条记录，其中"折扣率"列不输入数据，商品信息如图4-4所示。

图4-4 第3～4行的参考效果

（1）输入"商品编号"

商品编号由8位数字组成。前2件商品的"商品编号"分别为"01009001""99009001"。

操作1：设置单元格格式。单击列标"B"（将鼠标指针移到列标"B"上并单击）选中B列，选择"开始"选项卡，单击"数字格式"下拉按钮，在下拉菜单中选择"文本"选项，如图4-5（a）所示。

或者先选中 B 列，再按"Ctrl+1"组合键，打开"单元格格式"对话框，在"数字"选项卡的"分类"列表中选择"文本"选项，单击"确定"按钮，如图 4-5（b）所示。

操作 2：输入商品编号。单击 B3 单元格，输入"01009001"，单击 B4 单元格，输入"99009001"。

（a）

（b）

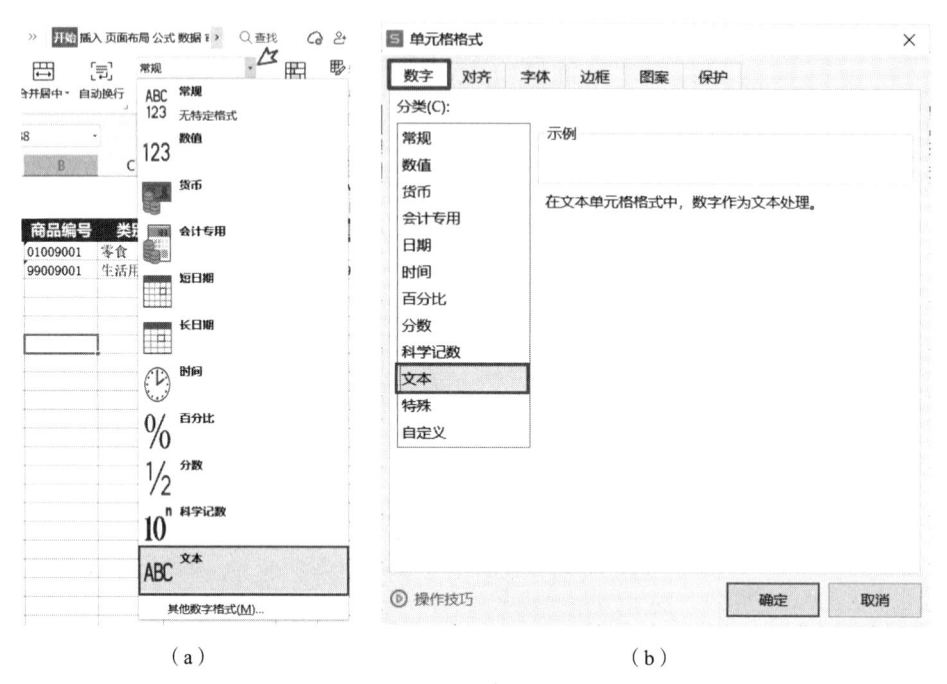

图 4-5　设置单元格格式

（2）输入"进货日期"

第 1 件商品的"进货日期"为操作系统当前的日期，第 2 件商品的"进货日期"为"2020-12-31"。在输入日期的时候，应使用斜杠"/"或短横线"-"来分隔年、月、日。

操作 1：输入系统当前日期。单击 K3 单元格，按"Ctrl+;（分号）"组合键，即可输入操作系统当前的日期。

操作 2：输入指定日期。单击 K4 单元格，输入"2020-12-31"。注意"/""-"等标点符号应该为英文半角符号。

（3）输入其他数据

参照图 4-4，输入 A3:L4 单元格区域中其他数据。

（4）复制外部数据

将素材文件"'素材文件 4-1'WPS 表格 - 制作商品信息表.docx"中的数据复制到"商品明细"表中，从 B5 单元格开始，将数据放入对应的标题列中。复制的数据中不含"折扣率"。数据粘贴好后，调整数据位置使其与列标题一致，将"进货日期"列数据设置为日期格式。

操作1：复制外部数据。打开素材文件，将光标置于第2行第1个单元格中（将鼠标指针移到第2行第1个单元格上并单击），然后移动鼠标指针到右下角的单元格（最后1行最后1列）上，按住"Shift"键不放并单击，即可选中以两次单击的单元格为对角的矩形区域，如图4-6所示。

按"Ctrl+C"组合键，复制选定的数据。

操作2：选择性粘贴。单击工作界面顶部的标签栏中的"×××的商品信息表"标签，返回"×××的商品信息表"工作界面，将鼠标指针移到"商品明细"表中的B5单元格上并右击，在弹出的快捷菜单中选择"选择性粘贴"选项，打开"选择性粘贴"对话框，在该对话框的"作为"列表中选择"无格式文本"选项，如图4-7所示，单击"确定"按钮，即可将复制的数据粘贴到以B5单元格为左上角的单元格区域内。粘贴后，"商品明细"表中最后一条记录的行号是31。

提示：此处如果直接按"Ctrl+V"组合键粘贴，则"商品编号"中以"0"开头的数据会丢掉左侧的"0"。

图 4-6　使用"Shift"键选定连续的单元格区域

(a)　　　　　　　　　　　　　　(b)

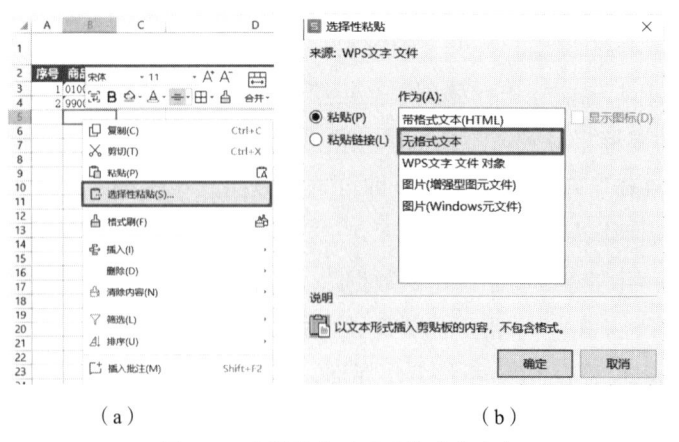

图 4-7　选择性粘贴（无格式文本）

素材文件"'素材文件 4-1'WPS 表格 - 制作商品信息表.docx"中没有"折扣率"一列，复制、粘贴数据后，从 H 列（折扣率）开始，下方的数据与列标题不一致，因此，需要将粘贴的数据中的 H～K 列的数据（H5:K31）整体往右移一列，使每列数据与列标题对应，避免数据错位。

> 操作 3：移动单元格中的数据。在"商品明细"表中，单击 H5 单元格，将鼠标指针移到 H31 单元格上，按住"Shift"键不放并单击，选中 H5:H31 单元格区域。右击，在弹出的快捷菜单中选择"插入"选项，在右侧展开的子菜单中选择"插入单元格，活动单元格右移"选项，如图 4-8 所示，即可将 H5:H31 单元格区域及其右侧所有列对应的区域整体向右移。

(a)　　　　　　　　　　　　　　(b)

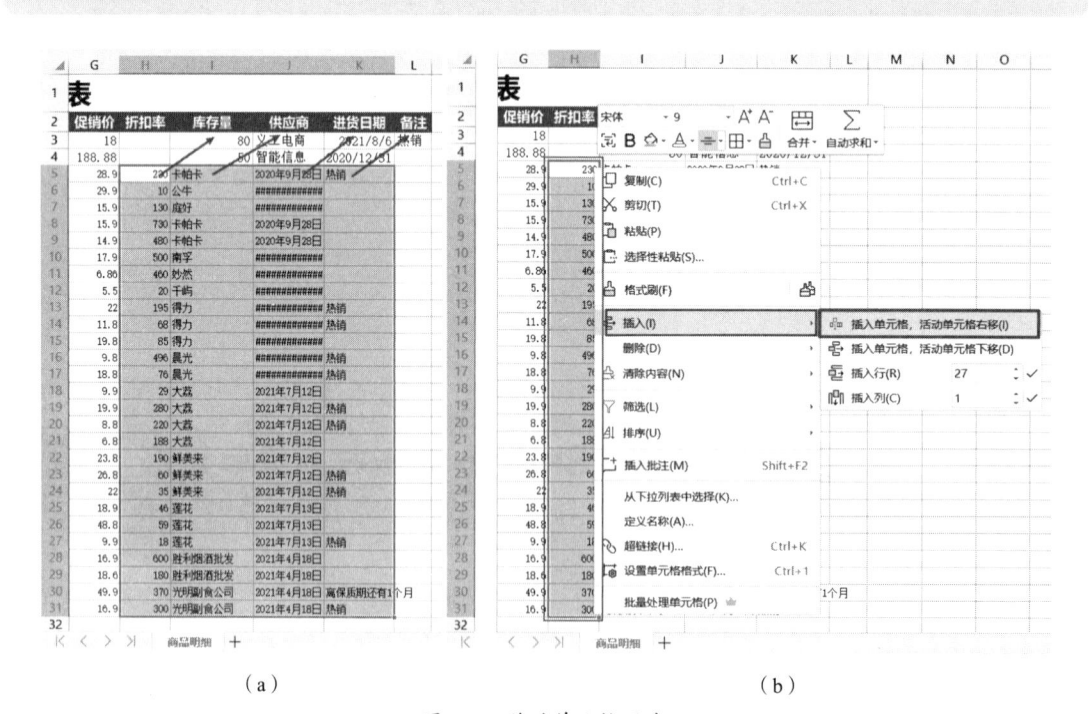

图 4-8　移动单元格区域

对"进货日期"列而言,粘贴的数据是"yyyy 年 m 月 d 日"格式的,与第 3、4 行中输入的"yyyy/m/d"格式不一致,请统一设置为"yyyy/m/d"格式。

操作 4:设置日期格式。在"商品明细"表中,选中 K5:K31 单元格区域,按"Ctrl+1"组合键,打开"单元格格式"对话框,在"数字"选项卡的"分类"列表中选择"日期"选项,在"类型"列表中选择"2001/3/7"选项,单击"确定"按钮,即可将 K 列中的日期统一设置为"yyyy/m/d"格式,如图 4-9 所示。

（a） （b）

图 4-9 单元格格式的设置（日期）

（5）输入"序号"

在"商品明细"表的"序号"列中,目前只有第 2、3 行有序号（A2 单元格中的序号是"1",A3 单元格中的序号是"2"）,请输入其他数据行的"序号"。"序号"是"1,2,3,…"依次递增的整数。

操作:单击 A3 单元格,将鼠标指针移到 A3 单元格右下角的填充柄（鼠标指针变为十字形状）上,下拉填充柄（或者按住鼠标左键向下拖动鼠标,直到 A31 单元格被选中,松开鼠标左键）,即可完成所有数据行"序号"列的填充。

5. 数据计算与处理

（1）设置有效性

在"商品明细"表中,对 F 列（零售价）的数据区域（F3 单元格及以下的单元格）,设置只允许输入 0.01～500 的数值（假设最高零售价不超过 500 元）。"输入信息"选项卡设置:标题为"零售价",输入信息为"须为 0.01～500"。"出错警告"选项卡设置:样式为"停止",标题为"零售价输入有误",错误信息为"要求是 0.01～500 的数值"。

操作1：选中F列中除前2行外的区域。在"商品明细"表中，选中F列，按住"Ctrl"键不放，在F1单元格上单击2次（因为F1单元格在合并的单元格区域中），在F2单元格上单击1次，松开"Ctrl"键，将F1、F2单元格从选中的区域中去除，此时，选中的范围是F列中除F1、F2单元格外的区域，如图4-10所示。

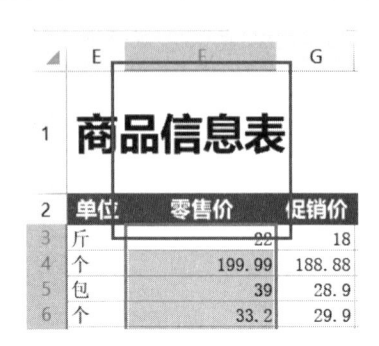

图4-10　选中F列中除F1、F2单元格外的区域

操作2：设置有效性。选中单元格区域后，选择"数据"选项卡，单击"有效性"按钮，打开"数据有效性"对话框，在"设置"选项卡的"有效性条件"选区中，设置"允许"为"小数"，设置"数据"为"介于"，在"最小值"文本框中输入"0.01"，在"最大值"文本框中输入"500"，如图4-11（a）所示。

选择"输入信息"选项卡，在"标题"文本框中输入"零售价"，在"输入信息"文本框中输入"须为0.01～500"。

选择"出错警告"选项卡，设置"样式"为"停止"，在"标题"文本框中输入"零售价输入有误"，在"错误信息"文本框中输入"要求是0.01～500的数值"，如图4-11（b）所示；单击"确定"按钮完成设置。

（a）　　　　　　　　　　　　　　（b）

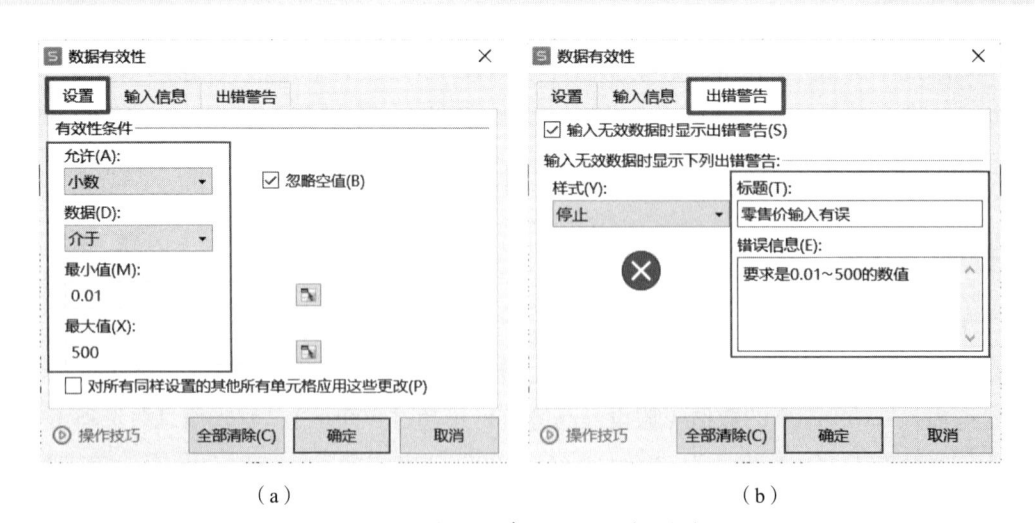

图4-11　数据的有效性设置（小数）

对 F 列设置有效性后，在 F 列中，当选中 F3 单元格或以下的某个单元格时，会显示输入信息提示，当输入的数据不符合设定的条件时，会显示出错警告信息，效果如图 4-12 所示。

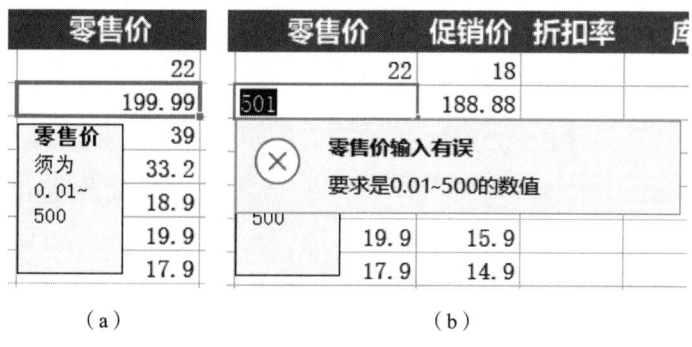

图 4-12　输入信息及出错警告信息

请参照上述方法，在"商品明细"表中，对 I 列（库存量）的数据区域（I3 单元格及以下单元格），设置只允许输入 0～1000 的整数（假设最大库存量不超过 1000），并设置合适的出错警告信息。

（2）设置下拉选项

为方便对商品信息进行管理，需要控制"类别"列只能输入指定范围内的数据。通过有效性设置，控制"类别"列只允许输入"办公文体、零食、生活日用、生鲜、熟食、水果、烟酒、饮料"中的一种。

操作 1：新建工作表。新建一个空白工作表并将其命名为"商品类别"，在第 1 列的 A1:A9 单元格区域中分别输入"类别、办公文体、零食、生活日用、生鲜、熟食、水果、烟酒、饮料"。

操作 2：选择单元格区域。选择"商品明细"表，在"商品明细"表中，先选中 C 列，然后按住"Ctrl"键不放，在 C1 单元格上单击 2 次（因为 C1 单元格在合并单元格区域中），在 C2 单元格上单击 1 次，松开"Ctrl"键，将 C1、C2 单元格从所选的区域中去除，此时，选中的范围是 C 列中除 C1、C2 单元格外的区域。

操作 3：设置有效性。选择"数据"选项卡，单击"有效性"按钮，打开"数据有效性"对话框，在"设置"选项卡的"有效性条件"选区中，设置"允许"为"序列"，单击"来源"文本框右侧的"折叠"按钮，在 WPS 工作界面左下角的工作表标签栏中，单击"商品类别"工作表标签，进入"商品类别"表，将鼠标指针移到 A2 单元格上，按住鼠标左键向下拖动鼠标，直到 A9 单元格被选中，此时，所选范围的地址"=商品类别!$A$2:$A$9"将自动填写在"来源"文本框中。单击"折叠"按钮，返回"数据有效性"对话框，在该对话框中单击"确定"按钮，完成选项的设置，并自动返回"商品明细"工作表。有关操作如图 4-13 所示。

（a） （b）

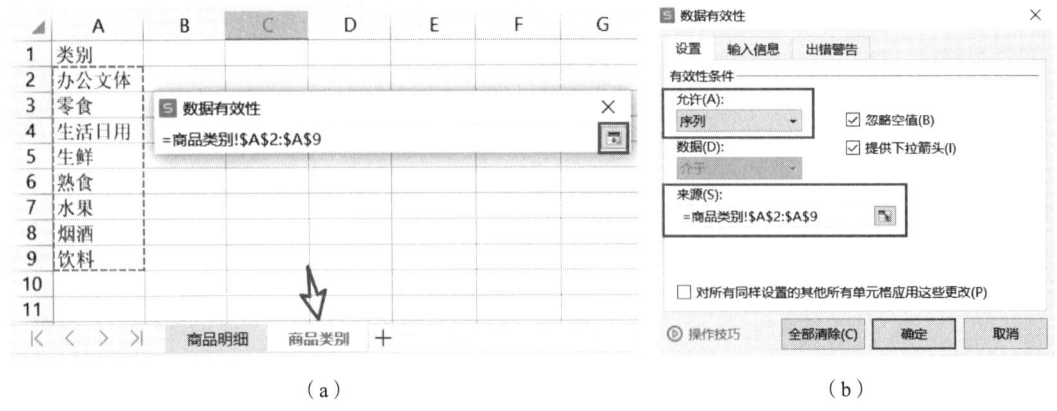

图 4-13 数据的有效性设置（序列）

对 C 列设置有效性后，在 C 列中选中 C3 单元格或以下的某个单元格，单元格的右侧会显示下拉按钮，单击该下拉按钮，可从下拉菜单中选择要输入的内容，也可以直接在单元格中输入内容，但输入的内容必须是所设置序列中的元素，否则会显示出错警告信息。

输入的数据若不满足有效性的设置条件，对应单元格的左上角会显示一个绿色的三角形，单击该单元格，单元格左侧会显示一个橙色的叹号，单击叹号右侧的下拉按钮，下拉菜单中将显示"单元格内容，不符合预设的限制"的提示信息，可选择"忽略错误"选项或选择"在编辑栏中编辑"选项，将"生活用品"修改为"生活日用"。有关操作如图 4-14 所示。

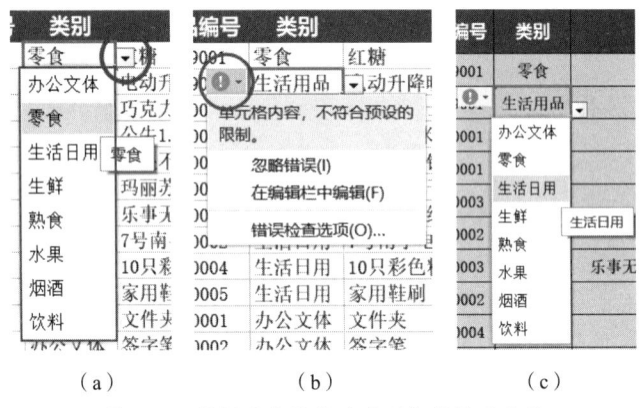

（a） （b） （c）

图 4-14 数据的有效性（序列）的使用效果

（3）条件格式

在"商品明细"表中，将库存量低于 30 的单元格填充一种你喜欢的颜色，令单元格突出显示。

操作：将鼠标指针移到 I3 单元格上，按住鼠标左键向下拖动鼠标，直到 I31 单元格被选中，选择"开始"选项卡，单击"条件格式"下拉按钮，在下拉菜单中选择"突出显示单元格规则"选项，在右侧的子菜单中选择"小于"选项，打开"小于"对话框，在"为小于以下值的单元格设置格式"文本框中输入"30"，在"设置为"下拉菜单中，可以选择预设的格式，也可以选择"自定义格式"选项，在打开的"单元格格式"对话框中设置格式。此处选择"浅红填充色深红色文本"选项，单击"确定"按钮完成设置。有关操作如图 4-15 所示。

（a）

（b）

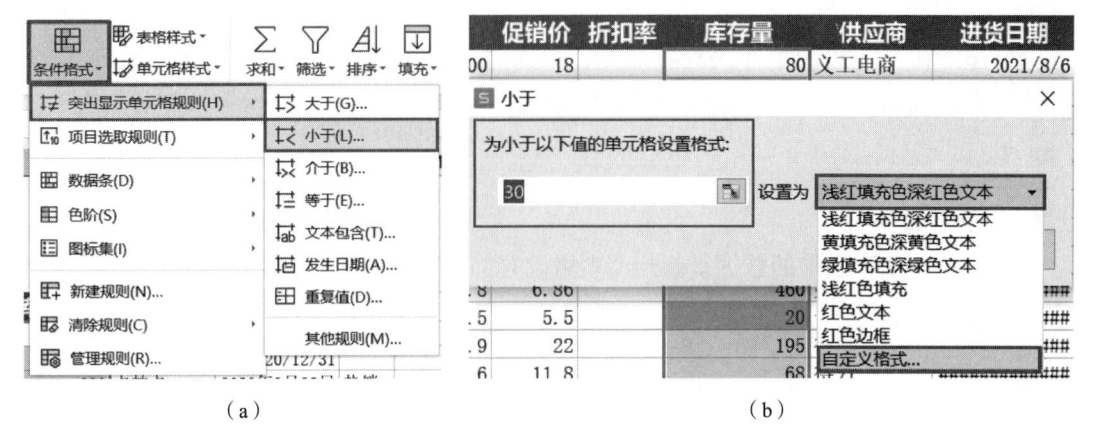

图 4-15　设置条件格式

（4）计算折扣率

在"商品明细"表中，应用公式完成 H 列"折扣率"的计算。折扣率 = 促销价 ÷ 零售价 ×100%，折扣率精确到小数点后两位。

操作 1：计算折扣率。单击 H3 单元格，输入"="，单击 G3 单元格，输入"/"，单击 F3 单元格；此时，H3 单元格的编辑栏中会显示"=G3/F3"，按"Enter"键，即可完成对输入公式的计算。

操作 2：设置单元格格式。单击 H3 单元格，选择"开始"选项卡，单击"数字格式"下拉按钮，在下拉菜单中选择"百分比"选项，单击"增加小数位数"（或"减少小数位数"）按钮，将小数设置为两位。有关操作如图 4-16 所示。

操作 3：使用填充柄实现批量计算。单击 H3 单元格，将鼠标指针移到 H3 单元格的填充柄上并双击，即可快速完成折扣率的计算。

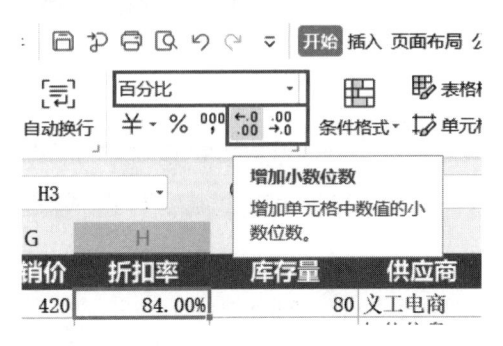

图 4-16　折扣率百分比及小数位数的设置

6. 表格设置

(1) 新建工作表

新建空白工作表，并将工作表命名为"表格设置"，将"商品明细"表中的内容复制到新的工作表中。

操作：在左下角的工作表标签栏中，单击"新建工作表"按钮，即可在已有工作表标签的右侧新建一个空白工作表。在空白工作表标签上双击，输入"表格设置"，按"Enter"键。

(2) 复制工作表

将"商品明细"表中的数据复制到"表格设置"表中。

操作：选择"商品明细"表，单击"全选工作表"按钮，选中整个工作表，按"Ctrl+C"组合键；选择"表格设置"表，单击A1单元格，按"Ctrl+V"组合键，完成工作表的复制操作。"全选工作表"按钮在每张工作表A1单元格的左上角位置，如图4-17所示。

(3) 清除单元格格式

在"商品明细"表中，将前两行的格式清除。

操作：在"商品明细"表中，选中第1～2行（将鼠标指针移到第1行的行号上，按住鼠标左键向下拖动鼠标，直到第2行被选中），选择"开始"选项卡，单击"清除"下拉按钮，在下拉菜单中选择"格式"选项，如图4-18所示，即可将选定区域的格式清除，清除格式前后的效果如图4-19所示。

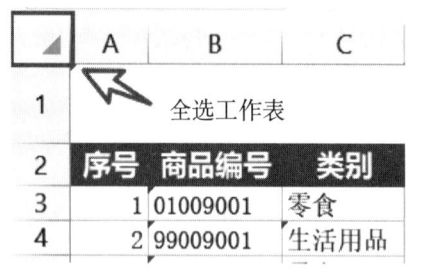

图4-17 "全选工作表"按钮

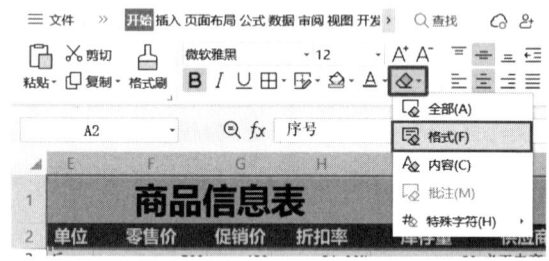

图4-18 清除格式

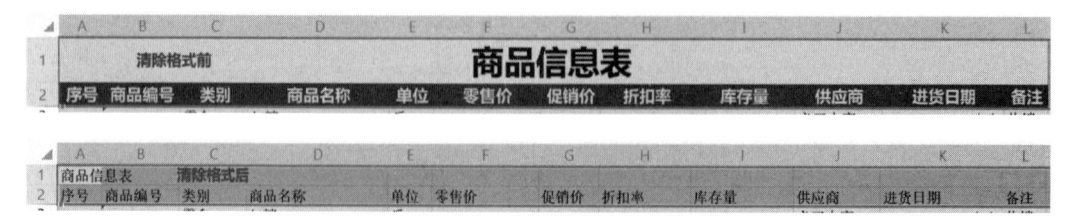

图4-19 清除格式前后的效果

（4）设置行高和列宽

在"表格设置"表中，将第1行（标题）的行高设置为50磅，将第2行的行高设置为30磅，将其余行的行高设置为22磅；设置列宽为"最适合的列宽"。

> 操作1：设置行高。在"表格设置"表中，将所有行的行高设置为22磅。先单击A1单元格左上角的"全选工作表"按钮，选中整个工作表，然后将鼠标指针移到任意行号上右击，在弹出的快捷菜单中选择"行高"选项，打开"行高"对话框，在"行高"文本框中输入"22"，单击"确定"按钮。
>
> 将鼠标指针移到第1行的行号上右击，在弹出的快捷菜单中选择"行高"选项，打开"行高"对话框，在"行高"文本框中输入"50"，单击"确定"按钮。
>
> 使用同样的方法将第2行的行高设置为30磅。
>
> 操作2：设置列宽为"最适合的列宽"。先单击"全选工作表"按钮，选中整个工作表，然后在任意列标上右击，在弹出的快捷菜单中选择"最适合的列宽"选项。或者在"开始"选项卡中单击"行和列"下拉按钮，在下拉菜单中选择"最适合的列宽"选项。有关操作如图4-20所示。

（a） （b）

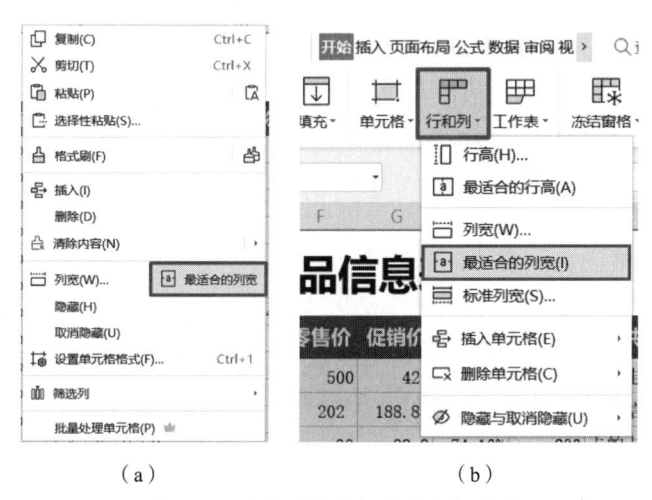

图4-20 选择"最适合的列宽"选项

（5）单元格对齐与表格边框设置

在"表格设置"表中，将所有单元格的对齐方式设置为"垂直居中"和"水平居中"，并为表格中的数据区域设置边框。

> 操作1：设置对齐方式。单击"全选工作表"按钮以选中整个工作表，选择"开始"选项卡，分别单击"垂直居中"按钮和"水平居中"按钮。
>
> 操作2：设置表格边框。单击A2单元格，将鼠标指针移到L31单元格上，按住"Shift"键不放，单击L31单元格，松开"Shift"键，即可将A2:L31单元格区域选中。选择"开始"选项卡，单击"边框"下拉按钮，在下拉菜单中选择"所有框线"选项。

有关操作如图 4-21 所示。

（a） （b）

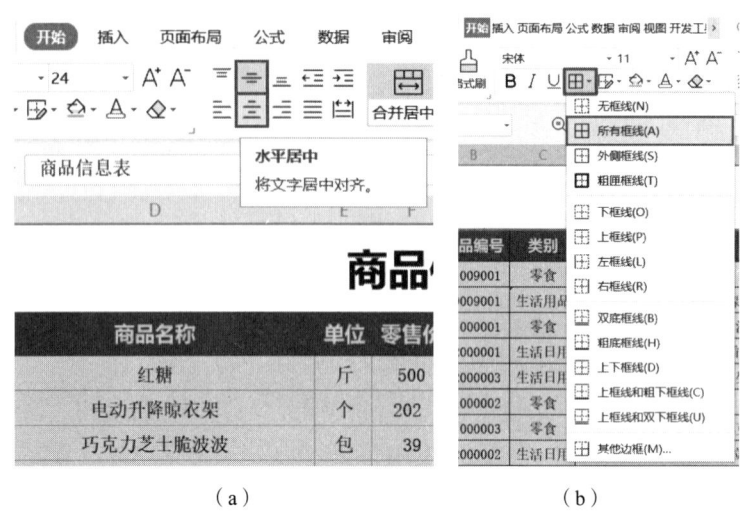

图 4-21　设置单元格的对齐方式及表格边框

（6）页面设置

在"表格设置"表中，设置纸张方向为横向；设置缩放为"将所有列打印在一页"，设置上、下页边距为 1.5 厘米，左、右页边距为 0 厘米，设置页眉和页脚均为 0.8 厘米，水平居中；设置页脚格式为"第 1 页，共 ? 页"；设置第 1～2 行为顶端标题行，设置打印区域为 A:L。

操作：在"表格设置"表中，选择"页面布局"选项卡，单击"页面设置"对话框启动按钮，打开"页面设置"对话框，在"页面"选项卡的"方向"选区中选择"横向"单选按钮，在"缩放"选区中单击"调整为"右侧的下拉按钮，在下拉菜单中选择"将所有列打印在一页"选项，其余的参数采用默认设置。有关操作如图 4-22 所示。

（a） （b）

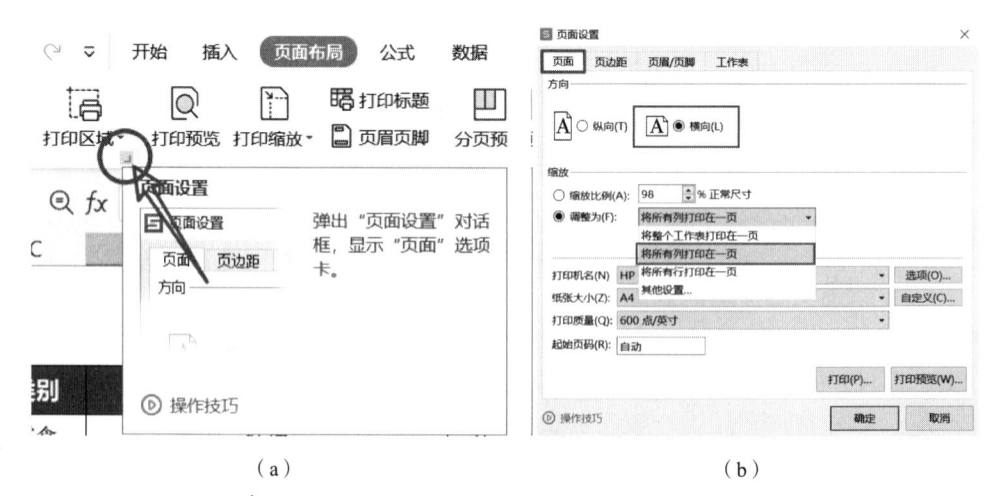

图 4-22　单击"页面设置"对话框启动按钮，打开"页面设置"对话框

选择"页边距"选项卡，设置页边距：在"上""下"文本框中均输入"1.50"（单位默认为"厘米"，无须输入单位，其余参数均按此方式处理），在"左""右"文本框中均输入"0.00"；在"页眉""页脚"文本框中均输入"0.80"；在"居中方式"选区中勾选"水平"复选框，如图4-23（a）所示。

选择"页眉/页脚"选项卡，在"页脚"下拉菜单中选择"第1页，共？页"选项，其余的参数采用默认设置。

选择"工作表"选项卡，单击"打印区域"右侧的"折叠"按钮，此时，"页面设置"对话框被折叠显示为一个文本框，将鼠标指针移到A列的列标位置，按住鼠标左键向右拖动鼠标，直到L列被选中，此时，打印区域显示"$A:$L"，单击"折叠"按钮，返回"页面设置"对话框，即可完成对打印区域的设置。"顶端标题行"的设置方法与之类似，单击右侧的"折叠"按钮后，选中第1～2行即可，操作完成后顶端标题行显示"$1:$2"。全部设置完成后，单击"确定"按钮，如图4-23（b）所示。

（a）　　　　　　　　　　　　　（b）

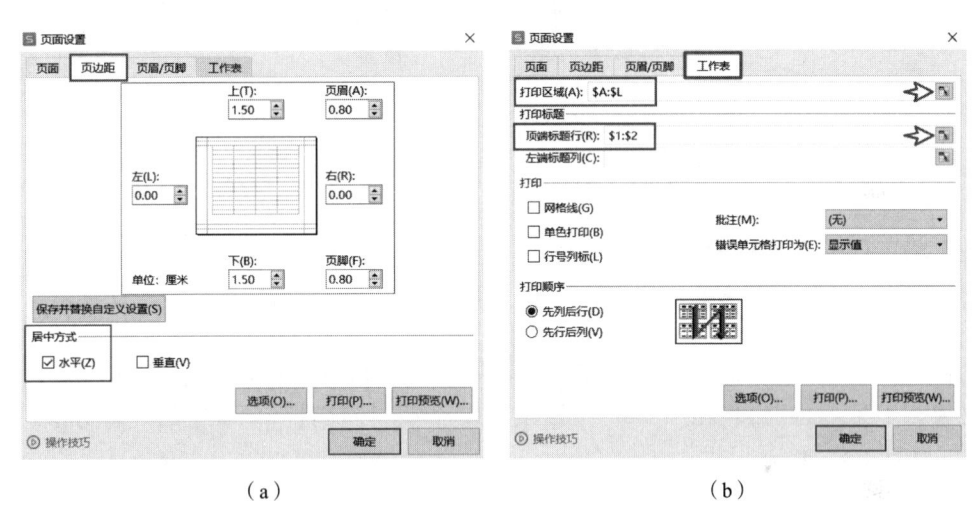

图4-23　"页面设置"对话框

7. 文件保存与输出

（1）保存工作簿文件

所有操作完成后，保存工作簿文件。

> 操作：按"Ctrl+S"组合键，可对文件执行保存操作。

（2）打印预览与打印

页面设置完成后，对"表格设置"工作表应用"打印预览"功能可查看打印效果，经过打印设置后可打印文件。

> 操作1：打印预览。单击"快速访问工具栏"中的"打印预览"按钮或"页面布局"

选项卡中的"打印预览"按钮,如图4-24所示,进入打印预览界面。若打印预览效果不符合实际需求,可以再次进行页面设置。单击"关闭"按钮,可返回WPS工作界面。

操作2:打印。单击"快速访问工具栏"中的"打印"按钮(或者按"Ctrl+P"组合键),打开"打印"对话框,在该对话框中,可以设置打印份数、页码范围、打印内容等参数,如图4-25所示。

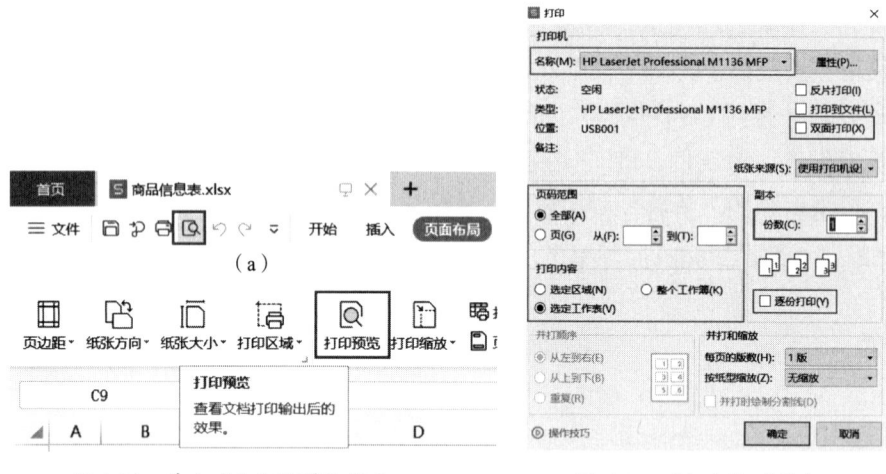

图 4-24 单击"打印预览"按钮　　图 4-25 "打印"对话框

(3) 将工作表文件输出为 PDF 文件

将"表格设置"工作表输出为 PDF 文件,并命名为"商品信息表.pdf"。

操作:在"打印"对话框中,单击"打印机"下拉按钮,在下拉菜单中选择"导出为 WPS PDF"选项,单击"确定"按钮,或者选择"文件"菜单中的"输出为 PDF"选项,如图4-26所示。

(a)　　(b)

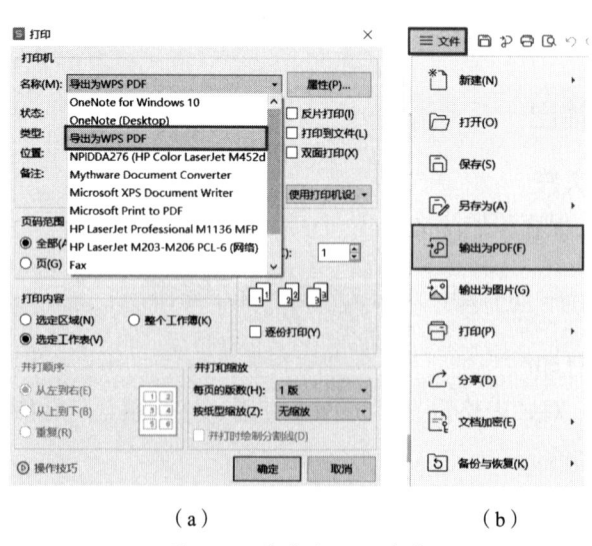

图 4-26 输出为 PDF 文件

4.1.5 相关知识

1. WPS 表格简介

WPS 表格具有强大的计算和分析功能，是目前常用的办公数据处理软件之一，被广泛应用于财务、统计、管理、金融等领域。

WPS 表格的工作界面主要包括以下部分：①首页，②稻壳，③文件名标签，④新建标签，⑤快速访问工具栏，⑥选项卡，⑦协作状态区，⑧功能按钮区，⑨名称框，⑩编辑栏，⑪工作表单元格全选按钮，⑫活动单元格，⑬行号，⑭列标，⑮工作表区域，⑯垂直滚动条，⑰水平滚动条，⑱活动工作表标签，⑲工作表标签滚动按钮，⑳视图按钮，㉑工作表缩放按钮，WPS 表格的工作界面如图 4-27 所示。

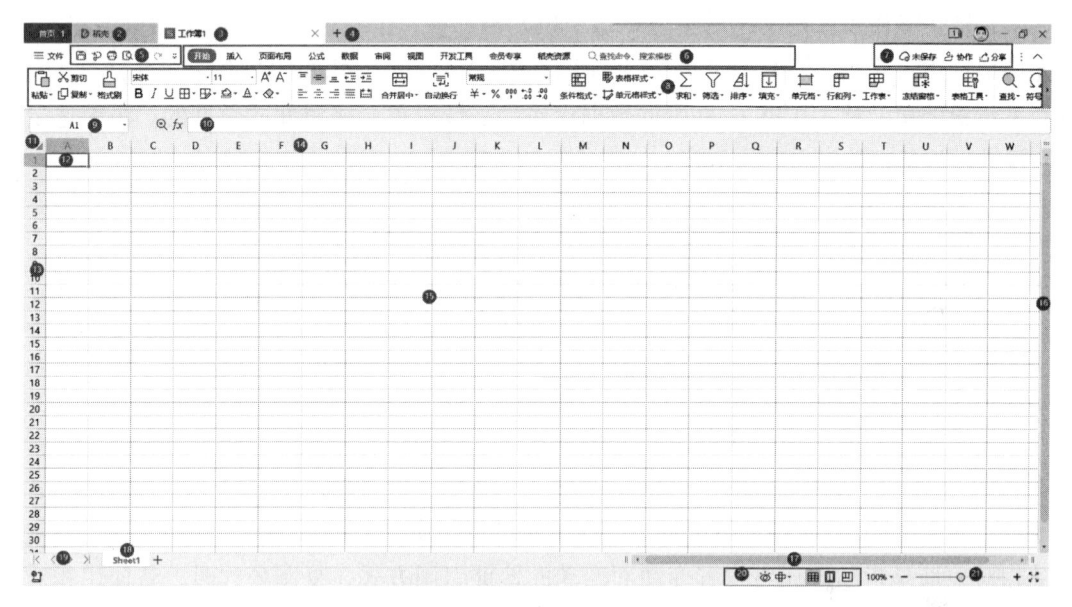

图 4-27　WPS 表格的工作界面

数据编辑区位于选项卡和功能区的下方，由名称框、编辑栏和功能按钮组成。名称框也被称为活动单元格地址框，用于显示当前活动单元格的位置。在名称框中输入要编辑单元格的地址，可将其设置为活动单元格。编辑栏用于显示和编辑活动单元格中的数据和公式，选中单元格后，可在编辑栏中输入或编辑数据。在名称框和编辑栏之间有若干按钮。在单元格中输入数据时，显示"取消""输入""插入函数"三个按钮，在查看数据的时候，显示"浏览公式结果""插入函数"两个按钮，如图 4-28 所示。

（a）　　　　　　　　　　　　（b）

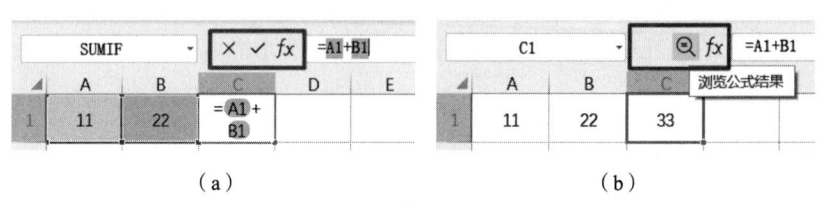

图 4-28　数据编辑区

2. 基本知识与操作

WPS 表格的新建、保存、关闭、打开等操作与 WPS 文字的相关操作类似。

（1）工作簿

工作簿是用来处理和存储数据的文件。启动 WPS 表格后，系统默认创建名为"工作簿1"的工作簿文件。每个工作簿可以包含多个工作表。

（2）工作表

工作表是显示在工作簿窗口中的表格，WPS 表格的工作表有 1048576 行、16384 列。新建的工作簿文件默认只有一个工作表，标签名为 Sheet1。用户可以插入多个工作表，每个工作表的内容相对独立，用户可以单击窗口下方工作表标签栏中的工作表标签切换工作表。

（3）单元格

单元格是工作表中最基本的单位。每个单元格都有一个地址，用来区分不同的单元格。单元格地址由一个标识列的字母和一个标识行的数字组成。例如，C5 代表处于第 3 列第 5 行交叉位置的单元格。WPS 表格中的数据操作都是针对单元格里面的数据的。当前选定的单元格被称为活动单元格。

（4）单元格区域

单元格区域由多个连续或不连续的单元格组成。用户可以对区域中的数据进行统一处理。例如，A2:D8 表示从左上角 A2 单元格到右下角 D8 单元格的连续单元格区域，共 7 行 4 列 28 个单元格。

（5）单元格地址

单元格是工作表的最小单位。单元格地址由"列标"+"行号"组成。例如，A3 表示处于第 A 列第 3 行交叉位置的单元格。WPS 表格提供了 3 种地址引用方式：相对地址、绝对地址、混合地址，3 种地址可以使用"F4"键进行转换。

相对地址是指随单元格位置变动而变动的地址引用方式，复制公式时，若使用相对引用，则单元格引用会随之变化。表示方式为单元格地址，例如，A4 是最常用的单元格地址引用方式。如果当前单元格 C6 中的引用公式为"=A4"，则从 C6 单元格中复制此公式到 D7 单元格中之后，D7 单元格中的引用公式变为"=B5"。

绝对地址是指不随单元格位置变动而变动的地址引用方式。复制公式时，若使用绝对引用，则单元格引用不会发生变化。表示方式为在单元格地址的行号和列标前加符号"$"，如 $A$4。如果当前单元格 C6 中的引用公式为"=$A$4"，则从 C6 单元格中复制此公式到 D7 单元格中之后，D7 单元格中的引用公式仍为"=$A$4"。

混合地址是指使用绝对列和相对行，或者相对行和绝对列的地址引用方式，例如 $A4、A$4。如果公式所在的单元格位置发生改变，则公式中单元格地址的相对引用改变，而绝对引用不变。

3. 新建工作簿的常用方法

新建工作簿的方法与新建文字文稿的方法类似。常用方法有以下几种。

（1）通过新建标签新建文件

WPS 表格的"新建"界面以标签页的形式提供了多种办公文档的创建功能。启动 WPS 表格后，在工作界面顶部的标签栏中，单击"新建标签"按钮，在"新建"界面中，选择"S 表格"选项，单击"新建空白表格"按钮即可新建文件。

（2）通过快捷菜单新建文件

在保存文件的磁盘或文件夹的空白处右击，在弹出的快捷菜单中选择"新建"选项，在右侧的子菜单中选择"XLSX 工作表"选项，即可在当前磁盘或文件夹中创建一个名为"新建 XLSX 工作表.xlsx"的文件，其中".xlsx"为文件的扩展名，如图 4-29 所示。

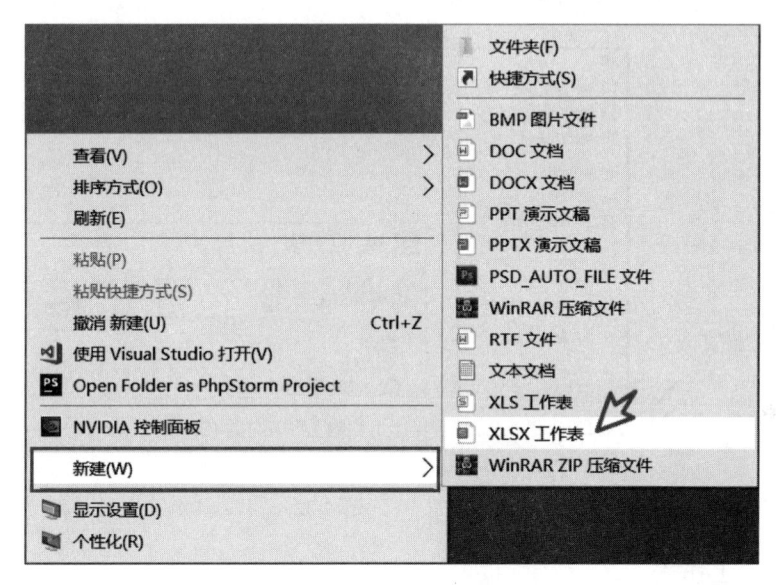

图 4-29　通过快捷菜单新建文件

（3）通过"文件"菜单新建文件

选择"文件"菜单中的"新建"→"新建"选项，如图 4-30 所示，打开"新建"界面，选择"S 表格"选项，单击"新建空白表格"按钮即可新建文件。

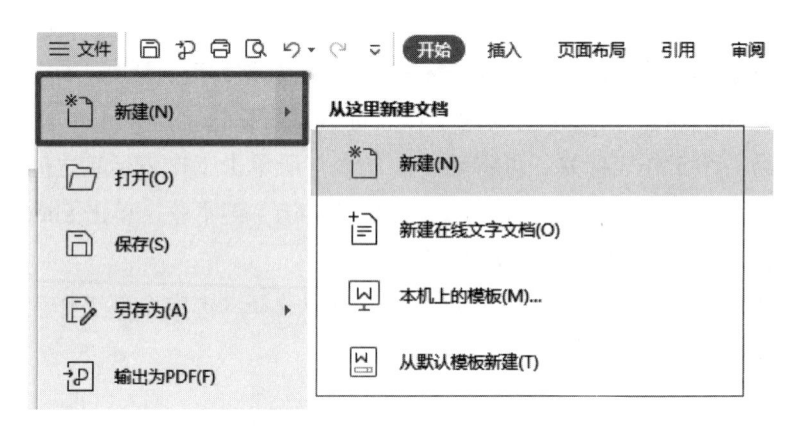

图 4-30　通过"文件"菜单新建文件

4. 工作表基本操作

要对工作表进行重命名、插入、复制、移动、隐藏、删除等操作，可通过在工作表标签的快捷菜单中选择对应的选项来完成，如图 4-31 所示。

（1）新增工作表

在工作表标签栏中单击"新建工作表"按钮，可新建一个工作表，新建的工作表标签位于已有工作表标签的右侧；或者在任意工作表标签上右击，在弹出的快捷菜单中选择"插入工作表"选项，打开"插入工作表"对话框，设置"插入数目"及新工作表的位置，可以一次插入多个工作表，如图 4-32 所示。

图 4-31　工作表标签快捷菜单　　　图 4-32　"插入工作表"对话框

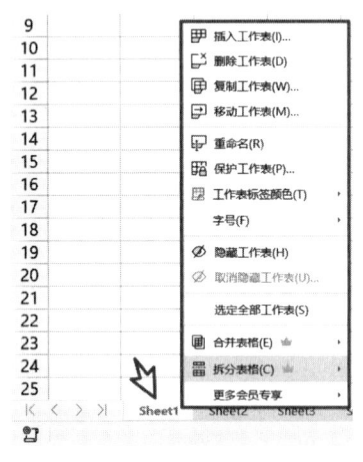

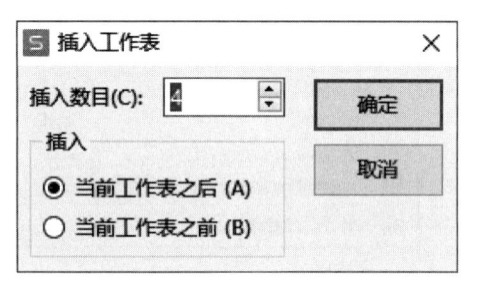

（2）重命名工作表

添加的新工作表标签默认为 Sheet1、Sheet2 等。为方便操作，最好给工作表起一个有意义的名称，即对工作表进行重命名操作。双击工作表标签，输入新的工作表名称，按"Enter"键，或者将鼠标指针移到工作表标签之外的任意位置并单击，也可以在工作表标签上右击，在弹出的快捷菜单中选择"重命名"选项。

（3）选定工作表

单击工作表标签，可以选定一个工作表，该工作表被称为当前活动工作表。

按住"Ctrl"键不放，依次单击其他工作表标签，可以选定多个工作表。按住"Shift"键不放，单击另一个工作表标签，可将活动工作表与所单击工作表标签之间的工作表都选定。如图 4-33 所示，Sheet2 为活动工作表，按住"Shift"键不放，单击 Sheet4 标签，则工作表 Sheet2、Sheet3、Sheet4 都处于被选定状态。

在任意工作表标签上右击，在弹出的快捷菜单中选择"选定全部工作表"选项，可将所有工作表都选定。

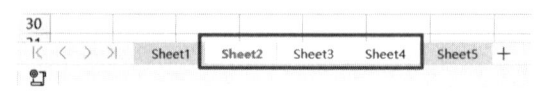

图 4-33　使用"Shift"键选定多个工作表

(4)切换工作表

单击想访问的工作表的"工作表标签",可在各工作表之间进行切换。

(5)复制和移动工作表

选定要复制的工作表,按住"Ctrl"键不放,鼠标指针变成带加号的箭头形状,将标签拖动至新位置。如果不按"Ctrl"键,则操作可实现移动工作表。或者在工作表标签上右击,在弹出的快捷菜单中选择"复制工作表"选项,新工作表名称为被复制工作表名称后面加"(序号)"的形式,粘贴的工作表标签位于被复制工作表标签的右侧。

在快捷菜单中选择"移动工作表"选项,在对话框中选好目标位置,勾选"建立副本"复选框,则操作可实现复制工作表,不勾选复选框,则操作可实现移动工作表。

(6)设置工作表标签颜色

用户可以设置工作表标签颜色,使工作表标签更醒目。右击工作表标签,在弹出的快捷菜单中选择"工作表标签颜色"选项,在颜色列表中选择一种颜色即可,效果如图 4-34 所示。

图 4-34 为工作表标签着色

(7)删除工作表

选定要删除的工作表,在工作表标签上右击,在弹出的快捷菜单中选择"删除工作表"选项。删除工作表后,无法使用"Ctrl+Z"组合键撤销。

(8)隐藏工作表

在要隐藏的工作表标签上右击,在弹出的快捷菜单中选择"隐藏工作表"选项即可。要取消隐藏,在任意工作表标签上右击,在弹出的快捷菜单中选择"取消隐藏工作表"选项,打开"取消隐藏"对话框,在"取消隐藏工作表"选区中选中需要取消隐藏的工作表,单击"确定"按钮。有关操作如图 4-35 所示。

(a)   (b)

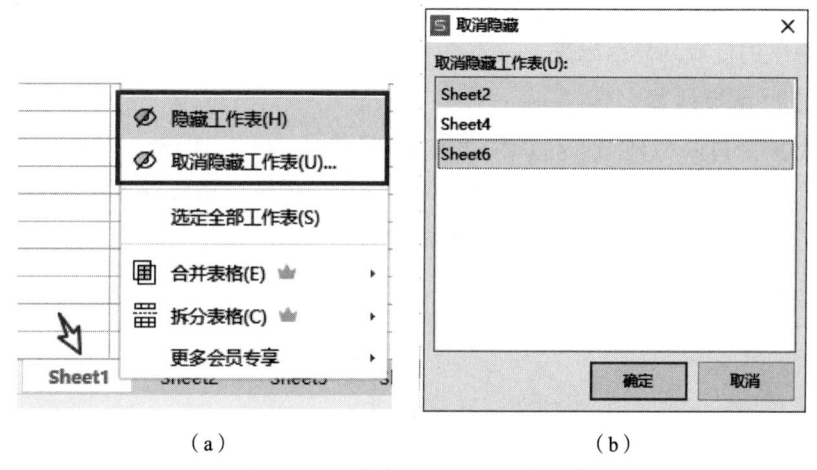

图 4-35 工作表的隐藏与取消隐藏

5. 行与列的基本操作

（1）选中行与列

将鼠标指针移到行号或列标上，鼠标指针会变成向右（或向下）的黑色箭头形状，单击即可选中整行或整列。如果按住鼠标左键拖动鼠标，则能够选中连续的行或列。

若想选中不连续的行或列，可以先选中某行或列，按住"Ctrl"键不放，再选中其他行或列。

（2）删除行与列

在行号或列标上右击，在弹出的快捷菜单中选择"插入"或"删除"选项，可完成相关操作。在"插入"选项右侧的"行数"或"列数"文本框中输入数字，可一次插入多行或多列，如图4-36所示；或者选择"开始"选项卡中的"行和列"下拉按钮，在下拉菜单中选择"插入单元格"→"插入行"或"插入列"选项。

选中多行或多列后右击，在弹出的快捷菜单中选择"删除"选项，可删除多行或多列。

（a） （b）

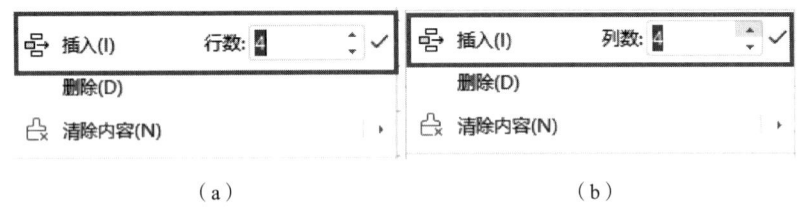

图4-36 插入多行或多列

（3）隐藏行与列

在行号或列标上右击，在弹出的快捷菜单中选择"隐藏"选项，可完成相关操作；或者选中单元格区域后，单击"开始"选项卡中的"行和列"下拉按钮，在下拉菜单中选择"隐藏与取消隐藏"→"隐藏行"或"隐藏列"选项，可将选中区域所在的行或列隐藏。

取消行、列隐藏。选择含有隐藏行、列的区域，单击"开始"选项卡中的"行与列"下拉按钮，在下拉菜单中选择"隐藏与取消隐藏"→"取消隐藏行"或"取消隐藏列"选项；或者选中含有隐藏区域的多行或多列后右击，在弹出的快捷菜单中选择"取消隐藏"选项，可将隐藏的行或列显示出来。

（4）设置行高与列宽

拖动边框调整行高与列宽。将鼠标指针移到行标底部的边框处，鼠标指针变成带上下箭头的十字形状，上下拖动边框即可随意调整行高。将鼠标指针移到列标右侧的边框处，鼠标指针变成带左右箭头的十字形状，左右拖动边框即可随意调整列宽，如图4-37所示。

（a） （b）

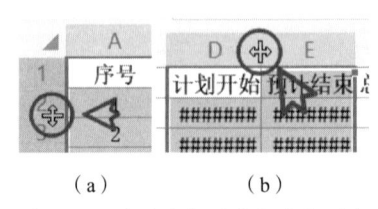

图4-37 拖动边框调整行高与列宽

精确改变行高或列宽的数值。单击行号或列标以选中行或列，右击，在弹出的快捷菜单中选择"行高"或"列宽"选项，在打开的对话框的"行高"或"列宽"文本框中输入数值即可。行高的设置如图4-38所示。

设置最合适的行高或列宽。选中需要调整的所有行或所有列，单击"开始"选项卡中的"行和列"下拉按钮，在下拉菜单中选择"最适合的行高"或"最适合的列宽"选项，如图4-39所示。或者在选中行或列之后，将鼠标指针移到选中的区域上并右击，在弹出的快捷菜单中选择"最适合的行高"或"最适合的列宽"选项。设置最适合的行高或列宽时，对选中区域内的空行或空列而言，其行高或列宽保持不变。

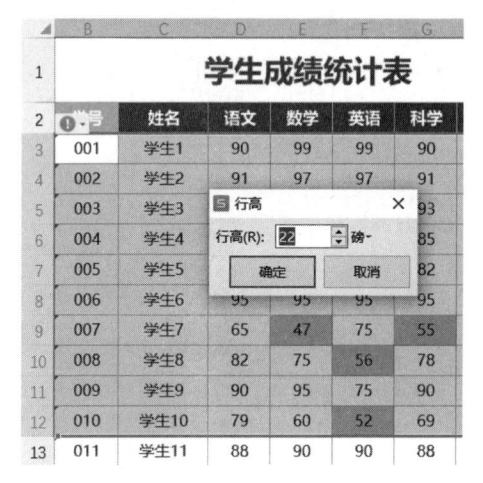

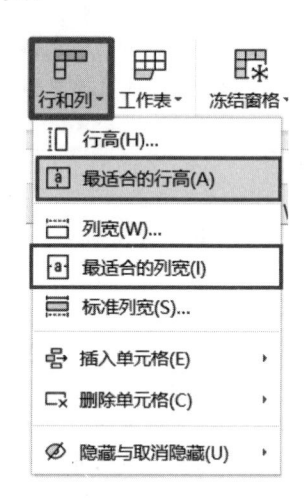

图4-38　行高的设置　　　　　图4-39　选择"最适合的行高"或"最适合的列宽"选项

6. 单元格基本操作

（1）选中单元格或单元格区域

单击某单元格，该单元格即变为活动单元格，可以在其中输入数字、字符、公式、函数等。

单元格区域指一个矩形区域内连续的多个单元格，用矩形区域左上角单元格的地址和矩形区域右下单元格的地址且两个单元格地址之间用英文输入状态下的冒号（:）隔开的方式表示一个区域的地址。例如，A2:D4，表示以A2单元格为左上角、D4单元格为右下角的矩形区域，共3行4列12个单元格。当选中单元格区域时，该区域内的单元格有浅色背景，其中单击的第1个单元格无背景，表示活动单元格。

选中单元格与单元格区域的常用操作如表4-1所示。

表4-1　选中单元格与单元格区域的常用操作

选中范围	常用操作方法	示例图
单个单元格	单击对应的单元格；或在名称框中输入单元格地址，按"Enter"键；或用方向键将活动单元格移到对应的单元格中	B1单元格，值为22

续表

选中范围	常用操作方法	示例图
连续的单元格区域	先单击区域左上角的单元格，再按住鼠标左键拖动鼠标，直到区域右下角的单元格被选中； 先单击区域左上角的单元格，再移动鼠标指针到区域右下角的单元格上方，按住"Shift"键不放，单击区域右下角的单元格	
不相邻的单元格或单元格区域	先选中第1个单元格或单元格区域，再按住"Ctrl"键不放，依次选中其他单元格或单元格区域	
连续的数据区域	单击数据区域中的任意单元格，按"Ctrl+A"组合键	
整个工作表	单击行号、列标交叉处（A1单元格左上角位置）的"全选工作表"按钮； 单击空白单元格，按"Ctrl+A"组合键	
取消选中区域	单击选中单元格区域之外的任意单元格或按方向键	

（2）复制与移动单元格

复制数据：选中要复制的单元格或单元格区域，将鼠标指针移至所选单元格或单元格区域的边框，当鼠标指针变为十字箭头形状时，按住"Ctrl"键不放，按住鼠标左键并拖动到目标位置，即可复制单元格中的数据。选中要复制的单元格区域后，右击，在快捷菜单中选择"复制"选项，快捷键为"Ctrl+C"组合键，在目标位置的左上角单元格上右击，在快捷菜单中选择"粘贴"选项，快捷键为"Ctrl+V"组合键，即可复制数据。

移动数据：将鼠标指针移至所选单元格区域的边框，当鼠标指针变为十字箭头形状时，按住鼠标左键并拖动到目标位置，即可移动单元格中的数据。选中要移动的单元格区域后，右击，在快捷菜单中选择"剪切"选项，快捷键为"Ctrl+X"组合键，在目标位置的左上角单元格上右击，在快捷菜单中选择"粘贴"选项，快捷键为"Ctrl+V"组合键，即可移动数据。

（3）清除与删除单元格

在WPS表格中，"删除"和"清除"具有不同的功能，"删除"的功能是删除选中的单元格区域，包括单元格和单元格中的内容，因此删除操作会引起表格中其他单元格位置的变化（右侧单元格左移，或者下方单元格上移，或者删除整行，或者删除整列）；"清除"

的功能是只清除选中单元格区域中的内容，而保留单元格。

清除数据：选中要清除数据的单元格区域，单击"开始"选项卡中的"清除"按钮，在下拉菜单中选择有关选项；或者选中要清除数据的单元格区域后右击，在弹出的快捷菜单中选择"清除内容"选项，如图4-40（a）所示，在右侧的子菜单中可选择下列选项：

- 全部：将格式、内容、批注等全部清除。
- 格式：只清除单元格的格式设置，内容保留。
- 内容：清除单元格的内容，保留对格式的设置。
- 批注：若有批注，可清除批注；若无批注，该项为灰色（禁用状态）。
- 特殊字符：包括"空格、换行符、单引号、不可见字符"，可将选中区域中的对应字符清除。

删除单元格或区域：选中要删除的单元格或单元格区域，右击，在弹出的快捷菜单中选择"删除"选项，在右侧的子菜单中，根据要求选择相应的选项即可，如图4-40（b）所示。

(a)　　　　　　　　　　　　(b)

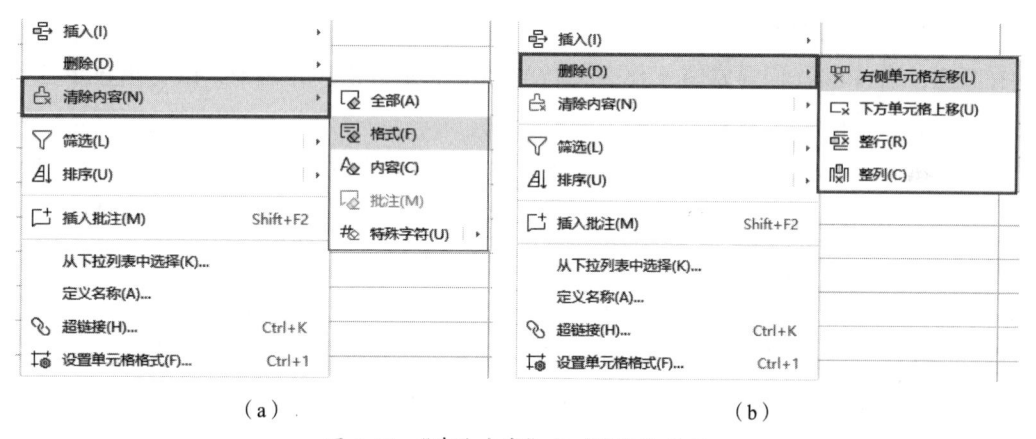

图4-40 "清除内容"与"删除"选项

（4）插入单元格

如果想在工作表中插入新数据，可以通过插入单元格或区域操作来处理。选中单元格或单元格区域，以确定插入位置，插入单元格的行列数与选中单元格区域的行列数应一一对应。在选中的单元格或单元格区域上右击，在弹出的快捷菜单中选择"插入"选项，在右侧的子菜单中有下列4个选项供选择，如图4-41所示。

- 插入单元格，活动单元格右移。选中的单元格向右移动，新的单元格将插到选中区域的左侧。
- 插入单元格，活动单元格下移。选中的单元格向下移动，新的单元格将插到选中区域的上方。
- 插入行。默认的行数是选中区域的行数，可以直接输入数值或单击调节按钮进行修改。确认后单击右侧的"输入"按钮。
- 插入列。默认的列数是选中区域的列数，可以直接输入数值或单击调节按钮进行修改。确认后单击右侧的"输入"按钮。

或者单击"开始"选项卡中的"行和列"下拉按钮，在下拉菜单中选择"插入单元格"→"插入单元格"或"插入行"或"插入列"选项。

图 4-41 插入单元格

（5）合并与拆分单元格

在日常工作中，我们通常将工作表首行的多个单元格合并并居中，以突出显示工作表的标题。对合并后的单元格也可以进行拆分操作。

合并单元格。选中要合并的单元格区域，单击"开始"选项卡中的"合并居中"按钮，对选中的单元格执行"合并居中"操作；单击"合并居中"下拉按钮，在下拉菜单中还可以选择"合并单元格"、"合并内容"、"按行合并"和"跨列居中"等选项，如图 4-42（a）所示。

取消合并单元格。选中已合并的单元格，单击"开始"选项卡中的"合并居中"下拉按钮，在下拉菜单中选择"取消合并单元格"选项，如图 4-42（b）所示，可取消单元格的合并。取消合并后，单元格的内容默认将保存在原合并区域左上角的第一个单元格内。

（a） （b）

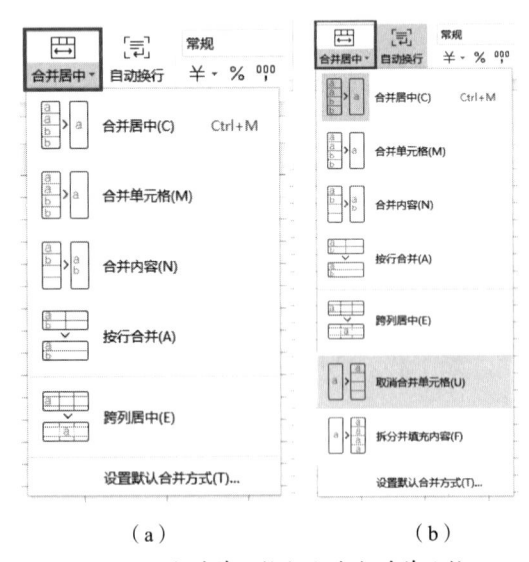

图 4-42 合并单元格与取消合并单元格

(6)单元格自动填充

活动单元格(或单元格区域)右下角的"小方块"是填充柄。将鼠标指针移到填充柄上,鼠标指针变成实心的加号形状,此时按住鼠标左键拖动鼠标,即可使用填充柄实现单元格的自动填充,WPS 表格会自动根据所选单元格区域中数据的规律完成填充,如图 4-43 所示。

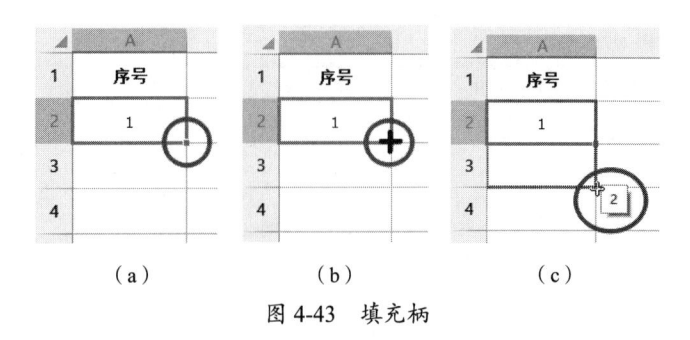

图 4-43 填充柄

填充柄填充分为序列式填充、复制式填充、规律填充、自定义填充,下面主要介绍前三种填充方式。

序列式填充。可填充数字、日期、星期等。例如,在 A2 单元格中输入"1",单击"自动填充选项"按钮,在下拉菜单中选择"以序列方式填充"选项,会依次填充"2,3,4,…",如图 4-44(a)所示。

复制式填充。例如,在 A2 单元格中输入"1",单击"自动填充选项"按钮,在下拉菜单中选择"复制单元格"选项,数据即可快速复制,如图 4-44(b)所示。

规律填充。根据所选单元格区域中数据的规律进行填充。例如,在 A2 单元格中输入"1",在 A3 单元格中输入"3",选中 A2:A3 单元格区域,下拉填充柄,会依次填充"5,7,9,…",如图 4-44(c)所示。

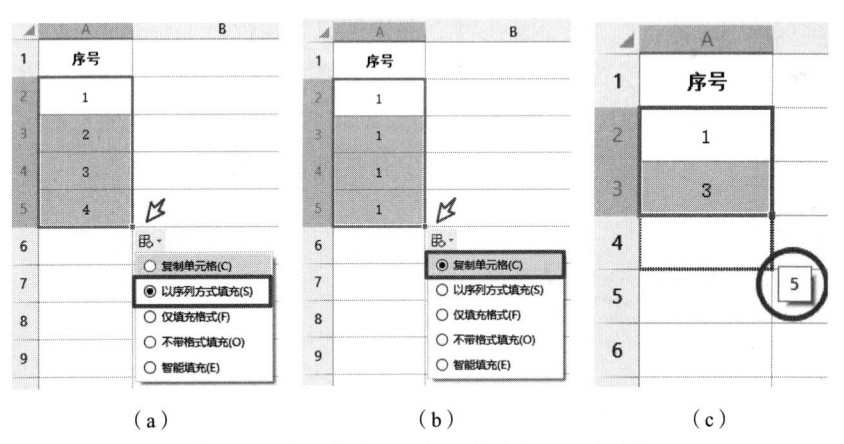

图 4-44 序列式填充、复制式填充、规律填充

(7)设置单元格格式

选中要设置格式的单元格或单元格区域,在"开始"选项卡中,单击"单元格"下拉按钮,在下拉菜单中选择"设置单元格格式"选项;或者按"Ctrl+1"组合键;或者在选中

的单元格上右击，在弹出的快捷菜单中选择"设置单元格格式"选项，都可以打开"单元格格式"对话框。在该对话框中，可以设置选中单元格的"数字、对齐、字体、边框、图案、保护"，如图4-45所示。也可以单击"开始"选项卡中的"数字格式"下拉按钮，在下拉菜单中选择需要的选项。

图4-45 "单元格格式"对话框

（8）定位单元格

可以根据设定的条件，在工作表中对单元格内容进行定位。

按"Ctrl+G"组合键，或者单击"开始"选项卡中的"查找"下拉按钮，在下拉菜单中选择"定位"选项，打开"定位"对话框，如图4-46所示，选择"定位"选项卡，设置定位条件，如"批注""空值""可见单元格"等，最后进行复制粘贴等操作。

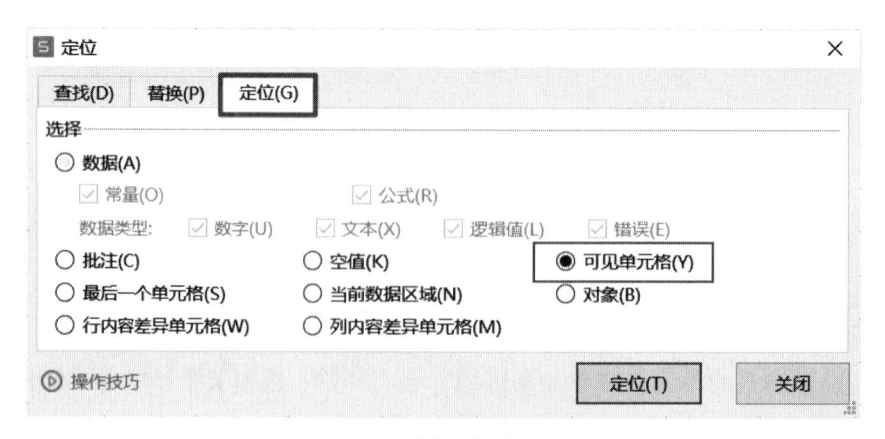

图4-46 "定位"对话框

7. 工作表常用视图

（1）阅读模式

在"视图"选项卡中，单击"阅读模式"按钮，即可开启阅读模式。在阅读模式下，能够将活动单元格或单元格区域所对应的行、列用不同的背景颜色突出显示，以方便阅读，如图 4-47（a）所示。

（2）护眼模式

在"视图"选项卡中，单击"护眼模式"按钮，即可开启护眼模式，在护眼模式下，能够对整个工作表设置背景颜色，以保护眼睛，如图 4-47（b）所示。

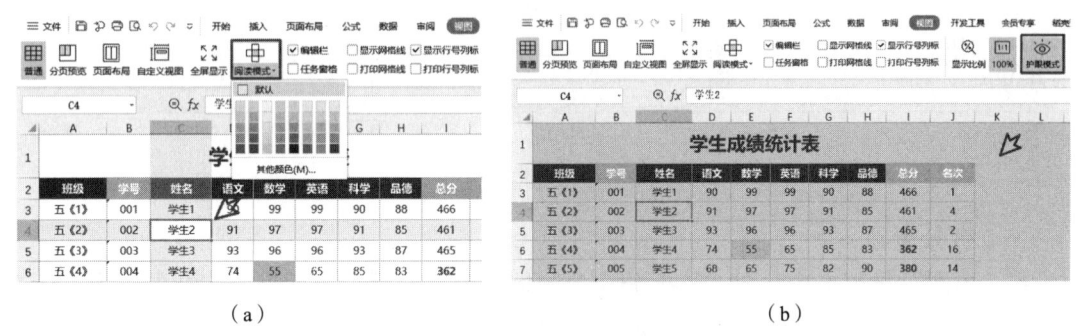

图 4-47　阅读模式与护眼模式

（3）冻结窗格

在"视图"选项卡中，单击"冻结窗格"下拉按钮，在下拉菜单中有"冻结至第 x 行 y 列""冻结首行""冻结首列"选项，如图 4-48 所示。

图 4-48　冻结窗格

（4）重排窗口

在"视图"选项卡中，单击"重排窗口"下拉按钮，在下拉菜单中有"水平平铺""垂直平铺""层叠"选项，如果选择"垂直平铺"选项，则垂直平铺的效果如图 4-49 所示。

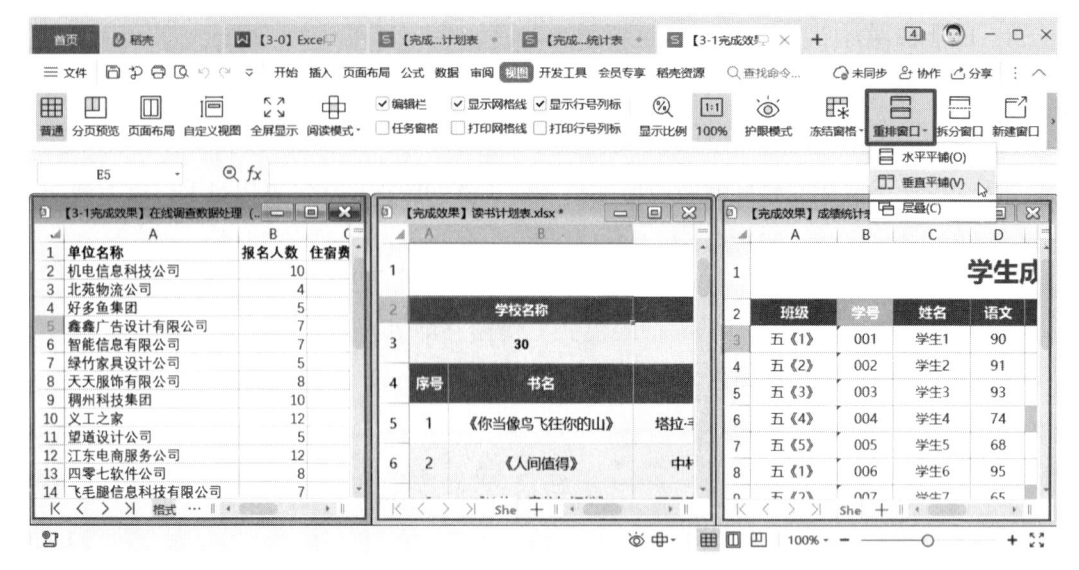

图 4-49　垂直平铺的效果

（5）拆分窗口

在"视图"选项卡中，单击"拆分窗口"按钮，将以活动单元格所在行的上方、所在列的左侧为拆分线，将工作表区域拆分为4个区域，每个区域可以单独拖动滚动条控制显示的内容，拆分窗口的效果如图4-50所示，同时，"拆分窗口"按钮自动变为"取消拆分"按钮，单击"取消拆分"按钮，可取消对窗口的拆分。

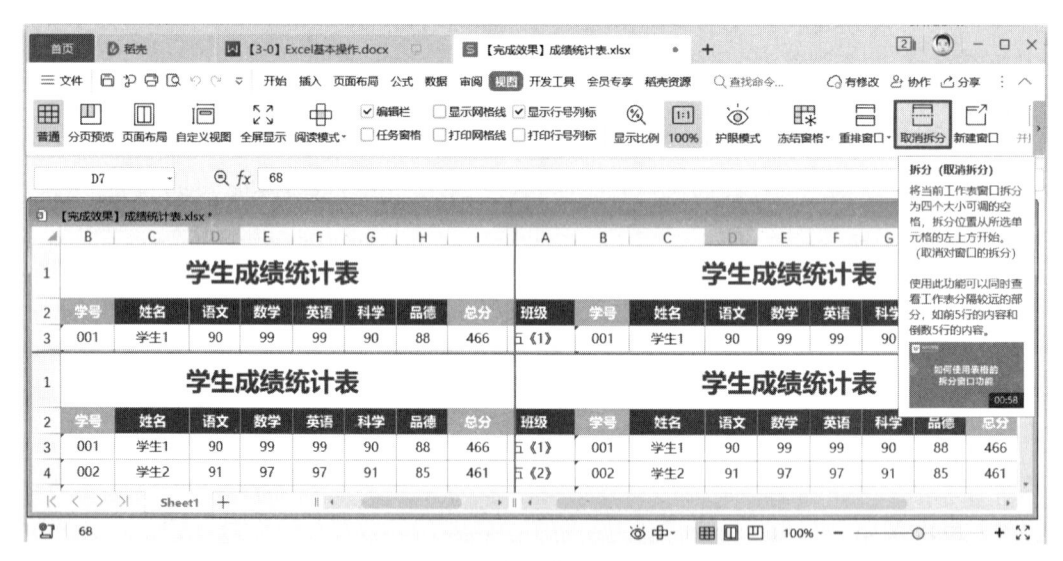

图 4-50　拆分窗口的效果

8. 输入数据

选中单元格后，可直接输入数据。双击单元格，可对单元格中的数据进行编辑。或者选中单元格后，在编辑栏中输入并编辑数据。不同类型数据的输入方法有所不同，下面具体介绍文本、日期、分数、时间等数据的输入方法。

在选中的单元格中输入数据后，按"Enter"键，或者按"Tab"键或方向键，或者单击编辑栏中的"输入"按钮，即可完成数据的输入；若选中由多个单元格组成的区域，输入数据后，按"Ctrl+Enter"组合键，可将内容输入到选中的所有单元格中。在输入数据的过程中，按"Esc"键，或者单击编辑栏中的"取消"按钮，可取消本次输入。

（1）输入文本

文本型数据包括汉字、英文字母、特殊符号、空格及其他从键盘输入的符号。输入的文本型数据默认在单元格中靠左对齐。

部分数字数据为文本型数据，也被称为非数值型数据，如电话号码、身份证号码等。在 WPS 表格中直接输入以"0"开头的数字串时，左侧的"0"会被截断。输入这些数字时，可以先输入一个英文半角单引号，再输入相应的数字串，如"'007"，或者选中单元格，先将单元格格式设置为"文本"，再输入相应的数字串。

（2）输入长数字

在 WPS 表格中，输入数字的位数少于 12 位时，数字能正常显示；输入身份证号码等位数大于或等于 12 位的长数字时，会自动在数字前面加一个英文半角单引号，使输入的数字完整显示。单击单元格旁边的错误提示下拉按钮，在下拉菜单中选择"转换为数字"选项，可以将其转换为数值形式，并以科学记数法显示，如图 4-51 所示。

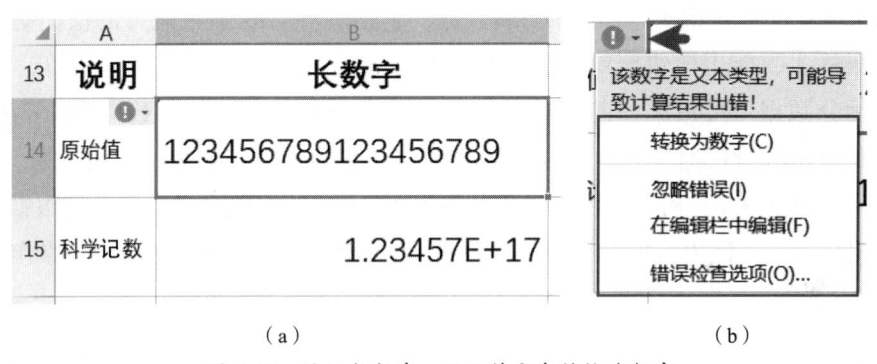

图 4-51　输入长数字，以及将文本转换为数字

复制位数大于或等于 12 位的长数字，并将其粘贴到 WPS 表格中时，会将其用科学记数法表示。若要让粘贴的长数字原样显示，而不用科学计数法表示，可以在数字前面加英文半角单引号，将数字格式转换成字符格式；也可以先设置单元格格式，在粘贴长数字之前，选中要粘贴长数字的单元格，再按"Ctrl+1"组合键；或者右击，在弹出的快捷菜单中选择"设置单元格格式"选项，在弹出的对话框中选择"数字"选项卡，在分类中选择"文本"选项。

当数字位数为 12～15 位时，文本转换为数字的结果是正确的；当数字位数大于或等于 16 位时，将文本转换为数字后，前 15 位数字正常，第 16 位开始变成数字 0，其原因是 WPS 表格中的数值精度为 15 位。

（3）输入分数

分数的格式为"分子/分母"，而"/"是日期数据的分隔符。因此当输入分数时，要先输入 0、空格，再输入"分子/分母"。如输入分数"1/2"，可以通过键盘输入"0 1/2"，或者将单元格格式设置为"分数"。

（4）输入日期、时间

日期和时间本质上也是数值。当输入日期时，用斜杠"/"或短横线"-"来分隔日期的年、月、日。当输入时间时，"时分秒"之间用":"间隔，如果同时输入日期和时间，则日期和时间之间用空格间隔。注意，"/""-"":"等标点符号为英文半角状态。

在单元格中，按"Ctrl+;（分号）"组合键，可输入操作系统的当前日期；按"Ctrl+Shift+;（分号）"组合键，可输入操作系统的当前时间。

（5）利用"自动填充"功能输入有规律的数据

使用 WPS 表格提供的自动填充数据功能，可以快速输入大量有规律的数据，如序号、等差数列、系统预定义的数据填充序列、用户自定义序列等。自动填充会根据初始值填充后续值。操作方法如下。

● 将鼠标指针移到选定单元格的填充柄上，拖动填充柄。

● 单击"开始"选项卡中的"填充"下拉按钮，在下拉菜单中选择"序列"选项，打开"序列"对话框，在该对话框中可进行序列填充的有关设置，如图 4-52 所示。

● 快速填充的快捷键为"Ctrl+E"组合键，它是具有自我学习能力的快捷键，只需提供一个输入样本，使用该快捷键就能根据操作规律对剩余区域进行快速填充。例如，合并数据、拆分数据、批量添加前缀或后缀、单元格内容顺序调整、数据提取等都可使用"Ctrl+E"组合键进行快速填充。如图 4-53 所示，根据身份证号码在"出生日期"列的第 2 行手动输入"20130326"后，在下一个单元格中按"Ctrl+E"组合键，可自动根据"身份证号"列的内容填充"出生日期"列。注意，有些操作快速填充不一定准确，操作后务必检查确认。

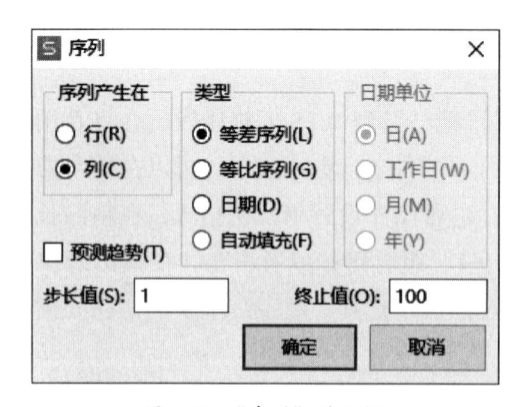

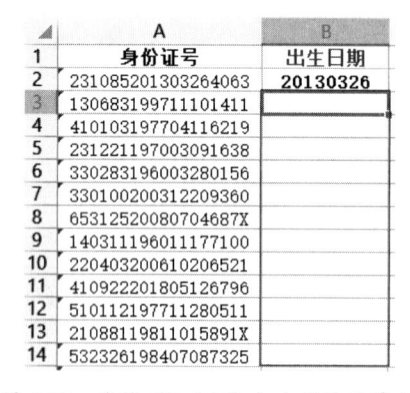

图 4-52 "序列"对话框　　图 4-53 使用"Ctrl+E"组合键快速填充

（6）使用"记忆式输入"功能自动输入数据

"记忆式输入"功能是指在输入文本字符串的前几个字符时，WPS 表格根据本列已输入的数据，自动完成本次未输入的内容，以确保输入内容的正确性和一致性。

例如，在输入家庭地址时，若本列输入过"新疆维吾尔自治区巴音郭楞蒙古自治州尉犁县中山路南区1排33号"，在该列再次输入"新疆"时，系统会自动提示剩余的"维吾尔自治区巴音郭楞蒙古自治州尉犁县中山路南区1排33号"字样，如果要输入该数据项，则在输入"新疆"两个字后，按"Enter"键即可。如果不想输入提示的内容，则只需继续输入后续文字。若该列已有的内容有多个数据项能匹配，如输入"浙江"，会把包含"浙江"文字的数据项以下拉菜单的方式显示，可进行选择，如图4-54所示。

右击单元格，在弹出的快捷菜单中选择"从下拉列表中选择"选项，会显示该列中所有已输入数据项的下拉菜单，选择需要的选项即可。

（a）　　　　　　　　　　　　（b）

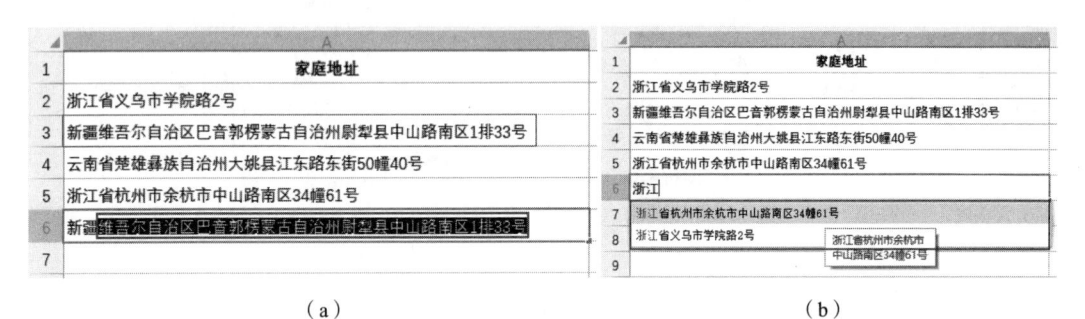

图4-54　从下拉菜单中选择

（7）使用"记录单"功能输入数据

使用"记录单"功能输入数据，可方便数据与列标题之间的对应，也可避免在输入数据时出现错位。

选择表格中的数据，单击"数据"选项卡中的"记录单"按钮，在打开的对话框中，可以查看、编辑、删除、新建记录，操作完成后单击"关闭"按钮，如图4-55所示。

图4-55　使用"记录单"功能输入数据

9. 设置数据有效性

对单元格中数据的类型和范围预先设置有效性，以确保输入的数据满足设置的条件，同时还可以设置对应的提示信息，从而及时提醒用户。

选择表格中的数据，单击"数据"选项卡中的"有效性"下拉按钮，在下拉菜单中选择"有效性"选项，打开"数据有效性"对话框，设置有效性条件、输入信息和出错警告等，如图4-56所示。

（a）　　　　　　　　　　　　　　　　　（b）

图 4-56　设置数据有效性

10. 页面设置与打印

打印工作表时，一般要对页面进行设置，如纸张大小和方向、页边距、页眉/页脚、打印区域、顶端标题行等。

（1）页面设置

单击"页面布局"选项卡中的按钮进行设置；或者单击"页面设置"对话框启动按钮，在"页面设置"对话框中进行设置。

在"页面设置"对话框的"页面"选项卡的"缩放"选区中，选中"调整为"单选按钮，单击其右侧的下拉按钮，在下拉菜单中选择"将所有列打印在一页"选项，如图4-57（a）所示，当列数超过一页时，会自动按纸张宽度进行缩放，使打印的列宽与纸张列宽一致。

在"页面设置"对话框的"页边距"选项卡中，可将设置好的页边距保存为"自定义设置"，后续使用时，可以在"页面布局"选项卡中的"页边距"下拉菜单的"自定义设置"选区中进行选择，如图4-57（b）所示。

在"页面设置"对话框的"页面/页脚"选项卡中，可设置页眉和页脚，如页脚设为"第1页，共 ? 页"，打印时" ? "会自动显示为总页数。

在"页面设置"对话框的"工作表"选项卡中，可设置打印区域、顶端标题行、左端标题列等，如图4-57（c）所示。

第 4 章　WPS 表格综合应用

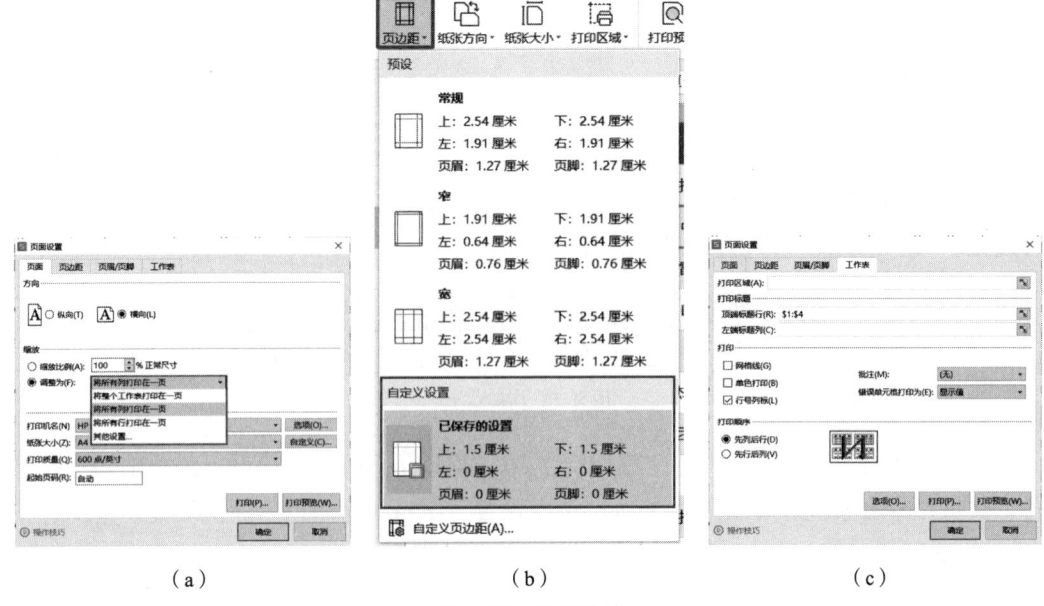

（a）　　　　　　　　　　（b）　　　　　　　　　　（c）

图 4-57　页面设置

（2）打印工作表

打印预览。打印之前可以先查看工作表的打印效果。单击"快速访问工具栏"中的"打印预览"按钮，进入打印预览窗口。通过打印预览窗口，可以查看打印效果，包括页眉、页脚等。也可以单击"页面设置"等按钮再次进行设置，单击"返回"或"关闭"按钮，返回 WPS 表格的工作界面。

打印工作表。单击"快速访问工具栏"中的"打印"按钮（快捷键为"Ctrl+P"组合键），打开"打印"对话框；或者选择"文件"菜单中的"打印"选项。如果只想打印工作表中的部分内容，则在执行打印前，先选中需要打印的单元格区域，在"打印"对话框的"打印内容"选区中，再选中"选定区域"单选按钮。

4.1.6　任务总结

本任务主要练习新建 WPS 表格、新建工作表、设置单元格、设置行与列、设置数据有效性、应用公式、计算数据、设置页面、冻结与拆分窗口等操作。

- 选用一种新建 WPS 表格的方法，可以完成创建与保存表格、新建工作表与重命名。
- 制作表格时，应用行/列设置、合并单元格等可以构建表格的基本框架。
- 非文本数值的输入（如以 0 开头的数据），需先将单元格格式设置为"文本"，再输入，否则将无法显示 0，或者在单元格中直接输入"'0×××"。
- 通过行高与列宽、文字的字体字号、文字的对齐方式、表格边框、单元格底纹的设置，可以对表格进行编辑。
- 在 WPS 表格中，通过输入公式可以进行基本的四则运算。

4.1.7 任务巩固

1. 操作题

（1）打开完成后的商品信息表，另存为"表格设置.xlsx"。在"表格设置"表中，在"光明莫斯利安酸奶"上方插入行，输入如图4-58所示的信息。"序号、折扣率"按照要求进行设置，"进货日期"填写系统当前日期。

商品编号	类别	商品名称	单位	零售价	促销价	库存量	供应商
07009001	烟酒	绍兴黄酒	瓶	38.00	30.40	188	胜利烟酒批发

图 4-58　插入行

（2）在"表格设置"表中，将"零售价"列、"促销价"列的数值设置为精确到小数点后两位。将折扣率≤80%的单元格填充为红色，设置文字格式为白色、加粗。最终完成的工作表如图4-59所示。

图 4-59　最终完成的工作表

2. 单选题

（1）在WPS表格中，要在某列中输入身份证号码，应将该列的数字分类设置为（　　）。

A．常规　　　　　B．数值　　　　　C．科学记数　　　　D．文本

（2）下列关于 WPS 表格的工作表的说法中，错误的是（　　）。

A．可以根据数据运算的需要加减工作表的数量

B．工作表跟文件一样可以进行重命名、删除、移动、复制等操作

C．工作表删除后，可以通过"撤销"命令恢复

D．工作表的排序位置可以任意拖动

（3）在 WPS 表格中，选中连续单元格区域，需按（　　）。

A．"Ctrl"键　　　B．"Shift"键　　　C．"Alt"键　　　D．"Ctrl+Shift"组合键

（4）在 WPS 表格中，公式"=SUM(C2:C6)"的作用是（　　）。

A．求 C2 和 C6 这两个单元格的数据之和

B．求 C2 和 C6 这两个单元格的数据的平均值

C．求 C2 至 C6 共五个单元格的数据的平均值

D．求 C2 至 C6 共五个单元格的数据之和

（5）在 WPS 表格中插入新的一列，会在当前列的（　　）出现。

A．如果是表格第一列就会在右边　　　B．左边

C．右边　　　　　　　　　　　　　　D．不确定，与列的内容有关

（6）在 WPS 表格中，要对选中的区域设置单元格格式，可以使用的快捷键是（　　）。

A．"Shift+1"组合键　　　B．"Ctrl+1"组合键

C．"Alt+F4"组合键　　　D．"Ctrl+H"组合键

扫下面二维码可在线测试

> 测试一下
> 每次测试 20 分钟，最多可进行 2 次测试，
> 取最高分作为测试成绩。
>
> **扫码进入测试 >>**

4.2　制作成绩数据表

4.2.1　任务目标

本任务介绍 WPS 表格中常用数据的输入、单元格格式的设置、选择性粘贴、条件格

式的设置等操作。通过本任务的学习，读者能够使用表格样式美化表格，能根据需要自定义表格样式、单元格样式；掌握求和、求平均值、数据排序、插入图表与编辑图表的方法；掌握文件加密、保护工作簿和工作表的方法，并树立数据安全意识。

4.2.2 任务描述

小王是某中学教师，期末考试结束了，为方便她对学生的各科成绩进行统计与汇总，请你帮她设计并制作一个 WPS 表格，要求表格结构合理、重点清晰、相对美观，能对"总分"等数据进行自动计算，用图表方式展示数据。

本任务完成后的参考效果如图 4-60 所示。

考试成绩数据管理

班级名称	学号	姓名	总分	语文	数学	英语	科学	品德	个人平均分
21商务英语3班	20210401	薛蕾宝	466	90	99	99	90	88	93.2
21商务英语1班	20210404	江少	465	95	95	95	95	85	93.0
21商务英语1班	20210402	徐萍	465	93	96	96	93	87	93.0
21文秘2班	20210501	于甲	461	91	97	97	91	85	92.2
21物流管理3班	20210601	潘孜古	448	87	92	92	87	90	89.6
21计算机3班	20210303	刘繁荣	441	87	93	93	87	81	88.2
21商务英语3班	20210406	苏岩红	439	88	90	90	88	83	87.8
21计算机2班	20210304	傅盈海	437	85	93	93	85	81	87.4
21计算机2班	20210302	聂方冰	437	85	93	93	85	81	87.4
21商务英语2班	20210405	封河孟	435	90	95	75	90	85	87.0
21会计3班	20210204	许佳	414	86	76	85	86	81	82.8
21物流管理2班	20210602	宋健凯	408	86	58	93	86	85	81.6
21文秘2班	20210502	解园	390	91	60	82	77	80	78.0
21商务英语2班	20210403	冯岩	380	68	65	75	82	90	76.0
21会计1班	20210202	施勇	379	82	75	56	78	88	75.8
21物流管理1班	20210603	洪雪君	379	78	82	61	76	82	75.8
21电子商务1班	20210101	于满南	372	56	67	95	92	62	74.4
21会计3班	20210201	史余晓	362	74	55	65	85	83	72.4
21会计3班	20210203	陈昔昱	347	79	60	52	69	87	69.4
21计算机1班	20210301	封河孟	323	65	47	75	55	81	64.6
单科平均分			412.40	82.80	79.40	83.10	83.85	83.25	

（a）

	A	B
1	课程名称	平均分
2	语文	82.8
3	数学	79.4
4	英语	83.1
5	科学	83.85
6	品德	83.25

课程平均分

语文 82.8　数学 79.4　英语 83.1　科学 83.85　品德 83.25

（b）

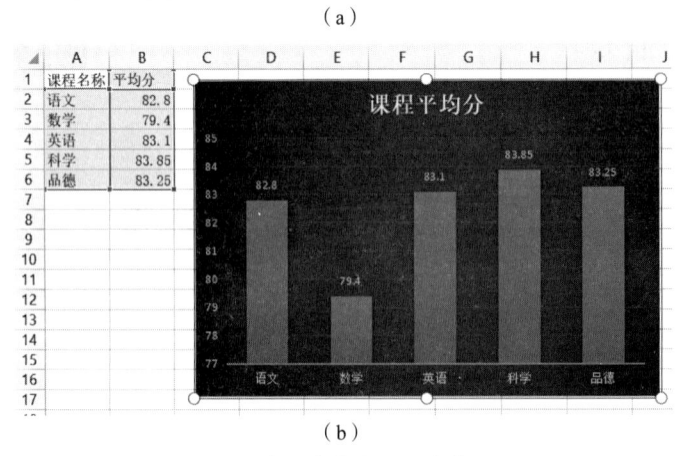

图 4-60　本任务完成后的参考效果

4.2.3 任务分析

- 通过求和、求平均值函数计算总分、个人平均分、单科平均分。
- 通过"选择性粘贴"功能实现按指定要求对数据进行粘贴。
- 通过"开始"选项卡中的"条件格式"按钮突出显示满足指定条件的单元格。
- 通过"数据"选项卡中的"排序"按钮对工作表中的数据进行排序。
- 通过"插入"选项卡中的"图表"按钮将数据转化为指定类型的图表，实现数据的可视化。
- 通过"开始"选项卡中的"表格样式""单元格样式"，或者 WPS 表格提供的在线样式，套用指定样式快速美化表格。
- 通过"审阅"选项卡中的"保护工作簿"按钮对工作簿进行保护，避免工作簿结构被随意改动。
- 通过"审阅"选项卡中的"保护工作表"按钮对工作表进行保护，限制允许编辑的单元格区域。
- 通过"文件"菜单中的"文档加密"选项设置打开文件密码，对工作簿文件进行保护。

4.2.4 任务实现

将素材文件"考试成绩表.xlsx"重命名为"×××的考试成绩表.xlsx"，其中"×××"为制作者姓名，".xlsx"为文件的扩展名，在素材文件中完成下列操作。所有操作完成后，对文件执行保存操作。

> 操作：找到素材文件"考试成绩表.xlsx"，选择文件后按"F2"键进行重命名，按"Home"键，将光标置于原文件名的左侧，输入制作者姓名，按"Enter"键。

1. 新建工作表

在"原始数据"工作表标签的右侧新建一个数据表，将其命名为"数据处理"。

> 操作：单击"原始数据"工作表标签右侧的"新建工作表"按钮，即可在已有工作表标签的右侧新建一个工作表。
> 双击新工作表的标签，此时该工作表标签处于编辑状态，输入"数据处理"，按"Enter"键，或者单击标签之外的任意位置。

2. 输入数据

（1）输入批注

在"原始数据"工作表中，在 A1 单元格（班级名称）中输入批注，内容为"这是原始数据"。在 D1 单元格（语文）中输入批注，内容为"满分 100 分"。

> 操作：将鼠标指针移到 A1 单元格上并右击，在弹出的快捷菜单中选择"插入批注"选项（或者按"Shift+F2"组合键），打开批注编辑框，输入"这是原始数据"，确认后，单击批注编辑框之外的任意位置，完成批注的输入。
>
> 使用同样的方法，为 D1 单元格插入批注。
>
> 将鼠标指针移到有批注的单元格上即可查看批注内容。

（2）复制工作表

将"原始数据"表中的全部数据复制到"数据处理"工作表中。

> 操作：在工作表标签栏中单击"原始数据"标签，将该表设置为活动工作表，单击"全选工作表"按钮（在 A1 单元格左上角位置），按"Ctrl+C"组合键复制所选的内容。
>
> 在工作表标签栏中单击"数据处理"标签，单击 A1 单元格，按"Ctrl+V"组合键，即可将复制的数据粘贴到该表中。

（3）复制批注

在"数据处理"表中，将 D1 单元格（语文）的批注内容复制到 E1:H1 单元格区域中，为其他课程插入同样的批注内容。

> 操作：将鼠标指针移到 D1 单元格上并右击，在弹出的快捷菜单中选择"复制"选项；选中 E1:H1 单元格区域（将鼠标指针移到 E1 单元格上，按住鼠标左键向右拖动鼠标，直至 H1 单元格被选中），右击，在弹出的快捷菜单中选择"选择性粘贴"选项，打开"选择性粘贴"对话框，在"粘贴"选区中选中"批注"单选按钮，单击"确定"按钮，即可将复制的单元格中的批注内容粘贴到所选的单元格中。

（4）删除批注

在"数据处理"表中，删除 A1 单元格（班级名称）中的批注。

> 操作：将鼠标指针移到 A1 单元格上并右击，在弹出的快捷菜单中选择"删除批注"选项（或者单击"开始"选项卡中的"清除"下拉按钮，在下拉菜单中选择"批注"选项），即可将该单元格中的批注删除。

3. 设置视图

在 WPS 表格中编辑数据时，为突出活动单元格，方便查看活动单元格中的数据，给工作表设置背景颜色，同时起到保护眼睛的作用。可以开启"护眼模式"与"阅读模式"，并冻结首行。

> 操作：选择"视图"选项卡，单击"阅读模式"下拉按钮，在下拉菜单中选择一种颜色，即可开启"阅读模式"；单击"护眼模式"按钮即可开启"护眼模式"；单击"冻结窗格"下拉按钮，在下拉菜单中选择"冻结首行"选项，后续拖动滚动条时，第 1 行会一直显示，如图 4-61 所示。
>
> 阅读模式只对本工作簿有效，护眼模式对 WPS 表格中各工作簿均有效。

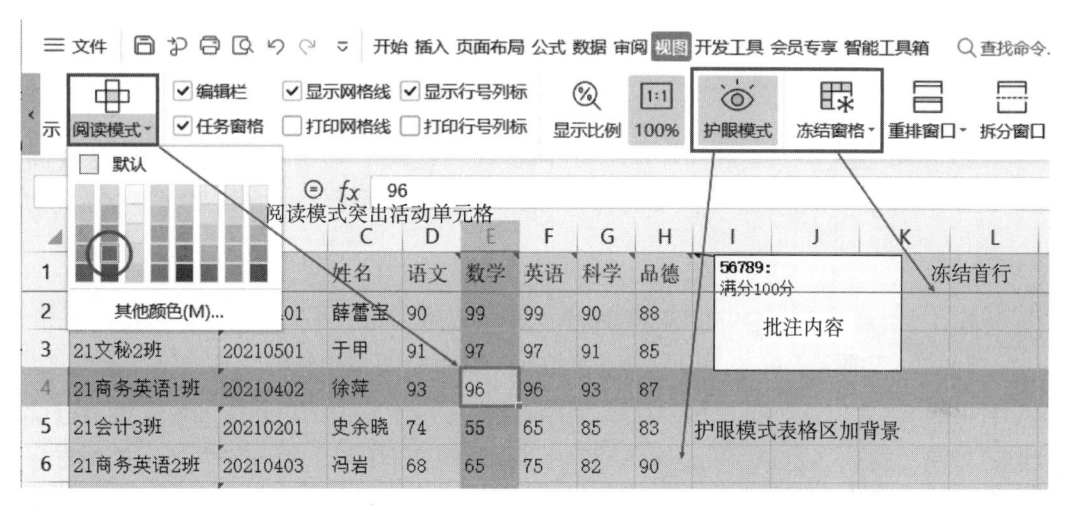

图 4-61 "阅读模式"下拉按钮、"护眼模式"按钮及"冻结窗格"下拉按钮

4. 数据计算与处理

（1）计算总分

在"数据处理"表的 I1 单元格中输入"总分"，使用 WPS 表格中的求和函数 SUM，计算个人总分，将结果保存在 I 列对应的单元格中。

使用函数

> 操作：单击 I1 单元格，输入文字"总分"。选中 I2 单元格，选择"开始"选项卡，单击"求和"按钮，在插入函数时，WPS 表格会根据当前单元格周边的数据自动框选函数的计算范围，若范围有误，可使用鼠标重新框选；若确认无误，按"Enter"键即可显示计算结果。
>
> 对 D2:H2 单元格区域的数值进行求和，按"Enter"键，得到第 1 个学生的总分。求和完成后，双击 I2 单元格的填充柄（选中 I2 单元格，将鼠标指针移到 I2 的右下角，鼠标指针变为十字形状即为填充柄），即可自动计算其他学生的总分。具体操作如图 4-62 所示。

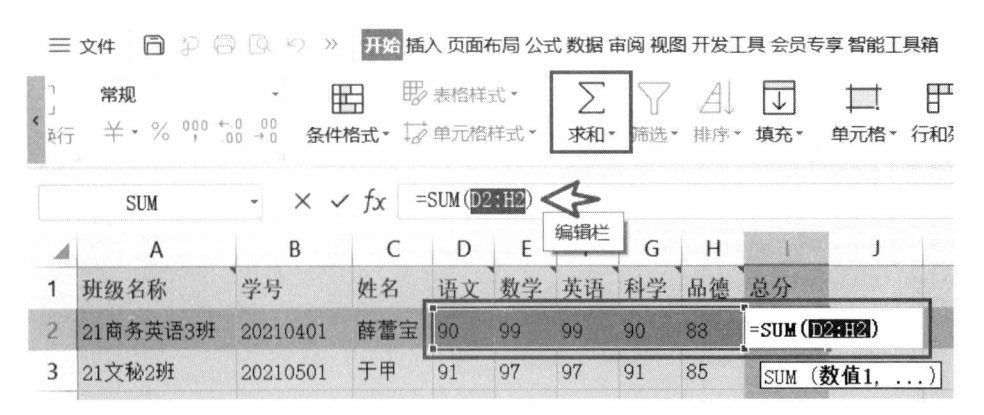

图 4-62 计算总分

（2）计算个人平均分

在"数据处理"表中，在 J1 单元格中输入"个人平均分"。使用求平均值函数 AVERAGE 计算每个学生的"个人平均分"，结果保留 1 位小数，并将结果保存在 J 列对应的单元格中。

> 操作 1：计算个人平均分。单击 J1 单元格，输入"个人平均分"。选中 J2 单元格，选择"开始"选项卡，单击"求和"下拉按钮，在下拉菜单中选择"平均值"选项，系统会自动选取 D2:I2 单元格区域为计算范围，而实际求平均值的单元格区域应为 D2:H2。此时，将鼠标指针移到 D2 单元格上，按住鼠标左键拖动鼠标，直至 H2 单元格被选中，函数的计算范围自动调整为"D2:H2"，如图 4-63 所示，确认后按"Enter"键，得到第 1 个学生的个人平均分。双击 J2 单元格的填充柄，计算每个学生的个人平均分。
>
> 操作 2：设置小数位数。单击列标 J，选中 J 列，按"Ctrl+1"组合键，打开"单元格格式"对话框，在该对话框的"数字"选项卡中，在"分类"选区中选择"数值"选项，将小数位数设置为"1"，单击"确定"按钮。

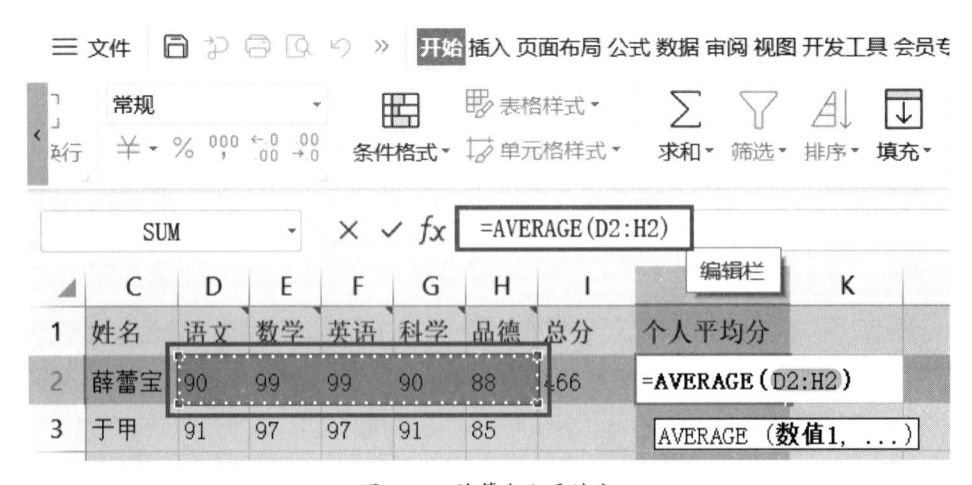

图 4-63 计算个人平均分

（3）计算单科平均分

在"数据处理"表中，在 A22 单元格中输入"单科平均分"。使用求平均值函数 AVERAGE 计算每门课程的"单科平均分"及"总分平均值"，结果保留 2 位小数，并将结果保存在第 22 行对应的单元格中。

操作 1：合并单元格。选中 A22:C22 单元格区域，选择"开始"选项卡，单击"合并居中"按钮，输入"单科平均分"。

操作 2：计算单科平均分。选中 D22 单元格，选择"开始"选项卡，单击"求和"下拉按钮，在下拉菜单中选择"平均值"选项，系统自动选择 D2:D21 单元格区域为计算范围，如图 4-64 所示，确认后按"Enter"键完成"语文"平均分的计算。单击 D22 单元格，将鼠标指针移到 D22 单元格的填充柄上，按住鼠标左键拖动鼠标，直至 I22 单元格被选中，完成"单科平均分"和"总分平均值"的计算。

操作 3：设置小数位数。选择第 22 行（单击行号 22），按"Ctrl+1"组合键，打开"单元格格式"对话框，在"数字"选项卡的"分类"选区中选择"数值"选项，将小数位数设置为"2"，单击"确定"按钮。

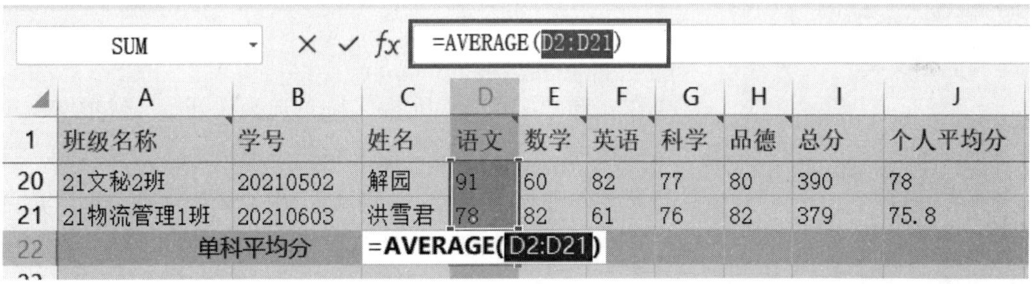

图 4-64　计算单科平均分

（4）条件格式

在"数据处理"表中，将各科成绩低于 60 分的单元格文字设置为"加粗"，将填充颜色设置为"RGB 模式：255，199，206"。

操作：选中 D2:H21 单元格区域，选择"开始"选项卡，单击"条件格式"下拉按钮，在下拉菜单中选择"新建规则"选项；打开"新建格式规则"对话框，在"选择规则类型"选区中选择"只为包含以下内容的单元格设置格式"选项，在"编辑规则说明"选区中，选择"单元格值"中的"小于"选项，在文本框中输入"60"，单击"格式"按钮；打开"单元格格式"对话框，选择"字体"选项卡，在"字形"下拉菜单中选择"粗体"选项；切换到"图案"选项卡，单击"其他颜色"按钮；打开"颜色"对话框，选择"自定义"选项卡，设置颜色模式为"RGB"，在"红色、绿色、蓝色"文本框中分别输入"255、199、206"；单击"确定"按钮返回"单元格格式"对话框，单击"确定"按钮返回"新建格式规则"对话框，单击"确定"按钮完成条件格式的设置。有关操作如图4-65所示。

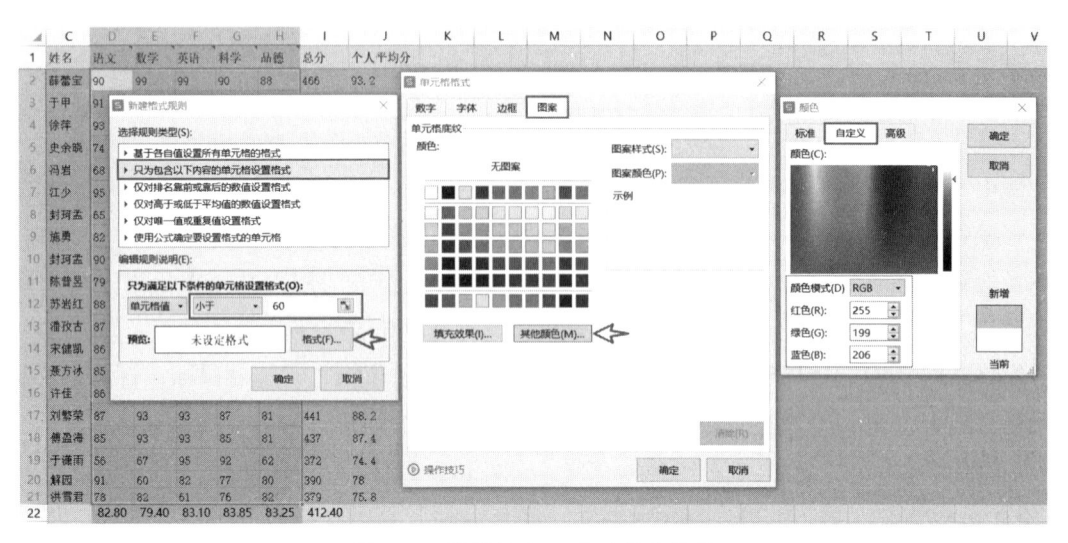

图4-65 设置低于60分的条件格式

在"数据处理"工作表中，将个人总分低于总分平均值的单元格文字设置为"加粗、红色"。

操作：选中I2:I21单元格区域，选择"开始"选项卡，单击"条件格式"下拉按钮，在下拉菜单中选择"新建规则"选项；打开"新建格式规则"对话框，在"选择规则类型"选区中选择"只为包含以下内容的单元格设置格式"选项，在"编辑规则说明"选区中，选择"单元格值"中的"小于"选项，单击右侧的文本框，再单击I22单元格，此时文本框中的内容自动填写为"=$I$22"；单击"格式"按钮，打开"单元格格式"对话框，选择"字体"选项卡，在"字形"下拉菜单中选择"粗体"选项，在"颜色"下拉菜单中选择"红色"选项，单击"确定"按钮返回"新建格式规则"对话框，单击"确定"按钮完成条件格式的设置。有关操作如图4-66所示。

在"数据处理"表中，将"总分"相同的单元格的格式设置为"浅红填充色深红色文本"，让总分的重复值突出显示。

操作：单击列标I（选中"总分"列），选择"开始"选项卡，单击"条件格式"下拉按钮，在下拉菜单中选择"突出显示单元格规则"选项，在右侧的子菜单中选择"重复值"选项。打开"重复值"对话框，通过"设置为"下拉按钮，可以修改格式效果。确认后单击"确定"按钮，完成突出显示重复值的设置。

（5）数据排序

在"数据处理"表中，对成绩数据进行排序。按个人"总分"降序排序，"总分"相同的，按"语文"成绩降序排序。

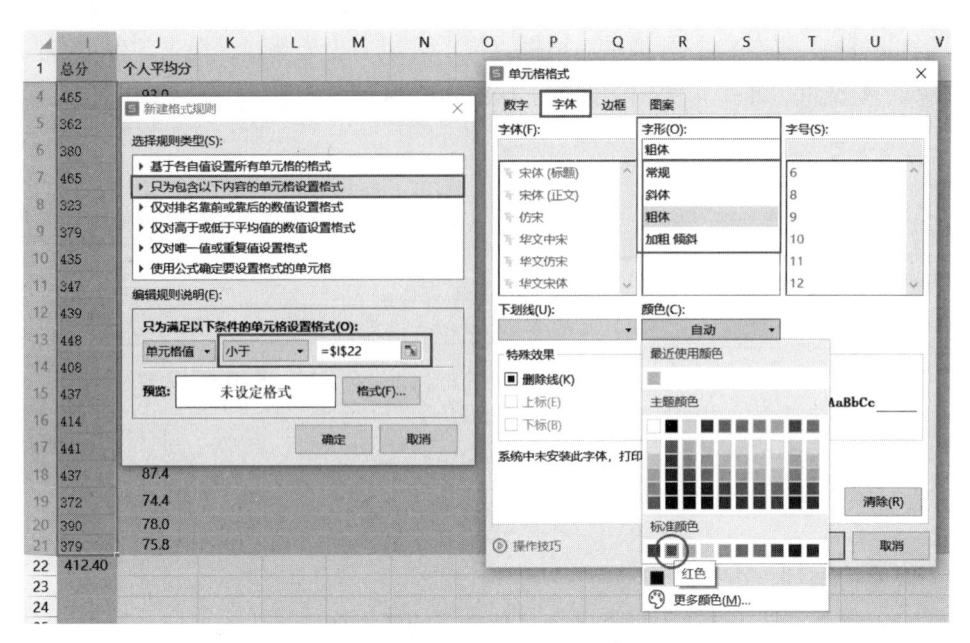

图 4-66　设置低于总分平均值的条件格式

操作：选中 A1:J21 单元格区域（或者选中第 1～21 行），选择"开始"选项卡，单击"排序"下拉按钮，在下拉菜单中选择"自定义排序"选项，打开"排序"对话框，设置主要关键字为"总分"，设置排序依据为"数值"，设置次序为"降序"；单击"添加条件"按钮，设置次要关键字为"语文"，设置排序依据为"数值"，设置次序为"降序"；确认后单击"确定"按钮，完成排序操作，如图 4-67 所示。

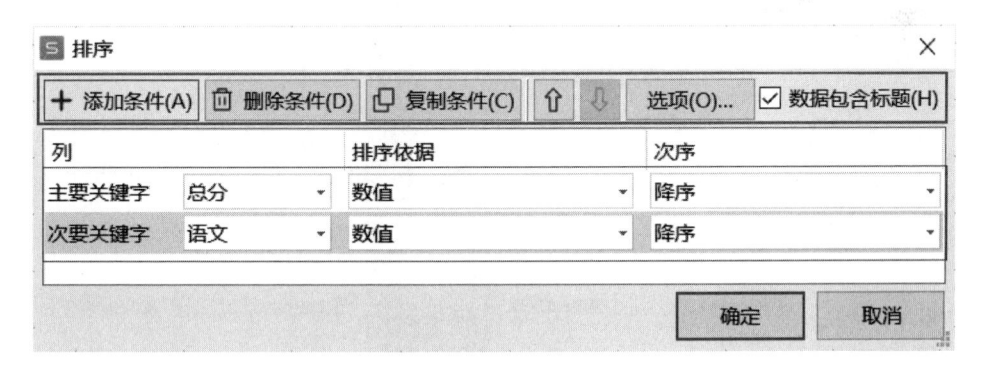

数据排序

图 4-67　"排序"对话框

（6）查找与替换

在"数据处理"表中，将"班级名称"列中的"计算机应用"替换成"计算机"。

操作：在"数据处理"表中，按"Ctrl+H"组合键，打开"替换"对话框，在"查找内容"文本框中输入"计算机应用";在"替换为"文本框中输入"计算机",确认后单击"全部替换"按钮,打开提示对话框,提示完成多少处替换,单击"确定"按钮返回"替换"对话框,单击"关闭"按钮,如图4-68所示。

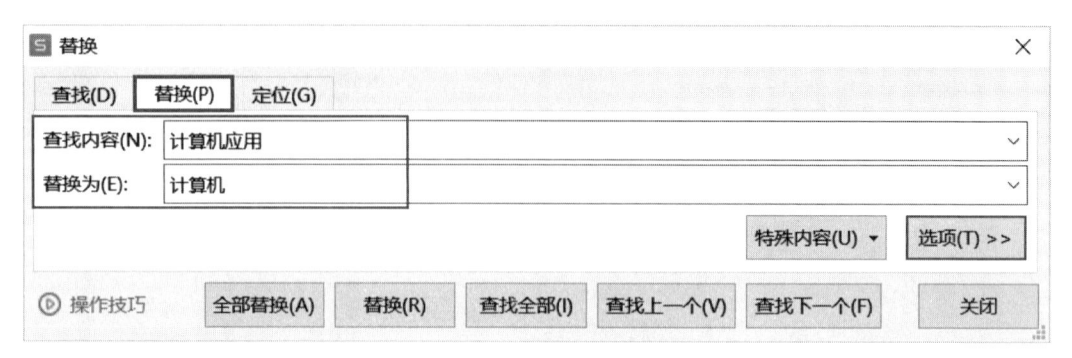

图4-68 "替换"对话框

（7）调整行与列

调整列的顺序。将"总分"列移动到"姓名"列的右侧。

操作：将鼠标指针移到"总分"列的列标 I 上，右击，在弹出的快捷菜单中选择"剪切"选项，将鼠标指针移到"语文"列的列标 D 上，右击，在弹出的快捷菜单中选择"插入已剪切的单元格"选项，即可将"总分"列移动到"语文"列的左侧，即"姓名"列的右侧。有关操作如图4-69所示。

（a） （b）

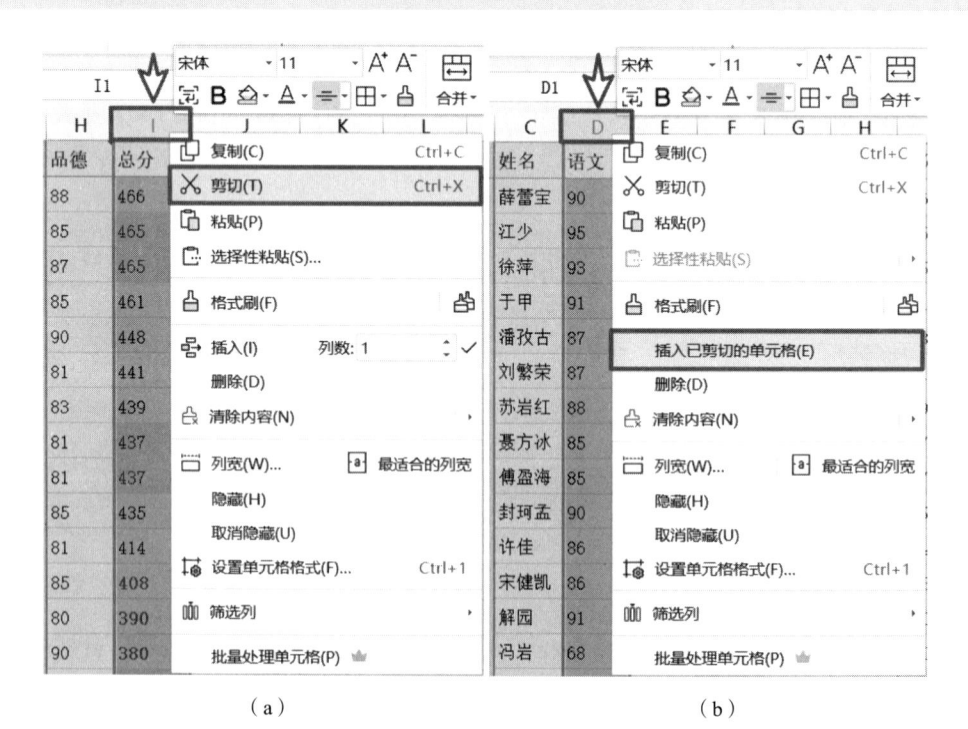

图4-69 调整列的顺序

（8）插入行

在第 1 行的上方插入一行，在 A1 单元格中输入"考试成绩数据管理"，将文字设置为"微软雅黑，20 磅，加粗，蓝色"，将 A1:J1 单元格区域合并，并设置为居中对齐。

> 操作 1：插入行。将鼠标指针移到第 1 行的行号上，右击，在弹出的快捷菜单中选择"插入"选项，即可在第 1 行的上方插入一行。单击 A1 单元格，输入"考试成绩数据管理"。
>
> 操作 2：设置文字格式。选择"开始"选项卡，单击"字体"下拉按钮，在下拉菜单中选择"微软雅黑"选项；单击"字号"下拉按钮，在下拉菜单中选择"20"选项；单击"加粗"按钮；单击"字体颜色"下拉按钮，在下拉菜单中选择"蓝色"选项。
>
> 操作 3：合并单元格。选中 A1:J1 单元格区域（将鼠标指针移到 A1 单元格上，按住鼠标左键向右拖动鼠标，直至 J1 单元格被选中），选择"开始"选项卡，单击"合并居中"按钮，即可将 A1:J1 单元格区域合并，并使其中的内容居中对齐。

5. 应用样式

（1）套用表格样式

参照完成后的效果，在"数据处理"表中，通过套用表格样式对工作表进行一键设置与美化。复制 WPS 表格提供的预设表格样式"浅色系：表样式浅色 9"，并将复制后的样式命名为"修改表样式浅色 9"，在该样式的基础上，将标题行的填充颜色改为"蓝色"，表格边框颜色改为"蓝色"。最后将修改后的表样式应用到 A2:J23 单元格区域。

> 操作 1：复制表样式。在"数据处理"表中，选择"开始"选项卡，单击"表格样式"下拉按钮，在下拉菜单的"预设样式"选区中选择"浅色系"选项，在"表样式浅色 9"缩略图上右击，在弹出的快捷菜单中选择"复制"选项。
>
> 操作 2：修改表样式。打开"修改表样式"对话框，在该对话框的"名称"文本框中输入"修改表样式浅色 9"，在"表元素"选区中选择"整个表"选项，单击"格式"按钮。打开"单元格格式"对话框，选择"边框"选项卡，设置线条"颜色"为"蓝色"，在"预置"选区中选择"内部"选项，设置线条"样式"为加粗的实线，然后在"预置"选区中选择"外边框"选项，这样外边框为粗线，内部线条为加粗的实线。确认后单击"确定"按钮，返回"修改表样式"对话框。有关操作如图 4-70 所示。
>
> 在"表元素"选区中选择"标题行"选项，再单击"格式"按钮；打开"单元格格式"对话框，选择"图案"选项卡，设置"颜色"为"蓝色"，确认后单击"确定"按钮，返回"修改表样式"对话框。最后在"修改表样式"对话框中单击"确定"按钮，完成对表样式的设置。

（二维码：套用表格样式）

　　　　　　　（a）　　　　　　　　　　　　　　（b）

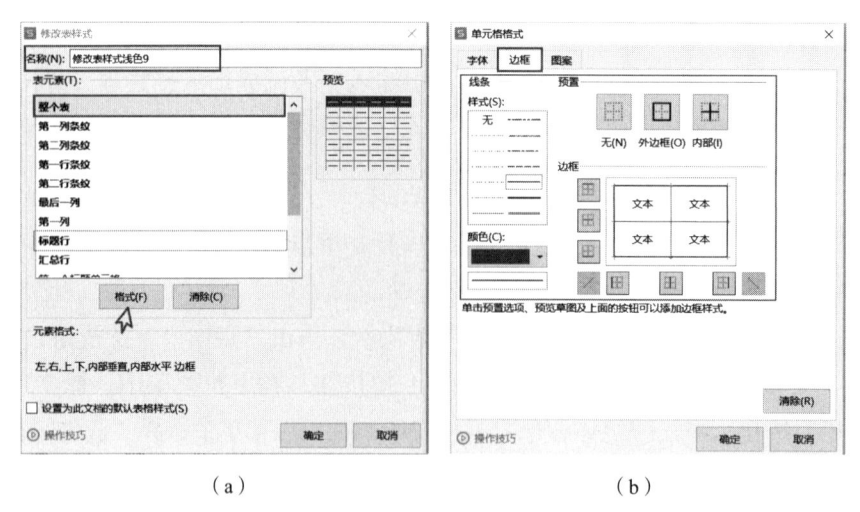

图 4-70　修改表样式

> 操作 3：套用表样式。选中 A2:J23 单元格区域，选择"开始"选项卡，单击"表格样式"下拉按钮，在下拉菜单的"预设样式"选区中选择"自定义"选项，单击"修改表样式浅色 9"缩略图，打开"套用表格样式"对话框，"表数据的来源"文本框中默认为之前选中的"A2:J23"，单击右侧的"折叠"按钮可以进行修改。确认后单击"确定"按钮，完成表格样式的套用。有关操作如图 4-71 所示。

　　　　　　　（a）　　　　　　　　　　　　　　（b）

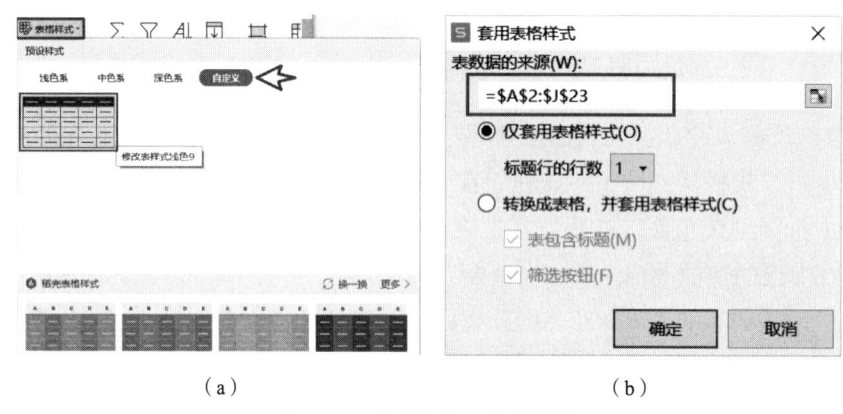

图 4-71　套用自定义表格样式

（2）套用单元格样式

新建单元格样式

在"数据处理"表中，新建一个单元格样式，将其命名为"样式 123"。设置样式格式如下："字体为微软雅黑，字号为 12，加粗，白色；水平、垂直均居中对齐；边框为蓝色实线；填充颜色为棕色"。

通过套用单元格样式对单元格进行一键设置与美化。设置 C2 单元格、D2 单元格、J2 单元格，A23:C23 单元格区域套用自定义样式为"样式 123"。设置 D23:J23 单元格区域的样式为"主题单元格样式：强调文字颜色 1"。

操作1：新建单元格样式。在"数据处理"表中，选择"开始"选项卡，单击"单元格样式"下拉按钮，在下拉菜单中选择"新建单元格样式"选项；打开"样式"对话框，如图4-72（a）所示，在"样式名"文本框中输入"样式123"，单击"格式"按钮；打开"单元格格式"对话框，在该对话框中设置样式的"对齐、字体、边框、底纹"等格式。确认后单击"确定"按钮，完成新建单元格样式的设置。

操作2：套用自定义单元格样式。单击C2单元格，按住"Ctrl"键不放，分别单击D2单元格、J2单元格、A23:C23单元格区域，将这些单元格区域一起选中。选择"开始"选项卡，单击"单元格格式"下拉按钮，在下拉菜单的"自定义"选区中选择"样式123"选项，即可对选中的区域套用指定的单元格样式。有关操作如图4-72（b）所示。

操作3：套用预设单元格样式。选中D23:J23单元格区域，选择"开始"选项卡，单击"单元格样式"下拉按钮，在下拉菜单中选择"主题单元格样式：强调文字颜色1"选项，完成套用预设单元格样式的设置。

（a） （b）

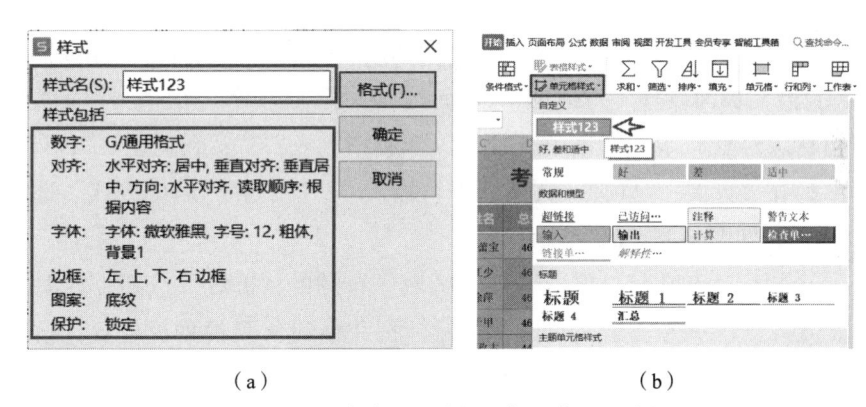

图4-72　新建单元格样式和套用单元格样式

6. 表格设置

（1）单元格设置

在"数据处理"表中，将第1行的行高设置为50磅，第2行的行高设置为30磅，其他所有行的行高设置为25磅；将所有列设置为最适合的列宽；所有单元格设置为垂直居中对齐；在数据区域中，除第1列外，其他列均设置为水平居中对齐。

表格设置

操作1：设置行高。单击"全选工作表"按钮（在A1单元格左上角位置）选中整个工作表，在选中的区域上右击，在弹出的快捷菜单中选择"行高"选项，打开"行高"对话框，在该对话框中输入行高的值"25"，单位默认为"磅"，单击"确定"按钮，即可将所有行的行高设置为25磅。

将鼠标指针移到第1行的行号上，右击，在弹出的快捷菜单中选择"行高"选项，打开"行高"对话框,输入行高的值"50",单位默认为"磅",单击"确定"按钮。使用同样的方法将第 2 行的行高设置为 30 磅,并将其他行的行高设置为 25 磅。

操作 2:设置列宽。单击"全选工作表"按钮选中整个工作表,在任意列标上右击,在弹出的快捷菜单中选择"最适合的列宽"选项,即可将所有列的列宽设置为最适合的列宽。

操作 3:设置垂直居中对齐。单击"全选工作表"按钮选中整个工作表,选择"开始"选项卡,单击"垂直居中"按钮。

操作 4:设置水平居中对齐。将鼠标指针移到 B 列的列标上,按住鼠标左键向右拖动鼠标,直至 J 列被选中,选中 B:J 区域,选择"开始"选项卡,单击"水平居中"按钮。

(2)页面设置

在"数据处理"表中,设置上页边距为 2.5 厘米、下页边距为 2 厘米,左、右页边距均为 0,页眉、页脚均为 1.5 厘米,水平居中;将第 1~2 行设置为顶端标题行,打印区域为 A:J,打印行号列标。

操作:在"数据处理"表中,选择"页面布局"选项卡,单击"页面设置"对话框启动按钮,打开"页面设置"对话框,选择"页边距"选项卡,在"上"文本框中输入"2.5"(单位默认为厘米,下同),在"下"文本框中输入"2",在"左""右"文本框中均输入"0";在"页眉""页脚"文本框中均输入"1.5";在"居中方式"选区中勾选"水平"复选框,如图 4-73(a)所示。

选择"工作表"选项卡,单击"打印区域"右侧的"折叠"按钮,此时"页面设置"对话框被折叠显示为一个文本框,将鼠标指针移到 A 列的列标位置,按住鼠标左键向右拖动鼠标,直至 J 列被选中,此时打印区域显示"$A:$J",单击"折叠"按钮,返回"页面设置"对话框,即可完成对打印区域的设置;"顶端标题行"的设置方法与之类似,单击右侧的"折叠"按钮后,选中第 1~2 行即可,此时顶端标题行显示"$1:$2";在"打印"选区中勾选"行号列标"复选框。全部设置完成后,单击"确定"按钮,如图 4-73(b)所示。

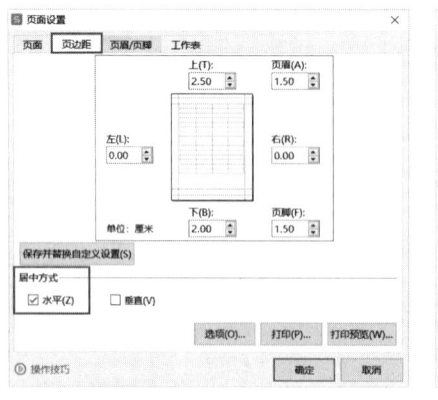

(a) 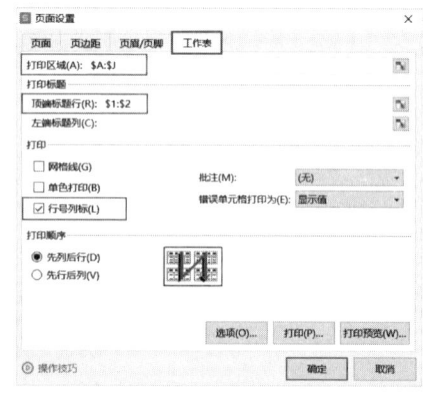   (b)

图 4-73 页面设置

7. 创建图表

新建一个工作表,并将其命名为"图表"。在"图表"表的 A1 单元格中输入"课程名称",在 B1 单元格中输入"平均分"。将"数据处理"表中所有课程的名称及平均分复制到"图表"表中,要求课程名称从 A2 单元格开始在 A 列中存放,课程平均分从 B2 单元格开始在 B 列中存放。

创建图表

根据课程名称与课程平均分创建一个柱形图,为柱形图选择合适的样式,并进行设置。

(1)整理数据

操作 1:新建工作表。单击"数据处理"表标签右侧的"新建工作表"按钮,在新建工作表标签上双击,输入"图表",按"Enter"键。

在"图表"表的 A1 单元格中输入"课程名称",在 B1 单元格中输入"平均分"。

操作 2:复制内容与选择性粘贴。在"数据处理"表中,选中 E2:I2 单元格区域(将鼠标指针移到 E2 单元格上,按住鼠标左键向右拖动鼠标,直至 I2 单元格被选中),按住"Ctrl"键不放,选中 E23:I23 单元格区域,松开"Ctrl"键,即可将"课程名称"与"平均分"两个不连续的单元格区域同时选中。按"Ctrl+C"组合键,单击"图表"表标签,在"图表"表中,将鼠标指针移到 A2 单元格上,右击,在弹出的快捷菜单中选择"选择性粘贴"选项,在右侧的子菜单中选择"选择性粘贴"选项,如图 4-74(a)所示;打开"选择性粘贴"对话框,在该对话框的"粘贴"选区中选中"数值"单选按钮,勾选"转置"复选框,如图 4-74(b)所示,确认后单击"确定"按钮。这样做既能够粘贴复制内容中的数值("平均分"中的公式被自动去除),又能够将"横向"排列的数据转置为"竖向"排列。复制内容与选择性粘贴后的内容如图 4-75 所示。

(a)　　　　　　　　　　　　　(b)

图 4-74　选择性粘贴

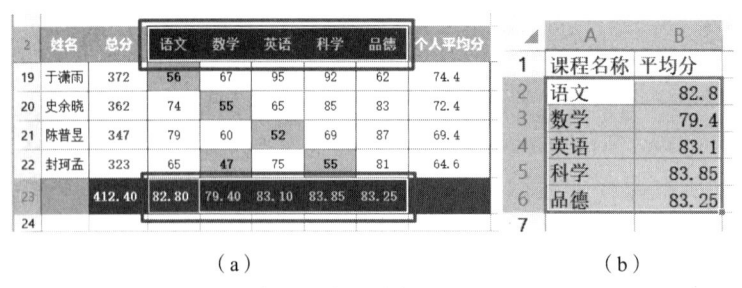

图 4-75 复制内容与选择性粘贴后的内容

（2）创建柱形图

在"图表"表中，根据"课程名称"与"平均分"创建一个簇状柱形图。

> 操作：在"图表"表中，选中 A1:B6 单元格区域，选择"插入"选项卡，单击"全部图表"下拉按钮，在下拉菜单中选择"全部图表"选项，打开"图表"对话框，如图 4-76（a）所示。在该对话框中，在左侧的图表类型中选择"柱形图"选项，在右侧的图表样式中选择"簇状柱形图"选项，在"簇状柱形图"缩略图上单击，即可插入图表，如图 4-76（b）所示。

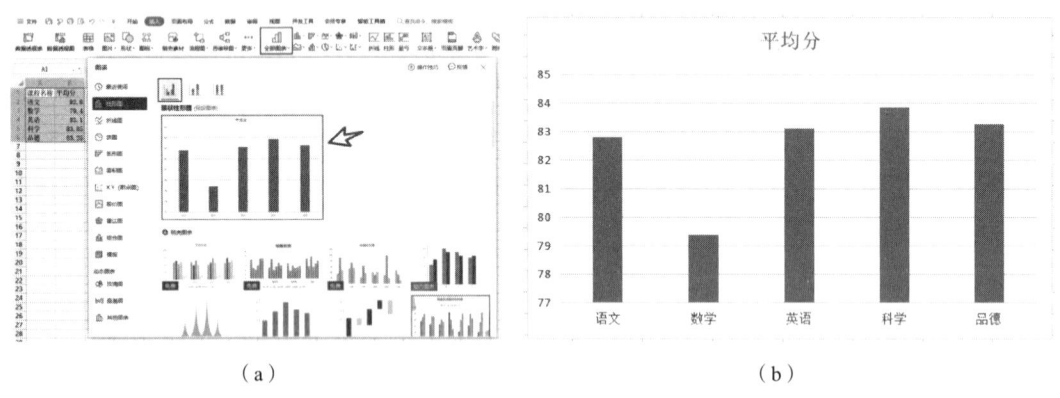

图 4-76 插入簇状柱形图

（3）编辑图表

将图表标题设置为"课程平均分"，图表样式设置为"样式8"，数据标签设置为"数据标签外"；将图表宽度设置为 12 厘米，图表高度设置为 8 厘米。

> 操作：选中图表，单击图表标题文本框，将标题设置为"课程平均分"；选择"图表工具"选项卡，单击"图表样式"下拉按钮，在下拉菜单的"预设样式"选区中选择"样式8"选项，如图 4-77（a）所示；单击"添加元素"下拉按钮，在下拉菜单中选择"数据标签"选项，在右侧的子菜单中选择"数据标签外"选项，如图 4-77（b）所示。此时，图表中"柱形条"的上方会显示对应的数值。
>
> 选中图表，选择"绘图工具"选项卡，在"形状高度"文本框中输入"8"（单位默认为厘米，下同），在"形状宽度"文本框中输入"12"。

(a) (b)

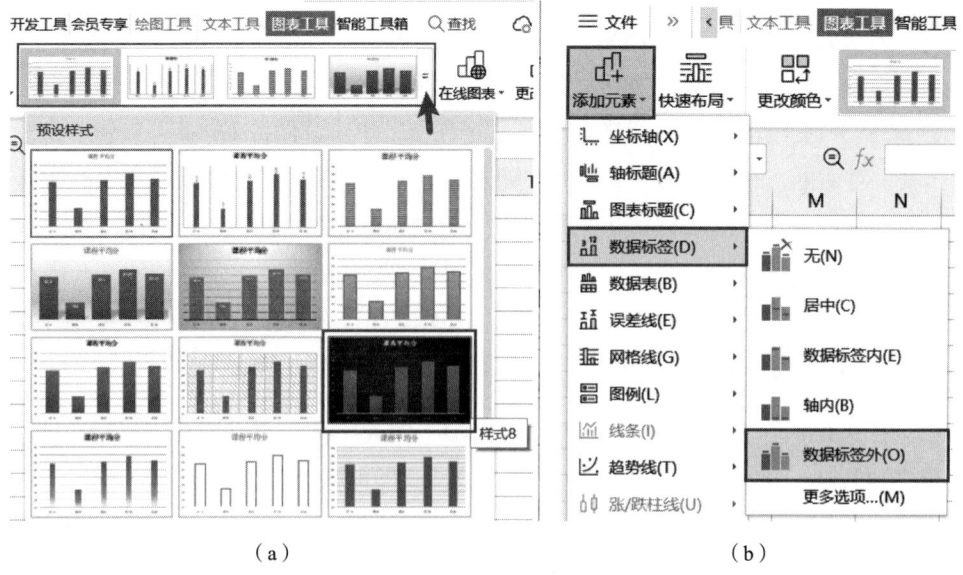

图 4-77　编辑图表

8. 保护工作簿与文件加密设置

（1）保护工作簿

将"原始数据"表设置为隐藏，设置工作簿的保护密码（111）；撤销工作簿保护。

> 保护工作簿

> 操作：单击"原始数据"表标签，右击，在弹出的快捷菜单中选择"隐藏工作表"选项，此时，在工作表标签栏中，"原始数据"表标签消失。
>
> 选择"审阅"选项卡，单击"保护工作簿"按钮，打开"保护工作簿"对话框，输入密码"111"，单击"确定"按钮；打开"确认密码"对话框，再次输入密码"111"，单击"确定"按钮，完成保护工作簿的设置。

当工作簿处于保护状态时，用户不能查看隐藏的工作表，也不能新建工作表，部分与工作表有关的操作被禁用。工作簿保护前后，部分操作权限的对比如图 4-78 所示。

撤销工作簿保护：当开启对工作簿的保护后，"保护工作簿"按钮自动变为"撤销工作簿保护"按钮，单击该按钮，输入保护工作簿的密码"111"，即可撤销工作簿保护。

（2）保护工作表

保护"数据处理"表，只允许用户对 E3:I22 单元格区域（五门课程的成绩区域）进行编辑，其他单元格区域只能查看。设置工作表的保护密码为"222"。

> 操作 1：锁定所有单元格。单击"全选工作表"按钮，选择"审阅"选项卡，单击"锁定单元格"按钮，此时该按钮有灰色底纹且高亮显示。单元格默认为锁定状态。
>
> 保护工作表

操作2：对允许编辑的单元格区域取消锁定。选中E3:I22单元格区域，选择"审阅"选项卡，单击"锁定单元格"按钮，此时该按钮无灰色底纹。

操作3：开启工作表保护。选择"审阅"选项卡，单击"保护工作表"按钮，打开"保护工作表"对话框，在"密码"文本框中输入密码（222），在"允许此工作表的所有用户进行"选区中，勾选"选定锁定单元格"和"选定未锁定单元格"复选框，单击"确定"按钮，打开"确认密码"对话框，再次输入密码"222"，单击"确定"按钮。开启工作表保护后，编辑锁定的单元格时，会提示"试图更改的单元格或图表在受保护的工作表中。要进行更改，请单击'审阅'选项卡中的'撤销工作表保护'"，如图4-79所示。

撤销工作表保护：开启工作表保护后，"保护工作表"按钮自动变成"撤销工作表保护"按钮，单击该按钮，输入工作表的保护密码"222"，即可撤销工作表保护。

（a） （b）

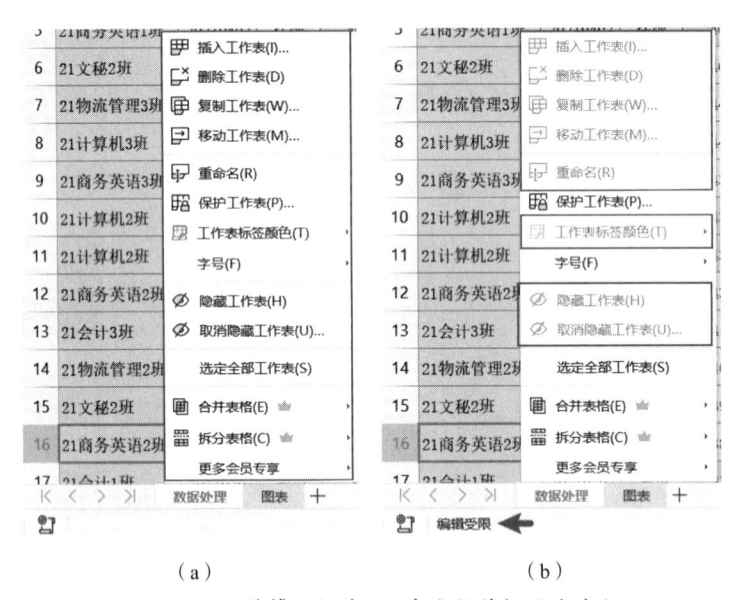

图4-78 工作簿保护前后，部分操作权限的对比

（a） （b）

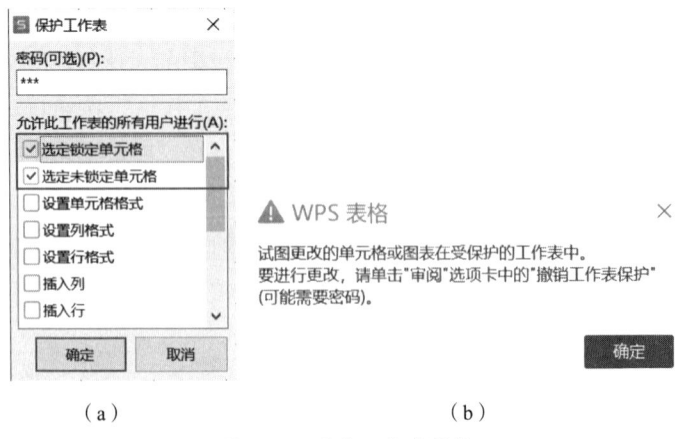

图4-79 开启工作表保护

（3）WPS 表格文件加密

为防止 WPS 表格文件被他人查看或修改，故对文件进行加密，设置文件的密码为 333，输入该密码才能打开文件。

> 操作：在"文件"菜单中选择"文件加密"选项，在右侧的子菜单中选择"密码加密"选项，打开"密码加密"对话框，在"打开文件密码"文本框中输入密码"333"，在"再次输入密码"文本框中输入密码"333"，如图 4-80 所示，单击"应用"按钮，完成加密设置，将文件保存后退出。若想打开该表格文件，则必须输入正确的密码。

图 4-80 "密码加密"对话框

4.2.5 相关知识

1. WPS 表格的常用计算方法

（1）求和的方法

方法 1：自动求和。单击"开始"选项卡中的"求和"按钮，可自动求和。

方法 2：使用求和公式。WPS 表格中的公式是以"="开始，并由运算符、常量、单元格引用地址和函数组成的式子。公式的形式为"= 运算数和运算符"。例如，计算 A2 和 C2 单元格中数值的和，则在空白单元格中输入"=A2+C2"，如图 4-81 所示。WPS 表格中的常用运算符有 4 类，即算术运算符、比较运算符、文本运算符、引用运算符，如表 4-2 所示。

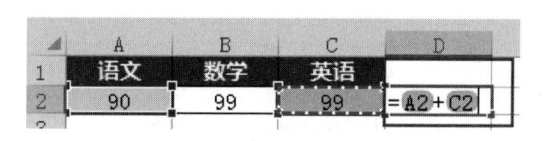

图 4-81 使用公式求和

表 4-2　WPS 表格中的常用运算符

算术运算符	+	−	*（乘）	/（除）	^（乘方）	%
比较运算符	=	>	>=	<=	<	<>
文本运算符	& 字符串连接					
引用运算符	:	,	单个空格			

算术运算符从高到低的 3 个级别为百分号和乘方、乘除、加减。

比较运算符的优先级相同。

4 类运算符的优先级如下：引用运算符 > 算术运算符 > 文本运算符 > 比较运算符。

（2）求平均值的方法

方法 1：单击"开始"选项卡中的"求和"下拉按钮，在下拉菜单中选择"平均值"选项，可自动计算平均值。

方法 2：输入公式求平均值。例如，在本任务中，在 K3 单元格中输入"=I3/5"，其中，I3 为各科总分，5 为科目数，"/"为除号；或者输入"=（D3+E3+F3+G3+H3）/5"。

注意，在 WPS 表格中输入公式时，公式中的等号、加号、减号、乘号、除号、括号等，必须是英文半角符号。

2. 条件格式的设置

单击"开始"选项卡中的"条件格式"下拉按钮，在下拉菜单中选择对应的选项，可以新建、清除、管理条件规则。

注意：要避免对同一条件格式的重复设置，若第一次设置有误，应通过"条件格式规则管理器"（单击"条件格式"下拉按钮，在下拉菜单中选择"管理规则"选项，打开"条件格式规则管理器"对话框，如图 4-82 所示）进行修改，或者删除既有错误规则后添加新规则。

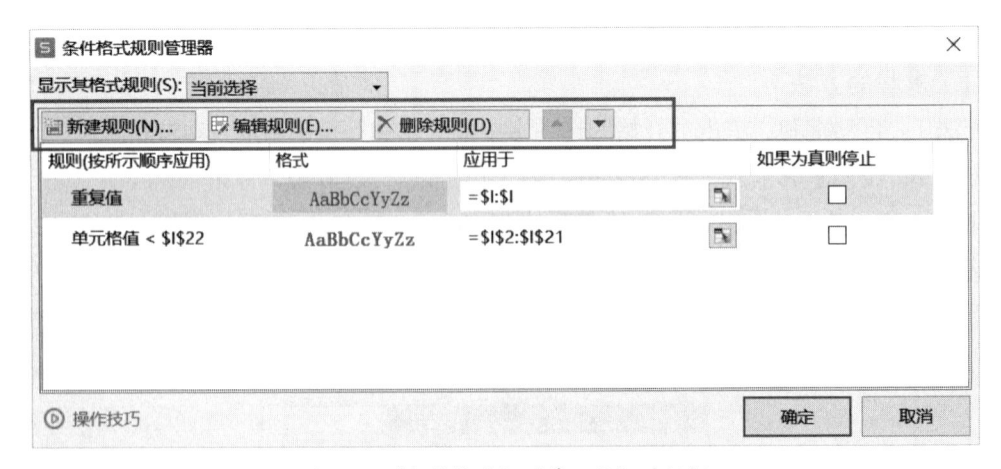

图 4-82　"条件格式规则管理器"对话框

3. 单元格批注有关操作

批注是对指定单元格数据的补充说明，不影响对数据的展示，可提高数据的可读性。

（1）插入批注

在要插入批注的单元格上右击，在弹出的快捷菜单中选择"插入批注"选项，或者按"Shift+F2"组合键。在该单元格的右侧会出现一个文本框，在文本框中输入相关内容，输入内容后在该文本框之外的任意位置单击，完成插入批注操作，如图4-83（a）所示。

（2）查看批注

在插入批注的单元格的右上角，会出现一个红色的三角形。将鼠标指针移到插入批注的单元格上，可以查看批注，如图4-83（b）所示。

（a）　　　　　　　（b）

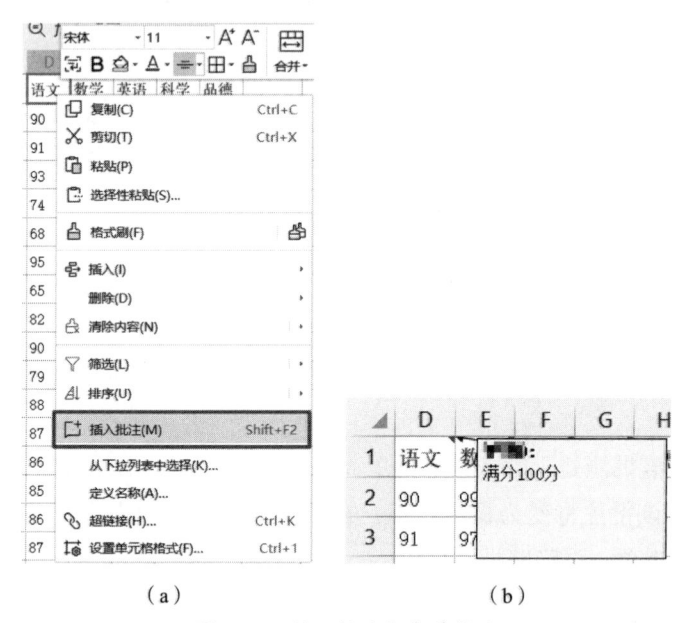

图 4-83　插入批注与查看批注

（3）编辑批注

批注的默认字号为9磅，批注的第1行内容默认是系统用户名。

在插入批注的单元格上右击，在弹出的快捷菜单中选择"编辑批注"选项，可以编辑批注。

（4）复制粘贴批注

若有多个单元格要插入批注，可以通过复制批注来实现。

先选中要复制批注的单元格，按"Ctrl+C"组合键；或者右击，在弹出的快捷菜单中选择"复制"选项；或者单击"开始"选项卡中的"复制"按钮。

再选中要粘贴批注的单元格，用下列方法之一打开"选择性粘贴"对话框。

- 按"Ctrl+Alt+V"组合键。

- 右击，在弹出的快捷菜单中选择"选择性粘贴"选项，在右侧的子菜单中选择"选择性粘贴"选项，如图4-84（a）所示。

- 单击"开始"选项卡中的"粘贴"下拉按钮,在下拉菜单中选择"选择性粘贴"选项。

在"选择性粘贴"对话框中选中"批注"单选按钮,单击"确定"按钮,如图4-84(b)所示。

(a)   (b)

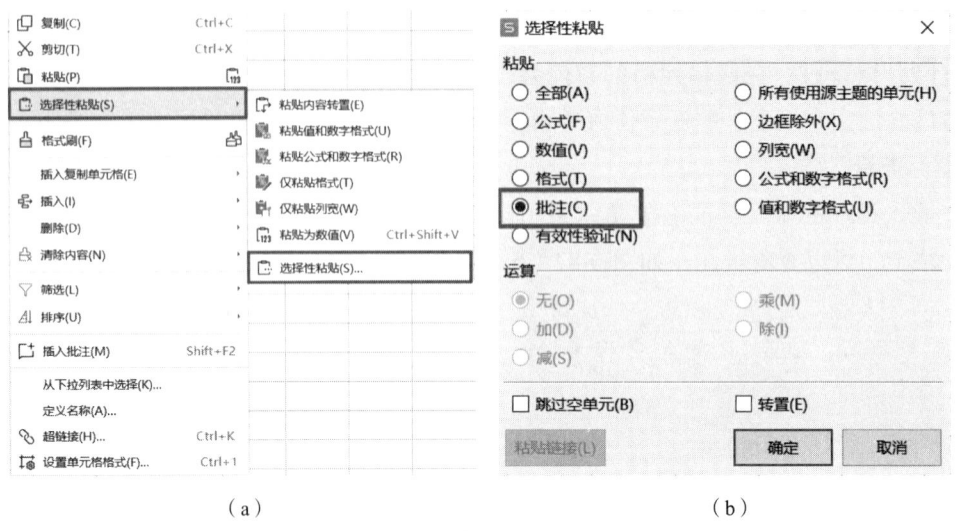

图 4-84 复制粘贴批注

(5)显示/隐藏批注

插入批注后,批注默认为隐藏状态,只有将鼠标指针移到插入批注的单元格上,批注才会显示出来。

在插入批注且该批注处于隐藏状态的单元格上右击,在弹出的快捷菜单中选择"显示/隐藏批注"选项,该批注将变为显示状态;在该单元格上再次右击,在弹出的快捷菜单中选择"隐藏批注"选项,可隐藏批注。

(6)删除批注

在要删除批注的单元格上右击,在弹出的快捷菜单中选择"删除批注"选项。

如果要删除整个工作表中的批注,则选中整个工作表,单击"开始"选项卡中的"清除内容"下拉按钮,在下拉菜单中选择"批注"选项,如图4-85(a)所示;或者选中整个工作表后,右击,在弹出的快捷菜单中选择"清除内容"选项,在右侧的子菜单中选择"批注"选项,如图4-85(b)所示,即可将工作表中的所有批注删除。

(a)   (b)

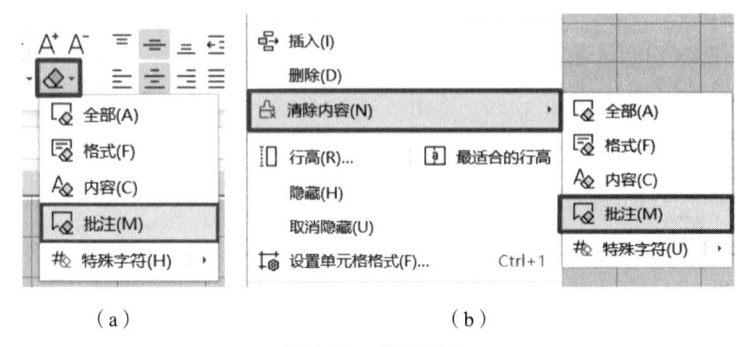

图 4-85 删除批注

或者单击"开始"选项卡中的"单元格"下拉按钮,在下拉菜单中选择"清除"选项,在右侧的子菜单中选择"批注"选项,也可将工作表中的所有批注删除。

4. 数据排序

单击"开始"选项卡中的"排序"下拉按钮,在下拉菜单中选择对应的选项,可以进行单列排序和多重排序。

单列排序:按某关键字排序。选中要排序的列中的任意单元格,单击"开始"选项卡中的"排序"下拉按钮,在下拉菜单中选择"降序"或"升序"选项,该列中的字段将按照降序或升序进行排序。

多重排序:按多个关键字排序。选中要排序的单元格区域,单击"开始"选项卡中的"排序"下拉按钮,在下拉菜单中选择"自定义排序"选项,打开"排序"对话框,单击"添加条件"按钮,可增加次要关键字的字段名及对应的次序,根据需要还可添加其他关键字,如图 4-86 所示。

图 4-86 "排序"对话框

5. 查找和替换

在 WPS 表格中,查找和替换操作与 WPS 文字中的查找和替换操作基本类似。通过查找和替换功能,可以实现对指定内容的批量修改。例如,将"WPS"替换为"WPS 2019"。

进行查找操作时,按"Ctrl+F"组合键,打开"查找和替换"对话框,选择"查找"选项卡,单击"选项"按钮,可选择查找范围,默认范围为当前工作表,也可选择工作簿。

进行替换操作时,选中替换范围,按"Ctrl+H"组合键,打开"替换"对话框,如图 4-87 所示,选择"替换"选项卡,在"查找内容"和"替换为"文本框中分别输入"WPS"和"WPS 2019"后,单击"查找下一个"按钮,从活动单元格开始查找(行优先,即先在本行查找,若在本行没有找到需要的内容,则再到下一行查找)。找到第一个满足条件的单元格后将停止查找(匹配到查找内容的单元格变为活动单元格),此时,单击"替换"按钮,活动单元格的内容会被替换;如果连续单击"查找下一个"按钮,则表示不执行替换操作,自动查找下一个满足条件的单元格;单击"全部替换"按钮,所有满足条件的单元格的内容都会被替换。

图 4-87 "替换"对话框

6. 应用样式

（1）应用表格样式

WPS 表格提供了多种表格样式，用户可以根据需要进行选择。

打开工作表，单击"开始"选项卡中的"表格样式"下拉按钮，在下拉菜单中显示 WPS 表格自带的预设样式和稻壳提供的表格样式（部分样式只有会员才能使用），如图 4-88（a）所示，选择某种样式后，打开"套用表格样式"对话框，设置"表数据的来源"，确认后单击"确定"按钮。

隐藏网格线。在"视图"选项卡中，取消勾选"显示网格线"复选框，可隐藏网格线，使工作表界面更整洁，如图 4-88（b）所示。

（a） （b）

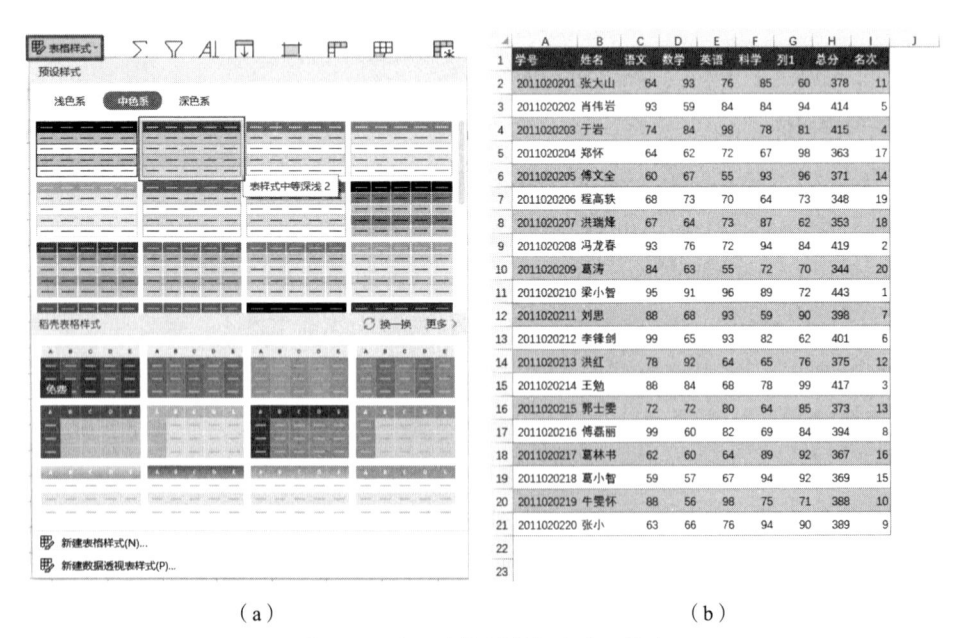

图 4-88 应用表格样式与隐藏网格线

（2）应用单元格样式

选中要应用单元格样式的单元格区域，单击"开始"选项卡中的"单元格样式"下拉按钮，在下拉菜单中选择需要的预设样式即可，如图4-89所示。

（a）

（b）

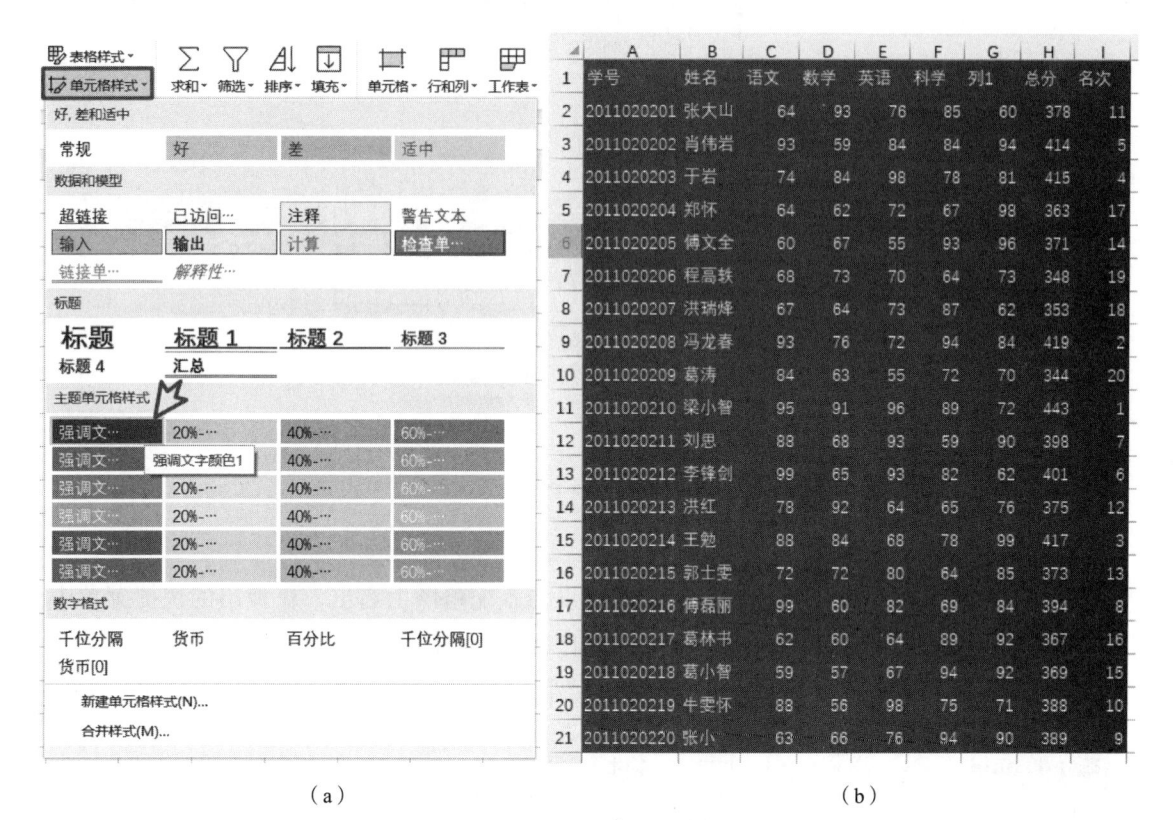

图4-89　应用单元格样式

（3）自定义表格样式

自定义表格样式时，可以选择新建表格样式，也可以复制预设样式后对该样式进行修改。

①新建表格样式。

单击"开始"选项卡中的"表格样式"下拉按钮，在下拉菜单中选择"新建表格样式"选项，打开"新建表样式"对话框，如图4-90（a）所示，在该对话框中输入新建表格样式的名称，在"表元素"选区中，对表元素进行设置。例如，选择"第一行条纹"选项，在对话框的右侧可以设置条纹尺寸，这里将条纹尺寸设置为"1"，表示从第2行开始，每隔1行应用所设置的第一行条纹格式。注意，此处的"第一行"是指表中标题行之外数据区域的第一行，一般是行号为2的行。在"新建表样式"对话框中单击"格式"按钮，在打开的"单元格格式"对话框中可以设置单元格的字体、边框、图案等。

新建表格样式后，在"表格样式"下拉菜单的"自定义"选项卡中，找到自定义的表格样式，可以一键套用，如图4-90（b）所示。

(a)　　　　　　　　　　　　　　　　　(b)

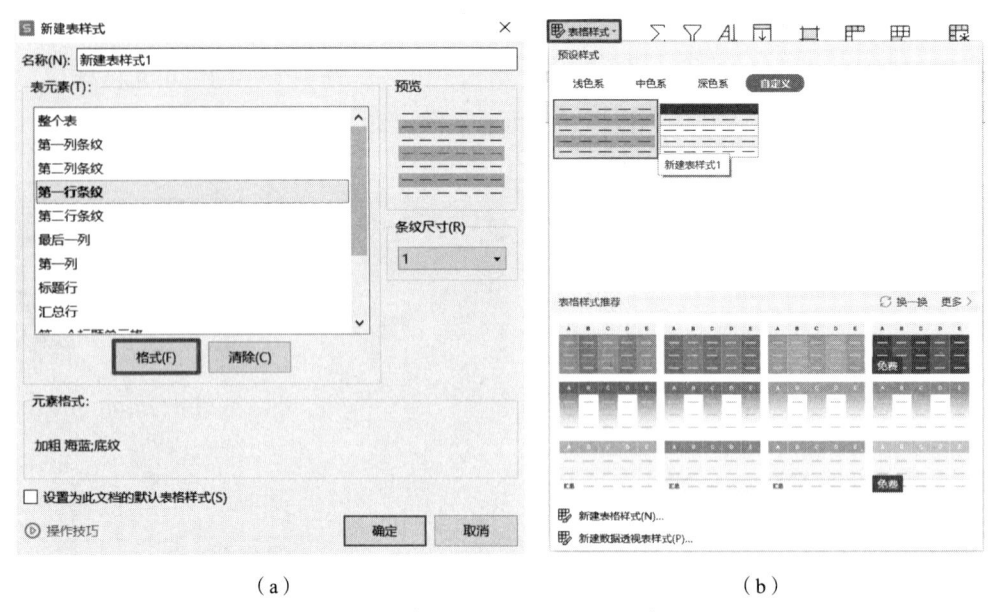

图 4-90　新建表格样式与套用自定义表格样式

②复制预设表格样式。

在"表格样式"下拉菜单中，在选中的预设样式缩略图上右击，在弹出的快捷菜单中选择"复制"选项，如图 4-91（a）所示，打开"修改表样式"对话框，如图 4-91（b）所示，在该对话框中修改样式效果。例如，修改"第一行条纹"的图案，"标题行"的字体等。

(a)　　　　　　　　　　　　　　　　　(b)

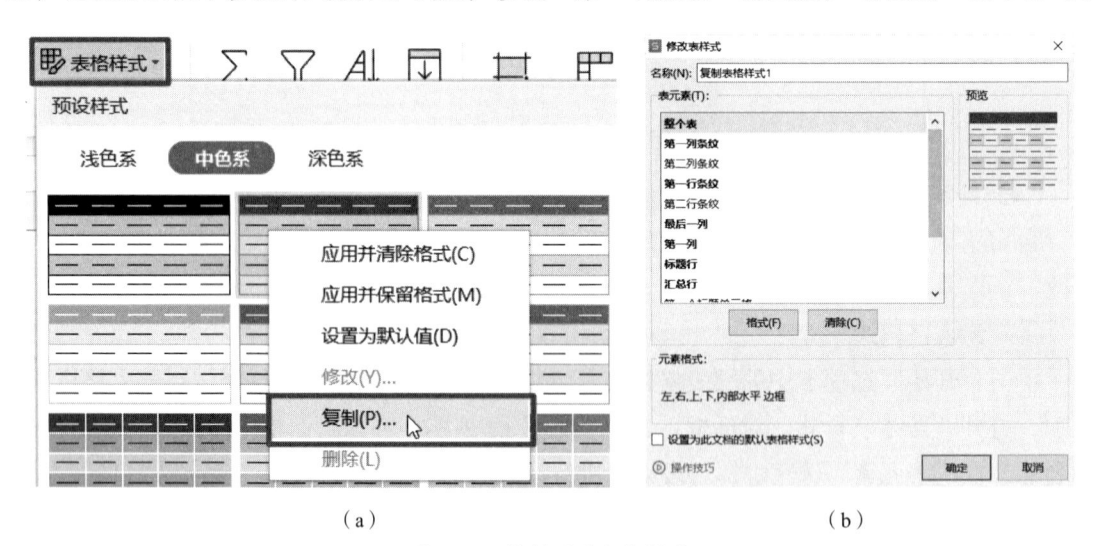

图 4-91　复制预设表格样式

（4）新建单元格样式

单击"开始"选项卡中的"单元格样式"下拉按钮，在下拉菜单中选择"新建单元格样式"选项，如图 4-92（a）所示，打开"样式"对话框，如图 4-92（b）所示。在该对话框中输入新建单元格样式的名称，单击"格式"按钮，在打开的"单元格格式"对话框中设置新样式的相关属性，如设置"数字、对齐、字体、边框、图案、保护"等。

新建单元格样式后，单击"单元格样式"下拉按钮，之前新建的单元格样式会显示在下拉菜单顶部的"自定义"选区中。

（a） （b）

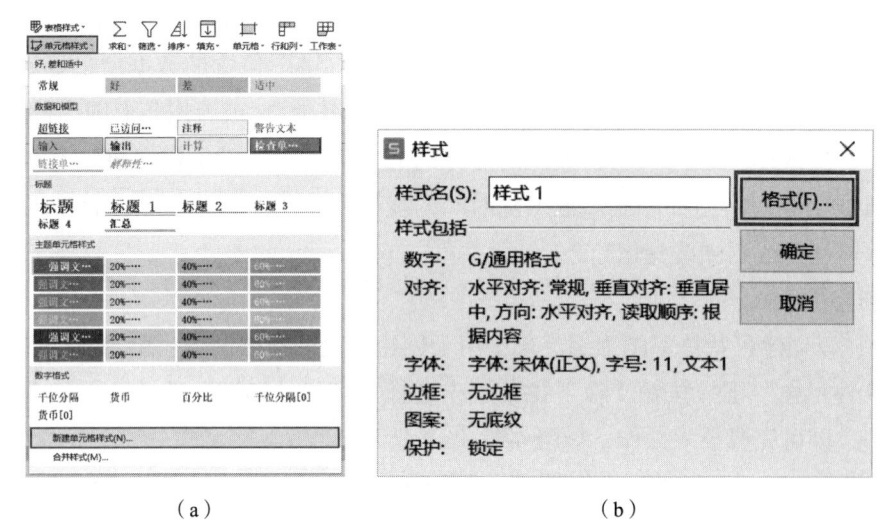

图4-92 新建单元格样式

（5）修改样式

① 修改表格样式。

WPS表格提供的预设样式只能选用不能修改，只有自定义表格样式才能修改。

在"表格样式"下拉菜单的"自定义"选项卡中，在自定义表格样式的缩略图上右击，在弹出的快捷菜单中选择"修改"选项，打开"修改表样式"对话框，修改表样式后单击"确定"按钮。表格样式修改后，已套用该样式的表格不会自动更新，需要执行一次套用表格样式操作。

② 修改单元格样式。

在"单元格样式"下拉菜单的"自定义"选区中，在自定义单元格样式的缩略图上右击，在弹出的快捷菜单中选择"修改"选项，打开"样式"对话框，单击"格式"按钮，打开"单元格格式"对话框，修改相关属性，单击"确定"按钮，返回"样式"对话框，单击"确定"按钮完成修改。单元格样式修改后，已应用该样式的单元格会自动按修改后的样式显示。

（6）清除格式

选择要清除格式的单元格区域，单击"开始"选项卡中的"清除"下拉按钮，在下拉菜单中选择"格式"选项即可。

7. 使用图表

图表是WPS表格中常用的对象之一，它能根据所选的单元格区域中的数据，生成数据图，使抽象的数据可视化，当数据源发生变化时，图表中对应的数据会自动更新。WPS表格提供了丰富的图表资源，用户可以根据需要选择对应的图表类型。常用图表类型有以下几种。

柱形图和条形图：柱形图一般用于展示数据之间的差异，表现数据的分布规律。在柱形图中，每个数据都显示为一个柱形，其高度对应数据的值。条形图是将柱形图顺时针旋转90°后的效果，适用于项目名称较长且适合横向摆放的数据。

饼图：饼图适合展示各成员在整体中所占的比例。饼图包含的数据项最好不要超过5个，如果项目太多，可以把一些不重要的项目合并为"其他"，或者用条形图代替饼图。

折线图：折线图一般用来展示数据的变化趋势。折线图的横坐标一般是时间，纵坐标是数值。折线图和柱形图都能展示数据随时间的变化，使用时可以互换。柱形图强调每个时间点的数值，折线图强调变化趋势。

（1）创建图表

方法1：以创建簇状柱形图为例。选中用于创建图表的数据区域，单击"插入"选项卡中的"插入柱形图"下拉按钮，在下拉菜单中选择"簇状柱形图"选项，再单击某个柱形图的缩略图，即可完成插入操作，如图4-93（a）所示。

方法2：单击"插入"选项卡中的"全部图表"下拉按钮，在下拉菜单中选择"全部图表"选项，打开"图表"对话框，在该对话框的左侧选择图表类型，在右侧双击某个图表缩略图，即可完成插入操作，如图4-93（b）所示。

（a） （b）

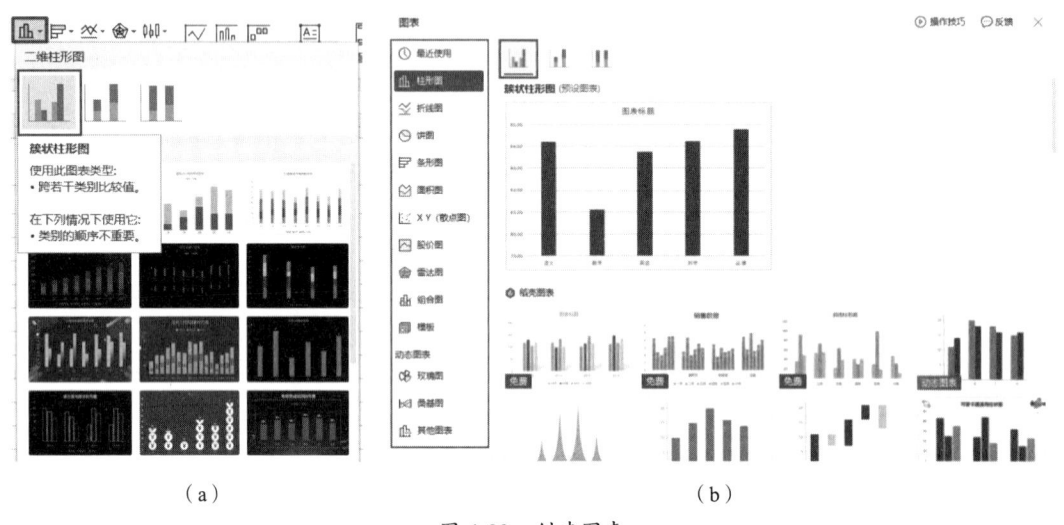

图4-93 创建图表

（2）编辑图表

用户可以对创建的图表进行编辑，更改图表类型，修改图表标题、图表图例项，添加数据标识等。单击图表后，在"图表工具"选项卡中可以对图表的参数进行设置，如"添加元素、快速布局、更改颜色、设置图表样式、更改图表类型、选择数据源"等，WPS表格提供了大量的"在线图表"样式供用户选择，如图4-94所示。

修改图表标题。在"图表标题"文字上双击，输入新的标题文字。

更改图表类型。选中图表，单击"图表工具"选项卡中的"更改类型"按钮，打开"更改图表类型"对话框，选择需要的图表类型。

修改图例位置。选中图表,单击"图表工具"选项卡中的"添加元素"下拉按钮,在下拉菜单中选择"图例"选项,在右侧的子菜单中选择图例的位置。

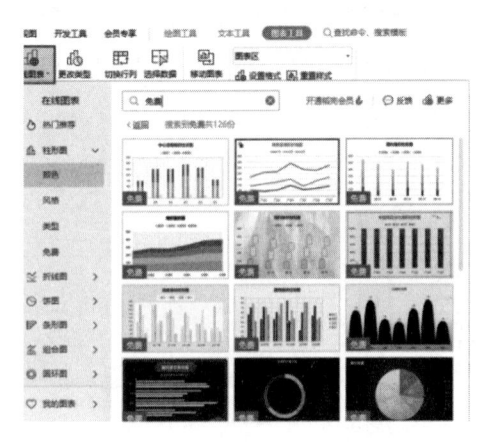

图 4-94 "图表工具"选项卡

8. 保护工作簿和工作表

(1) 保护工作簿

保护工作簿是指控制工作簿结构,使其他用户无法对工作表进行插入、删除等操作。

单击"审阅"选项卡中的"保护工作簿"按钮,打开"保护工作簿"对话框,如图 4-95 (a) 所示,设置密码(可选),即可开启对工作簿的保护。

若想撤销工作簿保护,则单击"审阅"选项卡中的"撤销工作簿保护"按钮,在打开的对话框中输入之前设置的保护密码,如图 4-95(b)所示。

(a)　　　　　　　　　　　(b)

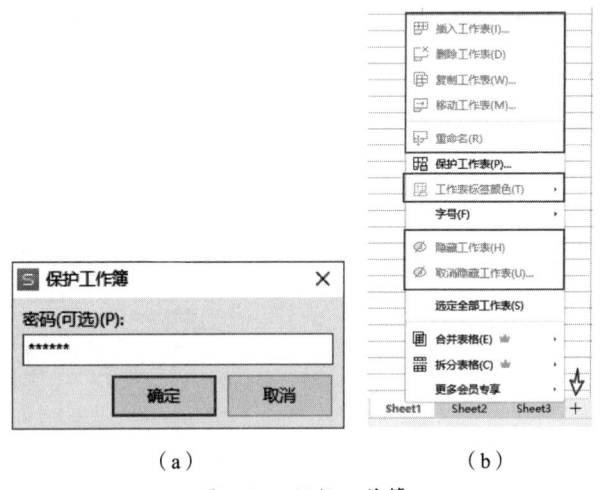

图 4-95　保护工作簿

(2) 保护工作表

保护工作表是指根据单元格的保护属性,控制单元格是否允许被修改、选中等。

在要保护的工作表标签上右击,在弹出的快捷菜单中选择"保护工作表"选项;或者单击"审阅"选项卡中的"保护工作表"按钮,打开"保护工作表"对话框,如图4-96(a)所示,在该对话框中输入密码(可选),并在"允许此工作表的所有用户进行"选区中进行设置。启用保护工作表功能后,对单元格进行编辑操作时,会弹出提示对话框提示"试图更改的单元格或图表在受保护的工作表中。要进行更改,请单击'审阅'选项卡中的'撤销工作表保护'",如图4-96(b)所示。

(a)　　　　　　　　　(b)

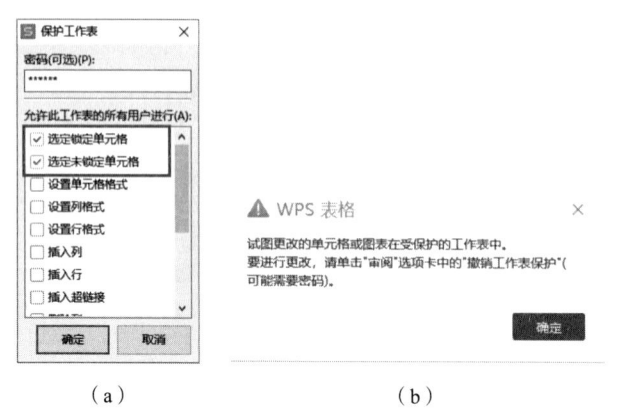

图4-96 "保护工作表"对话框与提示对话框

若允许对工作表中的部分单元格区域进行编辑,则在设置保护工作表之前,需将允许编辑的单元格区域的"保护"属性设置为"不锁定"。单元格区域的"保护"属性默认为"锁定"。

选中单元格区域,单击"审阅"选项卡中的"锁定单元格"按钮,将"保护"属性设置为"不锁定";也可在选中的单元格区域上右击,在弹出的快捷菜单中选择"设置单元格格式"选项(快捷键为"Ctrl+1"组合键),在打开的"单元格格式"对话框中,选择"保护"选项卡,取消勾选"锁定"复选框,如图4-97(a)所示。

再次执行"保护工作表"操作,在"保护工作表"对话框中,如图4-97(b)所示,若勾选"选定未锁定单元格"复选框,则保护状态为"未锁定"的单元格允许编辑;否则所有单元格都不允许编辑。

(a)　　　　　　　　　(b)

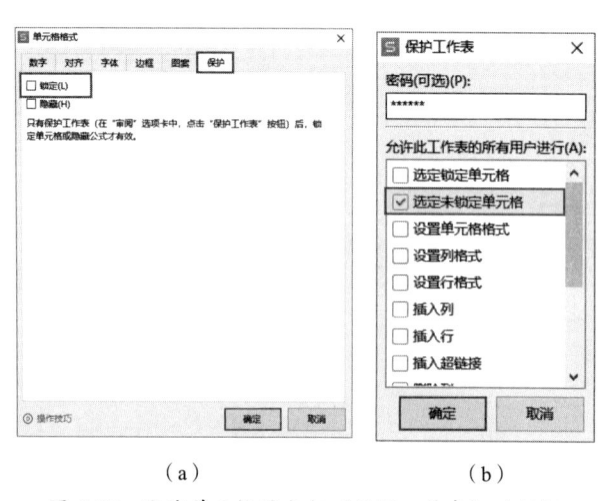

图4-97 取消单元格锁定与"保护工作表"对话框

(3) 隐藏工作表

在 WPS 表格中，通常情况下，一个工作簿包含多个工作表，有时为了保护工作表中的信息，可以将不想让他人看到的工作表隐藏起来。

隐藏工作表：右击要隐藏的工作表的标签，在弹出的快捷菜单中选择"隐藏工作表"选项。

取消隐藏工作表：右击任意工作表标签，在弹出的快捷菜单中选择"取消隐藏工作表"选项，打开"取消隐藏"对话框，选择需要取消隐藏的工作表，单击"确定"按钮，如图 4-98 所示。

图 4-98 "取消隐藏"对话框

4.2.6 任务总结

1. 进行选择性粘贴时，可以只粘贴数值，去除公式、格式等，也可以选用"转置"方式进行粘贴。

2. 若录入公式后，而单元格中只显示公式内容，不显示计算结果，可将单元格格式设置为"常规"，或者对单元格执行"数据分列"操作。

3. 通过数据验证可对输入的内容进行有效性控制，提高数据输入的规范性。

4. 通过套用表格样式、单元格样式、图表样式等，可以一键设置表格、单元格及图表的属性，快速美化表格与图表。通过复制并修改 WPS 表格自带的表格样式，可以自定义表格样式。

5. 通过自定义单元格样式，可以把"字体、对齐、边框、底纹"等格式组合定义为一种"样式"，应用单元格样式可使单元格格式更统一，使编辑和修改操作更方便。

6. 通过设置"保护工作簿""文件加密"等功能，可以对表格进行必要的保护，避免数据被他人随意修改。

7. 通过设置"保护工作表""保护工作簿""允许编辑区域""用密码进行加密"等功能，可以对表格和工作簿进行保护，避免数据被他人随意修改。

4.2.7 任务巩固

1. 操作题

（1）打开制作完成的成绩数据表，新建工作表，并将其命名为"表格修改"，在该工作表中，将班级名称"21商务英语1班"修改为"21英语1班"。

（2）在成绩数据表的K列中计算"加权总分"，加权总分=（语文＋数学＋英语）×0.6+（科学＋品德）×0.4；按照"加权总分"进行降序排序。K2单元格使用自定义的单元格样式。

（3）为各科成绩设置条件格式，将单科成绩≥95分的单元格，填充为蓝色背景。修改后的成绩数据表如图4-99所示。

班级名称	学号	姓名	总分	语文	数学	英语	科学	品德	个人平均分	加权总分
21商务英语3班	20210401	薛蕾宝	466	90	95	95	90	88	93.2	244
21英语1班	20210404	江少	465	95	95	95	55	85	93.0	243
21英语1班	20210402	徐萍	465	93	96	96	93	87	93.0	243
21文秘2班	20210501	于甲	461	91	97	97	91	85	92.2	241.4
21物流管理3班	20210601	潘孜古	448	87	92	92	87	90	89.6	233.4
21计算机3班	20210303	刘繁荣	441	87	93	93	87	81	88.2	231
21商务英语3班	20210406	苏岩红	439	88	90	90	88	83	87.8	229.2
21计算机2班	20210304	傅盈海	437	85	93	93	85	81	87.4	229
21计算机2班	20210302	聂方冰	437	85	93	93	85	81	87.4	229
21商务英语2班	20210405	封珂孟	435	90	95	75	90	85	87.0	226
21会计3班	20210204	许佳	414	86	76	85	86	81	82.8	215
21物流管理2班	20210602	宋健凯	408	86	58	93	86	85	81.6	210.6
21文秘2班	20210502	解园	390	91	60	82	77	80	78.0	202.6
21物流管理1班	20210603	洪雪君	379	78	82	61	76	82	75.8	195.8
21会计1班	20210202	施勇	379	82	75	56	78	88	75.8	194.2
21商务英语2班	20210403	冯岩	380	68	65	75	82	90	76.0	193.6
21电子商务1班	20210101	于潇雨	372	56	67	95	92	62	74.4	192.4
21会计3班	20210201	史余晓	362	74	55	65	85	83	72.4	183.6
21会计3班	20210203	陈普昱	347	79	60	52	69	87	69.4	177
21计算机1班	20210301	封珂孟	323	65	47	75	55	81	64.6	166.6
单科平均分				412.40	82.80	79.40	83.10	83.85	83.25	

图4-99 修改后的成绩数据表

2. 单选题

（1）在WPS表格中，若要使标题文字位于单元格的中间（水平、垂直均居中），应

(　　)。

  A．设置水平居中　　　　　　　　　B．设置合并居中
  C．设置垂直居中　　　　　　　　　D．在标题文字左侧输入空格

（2）在WPS表格中，若在工作表的第A列中需要输入以零开头的编号，则应将该列的数字分类设置为（　　）。

  A．常规　　　　B．文本　　　　C．特殊　　　　D．自定义

（3）在WPS表格中，若要在单元格中输入公式，则输入的第一个符号是（　　）。

  A．=　　　　　B．#　　　　　C．@　　　　　D．&

（4）在WPS表格中，通过鼠标拖动复制单元格内容时，必须同时按住（　　）键。

  A．"Tab"　　　B．"Alt"　　　C．"Ctrl"　　　D．"Shift"

（5）在WPS表格中，要对成绩表按"总分"从高到低排序；如果总分相同，则按"语文"成绩降序排序；如果语文成绩也相同，则按"英语"成绩降序排序。以下排序操作正确的是（　　）。

  A．主要关键字为"总分"，次要关键字为"语文"，第二个次要关键字为"英语"
  B．主要关键字为"总分"，次要关键字为"英语"，第二个次要关键字为"语文"
  C．主要关键字为"英语"，次要关键字为"语文"，第二个次要关键字为"总分"
  D．主要关键字为"英语"，次要关键字为"总分"，第二个次要关键字为"语文"

（6）在WPS表格中，下列关于"数据有效性"功能的描述中，错误的是（　　）。

  A．可以用"自定义"形式限制允许输入的人员
  B．可以用"序列"形式限制允许输入的选项
  C．可以用"整数"形式限制只能输入指定范围的整数
  D．可以用"日期"形式限制只能输入指定范围的日期

扫下面二维码可在线测试

测试一下

每次测试20分钟，最多可进行2次测试，取最高分作为测试成绩。

扫码进入测试 >>

4.3 制作阅读计划表

4.3.1 任务目标

本任务介绍 WPS 表格中的单元格格式的设置、自动填充的设置、条件格式的设置、数据有效性的设置、函数的设置；读者通过学习本任务能够掌握插入图表展示数据的方法，以及使用图表样式一键美化图表等；本任务旨在帮助读者提高表格编辑与数据处理技能。

4.3.2 任务描述

小胡是某校学习部的干事，为进一步引导学生利用课余时间开展阅读，学习部准备制作“快乐阅读计划表”，并将该表发给学生，让他们把在本学期内计划阅读的书籍及相关信息填入表内，下学期开学后，学习部将回收该计划表。请你帮助小胡完成该计划表的制作。

本任务完成后的参考效果如图 4-100 所示。

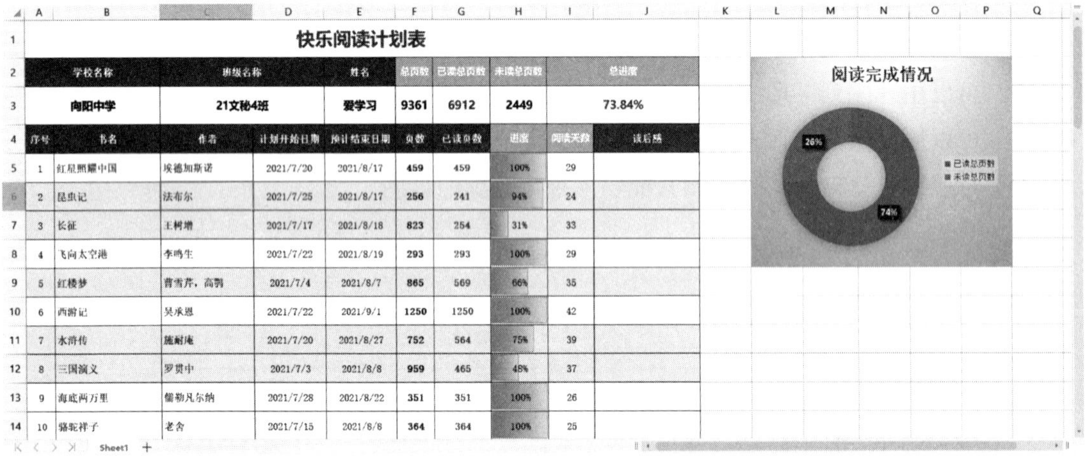

快乐阅读计划表

学校名称	班级名称	姓名	总页数	已读总页数	未读总页数	总进度
向阳中学	21文秘4班	爱学习	9361	6912	2449	73.84%

序号	书名	作者	计划开始日期	预计结束日期	页数	已读页数	进度	阅读天数	读后感
1	红星照耀中国	埃德加斯诺	2021/7/20	2021/8/17	459	459	100%	29	
2	昆虫记	法布尔	2021/7/25	2021/8/17	256	241	94%	24	
3	长征	王树增	2021/7/17	2021/8/18	823	254	31%	33	
4	飞向太空港	李鸣生	2021/7/22	2021/8/19	293	293	100%	29	
5	红楼梦	曹雪芹，高鹗	2021/7/4	2021/8/7	865	569	66%	35	
6	西游记	吴承恩	2021/7/22	2021/9/1	1250	1250	100%	42	
7	水浒传	施耐庵	2021/7/20	2021/8/27	752	564	75%	39	
8	三国演义	罗贯中	2021/7/3	2021/8/8	959	465	48%	37	
9	海底两万里	儒勒凡尔纳	2021/7/28	2021/8/22	351	351	100%	26	
10	骆驼祥子	老舍	2021/7/15	2021/8/8	364	364	100%	25	

图 4-100　本任务完成后的参考效果

4.3.3 任务分析

- 通过“开始”选项卡中的“条件格式”下拉按钮，对满足条件的单元格格式进行设置；选择“数据条”选项，将单元格中的数据以数据条形式展示；使用“填充”功能自动填充序号。
- 通过“插入”选项卡中的“图表”按钮，或者利用 WPS 表格提供的在线图表等资源美化表格，提高操作效率。

● 通过输入公式或插入函数，对工作表中的数据进行计算。

● 通过"视图"选项卡中的"阅读模式""护眼模式""冻结窗格""重排窗口"等按钮，选择不同的显示方式。

● 通过"审阅"选项卡中的"锁定单元格""保护工作表""保护工作簿""共享工作簿"等按钮，对 WPS 表格文件进行保护。

4.3.4 任务实现

新建一个 WPS 表格文件，并将其命名为"×××的快乐阅读计划表.xlsx"，其中"×××"为制作者的姓名，".xlsx"为文件的扩展名，按照要求完成下列操作。所有操作完成后，对文件执行保存操作。

1. 新建工作簿

> 操作：启动 WPS Office，在标签栏中单击"新建标签"按钮，文件类型选择"表格"，单击"新建空白表格"按钮，即可创建一个新的工作簿，该工作簿的默认名称是"工作簿 1"；单击"快速访问工具栏"中的"保存"按钮，打开"另存文件"对话框，在该对话框中输入文件名"×××的快乐阅读计划表.xlsx"，选择保存位置后，单击"保存"按钮。

2. 输入数据

（1）输入列标题

在 Sheet1 表的第 1 行，从第 1 列开始，依次输入"序号、书名、作者、计划开始日期、预计结束日期、页数、已读页数、进度、阅读天数、读后感"。

> 操作：打开工作簿文件，单击工作表标签"Sheet1"，在 Sheet1 表中单击 A1 单元格，输入"序号"，按方向键"→"键，可结束对当前单元格的输入，并将当前单元格右侧的单元格设置为活动单元格；或者单击 B1 单元格。按照此方法，依次输入 B1 至 J1 单元格中的列标题。

（2）输入批注

在 B1 单元格（书名）中输入批注，内容为"书名不含书名号"。

> 操作：将鼠标指针移到 B1 单元格上，右击，在弹出的快捷菜单中选择"插入批注"选项（或者按"Shift+F2"组合键），在出现的文本框中输入"书名不含书名号"，之后在文本框之外的任意位置单击，完成批注的输入。

（3）输入序号

在第 1 列中输入序号。在 A2 单元格中输入"1"，下面的单元格中的数值依次加 1，直到 50。

操作：单击 A2 单元格，输入"1"，按"Enter"键。再单击 A2 单元格，选择"开始"选项卡，单击"填充"按钮，在下拉菜单中选择"序列"选项，打开"序列"对话框，在该对话框的"序列产生在"选区中选中"列"单选按钮，在"终止值"文本框中输入"50"，如图 4-101 所示，单击"确定"按钮。

或者选中 A2 单元格，将鼠标指针移到填充柄上，按住鼠标左键向下拖动鼠标，直至第 51 行被选中，对 A3～A51 单元格依次填充"2，3，…，50"。当填充范围较大时，通过"序列"对话框操作更便捷。

(a)　　　(b)

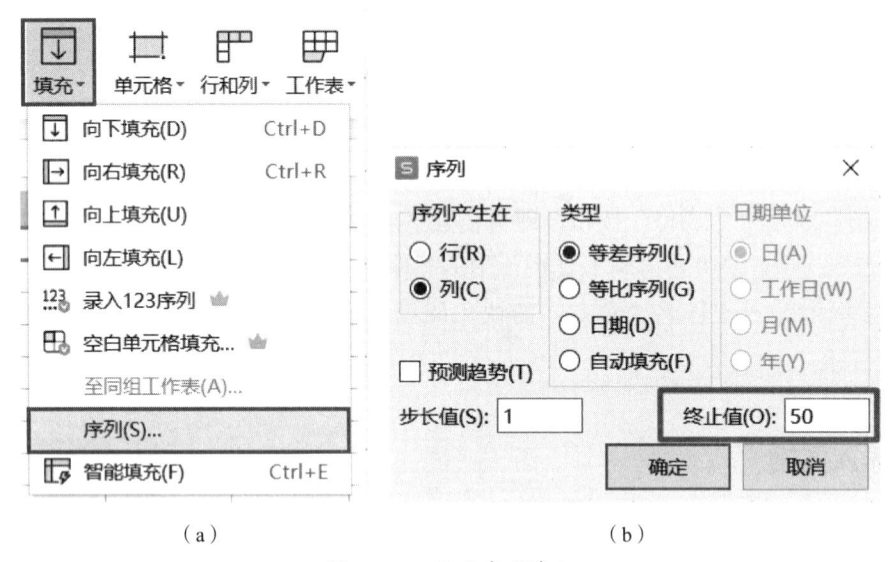

图 4-101　使用序列填充

（4）复制数据到工作表

打开素材文件夹中的文件"素材 - 阅读计划数据.txt"，将该文件中的数据复制到 Sheet1 中的指定单元格区域（该单元格区域的左上角起始单元格为 B2）中。

操作：打开"素材 - 阅读计划数据.txt"，按"Ctrl+A"组合键，将该文件中的内容全部选中，按"Ctrl+C"组合键，复制选中的内容。此时，可以关闭该文件。

选择工作簿文件，在 Sheet1 表中，单击 B2 单元格，按"Ctrl+V"组合键，可将复制的内容粘贴到以 B2 单元格为左上角的连续单元格区域中，粘贴后的数据如图 4-102 所示。如果粘贴后，D、E 两列显示为整数，则将单元格的格式设置为"日期"类型，即可正常显示。

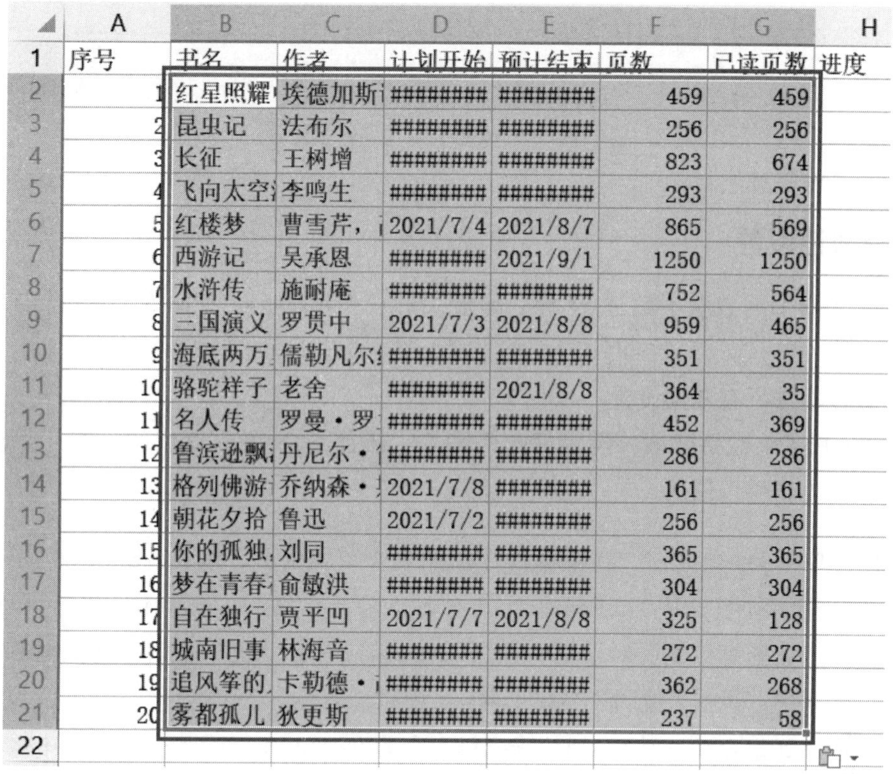

	A	B	C	D	E	F	G	H
1	序号	书名	作者	计划开始	预计结束	页数	已读页数	进度
2	1	红星照耀	埃德加斯	########	########	459	459	
3	2	昆虫记	法布尔	########	########	256	256	
4	3	长征	王树增	########	########	823	674	
5	4	飞向太空	李鸣生	########	########	293	293	
6	5	红楼梦	曹雪芹，	2021/7/4	2021/8/7	865	569	
7	6	西游记	吴承恩	########	2021/9/1	1250	1250	
8	7	水浒传	施耐庵	########	########	752	564	
9	8	三国演义	罗贯中	2021/7/3	2021/8/8	959	465	
10	9	海底两万	儒勒凡尔	########	########	351	351	
11	10	骆驼祥子	老舍	########	2021/8/8	364	35	
12	11	名人传	罗曼・罗	########	########	452	369	
13	12	鲁滨逊飘	丹尼尔・	########	########	286	286	
14	13	格列佛游	乔纳森・	2021/7/8	########	161	161	
15	14	朝花夕拾	鲁迅	2021/7/2	########	256	256	
16	15	你的孤独	刘同	########	########	365	365	
17	16	梦在青春	俞敏洪	########	########	304	304	
18	17	自在独行	贾平凹	2021/7/7	2021/8/8	325	128	
19	18	城南旧事	林海音	########	########	272	272	
20	19	追风筝的	卡勒德・	########	########	362	268	
21	20	雾都孤儿	狄更斯	########	########	237	58	
22								

图 4-102　粘贴后的数据

（5）处理带“#”号的数据

粘贴数据后，D、E 两列中部分单元格内显示为若干“#”号，应该让其显示正确的数据。

操作：选中“D、E”两列，将鼠标指针移到 D 列或 E 列右侧的边框上，双击，选中的列会自动调整为最适合的列宽。

建议全选整个工作表（单击 A1 单元格左上角的“全选工作表”按钮），在任意列右侧的边框上双击，将每列都设置为最适合的列宽。

（6）输入列标题上方的 3 行文字

在第 1 行上方插入 3 个空行，参照图 4-100，输入这 3 行的内容。

操作：选中第 1 行，右击，在弹出的快捷菜单中选择“在上方插入行”选项，在右侧的文本框中输入“3”，按“Enter”键。

在 A1 单元格中输入文字“快乐阅读计划表”；在 A2 单元格中输入“学校名称”，在 C2 单元格中输入“班级名称”，在 E2 单元格中输入“姓名”，在 F2 单元格中输入“总页数”，在 G2 单元格中输入“已读总页数”，在 H2 单元格中输入“未读总页数”，在 I2 单元格中输入“总进度”；在 A3、C3、E3 单元格中分别输入学校名称、班级名称、制表人的姓名。输入后的效果如图 4-103 所示。

图 4-103　前 3 行文字输入后的效果

3. 有效性设置

假设录入图书的数量不超过 50 种，即最大行号不超过 54，在第 5～54 行内，进行有效性设置。

（1）对日期进行有效性设置

针对 D5:E54 单元格区域，设置只允许输入"2021-7-1"及其之后的日期，并设置合适的输入信息与出错警告信息。

> 操作：单击 D5 单元格，将鼠标指针移到 E54 单元格上，按住"Shift"键不放，单击 E54 单元格，即可选中 D5:E54 单元格区域；选择"数据"选项卡，单击"有效性"按钮，打开"数据有效性"对话框，如图 4-104（a）所示，在"设置"选项卡的"有效性条件"选区中，设置"允许"为"日期"，设置"数据"为"大于或等于"，设置"开始日期"为"2021-7-1"；切换到"输入信息"选项卡，在"标题"文本框中输入"日期要求"，在"输入信息"文本框中输入"2021-7-1 及其之后"；切换到"出错警告"选项卡，如图 4-104（b）所示，在"标题"文本框中输入"日期有误"，在"错误信息"文本框中输入"要求是 2021-7-1 及其之后的日期"，单击"确定"按钮完成设置操作。

（a）　　　　　　　　　　（b）

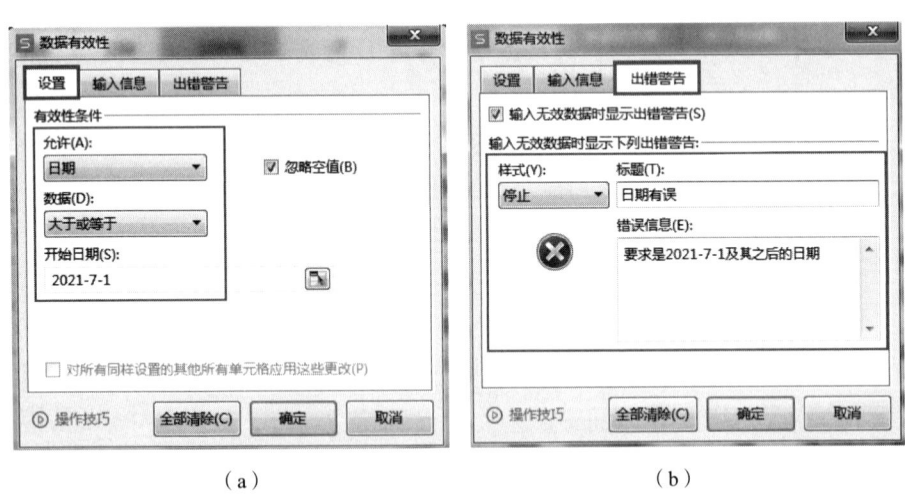

图 4-104　数据有效性设置

（2）对整数进行有效性设置

针对 F5:F54 单元格区域，设置只允许输入 10～5000 的整数（假设单本书的页数不超过 5000），并设置合适的输入信息与出错警告信息。

操作：选中 F5:F54 单元格区域；选择"数据"选项卡，单击"有效性"按钮，打开"数据有效性"对话框，在"设置"选项卡的"有效性条件"选区中，设置"允许"为"整数"，设置"数据"为"介于"，在"最小值"文本框中输入"10"，在"最大值"文本框中输入"5000"；切换到"输入信息"选项卡，在"标题"文本框中输入"页数要求"，在"输入信息"文本框中输入"10～5000"；切换到"出错警告"选项卡，在"标题"文本框中输入"页数有误"，在"错误信息"文本框中输入"要求是 10～5000 的整数"，单击"确定"按钮完成设置操作。

（3）根据其他列的值进行有效性设置

针对 G5:G54 单元格区域，设置只允许输入大于或等于 0 且小于或等于同一行 F 列对应单元格的值（已读页数不能大于图书的页数），并设置合适的输入信息与出错警告信息。

操作：选中 G5:G54 单元格区域；选择"数据"选项卡，单击"有效性"按钮，打开"数据有效性"对话框，如图 4-105（a）所示，在"设置"选项卡的"有效性条件"选区中，设置"允许"为"整数"，设置"数据"为"介于"，在"最小值"文本框中输入"0"，在"最大值"文本框中输入"=F5"；切换到"输入信息"选项卡，在"标题"文本框中输入"已读页数要求"，在"输入信息"文本框中输入"0 到页数之间"；切换到"出错警告"选项卡，在"标题"文本框中输入"已读页数输入有误"，在"错误信息"文本框中输入"要求是 0 到页数之间的整数"，单击"确定"按钮完成设置操作。之后在输入"已读页数"时，如果输入小于 0 或大于页数的值，则显示出错警告信息，如图 4-105（b）所示。

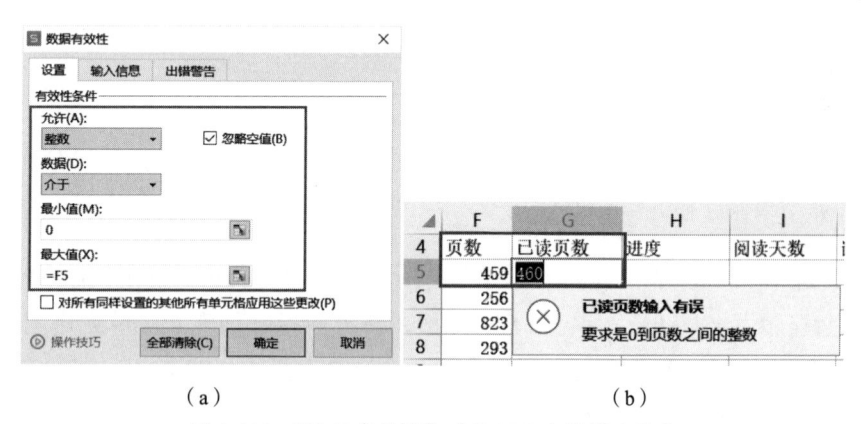

（a） （b）

图 4-105 "数据有效性"对话框及出错警告信息

4. 数据计算

（1）计算阅读"进度"

使用公式计算每本书的阅读"进度"，进度 = 已读页数 ÷ 页数，将计算结果保存在 H

列的对应单元格中。

操作1：输入公式，计算单个值。在H5单元格中输入"="，单击G5单元格，输入"/"，单击F5单元格，在H5单元格的编辑栏中会显示"=G5/F5"；或者直接在H5单元格中输入"=G5/F5"，按"Enter"键，完成计算，如图4-106所示。

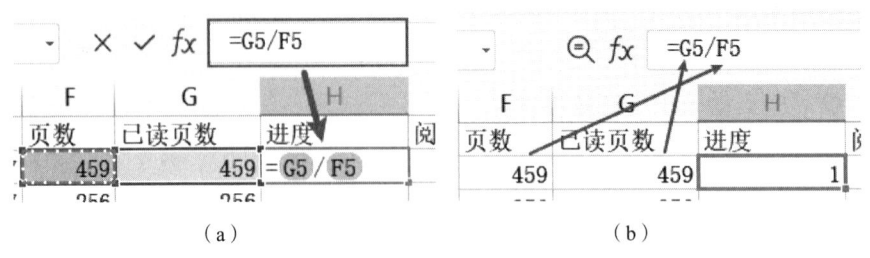

图4-106 使用公式计算"进度"

操作2：使用填充柄实现批量计算。选中H5单元格，将鼠标指针移到H5单元格的填充柄上，按住鼠标左键向下拖动鼠标，直到H54单元格被选中，即可使用H5单元格中设置的公式对H6:H54单元格区域进行自动计算。

（2）计算"阅读天数"

计算"阅读天数"，阅读天数 = 预计结束日期 – 计划开始日期 +1，将计算结果保存在I列对应的单元格中。

操作：在I5单元格中输入"="，单击E5单元格，输入"–"，单击D5单元格，输入"+1"，按"Enter"键，完成计算。单击I5单元格，向下拖动填充柄，完成对I6:I54单元格区域的计算。

（3）计算"总页数"

总页数为阅读计划表中已录入图书的"页数"之和，假设录入的图书信息的行号不超过54，将计算结果保存在F3单元格中。

操作：选中F3单元格，选择"开始"选项卡，单击"求和"按钮，在F3单元格的编辑栏中会显示"=SUM()"，单击F5单元格，将鼠标指针移到F54单元格的上方，按住"Shift"键不放同时单击，SUM()函数的参数会自动变成"F5:F54"，按"Enter"键，完成计算。操作过程如图4-107所示。

（4）计算"已读总页数"

已读总页数为阅读计划表中已录入书籍的"已读页数"之和。假设录入书籍信息的行号不超过54。将计算结果保存在G3单元格中。

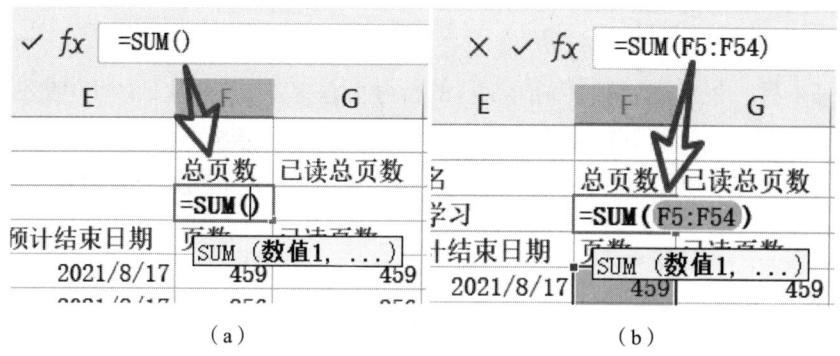

图 4-107 使用 SUM() 函数

操作：计算"已读总页数"的过程与计算"总页数"的过程类似，都使用 SUM() 函数，只是"求和的范围"有区别。

选中 F3 单元格，将鼠标指针移到填充柄上，按住鼠标左键不放向右拖动鼠标，直到 G3 单元格被选中，即可完成对 G3 单元格的计算。此时 G3 单元格中的内容为"=SUM（G5:G54）"。

（5）计算"未读总页数"

计算"未读总页数"，未读总页数 = 总页数 – 已读总页数，将计算结果保存在 H3 单元格中。

操作：在 H3 单元格中输入"="，单击 F3 单元格，输入"–"，单击 G3 单元格，在 H3 单元格的编辑栏中会显示"=F3–G3"，按"Enter"键，完成计算。

（6）计算"总进度"

计算"总进度"，总进度 = 已读总页数 ÷ 总页数，将计算结果保存在 I3 单元格中。

操作：在 I3 单元格中输入"="，单击 G3 单元格，输入"/"，单击 F3 单元格，在 I3 单元格的编辑栏中会显示"=G3/F3"，按"Enter"键，完成计算。

5. 工作表设置与美化

（1）设置行高与列宽

设置第 1 行和第 3 行的行高为 40 磅，其他行的行高为 30 磅；将每列设置为最适合的列宽。

操作：单击 A1 单元格左上角的"全选工作表"按钮，在列标区域，将鼠标指针移到任意两列列标中间的边框上，鼠标指针变成 ✥ 形状，双击，各列均可设置为最适合的列宽；选中第 1 行和第 3 行之外的其他行，在这些行的行号上右击，在弹出的快捷菜单中选择"行高"选项，在打开的"行高"对话框的"行高"文本框中输入"30"，单击"确定"按钮。

选中第 1 行（将鼠标指针移到第 1 行的行号上并单击），按住"Ctrl"键不放，单击第 3 行的行号，将鼠标指针移到选定单元格区域的任意行号上并右击，在弹出的快捷菜单中选择"行高"选项，在打开的"行高"对话框的"行高"文本框中输入"40"，单击"确定"按钮。

（2）设置文字格式与背景

将 A1 单元格中的文字设置为微软雅黑、20 磅、加粗、蓝色。

将 A2:E2、A4:G4、J4 三个单元格区域的填充颜色设置为蓝色。

将 F2:J2、H4:I4 两个单元格区域的填充颜色设置为橙色。

将 A2:J2、A4:J4 两个单元格区域中的文字设置为微软雅黑、10 磅、加粗、白色、水平居中、垂直居中。

将第 3 行文字设置为微软雅黑、12 磅、加粗、水平居中、垂直居中。将 G3、I3 两个单元格中的文字颜色设置为深红色。

将"页数"（F5:F54 单元格区域）中的文字设置为加粗；将"已读页数"（G5:G54 单元格区域）中的文字设置为加粗、蓝色；将 D5:I54 单元格区域设置为水平居中、垂直居中。

操作 1：单击 A1 单元格，选择"开始"选项卡，单击"字体"下拉按钮，在下拉菜单中选择"微软雅黑"选项，单击"字号"下拉按钮，在下拉菜单中选择"20"选项（或者输入"20"，按"Enter"键），单击"加粗"按钮，单击"字体颜色"下拉按钮，在下拉菜单中选择"蓝色"选项。

操作 2：选择多个不连续的单元格区域。选中 A2:E2 单元格区域（将鼠标指针移到 A2 单元格上，按住鼠标左键向右拖动鼠标，直至 E2 单元格被选中）；按住"Ctrl"键不放，将鼠标指针移到 A4 单元格上，按住鼠标左键向右拖动鼠标，直至 G4 单元格被选中；单击 J4 单元格，即可将对应的三个单元格区域一起选中。

操作 3：选择"开始"选项卡，单击"字体"下拉按钮，在下拉菜单中选择"微软雅黑"选项，单击"字号"下拉按钮，在下拉菜单中选择"10"选项，单击"加粗"按钮，单击"填充颜色"下拉按钮，在下拉菜单中选择"蓝色"选项，单击"字体颜色"下拉按钮，在下拉菜单中选择"白色"选项，单击"垂直居中"按钮和"水平居中"按钮。

其余操作与上述操作类似。

（3）设置百分比格式

将 H5:H54 单元格区域的单元格格式设置为百分比且无小数；将 I3 单元格格式设置为百分比且 2 位小数。

操作：选中 H5:H54 单元格区域，按"Ctrl+1"组合键，打开"单元格格式"对话框，在"数字"选项卡的"分类"选区中选择"百分比"选项，将"小数位数"设置为

"0",单击"确定"按钮。

选中 I3 单元格,按"Ctrl+1"组合键,打开"单元格格式"对话框,在"数字"选项卡的"分类"选区中选择"百分比"选项,"小数位数"的默认值为"2",无须调整,单击"确定"按钮。

(4) 合并单元格

将 A1:J1、A2:B2、C2:D2、I2:J2、A3:B3、C3:D3、I3:J3 七个单元格区域中的单元格格式均设置为"合并居中"。将 J 列设置为自动换行且列宽为 20 字符。

操作:选中 A1:J1 单元格区域(将鼠标指针移到 A1 单元格上,按住鼠标左键拖动鼠标,直至 J1 单元格被选中),单击"开始"选项卡中的"合并居中"按钮,即可将所选的单元格区域中的单元格格式设置为合并居中。其他单元格区域的合并居中操作与之类似。

在列标 J 上单击,选中 J 列,按"Ctrl+1"组合键,打开"单元格格式"对话框,选择"对齐"选项卡,在"文本控制"选区中勾选"自动换行"复选框,单击"确定"按钮。在 J 列上右击,在弹出的快捷菜单中选择"列宽"选项,打开"列宽"对话框,设置列宽为"20"字符,单击"确定"按钮。

(5) 设置表格边框

默认情况下,表格线是浅色的细线,被称为网格线,在打印时不显示。若想打印带边框的表格,则应当为表格设置边框。请为 A2:J54 单元格区域设置边框。

操作:单击 A2 单元格,将鼠标指针移到 J54 单元格上,按住"Shift"键不放,单击 J54 单元格,即可选中 A2:J54 单元格区域。

选择"开始"选项卡,单击"边框"下拉按钮,在下拉菜单中选择"所有框线"选项,即可为选中的单元格区域设置默认边框。

上述操作完成后,前 8 行的参考效果如图 4-108 所示。

图 4-108 前 8 行的参考效果

6. 条件格式

（1）条件格式

将阅读"进度"低于95%的数据行（该行对应第 A～J 列）中的单元格底纹颜色设置为"红色（255），绿色（242），蓝色（204）"。

操作：选中 A5:J54 单元格区域，选择"开始"选项卡，单击"条件格式"下拉按钮，在下拉菜单中选择"新建规则"选项，打开"新建格式规则"对话框，如图 4-109（a）所示，在"选择规则类型"选区中选择"使用公式确定要设置格式的单元格"选项，在"只为满足以下条件的单元格设置格式"文本框中输入"=$H5<95%"（H 前面加 $ 锁定，使条件格式对满足条件的数据行有效）；单击"格式"按钮，打开"单元格格式"对话框，如图 4-109（b）所示，在"图案"选项卡中单击"其他颜色"按钮；打开"颜色"对话框，在"自定义"选项卡的"红色"文本框中输入"255"，在"绿色"文本框中输入"242"，在"蓝色"文本框中输入"204"。

（a） （b）

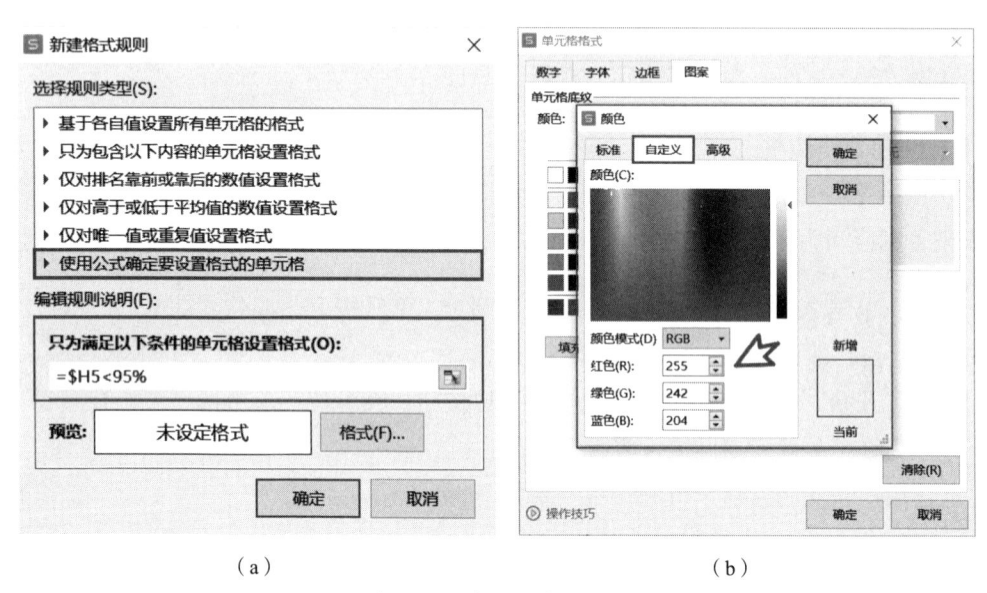

图 4-109 条件格式的设置

（2）数据条

将阅读"进度"列的 H5:H54 单元格区域中的数据设置为实心绿色数据条。

操作：选中 H5:H54 单元格区域，选择"开始"选项卡，单击"条件格式"下拉按钮，在下拉菜单中选择"数据条"选项，在右侧的子菜单中选择"实心填充"选区中的"绿色数据条"选项。

7. 插入图表

以图表的形式展示阅读完成情况。根据"已读总页数"和"未读总页数"生成一个"圆环图",将图表样式设置为"样式2";完成设置后将图表移到L2:P8单元格区域。

> 操作1:插入图表。选中G2:H3单元格区域,选择"插入"选项卡,单击"饼图"下拉按钮,在"二维饼图"选区中选择"圆环图"选项。
>
> 操作2:美化图表。选中图表,选择"图表工具"选项卡,单击"图表样式"下拉按钮,在"预设样式"选区中选择"样式2"选项,如图4-110(a)所示。
>
> 选中图表,选中"图表标题"文本框,将文本框中的"图表标题"改为"阅读完成情况";将"图例"拖动到适当位置。
>
> 操作3:移动图表。选中图表,按住"Alt"键不放,先将图表的左上角拖到L2单元格的左上角位置,再拖动图表的右下角到P8单元格的右下角位置。
>
> 完成后的图表如图4-110(b)所示。

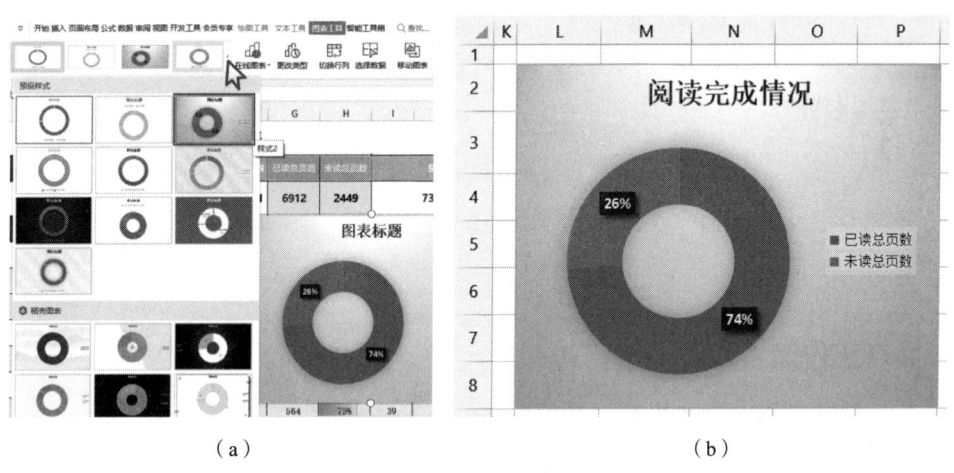

(a)　　　　　　　　　　(b)

图4-110　插入图表

8. 页面设置

设置纸张大小为A4,方向为横向,将所有列打印在一页中;将上、下页边距设置为2厘米,左、右页边距设置为0,页眉、页脚设置为1厘米;设置居中方式为水平居中;将页脚设置为"第1页,共 ? 页";将打印区域设置为第1～10列(A:J),设置顶端标题行为前4行。

> 操作:在Sheet1表中,选择"页面布局"选项卡,单击"页面设置"对话框启动按钮,打开"页面设置"对话框。在"页面"选项卡的"方向"选区中选中"横向"单选按钮,在"缩放"选区的"调整为"中选择"将所有列打印在一页"选项。
>
> 选择"页边距"选项卡,在"上、下、左、右、页眉、页脚"文本框中输入相应的

数值，在"居中方式"选区中勾选"水平"复选框，如图4-111（a）所示。

选择"页眉/页脚"选项卡，在"页脚"下拉菜单中选择"第1页，共？页"选项。

选择"工作表"选项卡，如图4-111（b）所示，单击"打印区域"右侧的"折叠"按钮，此时，"页面设置"对话框被折叠显示为一个文本框，将鼠标指针移到A列的列标上，按住鼠标左键向右拖动鼠标，直至J列被选中，此时，打印区域显示"\$A:\$J"，单击"折叠"按钮返回"页面设置"对话框，即可完成对打印区域的设置。"顶端标题行"的设置方法与之类似，单击右侧的"折叠"按钮，选中第1～4行即可，完成设置后顶端标题行显示"\$1:\$4"。全部设置确认后，单击"确定"按钮。

（a）　　　　　　　　　　　　（b）

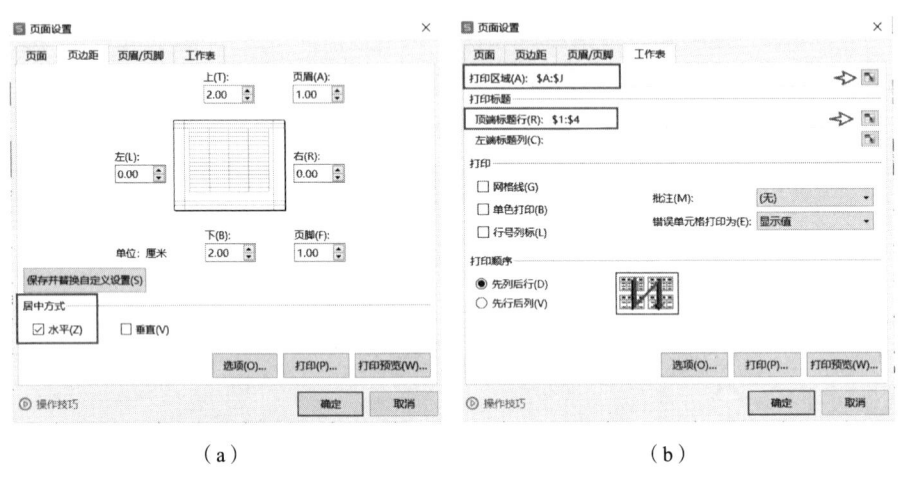

图4-111　页面设置

9. 共享工作簿

将最终文件设置为共享工作簿，分享给指定的人员。

操作：选择"审阅"选项卡，单击"共享工作簿"按钮，打开"共享工作簿"对话框，设置该工作簿的操作权限，单击"确定"按钮，将该工作簿保存在共享文件夹中，即可共享该工作簿。共享文件夹的建立方法，请查看本任务的"相关知识"，或者查阅相关学习资料。

单击"保护并共享工作簿"按钮，在打开的"保护共享工作簿"对话框中可以设置密码，以保护工作簿。

4.3.5　相关知识

1. 数据填充

在WPS表格中，当填充数据时，除了使用填充柄，还可以使用"序列"功能实现对数据的填充。例如，要在 A2:A11 单元格区域填充"1，2，…，10"，先在填充区域的开始位置 A2 单元格中输入序列的初值"1"，再选定 A2:A11 单元格区域，单击"开始"选项卡中的"填充"下拉按钮，在下拉菜单中选择"序列"选项，如图 4-112（a）所示，打开"序列"对话框，如图 4-112（b）所示，在"序列产生在"选区中可选中"行"或"列"单选按钮，在"类型"选区中可选中"等差序列"或"等比序列"或"日期"或"自动填充"单选按钮，"步长值"是填充时相邻两个单元格之间数据变化的关系量。对等差序列，步长值为相邻单元格的数据的差值；对等比序列，步长值为相邻单元格的数据的倍数。"终止值"是本次填充数据的结束值。实际填充时的结束值是设置的"终止值"与已选中填充范围内需填充单元格个数的最小值。例如，在 A2 单元格中输入"1"，设置"步长值"为"1"，选定的范围是 A2:A11（需对 A3:A11 的 9 个单元格填充），若将"终止值"设置为"20"，则可以填充到 A11 单元格（填充数值为 10）；若将"终止值"设置为"5"，则只填充到 A6 单元格（填充数值为 5）。

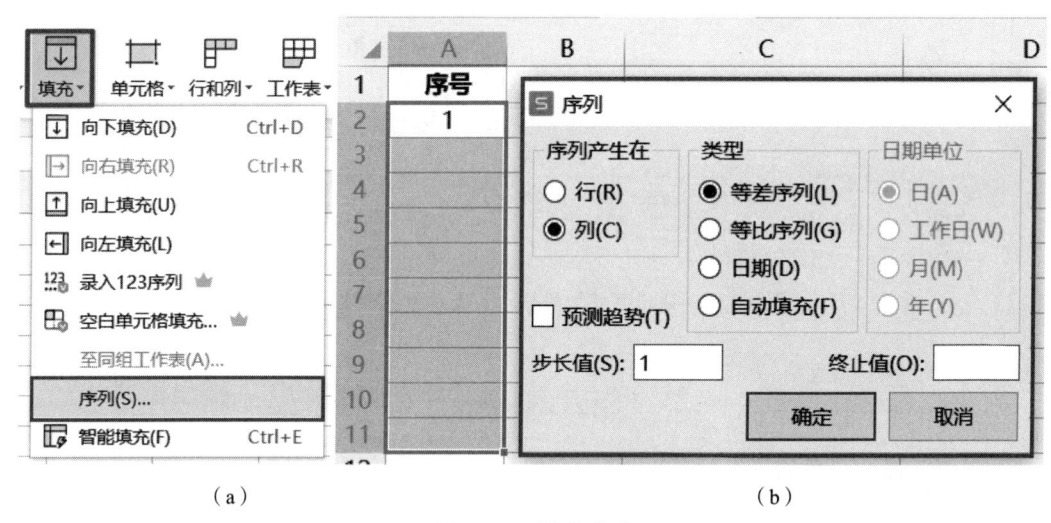

图 4-112 填充序列

2. 条件格式（数据条）

在 WPS 表格中，对数据设置数据条后可以让用户更加直观地观察数据的变化趋势。设置数据条时，自动以所选区域中的最大值为参照来显示相对于最大值的百分比，因此设置"数据条"的单元格至少要 2 个。

3. 数据有效性

在 WPS 表格中，通过设置数据有效性可以提高数据输入的规范性。设置数据有效性时，在"数据有效性"对话框的"输入信息"选项卡中，可以勾选"选定单元格时显示输入信息"复选框，之后，当单元格成为活动单元格时，会显示设置好的输入信息。数据有效性的输入信息设置及对应效果如图 4-113 所示。

设置数据有效性后，对在设置有效性之前输入的数据而言，如果不满足有效性规则，则在相关单元格的左上角会显示一个绿色的三角形，选中该单元格，其左侧会显示一个橙色的叹号及下拉按钮，并显示提示信息"单元格内容，不符合预设的限制。"，如图4-114（a）所示，单击下拉按钮，在下拉菜单中选择"错误检查选项"选项，打开"选项"对话框，如图4-114（b）所示。

如果取消勾选"单元格中的内容与数据有效性不符"复选框，则不显示提示信息。

（a） （b）

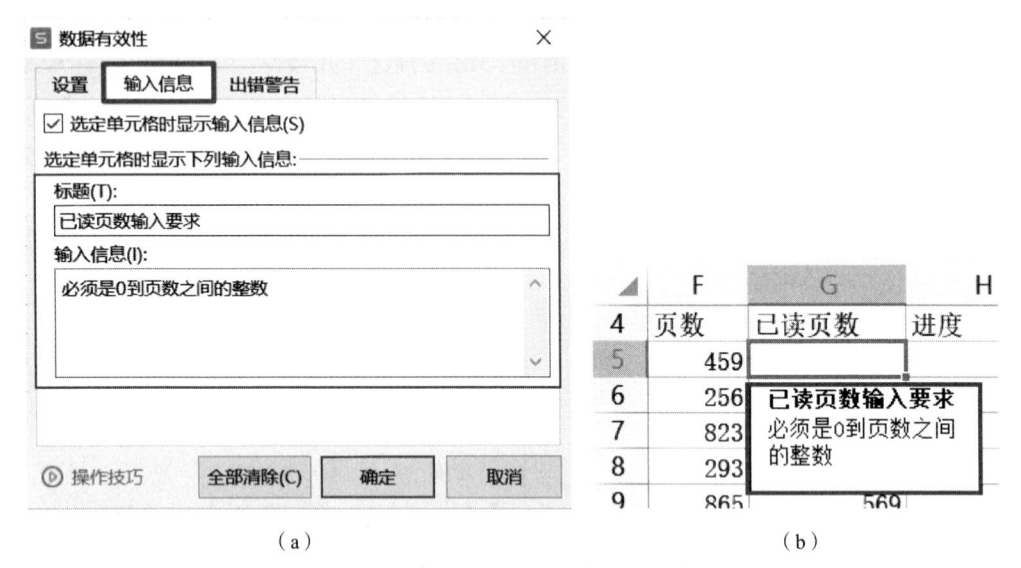

图4-113 数据有效性的输入信息设置及对应效果

（a） （b）

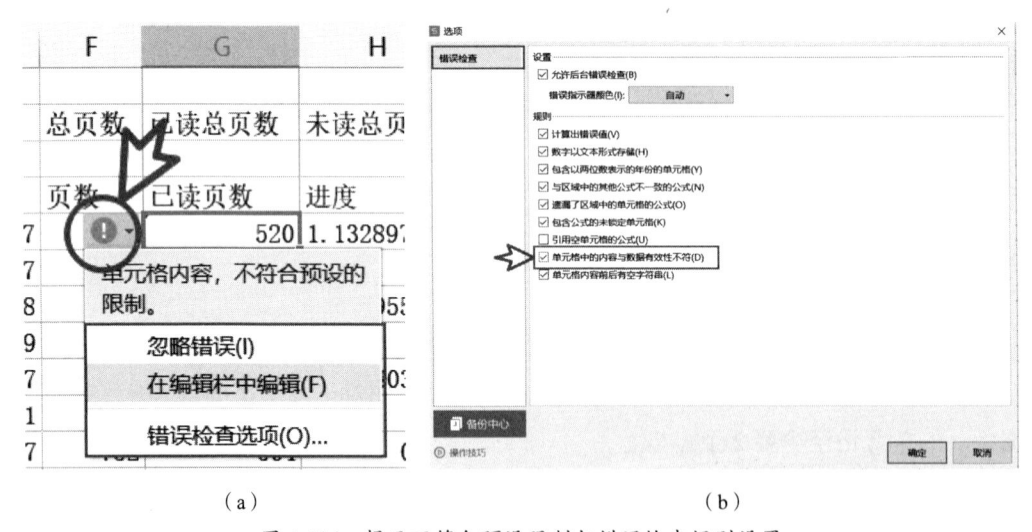

图4-114 提示不符合预设限制与错误检查规则设置

4. 公式与函数

WPS表格提供了强大的数据计算功能，正确使用公式与函数可以提高数据处理的效率，并提高数据处理的准确性。在WPS表格中，公式与函数的功能很丰富，下面只进行简单介绍，有兴趣的读者请查阅相关资料进一步学习。

公式：公式是在工作表中对数据进行分析与计算的等式，有助于分析工作表中的数据。使用公式可以对工作表中的数值进行加、减、乘、除等运算。公式都以英文半角等号"="开头，其后的数据可以包含运算符与运算数。运算符指"加、减、乘、除"等运算符号，运算数指参与运算的数据，可以是常数、字符串、单元格引用地址、函数等。

公式的使用方法：例如，在 C1 单元格中输入公式"=A1+B1"，可计算 A1、B1 单元格中数据的和。

函数：为使操作更简便，在 WPS 表格中将一些公式定义为函数，函数是预先定义的特殊公式。每个函数都有唯一的名字，被称为函数名，函数名的后面有一对圆括号，圆括号中是函数的参数，参数的类型与函数有关。按照一定的语法规则可以直接使用这些函数，即调用函数。

函数的使用方法：调用函数的语法格式为"= 函数名 (参数 1, 参数 2, 参数 3, …)"。在单元格中可直接输入函数，也可以通过"插入函数"对话框选择所需的函数。

例如，要计算 A1:A10 单元格区域的总和，可使用"求和"函数 SUM，调用 SUM() 函数时可以输入"=SUM(A1:A10)"，SUM() 函数括号内的参数是要进行求和的单元格的范围。或者单击"开始"选项卡中的"求和"按钮，可在活动单元格中调用求和函数 SUM()，单击"求和"下拉按钮，在下拉菜单中会显示 WPS 表格中常用的 5 个函数选项及"其他函数"选项，如图 4-115（a）所示。选择"其他函数"选项，打开"插入函数"对话框，如图 4-115（b）所示，在该对话框中，可以查找函数，按类别筛选函数。选择一个函数后，在该对话框的下部会显示该函数的格式及功能介绍。

（a）　　　　　　　　　　（b）

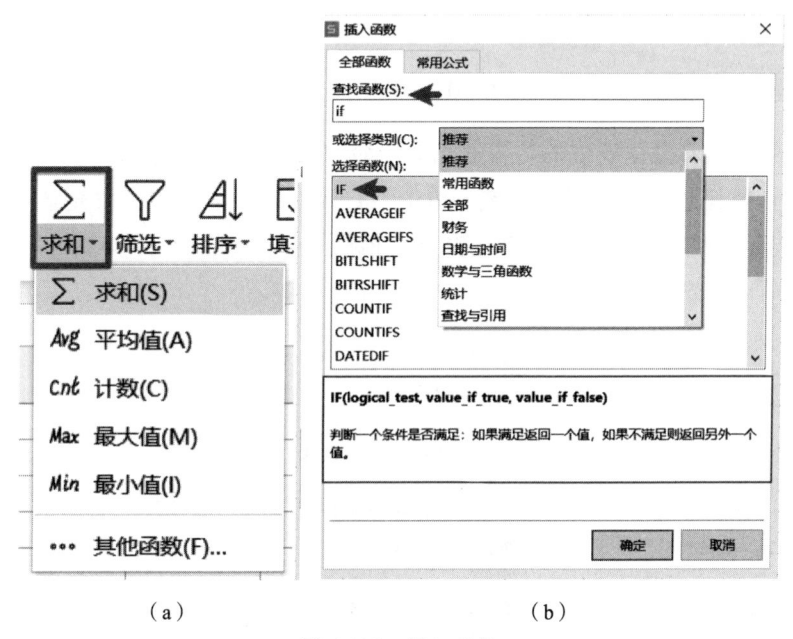

图 4-115　插入函数

插入函数时，WPS 表格会自动识别活动单元格周围的数值区域，自动设置插入函数的默认参数。如果识别成功，则对应区域会显示在函数的参数中；如果识别失败，则函数的默认参数为空。无论函数自动识别区域是否成功,都可以人工选中新的区域,并修改函数的参数。

5. 设置边框和填充颜色

选中要设置边框的单元格区域,单击"开始"选项卡中的"边框"下拉按钮,在下拉菜单中选择边框样式,如图4-116(a)所示;也可以选择"其他边框"选项,打开"单元格格式"对话框,如图4-116(b)所示,在"边框"选项卡中设置边框的线条样式、颜色等,在"预置"选区中可选择"无"或"外边框"或"内部"选项,在"边框"选区中选择边框的位置,如图4-116所示。

(a)　　　　　　　　　　(b)

图4-116　设置边框

设置填充颜色。若想让表格的重要信息突出显示,可以为单元格设置填充颜色。

选中要设置填充效果的单元格区域,单击"开始"选项卡中的"填充颜色"下拉按钮,在下拉菜单中选择所需的颜色;或者选择"其他颜色"选项,如图4-117所示,打开"颜色"对话框,可以自定义颜色。

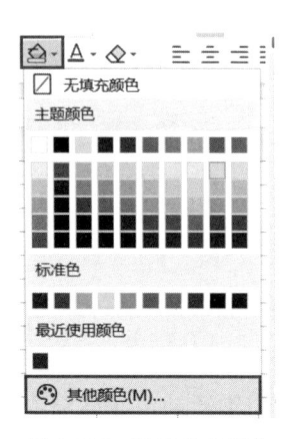

图4-117　设置填充颜色

6. 共享工作簿

使用 WPS 表格中的共享工作簿功能，可以将本地工作簿设置为共享工作簿，并将其保存在共享网络中，以便其他用户查看或编辑。

（1）建立共享文件夹

要实现多人协同工作，需建立一个共享文件夹，让参与者有权限访问此文件夹，比如将某台计算机上的"Temp"文件夹设置为共享文件夹。以 Windows 10 为例，在 Temp 文件夹上右击，在弹出的快捷菜单中选择"属性"选项，打开文件夹"属性"对话框，选择"共享"选项卡，单击"共享"按钮，按向导完成文件夹共享的设置，有关操作如图 4-118 所示。

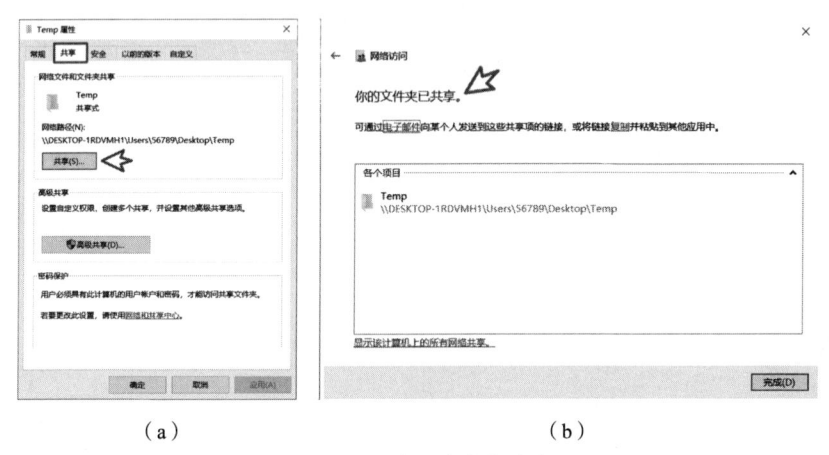

(a)　　　　　　　　　(b)

图 4-118　建立共享文件夹

（2）设置共享工作簿

打开要设置为共享工作簿的文件，选择"审阅"选项卡，单击"共享工作簿"按钮，打开"共享工作簿"对话框，如图 4-119（a）所示，设置此工作簿的操作权限，勾选"允许多用户同时编辑，同时允许工作簿合并"复选框，单击"确定"按钮，将此工作簿保存到 Temp 共享文件夹中，即可共享此工作簿。选择"审阅"选项卡，单击"保护并共享工作簿"按钮，打开"保护共享工作簿"对话框，如图 4-119（b）所示，可以设置密码，以保护工作簿，并记录共享工作簿中的修订操作。

(a)　　　　　　　　　(b)

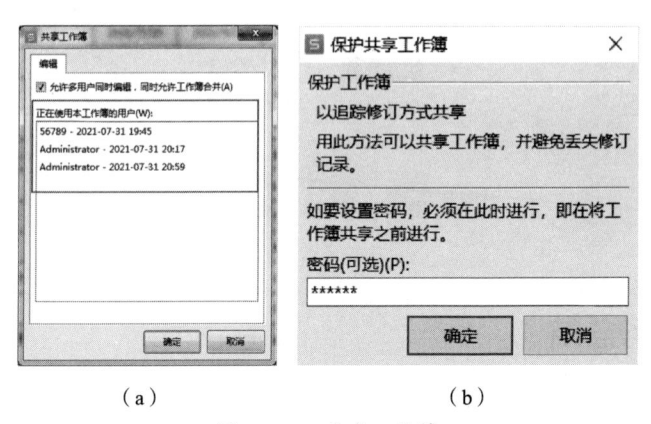

图 4-119　共享工作簿

(3) 访问共享工作簿

将共享工作簿保存在共享文件夹中，这样做可以使处在同一个局域网内的计算机能够访问该工作簿。以 Windows 10 为例，在窗口的地址栏中，输入建立了共享文件夹的计算机的 IP 地址，使用账号和密码登录后，即可访问共享文件夹中的文件。

例如，A、B 两台计算机在同一局域内，在 B 计算机窗口的地址栏中输入"\\192.168.0.105"，按"Enter"键即可访问 A 计算机中的共享文件夹，如图 4-120 所示。

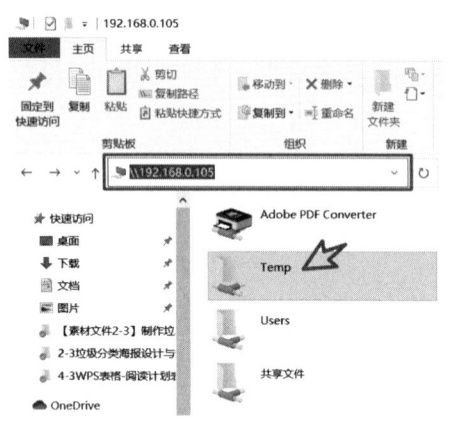

图 4-120　访问共享文件夹

WPS 表格提供了分享文件功能，用户可以把文件保存在云端，不受局域网限制。用户还可以将文件分享给所有人，或者分享给指定的人，并设置每个人查看或编辑文件的权限，有关操作如图 4-121 所示。

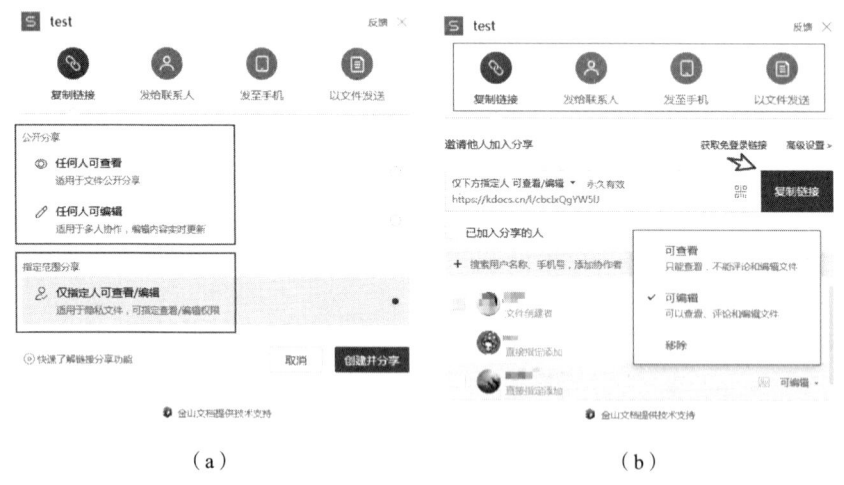

（a）　　　　　　　　　　　　（b）

图 4-121　分享文件

4.3.6　任务总结

1. 若想使用"Shift"键在表中选中连续的单元格区域，则应先单击所选单元格区域的左上角，拖动滚动条到所选单元格区域的右下角，按住"Shift"键不放，单击右下角的单元格即可。

2. 通过数据验证可对输入的内容进行有效性控制，以提高数据输入的规范性。

3. 插入图表时，可以使用 WPS 表格提供的在线图表中的图表样式。

4.3.7 任务巩固

1. 操作题

在已有工作簿的基础上，完成下列操作：

（1）在 Sheet1 中，在已有数据的下方输入 3～5 条数据，每行包括书名、作者、计划开始日期、预计结束日期、页数、已读页数、读后感，并使用填充柄完成"进度、阅读天数"两列的计算。

（2）在 A5:J54 单元格区域中使用条件格式，将阅读"进度"低于 95% 的数据行（该行对应第 A～J 列）中的单元格的底纹颜色设置为"红色（255），绿色（242），蓝色（204）"时，若对应的数据行为空，也会满足条件格式。若将条件改为"进度"低于 95% 且"进度"大于 0，请思考该如何实现。请查阅并了解 WPS 表格中的 AND() 函数和 OR() 函数。

2. 单选题

（1）使用 WPS 表格打开工作表，单元格默认的数据对齐方式是（　　）。

A. 数值数据左对齐，文本数据右对齐

B. 数值数据右对齐，文本数据左对齐

C. 数值数据、文本数据均右对齐

D. 数值数据、文本数据均左对齐

（2）在 WPS 表格中，为了区别数值型的"数字"和文本型的"数字字符串"，可以在输入数据的左侧添加（　　）。

A. #　　　　　　　　B. @　　　　　　　　C. "（双引号）　　　D. '（单引号）

（3）在 WPS 表格中，当与图表相关的工作表中的数据发生变化时，图表将（　　）。

A. 自动跟随变化　　　　　　　　B. 提示出现错误

C. 不跟随变化　　　　　　　　　D. 用特殊颜色显示

（4）在 WPS 表格中，下列关于单元格区域的描述中，不正确的是（　　）。

A. 单元格区域可由单一单元格组成

B. 单元格区域可由同一列连续的多个单元格组成

C. 单元格区域可由不连续的单元格组成

D. 单元格区域可由同一行连续的多个单元格组成

（5）在 WPS 表格中，假设在数值单元格中出现一连串的"###"，若希望正常显示，则需要（　　）。

  A. 重新输入数据   B. 调整单元格的宽度

  C. 删除这些符号   D. 删除该单元格

（6）在 WPS 表格中，如果需要表达不同类别占总类别的百分比，最适合的图表类型是（　　）。

  A. 柱形图   B. 面积图   C. 折线图   D. 饼图

扫下面二维码可在线测试

测试一下
每次测试 20 分钟，最多可进行 2 次测试，取最高分作为测试成绩。

扫码进入测试 >>